# 全球视野下的环境管治：
## 生态与政治现代化的新方法

Environmental Governance in Global Perspective: New Approaches to Ecological and Political Modernisation

[德]马丁·耶内克　克劳斯·雅各布　主编
李慧明　李昕蕾　译

山东大学出版社

[内容提要]本书全面系统地阐述了“生态现代化理论”的核心理念以及一些在相关领域实证研究的经验性发现。作为一本论文集，本书的作者基于生态现代化的理论框架，主要运用比较研究的方法和分析视角，从全球视野出发，致力于对不同经济社会走向生态现代化过程中的各种影响因素与进程加以分析和探讨：经济生态现代化潜在的促进因素与潜在的障碍以及先驱国家的特殊作用；领导型市场的培育及其对经济社会生态化转型的重要意义；环境技术及其支撑性政策的革新与扩散的影响因素及路径；当代民族国家政府环境管治政策与手段的革新；能源政策的绿色整合；环境政策制定的国际影响因素以及一些国际环境问题的管治与解决。

**图书在版编目(CIP)数据**

全球视野下的环境管治：生态与政治现代化的新方法/(德)耶内克，(德)雅各布主编；李慧明，李昕蕾译．—济南：山东大学出版社，2012.4

书名原文：Environmental Governance in Global Perspective: New Approaches to Ecological and Political Modernisation

ISBN 978-7-5607-4566-4

Ⅰ．①全…　Ⅱ．①耶…　②雅…　③李…　④李…　Ⅲ．①环境管理-研究　Ⅳ．①X32

中国版本图书馆 CIP 数据核字(2012)第 058227 号

山东大学出版社出版发行

(山东省济南市山大南路 20 号　邮政编码：250100)

山　东　省　新　华　书　店　经　销

山东临沂新华印刷物流集团有限责任公司印刷

720×1000 毫米　1/16　25.75 印张　381 千字

2012 年 4 月第 1 版　2012 年 4 月第 1 次印刷

定价：46.00 元

# 总　序

在当代世界中，无论是在发达国家还是发展中国家，生态环境问题与社会可持续发展已被公认为是人类21世纪面临的最富有挑战性的难题之一。传统的工业化与城市化的生产生活方式的反生态本质或不可持续性特征已暴露无遗，而同样清楚的是，在从根本上改变智力支撑着现时代的物质主义生存方式的现代化思维模式之前，人类很难找到一条通向明天的现实道路。因而，人类自从进入文明时代以来，从未像今天这样需要挖掘与展现我们的理论反思潜能：通过重新思考我们与周围自然世界的关系，特别是人类作为其中一部分而不是主宰者所应担当的适当角色，来重新构建一种可以使得人类长久地在地球上生存的经济、政治、社会与文化。正因为如此，我们不仅需要自然科学与工程技术意义上的生态学或"科学生态学"，而且需要（如果不能说更需要）人文与社会科学意义上的生态学或"人文生态学"。沿着上述思路，我们才能正确理解正在蓬勃兴起的、人文与社会科学视野下的大量边缘性与交叉性新学科的意蕴，比如生态伦理学、生态哲学、生态经济学、生态营销学、生态社会学、生态人类学、生态文化学、生态法学、生态文学等等。就此而言，笔者所指称的环境政治学或生态政治学也是这些形成中的诸多新兴学科之一。

环境政治的研究在欧美等西方国家主要集中在生态政治理论、环境运动团体和绿色政党三个层面，但从更一般意义上说，环境政治还可以包括更为广泛的内容，比如民族国家政府的环境管治及其政策决策、环境政府间和非政府间组织的跨国环境管治合作及其全球政治参与，等等。因此，从总体上说，环境政治学或生态政治学作为一门独立学科还远未成熟，从研究对象到研究方法都需要作深入的研究。

部分是基于环境政治学这门学科本身所具有的不成熟性，部分是基于对人类所面临的生态环境问题自身与时代特点的理解，笔者并不主张急于对环境政治学作出看似明确、实际上很可能制约其发展的界定，而是更愿意将其宽泛地规定为一种政治学视野下思考生态环境问题的新视角。具体而言，这包含着两方面的含义：其一，环境政治学可以大致地规定为介于政治学与生态学之间的一门交叉性、边缘性新学科。依此，我们可以不必像对待传统学科那样过分在意它的学科独立性或“名分”，而是给予其充分的自由扩展与深化空间，这样可能反而更有利于它的学科发展与成熟。其二，由于生态环境问题明显是一个具有超出了单一传统学科研究对象归属的“超普遍性”和影响到人类基本价值认知的“深层次”问题，因而，只有以一种超越传统哲学与政治学框架的视野与开放性，才有可能突破原有认知与思维模式的局限，才可能有真正意义上的环境政治学或生态政治学。从这个意义上说，一切反灰色的都是绿色的。

基于上述认识，笔者认为，环境政治学在中国发展的切入点或突破口应着眼于以下两点：一是要坚持研究方法上的比较政治学观点或方法。这其中既包括不同学科视野下对生态环境问题研究的比较，也包括世界不同地区环境政治学理论与实践的比较。对于前者来说，对生态哲学研究已有成果的消化吸收，是其他生态环境问题相关学科包括自然科学学科的理性元点，环境政治学也不例外；对于后者来说，我们并不认为欧美等西方国家掌握着人类通向绿色未来的真理或“锁钥”，也不认为中国可以回避作为一个当今世界最大现代化进程中国家的历史责任与创造潜力，但我们的确认为，只有对欧美国家社会与经济生态化发展经验的分析借鉴才有可能成为任何绿色文明与社会创建的现实起点。二是要争取研究成果上尽可能广泛而及时的交流与分享。这其中一个基础性的手段当然是有选择地翻译介绍欧美等西方国家学者在环境政治学领域的经典性论著，而它对于环境政治学理论与方法在中国的普及和中外学者学术交流的重要性都是不言而喻的。

编辑出版《环境政治学译丛》是在上述两方面意义上的一个尝试，目的是推进环境政治学在中国的起步与发展。需要强调的是，目前呈现给读者的这一统一的"环境政治学译丛"(共12册)是自2005年开始陆续翻译出版的。2005年翻译出版了《绿色政治思想》(安德鲁·多布森)、《生态社会主义：从深生态学到社会正义》(戴维·佩珀)、《环境运动：地方、国家和全球向度》(克里斯·卢茨)和《欧洲执政绿党》(斐迪南·穆勒—罗密尔和托马斯·波古特克)。2008年翻译出版了《自由生态学：等级制的出现与消解》(默里·布克金)、《生态社会主义还是生态资本主义》(萨拉·萨卡)、《当代多重危机与包容性民主》(塔基斯·福托鲍洛斯)和《地球政治学：环境话语》(约翰·德赖泽克)。2012年翻译出版了《绿色国家：重思民主与主权》(罗宾·艾克斯利)、《环境与公民权：整合正义、责任和公民参与》(马克·史密斯、皮亚·庞萨帕)、《全球视野下的环境管治：生态与政治现代化的新方法》(马丁·耶内克、克劳斯·雅克布)和《全球环境政治：权力、观点和实践》(罗尼·利普舒茨)。之所以选择这些著作，一方面是由于它们都已成为当代环境政治著述中的经典性作品或"必读书目"，另一方面则是由于它们作为一个整体分别展现了"环境政治学"、"生态社会主义"、"生态资本主义"等环境政治学整体或某一主要理论与实践流派的最新概貌。

当然，如果没有大量研究基金、学术机构和国内外同行所提供的帮助与鼓励，《环境政治学译丛》在最近几年内的连续编译出版是无法想象的。因此，笔者要特别感谢"中欧高教合作项目"、"德国学术交流中心—香港王宽诚教育基金会"、"哈佛—燕京学社"访问学者项目、欧盟—中国研究中心项目、德国洪堡基金会、中国留学基金委员会，以及教育部"优秀青年教师资助计划"、霍英东教育基金会青年教师基金、教育部人文社科重点研究基地(山东大学当代社会主义研究所)项目"生态社会主义研究"、教育部新世纪优秀人才支持计划、教育部人文社科研究规划项目“西方绿色左翼政治思潮研究”(09YJA710046)和国家社科基金项目“西方生态资本主义及其批评研究”(10BKS049)等所提供的主要财政资助。同时，在本译丛的编译过程中，我们还得到了安德鲁·多布森、斐迪南·穆勒—罗密尔、戴维·佩珀、托马斯·波古特克、克里斯·卢茨、萨拉·萨卡、塔基斯·福托鲍洛斯、约翰·德赖泽克、罗宾·艾克斯利、马克·史密斯、皮亚·庞萨帕、马丁·耶内克和罗尼·利普舒茨等提供的各方面的热情帮助，他们为各自著作的中文版撰写了专门的前言，而且萨拉·萨卡先生还对自己的著作作了一些文献资料性的补充与完善。

同样重要的是，我的同事和合作伙伴刘颖博士、徐凯博士、张淑兰教授、李宏博士、蔺雪春博士、郭晨星博士、侯艳芳博士、郭志俊博士、杨晓燕博士、李慧明博士和博士候选人李昕蕾女士等，他们在从事繁忙的教学科研任务的同时先后承担了本译丛的翻译工作。在此，笔者一并致以最真诚的谢意。

最后，笔者再次感谢山东大学出版社对《环境政治学译丛》的出版所给予的大力支持和所付出的艰辛努力，并真诚地希望，它能够成为我们共同期待的环境政治学研究在中国进入一个新阶段的起点。

郇庆治

2012 年 4 月于北京大学

# 译者说明

译者对西方生态政治理论中颇有影响和发展前景的“生态现代化理论”的认识和了解，始于不久前的博士论文写作。作为一个初涉环境政治学的人，当时对这种生态政治理论的内涵和主张知之甚少。2009年9月开始，我们两位译者非常荣幸地来到了生态现代化理论的主要创立者——耶内克教授曾经担任主任的联邦德国柏林自由大学环境政策研究中心，分别进行博士联合培养和博士学位攻读。期间，也非常有幸地结识了耶内克教授，亲耳聆听了教授的演讲，并与教授进行了面谈。同时，教授还欣然同意作为其中一名译者的第二博士生导师，悉心指导其在该中心的学术研究。自此，一个立意高远和充满哲理与睿智的生态政治理论在我们的视野中开始逐步清晰起来。随着研究的深入，译者对这种理论(理念)所反映出来的思想和观念有了更加深刻的认识和理解。生态环境问题已经成为当前人类社会所面临的最具有挑战性的难题之一，而对这种难题进行分析和解决的理论与主张也可谓汗牛充栋。在庞杂的理论丛林中，生态现代化理论独树一帜，并从欧美日等发达国家开始逐渐扩散至发展中世界，得到各国政府越来越多的关注和接纳，从而被付诸实践。从中我们可以看出，这种以强调技术革新和政策推动为核心的环境政策理念的强大价值之所在。正因为如此，这部环境政治理论文集被郇庆治教授纳入了其主编的“环境政治学译丛”。

生态现代化理论作为一种现实问题导向极强的生态政治理论，其最为鲜明的特点在于与现实社会的紧密结合，其最为核心的主张和观点在于强调超越传统的那种末端治理方式，寻求通过一种前瞻性和预防性的环境政策的推动，促进技术革新，从源头上防治环境污染和破坏。更为重要的是，它为经济社会发展指出了一个方向和一条环境和经济双赢的道路。这一点，在耶内克教授和雅各布所编辑的这部能够反映和代表生态现代化理论核心主张和理念的文集中，有着清晰的反映。但是，唯其如此，该理论包含着异常宏大广博的社会科学知识和理论，几乎涉及人类社会发展的各个层面和领域，从环境社会学、环境哲学、环境政策学到管理学、经济学和政治学，无所不包。它为当前人类社会所面临的环境难题提供了一种基于经济技术视角的、可供选择的现实解决方案，同时也特别指出了民族国家管治的重要意义和政治现代化的必要性；它强调技术革新与市场机制的重要价值，同时也特别重视国家政府的政策推动与执行力；它关注社会经济的生态化转型和“绿化”，同时也着重提出了整个经济社会结构性宏观调整的重要意义。这种将生态技术革新、绿色经济发展同明智政策管治相结合的综合性理论，为我国实现可持续发展、促进低碳经济革新以及应对气候变化等方面的工作提供了很多前瞻性指导。从某种程度上说，多年来，我国也一直在努力探索一种生态现代化的发展模式，强调生态技术的革新、GDP的“绿化”以及相关保障性绿色政策的出台。比如2005年，中国制定了《可再生能源法》，从政策层面保障绿色新能源的市场发展，从而极大地推动了清洁能源的发展，特别是在风电发展领域，中国已经位居世界前列。当然，真正意义上的生态现代化路径的实现不仅需要相关环境政策的出台，更为重要的是，要实施一种部门性绿色政策整合战略，将生态理念纳入工业、交通、建筑、农业等各个生产部门，从而构建一个整体性、综合型的国家绿色战略，实现经济创新和环境优化相互促进的明智型管治。所以，我国的生态现代化之路依然任重而道远，需要我们年轻一代为之付出不懈的努力。

也唯其如此，翻译这部文集，不但对译者的英文水平是一个很大的挑战，而且对译者的知识面和学识水平也是一个较大的挑战。为了使国内读者能够尽量清晰地理解和认知生态现代化理论，译者在尽可能忠实于原文的基础上，力求关照中文读者的阅读习惯。为了读者阅读的方便，译者还对首次出现的人名、地名和一些较为生僻的名词或术语等，提供了其英文或母语的拼写。依循本辑译丛的翻译体例，并为了便于读者查阅相关资料与拓展相关阅读，译者在翻译过程中保留了注释的英文或德文样式。但限于篇幅，译者并没有保留原文的全部注释，对部分注释做了省略处理。

本书的译稿，是李慧明和李昕蕾分工合作的成果。期间，我们两位译者一个在济南，一个在柏林。感谢当今世界如此强大的通信网络和信息工具，在翻译期间，我们隔着半个地球进行了无数次的沟通和切磋，有时为了一个词、一句话的翻译，我们也能够“面对面”地进行探讨和协商。期间有焦灼与不安，有辛苦与劳累，但也有收获的喜悦和成功的欣慰。我们两人的分工具体如下：李慧明负责翻译了序言、导言、第一部分、第三部分的后两章以及第五部分，李昕蕾负责翻译了第二部分、第三部分的第一章以及第四部分，最后由李慧明负责统稿。

最后，译者特别感谢郇庆治教授的热情帮助和鼓励。他在百忙之中对本书的译稿进行了精心细致地校对和指正，并且亲自翻译了耶内克教授专门为本书所写的中译本序言。当然，由于译者水平所限，加之本书的作者主要都是德语背景，相对而言，其所写的英文论文理解起来就更加有一定难度。译者的翻译或许仍然存在诸多错漏和谬误，这种责任理应由译者承担。

译　者<br>2011 年 11 月分别于济南和柏林

# 中译本前言

当笔者1981年1月在柏林市议会提出“四个生态现代化”的建议时，有人提醒我，中国也提出了“四个现代化”的目标。今天，中国的现代化思路已清晰地包含了环境向度。因此，我很高兴地看到，由柏林自由大学环境政策研究中心(FFU)研究人员撰写、主要基于同行评审的论文组成的专题文集，即将出版它的中文版。

“生态现代化”是1998年进入德国联邦政府的“红绿联盟”的政策指针和主题词。今天，这一术语已经有了许多的同义语，从“工业的‘绿化’”到“生态高效的革新”、“绿色增长”以及“绿色经济”。值得一提的是，在笔者最早的关于“生态现代化”的论述中，这一概念有别于环境政策的其他三个方面——它们并没有相类似的、经济上的优势和多赢收益，即环境破坏的修复、末端治理(end-of-pipe)与结构性改变。当今世界的绿色增长和生态繁荣的成功故事主要是由“生态现代化”写就的。但应该指出的是，环境修复仍然是政府的重要活动内容(比如对气候变化的适应)，而“肮脏”工业与技术仍然需要末端治理(比如过滤设施)，这些几乎都会导致附加性成本的增加。“生态现代化”是一种通过转向(更)绿色技术而节约资源和成本的技术性改变。它对革新、生产力和竞争力的贡献，决定了它是一种成功的战略。对笔者来说，这始终是一件“知易行难”的事情。“生态现代化”被广泛接纳很可能要耗费很长时间——直到生态繁荣局面的出现，也许是很长很长的时间。

正在进展中的生态效率革命并不能解决所有的问题，但如果没有这种激进的技术结构改变，其他所有进展都将无从谈起。我们同样需要的是一种更加趋向环境友好社会的结构性变革，这种变革会涉及基础设施、生活风格或(交通密集的)全球劳动分工以及增长取向。至少在西方社会中，增长一直是对失业、贫穷或财政赤字等难题的结构性解决方案的替代。如果我们切实通过找到结构性变革方案来解决这些难题，那么，我们的社会也许会变成不太依赖经济增长的社会。仅就附加值来说，GDP的增长似乎是环境中立的。但危险在于，物质消耗的增加以及二者之间的相互交织，就肯定会存在一种增长争论，无论就是环境保护还是资源可获得性来说，都是如此。至少在高度发达的工业化国家中，“绿色增长”将会是一种温和的增长，速度慢得足以在可持续发展的框架下加以管理。相比之下，笔者更偏爱“绿色经济”这一术语，它将能够“带来人类生活条件的改善和社会平等，同时又能实质性减少环境风险和生态稀缺”(联合国环境规划署:《走向一种绿色经济》,2011)。

马丁·耶内克

2011年10月于柏林

# 序　言

“生态现代化”——着眼于超越末端治理解决方案的技术革新——在过去的几十年中已经成为德国环境政策的一个重要因素。例如，这种政策促进了可再生能源技术出口的迅速增加，并通过现代技术的应用而使排放减少。德国已经展示了革新导向的战略能够诱发环境友好部门的增长。

我们能够鉴别在这种成功政策背后的一些关键驱动力量。环境技术领域的革新需要管治的支持，也需要政治的现代化。多层管治及多部门管治的新模式必须得以发展。诸如为促进可再生能源发展的强制性“电网回购”(obligatory feed-in tariffs)或排放交易之类的新型管理手段已经赢得了重要地位。在这个进程之中，政府和民族国家的作用虽然已经发生了变化，但并未受到严重削弱。我同意本书作者们的观点，政府既是环境政策革新也是环境技术革新的重要驱动者，它们通过提供成功的政策——建立在清洁(更清洁)技术基础上的政策——为其他国家创造了一种示范效应。这种最优实践(best practice)经常导致政策的扩散以及“经验学习”(lesson drawing)。全球环境政策在很大程度上是以国家政策的革新为基础的，而这些革新政策随后被其他国家采纳。例如，德国的“电网回购”政策现在已经被世界上 30 多个国家采用，其中也有一些发展中国家。相似地，荷兰的环境政策规划也已经影响了世界上 100 多个国家的可持续发展国家战略的制定。

该书描述了政府在全球环境政策领域的新作用。它突出强调了在环境领域政策革新与技术革新以及它们二者之间相互影响所产生的巨大潜力。它表明，具有较高发达程度的发达国家政府不仅具有为全球环境问题的解决提供先驱性解决方案的潜力，还具有支持为促进更好技术发展的领导型市场(lead markets)服务的责任与义务。因此，该书具有重要的价值，它告知我们什么是可能的，以及从这种可能性出发我们会走向何方。

对于德国联邦政府的环境、自然保护与核安全部而言，柏林自由大学环境政策研究中心(FFU)所提供的生态与政治现代化研究经常被证明是具有重大价值的。确实，它二十年来的研究活动已经为所有政治行为体提供了一个影响深远的学习过程。不单单基于上述原因，我希望环境政策研究中心将来继续取得更多的成果。

于尔根·特里廷

# 目 录

## 第四部分　能源政策的绿色整合



## 第五部分　国际环境管治

# 导　言

环境政策制定尽管是国家活动中一个相当年轻的分支，但它已经在所有发达国家演化成了一个非常特别的政策领域，涉及各政策层面中关系政策制定的复合性系列行为体与制度。在政府体系内部，它已经赢得了重要地位，尽管在过去的三十年里，其在一些主要议题领域也存在着倒退和失败。

环境政策起源于丰富多彩的政治学研究的相关主题。这个领域的几个标志性特征已经吸引了学术界的特别注意。例如，拥有几百个国际协议的综合性国际框架，应对复杂性和不确定性的需求，对于相应决策而言具有重大意义的知识的重要性，非政府行为体的兴起及其越来越大的重要性，等等。许多政治学者正在研究这些及其他一些相关现象。为了分析环境政策，新的概念、理论以及研究方法已经得以发展。

此类研究已经涉及的问题有：政府怎样解决来自环境退化的挑战？涉及哪些行为体，它们分别追求什么样的战略？哪一种制度得以发展以及应用什么样的手段？环境管治的模式随着时间的推移怎样以及为什么发生变化？哪一种模式是成功的？环境政策在不同的社会经济领域，如在经济与市民社会以及政府产生了什么样的影响？哪一种方法已被证明是最为成功的？

在这个领域，柏林自由大学环境政策研究中心（FFU）是一个积极的行动者。作为一个主要建立在第三方资助基础上的研究机构，它覆盖了广泛的研究方法和议题领域。然而，它在发展演变的过程中主要涉及以下几个关键的研究领域：

(1)对先驱国家的比较研究视角：在一个动态复杂以及拥有成百上千个潜在干预因素的世界，政策分析主要依赖案例研究以及国家之间的比较。环境政策研究中心的研究已经广泛使用比较研究方法以及系统的大样本统计分析方法。20世纪80年代开始的环境政策成功条件的分析，后来集中于环境政策能力以及先驱行为的决定因素分析。国家政府——不只是作为一个较高层次上的集体行为体——一直是主要的分析单元。经常被论及的民族国家的重要性正在下降的命题，并不能被环境政策研究中心所收集的丰富经验性数据所证实。毋庸置疑，就促进环境政策的进一步发展而言，欧盟以及国际层面具有越来越重要的意义，但是，在这些层面上兴起的政策舞台主要是被来自于国家层面上的行为体运用，来赢得它们对国家政府政策措施的支持。环境政策制定在很大程度上是一个多层博弈，国家政府仍然是新政策的主要革新者和采用者。

(2)政策革新及其扩散：通过横向"经验学习"的方式使环境政策革新得以扩散以及全球环境政策发展，是环境管治现代化的一个核心方面。自20世纪90年代初，这已经成为环境政策研究中心的一个关键研究领域。对民族国家在全球舞台上的作用以及国际体制与其他全球博弈者的作用的研究，需要超越根深蒂固的偏见(例如来自于新古典经济学家的那些偏见)。政府在发展一种新政策方式的过程中，已经展示了重大的创造性，不单单是工业、服务业、消费者，政府本身也已经成为把环境保护融入决策之中的政策措施的一个主题。

(3)环境政策与经济之间的关系的分析："生态现代化"理念已经被证明不但在科学上是成功的，而且在政治上也是成功的。这种理念发展于柏林，现在已经成为新规划以及新思想观念持续发展的源泉。解决环境政策与经济之间连接的研究主要有两种流派：其一，在一些政策规划中的环境政策革新的影响研究。"依据先前政策发展的情形进行分析以及自下而上"的分析方法和传统的自上而下的解释方法，将其作为一种综合分析工具。在这种方法中，革新(而不是政策)是分析的单元与研究的起点，从这一点开始追溯影响革新的因素。这种分析方法已经得到了一个经验性的分析结果，那就是没有单一政策手段能够解释革新；相反，革新只有用一种综合的因素才能够得以解释，包括政策手段(在革新过程的每一个阶段)、政策风格以及行为体的构型。从一种动态的分析视角来看,政策革新过程的早期阶段——例如对问题的界定以及目标的发展——对公司的革新行为就已具有重大影响。其二,另一种研究路径是对"脏工业"环境影响的跨国比较。仅仅少数几个部门对排放以及资源消耗负责。在一些国家,这些部门中的一些工业的萎缩已经成为环境质量改善的一个重要源泉。

(4)政治现代化与技术现代化之间的相互依赖:经济的生态现代化在很大程度上受到环境政策的驱动。环境政策领域的先驱者在许多不同议题领域的技术发展中发挥着带头作用,它们作为其他国家的榜样,激发了政策与技术扩散的进程,这些现象已经被作为一种促进环境革新的领导型市场来分析。

自从环境政策研究中心成立以来,这些问题以及研究方法就处于研究中心全部研究的核心地位。现实世界环境政策制定的快速发展,推动了研究中心的不断完善改进、进一步的发展以及新议题领域的不断涌现。1986年以来,德国环境部创建,布伦特兰报告发布,许多国际环境协定达成,里约世界峰会召开,"绿党"入主全国政府,等等。随着新的行为体进入这个舞台、政策领域的国际化以及地区化、政策手段多样性的增加——包括经济手段以及建立在合作尤其是"明智的"管治方法基础上的信息等因素,环境政策的制度架构已经发生了根本性的变化。

环境政策研究中心自建立之日起,就广泛参与环境政策咨询活动,有时候会非常近地接触决策过程。基本的学术研究与主要为政治行为体提供政策建议的咨询机构的有机结合,使得环境政策研究中心在这两个领域都取得了丰硕的成果。基于对政治行为体的信息需求以及对它们行动机会的完整理解,新研究问题的界定和甄别是一个非常有价值的资源。另一方面,较高的学术标准和声望也是其成功发挥政策咨询作用的一个重要前提条件。

本书的目的在于,对上述工作进行一个总结与评估,与此同时,也对将来的研究规划进行一个概括。既给学术研究人员也给政策实践者一个关于研究中心过去20年来所做努力的全面印象,包括它的成绩与向前发展的道路。

本书由一些出自环境政策研究中心的相关论文以及最近发表的文章所组成。几乎所有的章节的内容都已经在其他地方发表过，且绝大多数都是在同行们所编辑的学术杂志上。这 16 章内容集合成了如下五个部分：

第一部分致力于考察生态现代化与先驱国家的作用。对最近关于经济的生态现代化潜在的促进因素与潜在的障碍以及先驱国家的特殊作用的研究作了总结与概括。马丁·耶内克(Martin Jänicke)在他的总结性论文《生态现代化：新视点》中，分析了政治现代化的最新进程，追问了这些革新怎样在一个生态现代化的逻辑之内发挥作用。在接下来的一章中，马丁·耶内克和克劳斯·雅各布(Klaus Jacob)审视了促进环境革新的领导型市场的兴起，而这种领导型市场可以被视为政策及技术革新与扩散之间相互影响、相互作用的结果。革新通常是由环境政策的先驱者激发而起，随后，这些革新就开始引领国际现代化进程的趋势和进度。在随后的一章中，马丁·耶内克分析了这样的潮流引领者和它们的行动潜力以及先驱国家的影响。在由克劳斯·雅各布和阿克塞尔·沃尔凯利(Axel Volkery)撰写的另一章中，他们从比较的视角出发，考察了反映和分析先驱国家能力的统计模型的方法。

第二部分致力于考察环境政策革新的扩散。克斯汀·图思(Kerstin Tews)详细考察了这个领域的几个主要研究计划，为这个领域将来丰富多彩的研究活动提供了一个新的研究议程。由珀尔—奥鲁夫·布施(Per-Olof Busch)等所撰写的一章，对众多政策革新在国家之间的扩散过程进行了一个经验性的概述。曼夫雷德·宾德尔(Manfred Binder)运用一种跨国比较的方法，批判性地分析了扩散这一概念。科斯顿·尤尔根森(Kirsten Jörgensen)通过对德国各州与美国各州的比较，聚焦于对次国家层面上的政策革新的考察。

第三部分致力于对环境管治革新的分析。马丁·耶内克和黑尔格·尤尔根斯(Helge Jörgens)对 1992 年里约峰会以来的环境政策的发展作了概述和系统评析。阿克塞尔·沃尔凯利等对 19 个国家的可持续发展战略进行了比较分析研究。由克劳斯·雅各布和阿克塞尔·沃尔凯利撰写的一章，对把环境关切融入各个政策制定领域进行了评析，并分析了它

们在经合组织(OECD)中的应用。

第四部分致力于考察能源政策的绿色整合。在这个领域,对能源政策的比较分析以及环境政策一体化的潜力的研究,是环境政策研究中心长期坚持的一个研究主题。由图思和宾德尔所撰写的一章,对附件1国家的二氧化碳减排目标作了概述,并评估了这些目标迄今为止是否导致了有效的减排行动。卢茨·梅兹(Lutz Mez)从比较的研究视角描述了生态税改革这一概念。卢茨·梅兹和安妮特·皮恩宁(Annette Piening)分析了德国核能逐步退出的谈判进程,这个事件可以被视为非常少见的经济部门有组织转型的一个典型案例。

最后一部分聚焦于环境政策制定的国际层面。由斯蒂芬·鲍威尔(Steffen Bauer)所写的一章,对全球环境政治中国际环境条约秘书处的管理进行了考察。菲利普·帕特伯格(Philipp Pattberg)则分析了国际环境政策中非政府组织(NGOs)越来越大的重要性。最后,斯蒂凡·林德曼(Stefan Lindemann)对大量水资源管治体制的设计、管理范围以及有效性,进行了分析比较。

在此,我们希望对所有为此书作出贡献的人表示感谢。所有的作者都以极大的耐心设计和编排了他们各自的章节。感谢康妮莉亚·沃尔特(Cornelia Wolter)对本书封面的设计。更多的感谢要给予茱莉亚·沃尔纳(Julia Werner),正是她组织了该书的编辑、设计和印刷。同样的感谢也要给予哈罗尔德·缪赫(Harald Mönch),正是他承担了整个书稿编排工作的责任。没有茱莉亚和哈罗尔德,就不可能完成本书。

马丁·耶内克、克劳斯·雅各布<br>2006年3月于柏林

# 第一部分

# 生态现代化与先驱国家的作用

# 第一章　生态现代化:新视点

[**内容提要**]"生态现代化"——可以理解为系统性的生态革新与扩散——迄今为止,体现着环境改善的最大潜能。一般而言,现代化和革新竞争的市场逻辑以及全球性环境需要的市场潜力,是"生态现代化"的重要推动力。而最近出现的另外两个因素则构成了其进一步发展的促动性因素:一是"明智的"环境管治日益突出的重要性;二是全球环境治理行为体构型的日益复杂化,使得污染企业的风险扩大并因此产生了促进其生态革新的压力。尽管拥有这些有利的框架性条件,"生态现代化"战略仍然面临着一些内在的限制。这些限制包括:市场化技术不可能解决所有环境问题,经济增长("N 型曲线"困境)以及"生态现代化失利者"的强力抵制、抵消了渐进的环境改善。在这种背景下,环境问题的结构性解决似乎不可或缺。基于此,生态革新应该以管理的转型或环境政策的生态化结构性转变为支撑,而后者是具有创造性的和影响深远的,但应该力争避免"创造性破坏"的出现。

## 一、"生态现代化":连接生态和经济

二十多年来,"生态现代化"(ecological modernisation)这一概念描述了一种以技术为基础的环境政策。"生态现代化"不同于纯粹的"末端治理"环境管理方式,它包括能够促进生态革新并使这些革新得以扩散的所有措施。一般而言,如果一种环境问题存在某种市场化解决方案的话,那么,就政治方面来说,其解决将更为容易一些。相比较而言,如果一种环境问题的解决需要干预现存的生产、消费或交通结构,那么,它将可能遭

遇抵制。

“生态现代化”一词出现于20世纪80年代早期，其提供了一种生态与经济相互作用的模式。其意图在于，将存在于发达市场经济之中的现代化驱动力与一种长期要求连接起来。这种要求就是：通过环境技术革新而达到一种更加环境友好型经济的发展。最初，这一概念在一个叫“柏林科学中心”(Berlin Science Center)①的研究中得以形成和发展，并且，只是在一个范围较小的柏林社会科学学术团体②(有时被称为环境政策研究的“柏林学派”③)中被接受和使用。从那以后，这一概念在德国环境政策争论中逐渐产生了强烈的影响。它对社会民主党的影响最大，但最终也影响了绿党(联盟90/绿党)。1998年成立的德国新政府，在10月通过的“红绿”联盟协定中，提出了“生态现代化”行动纲要，反映了这一概念在政治上的被接受。20世纪90年代初以来，在环境科学的论争之中，这一概念已经在国际上被广泛使用。④

---

① Martin Jänicke, „Beschäftigungspolitik ('Zehnjahresprogramm der Ökologischen Modernisierung') in Eine alternative Regierungserklärung," *Natur Heft*, 4, 1983; Martin Jänicke, *Preventive Environmental Policy as Ecological Modernisation and Structural Policy*, Berlin: Wissenschaftszentrum Berlin (IIUG dp 85-2), 1985.

② U. E. Simonis (Hrsg), *Präventive Umweltpolitik*. Frankfurt/New York: Campus Verlag, 1988; K. Zimmermann, V. Hartje and A. Ryll, *Ökologische Modernisierung der Produktion-Strukturen und Trends*, Berlin: Sigma-Rainer Bohm Verlag, 1990; G. Foljanty-Jost, *Ökonomie und Ökologie in Japan: Politik zwischen Wachstum und Umweltschutz*, Opladen: Leske und Budrich, 1995; J. Huber, "Towards industrial ecology: Sustainable development as a concept of ecological modernisation," in M. Andersen and I. Massa (Eds.), *Ecological Modernisation*, *Journal of Environmental Policy and Planning*, Special Issue 2, 2000.

③ L. Mez and H. Weidner (Hrsg), *Umweltpolitik und Staatsversagen-Perspektiven und Grenzen der Umweltpolitikanalyse* (Festschrift f. M. Jänicke), Berlin, 1997; V. v. Prittwitz (Hrsg), *Umweltpolitik als Modernisierungsprozess. Politikwissenschaftliche Umwelforschung und-lehre in der Bundesrepublik*, Opladen, 1993.

④ Albert Weale, *The New Politics of Pollution*, Manchester/New York: Manchester University Press, 1992; M. Hajer, *The Politics of Environmental Discourse: Ecological Modernisation and the Policy Process*, Oxford: Oxford University Press, 1995; M. J. Cohen, "Science and the Environment: Assessing Cultural Capacity for Ecological Modernisation," *Public Understanding of Science* 7, 1998, pp. 149-167; St. C. Young (Ed.), *The Emergence of Ecological Modernisation: Integrating the Environment and the Economy?* London/New York: Routledge, 2000; A. P. J. Mol, *Globalization and Environmental Reform — The Ecological Modernisation of the Global Economy*, Cambridge: MIT Press, 2001; B. F. D. Barrett (Ed.), *Ecological Modernisation and Japan*, London/New York: Routledge, 2005.

今天，随着大量具有相似含义的可替代概念的出现，被广泛接受的"生态现代化"概念被不断完善。比如，"控制环境流量"(governing environmental flows)这样的综合性概念主要强调物质流动的数量和质量方面的革新，追求使它们的环境影响最小化。① 其他一些相关的概念包括：2002年约翰内斯堡世界可持续发展峰会(WSSD)提出和发展的强调可持续消费和生产(SCP)的"生态革新"(eco-innovation)概念，还有作为"欧盟增长与就业里斯本战略"一部分的"生态效率"(eco-efficiency)概念。与后者相关的是，2004年欧盟委员会的一个"高级别小组"宣布的"在主要的投资决策中需要促进生态效率革新"，这种革新应该相应达到能够"更少污染、更少资源密集型产品和更高效的资源管理"②。最后，欧洲环境保护局负责人最近提出了一个"好的环境规制"(good environmental regulation)概念，它有助于减少成本，创造市场，驱动革新，减少商业风险，提高竞争优势。③ 总之，上述概念都远远超出了传统的"末端治理"方式，而采取了一种通过革新实现环境改善的、更加综合性的治理途径。在这里，系统地提高"生态效率"的理念与我们所理解的"生态现代化"最为接近。④

在经济学术语中，现代化就是一个产品与生产过程系统的、以知识为基础的提高过程。迫切的"现代化"需要是资本主义市场经济本身所固有的一种强烈驱动力量，而工业化国家日益加剧的革新竞争也促使技术现代化的步伐不断加快。虽然这种革新的内在强烈驱动力的问题我们已经详细讨论过，但是影响技术进步的方向，仍然是可能的。事实上，实现这样的影响正是"生态现代化"治理方式的全部要旨所在。因此，我们的任务就是改变技术进步的方向，以及把这种革新的强烈驱动变成一种服务

---

① G. Spaargaren, A. P. J. Mol and F. H. Buttel (Eds.), *Governing Environmental Flows: Global Challenges to Social Theory*, Cambridge: MIT Press, 2006.

② W. Kok (Ed.), Facing the Challenge: The Lisbon Strategy for Growth and Employment, Report from the High Level Group Chaired by Wim Kok, Luxemburg: Office for Official Publications of the European Communities, 2004, p. 36.

③ Network of Heads of European Environment Protection Agencies, *The Contribution of Good Environmental Regulation to Competitiveness*, EEA Copenhagen, 2005.

④ W. Kok (Ed.), Facing the Challenge: The Lisbon Strategy for Growth and Employment, Report from the High Level Group Chaired by Wim Kok, Luxemburg: Office for Official Publications of the European Communities, 2004.

于环境的力量。这种方式突出强调的一点就在于，我们可以达到生态—经济“双赢”的可能性结果，而最重要的就是，通过成本减少和革新竞争使这种可能变为现实。

“生态现代化”可以是渐进改善（较为清洁的技术），也可以是根本上的革新（清洁技术）。环境改善影响着不同的方面，诸如物质使用强度（物质资源的高效使用）、能源使用强度（能源的高效利用）、交通强度（高效的组织和安排）、空间使用强度（高效的空间利用）或者风险强度（有关工厂、物质和产品）。革新表示的是一种新技术开始被引入市场，这种新技术可以提高一种产品的部分或生命周期的所有阶段。环境革新的生态有效性不但依赖革新的激进程度，而且也依赖其扩散程度。例如，仅限于“利基市场”或“小众市场”(niche markets)的渐进革新将只会有有限的影响；至于其扩散程度，关键是要理解促进环境革新扩散的机制，特别是当我们试图发展一个“生态现代化”的全球战略时。基于此，促进环境革新的领导型市场(lead markets)的作用变得越来越重要。①

当前，“生态现代化”的两个驱动力量似乎尤为突出：

(1)“明智的”政府规制的作用；

(2)在一个多重环境规制背景下，污染企业面临越来越大的商业风险。

长期来看，这两个影响因素可能会彼此强化，从而增强环境革新的既存动力。虽然这可能提升创造性环境治理的长期发展潜力，但“生态现代化”战略仍然具有一些非常重要的限制因素，这一点我们必须加以考虑。

## 二、政治现代化：重塑政府

如果把“生态现代化”视为环境技术革新与扩散的过程，那么，我们还必须考虑到这个概念的政治意蕴。与其他革新相比，环境革新具有三个非常突出的特点：

---

① M. Beise and K. Rennings, *Lead Markets for Environmental Innovations*, ZEW Discourse Paper 03-01, Mannheim, 2003; Klaus Jacob, M. Beise, J. Blazejczak, D. Edler, R. Haum, Martin Jänicke, Th. Löw, U. Petschow and K. Rennings, *Lead Markets for Environmental Innovations*, Heidelberg: Physica-Verlag HD, 2005.

(1)由于市场失灵的可能性,它们特别需要政治上的(至少是某种社会组织的)支持。这就是,为什么"生态现代化"就其本质而言是一个政治概念。

(2)环境革新是对具有全球性影响(或将来会有全球性影响)的环境问题的回应,因此,由于全球性环境需求的存在,它们具有全球性市场潜力。

(3)由于许多自然资源的稀缺以及地球沉积能力的有限,全球工业增长本身就创造了对环境革新的强烈需求。

其最重要的含义是,生态革新无一例外地需要政治支持——一些关于生态革新的决定因素的经验性研究已经充分证实了这一事实。[①] 最为典型的是,环境政策决策者与技术革新者之间存在着某种相互作用和相互影响:喜好技术为基础的(市场化的)解决问题方式的政治家与寻求规制支持的工业革新者(为了他们各自的技术发展)相互合作。例如,飞利浦公司支持欧盟"使用能源产品"(EUP)的指令,是因为欧盟给予其节能灯泡技术非常强烈的市场支持。同样,太阳计算机系统公司(Sun Microsystems)的理查德·巴瑞顿(Richard Barrington)最近呼吁欧盟委员会:"我们想看到某种标准被确立,从而为满足这种标准的公司打开市场机会。"麦克劳赫林(McLauchlin)在谈到汽车工业的时候也作了相似的评论:"……规制与竞争之间一种复杂的相互作用已经开始,规制驱动……已经迫使公司之间为了某种环境标准而彼此竞争。"[②]

生态革新的这些特点也有助于解释,为什么一种以牺牲环境为代价的

---

① Klaus Jacob, M. Beise, J. Blazejczak, D. Edler, R. Haum, Martin Jänicke, Th. Löw, U. Petschow and K. Rennings, *Lead Markets for Environmental Innovations*, Heidelberg: Physica-Verlag HD, 2005; J. Hemmelskamp, K. Rennings and F. Leone (Eds.), *Innovation-oriented Environmental Regulation: Theoretical Approaches and Empirical Analysis*, Heidelberg: Physica-Verlag HD, 2000; P. Klemmer, *Innovationen und Umwelt*, Berlin, 1999.

② A. Mclauchlin, "Car industry rallies to meet demands for lower emissions," European Voice.com, Vol. 10, No. 32; D. Levi-Faur and J. Jordana (Eds)., "The rise of regulatory capitalism: The global diffusion of a new order," *The Annals of the American Academy of Political and Social Science*, Vol. 598, March 2005.

规制型“竞次模式”(race to the bottom)迄今为止并没有发生[①]：环境规制并不必然会限制革新；相反，环境问题已经越来越成为“经济现代化的发动机”，成为革新竞争的重要方面。“环境政策促进工业现代化”，使公司更加健康和具有更高竞争力，这并非一种新的观点。[②] 在较发达的经济发展与合作组织(OECD)国家的环境政治学中，这种观点已经存在很长时间。[③]

经济全球化没有限制环境革新，但政治全球化已经创造了一个政治角逐、政策革新和基准评定的竞争场所。因此，有诸多原因可以解释，为什么许多国家(最主要是小国家)宣称自己是环境政策领域的先驱者(pioneers)(见表 1-1)，也可以解释，为什么特定的政府会认为它们在环境治理领域具有重要的积极作用。除了国内动机(参见本章第 3 节)，在国际政策舞台上也可以看到一些其他激励因素——对于那些小的经合组织国家，这些激励似乎特别重要。

**表 1-1　　宣称在环境政策领域发挥领导作用的政府**

| |
|---|
| ● “……挪威应该成为环境友好型能源方面的世界领导者。”( Minister Enoksen, 2005) |
| ● 芬兰的政府规划展望了芬兰成为“最有生态效率的社会之一”。(2005) |
| ● 瑞典把自己视为“生态可持续发展的驱动力和榜样”。(1998) |
| ● 依靠其双边和多边行动，荷兰努力在欧盟背景下为促进可持续发展发挥重要作用。(荷兰居住、空间规划和环境部，2003) |
| ● 韩国政府有一个成为“环境保护模范国家”的目标。(Green Vision 21，1995) |
| ● 托尼·布莱尔首相最近宣布，英国将在气候政策方面发挥领导作用。(2004) |

① D. W. Drezner, “Globalization and policy convergence,” *The International Studies Review*, 3 (1), 2001, pp. 53-78; David Vogel, “Is there a race to the bottom? The impact of globalization on national regulatory policies,” *The Tocqueville Review/La Revue Tocqueville*, 22 (1), 2001; Martin Jänicke, “Trend-setters in environmental policy: the character and role of pioneer countries,” *European Environment*, 15(2), 2005, pp. 129-142; K. Holzinger, “‘Races to the Bottom’ order ‘Races to the Top’,” Regulierungswettbewerb im Umweltschutz, *Beitrag zum PVS-Sonderheft*, 2005.

② D. Wallace, *Environmental Policy and Industrial Innovation: Strategies in Europe, the USA and Japan*, London: Brookings Institute Press, 1995; Michael E. Porter and Claas van der Linde, “Green and competitive: ending the stalemate,” *Harvard Business Review*, 73(5), 1995, pp. 120-134.

③ Mikael Skou Andersen and Duncan Liefferink (Eds.), *European Environmental Policy: The Pioneers*, Manchester: Manchester University Press, 1997.

续表

| |
|---|
| ●德国宣称，要在气候保护方面发挥"领导作用"。(Coalition Agreement，2005) |
| ● 日本经济产业省(METI)(2002)声称，日本作为一个"循环再生导向型的经济体系……在这种经济体系中，工业和经济行为的每一个方面都采取了保护环境和资源的措施"。 |

资料来源：作者整理汇编。

## 三、"明智的规制"

在环境革新的政治竞争中，(明智的)规制发挥了至关重要的作用，这种明智的规制可以被认为是"生态现代化"的一个关键性驱动力。把这种重要作用归因于规制可能会令人惊讶，因为在里根和撒切尔夫人时代，"去政府规制"是居于主导地位的经济哲学。那时，规制强加给企业高的成本，并且严重抑制了革新和竞争力的论断广为流传。从20世纪90年代早期开始，一种"修正主义主张"，即亲规制的观点，已经通过突出强调环境规制与国家的竞争力之间的积极关系，成功挑战了这种新古典经济学论断。[①] 这种亲规制管理方式复兴的原因是多方面的。首先，新古典经济学的主张(往往忽视或低估政策过程的内在逻辑)通常被证明过分简单化，而这种过分简化的政策必须通过再次强化的规制政策加以补偿。其次，许多"软的"或"自愿的"政策措施通常相当无效，除了导致高的交易成本，还需要国家的组织化能力与民选政府的最后保障。[②] 最为重要的是，在一个多重治理的背景下，政府的规制作用在功能上具有必要性，这种作用必须被重新强化和塑造，这已经成为一种强有力的论断。革新竞争和

---

① M. E. Porter, *The Competitive Advantage of Nations*, New York: Free Press, 1990; D. Wallace, *Environmental Policy and Industrial Innovation: Strategies in Europe, the USA and Japan*, London: Brookings Institute Press, 1995.

② A. Jordan, R. K. Wurzel and A. R. Zito (Eds.), *New Instruments of Environmental Governance? National Experiences and Prospects*, *Environmental Politics*, 12(1), London: Frank Cass Publishers, 2003; OECD, *Voluntary Approaches for Environmental Policy*, Paris, 2003; Martin Jänicke und Helge Jörgens, „Neue Steuerungskonzepte in der Umweltpolitik," *Zeitschrift für Umweltpolitik und Umweltrecht*, 2004, pp. 297-348; Th. De Bruijn and V. Norberg-Bohm (Eds.), *Industrial Transformation: Environmental Policy Innovation in the United States and Europe*, Cambridge/London: MIT Press, 2005.

环境保护处于成败关头的时候更是这样。

环境规制通常为公司和工业带来许多明显的优势：

(1)规制能够为国内工业创造或开拓市场。最有趣的案例是日本18个消费能源的产品集团实施的"领跑者"计划("Top-Runner" approach)以及迅速扩散的德国的"电网回购"(feed-in tariffs)政策——这种政策是为了促进可再生能源的发展。

(2)规制制度——通常由具有创新精神的领潮者(trendsetters)所创建并导致了全球管治制度的趋同——提升了市场的可预测性。在复杂性和风险性日益增强的全球条件下,对管制制度趋势的这种预期因此成为具有革新精神企业的一种典型行为。

(3)(真正的或威胁性的)规制能让商业活动更为容易:与自愿遵守这种管理方式相比,受影响的企业不必顾虑它们的竞争者是否也会采取同样的措施。

(4)规制也可以减少实施技术变革的企业内部障碍(比如,甚至节约能源的潜在好处也经常由于某些组织方面的原因而被忽视)。而且,企业也不必寻求价值链内部的支持,因为它们的消费者不得不接受这种改变。

当前,这种规制的再度流行,甚至已经导致了一种"规制资本主义"①理论的兴起:"规制资本主义的含义来自国家与社会之间的一种新的劳动分工、新的规制机构的扩散、新的规制技术和方法以及人们之间互动方式的法律化。规制资本主义既是一种技术秩序,也等同于一种政治秩序……这些规制正在塑造一种新的全球秩序,这种秩序反映了在一些主导国家社会上和政治上所建构的问题及其解决方式的集合。"②

一般而言,这种规制的复兴值得庆幸,但我们也要注意到,规制的模

① D. Levi-Faur and J. Jordana (Eds.), "The rise of regulatory capitalism: The global diffusion of a new order," *The Annals of the American Academy of Political and Social Science*, 598, March 2005; J. Jordana and D. Levi-Faur (Eds.), *The Politics of Regulation: Institutions and Regulatory Reforms for the Age of Governance*, Cheltenham/Northampton: Edward Algar Publishing, 2004.

② D. Levi-Faur and J. Jordana (Eds.), "The rise of regulatory capitalism: The global diffusion of a new order," *The Annals of the American Academy of Political and Social Science*, Vol. 598, March 2005, p. 13, pp. 21-22.

式正在发生变化，其焦点现在主要集中在“明智的”或“好的”环境规制[①]之上。“高超的”规制手段被描述为“知识嵌入型手段，这种手段是新秩序的突出特点之一”[②]。如果我们转向“生态现代化”和(技术)革新，就会发现这种规制似乎非常合理。基于几个“以革新为导向的环境规制”[③]的研究项目，我们提倡以下有助于革新的环境规制模式(见表1-2)。

**表 1-2　一种“明智的”和有利于革新的环境规制框架的组成要素**

| 政策工具是有利于革新的，如果它们 |
|---|
| ●提供经济激励；<br>●整合多重因素一起行动；<br>●是建立在战略性计划和目标基础上的；<br>●把革新作为一个过程，考虑到革新/扩散的不同阶段。 |
| 一种政策风格是有利于革新的，如果它是 |
| ●建立在对话和共识基础上的；<br>●可计算的、可依赖的以及具有连续性；<br>●决定性的、积极主动的、严格要求的；<br>●开放和灵活的；<br>●以管理为导向的。 |
| 一种行为体结构是有利于革新的，如果 |
| ●它有助于水平和纵向政策一体化；<br>●各种各样的规制目标是网络状的；<br>●管理者与被管理者之间的关系网是紧密的；<br>●有关的利益相关方都包括在政策网络中。 |

资料来源：Martin Jänicke et al.，“Environmental policy and innovation：An international comparison of policy frameworks and innovation effects，” in J. Hemmelskamp，K. Rennings and

---

① N. Gunningham and P. N. Grabowsky，*Smart Regulation：Designing Environmental Policy*，Oxford，UK：Oxford University Press，1998；Network of Heads of European Environment Protection Agencies，*The Contribution of Good Environmental Regulation to Competitiveness*，EEA Copenhagen，2005.

② D. Levi-Faur and J. Jordana (Eds.)，“The rise of regulatory capitalism：The global diffusion of a new order，” *The Annals of the American Academy of Political and Social Science*，598，March 2005，p. 13，p. 22.

③ M. Weber and J. Hemmelskamp (Eds.)，*Towards Environmental Innovation Systems*，Berlin/Heidelberg/New York：Springer，2005.

F. Leone (Eds.), *Innovation-oriented Environmental Regulation: Theoretical Approaches and Empirical Analysis*, Heidelberg: Physica-Verlag HD, 2000.

日本的"领跑者"计划是一种更新的、有利于革新的规制模式例子(见表1-3)。迄今为止,这似乎是达到"生态现代化"最先进和尖端的方法。不但那种严格要求的、可以计算的和对话导向的政策风格,而且那种包容性的却一体化的行为体结构,都可以与上面提到的那个政策框架相匹配(见表1-2)。对于那些把严格标准与经济手段(以《京都议定书》的国家目标为基础)相结合的、已经被采用的政策组合来说,尤其如此(即使批评者说这种联系不够严格)。最为重要的是,"领跑者"计划把革新视为一个过程,这种方法顾及了从革新(例如,用奖励支持)到扩散的不同阶段,把各个阶段都既融入了国家(领导型)市场又融入了国际市场。丰田普瑞斯(Toyota Prius)汽车的成功案例,在很大程度上能够直接用这种革新导向的规制方法进行解释。

**表1-3　经济革新的明智规制:日本的"领跑者"计划**

- 日本经济产业省(METI)对18种使用能源的产品的规制。
- "最高能源效率"方法把能源效率作为产品标准的基础(加权平均值)。
- 一旦目标年来到,对国家的生产者和进口者而言,效率标准就会成为一种强制性规则。
- "点名批评"方法(name and shame)被当作一种调解手段使用。
- 相配套的规制:
    - 绿色采购法(2001);
    - 绿色汽车税;
    - 能源效率产品的年度奖励。
- 标准的实现一般是"非常积极的":几个产品在目标年之前就已经达到规定的标准(空调、汽车、计算机、磁带录像机)。
- 越来越高的产品竞争力得到生产者的确认。
- 经济产业省考虑到了技术革新和扩散的潜力。

资料来源:作者在Naturvardsverket(2005年)的基础上进行的汇编。

把严格的标准与灵活的实施措施结合起来的"明智"规制的相似例

子，还有促进可再生能源实施的强制性“电网回购”政策、欧盟排放交易体系和（可能的）新的欧盟生态设计指令。非常有趣的是，所有这些以革新为导向的治理例子都是足够灵活的，都考虑到了投资周期。对于这种环境治理模式的经济效益和可接受性来说，这是一个非常必要的前提条件。

## 四、在一个复杂世界里的“生态现代化”：污染企业面临日益增加的商业风险

对环境密集型工业而言，新的“明智规制”方法既是一种挑战，也是一种机会。在一个多重治理的世界，对那些面临越来越高的革新压力的“脏工业”而言，越来越复杂的行为体构型导致了一种更高程度的不安全。这与“生态现代化”的全球化进程似乎具有非常高的相关性。

2004 年，根据国际标准体系 14001 环境计划（ISO14001 scheme），世界范围内的 90500 个公司已经得到认证。这反映了一个非常明显的增长，与 2003 年相比增长了 37%。与此同时，几个大型跨国公司（例如通用电气公司、英国石油公司和安联）现在似乎已经承认了环境规制的好处。通用电气公司的杰弗瑞·伊米尔特(Jeffrey Immelt)的一份声明也许是很好的例证：“严格的环境标准并不伤害国家的经济……恰恰相反，如果环境产品的一种核心竞争力能够得以发展，那么国家就能够从较高的环境标准中获利。”即使我们不能过高地估计这种态度上变化的真正环境影响，但这仍值得我们作出解释。

在加速走向“生态现代化”的趋势背后，有几个新的驱动力量。在此，我们能够列举在“里约进程”背景下环境知识的扩散或者对气候变化日益增长的关注，这一进程又被最近的警示性研究所强化。然而，另一种驱动力量尤其重要：公司的生产和它们产品的市场需要一种最小的投资安全风险。然而，今天他们正受到另外两种额外的商业风险的挑战：一是能源和几种矿产资源很高的价格波动；二是在一个越来越复杂的多层面和多行为体参与的治理中，环境压力和要求的不确定性，而只有一个以生态效率为发展方向的革新才能够回应这样的挑战。

不安全作为“生态现代化”的驱动力量需要被更深入的解释。20 世纪 70 年代早期以来，在行为体构型中有一种“复杂性的爆炸”强化了环境规制。

起初，环境政策的行为体构型是相当简单的（见图 1-1）：政府通过单方面的命令和控制，管理（至少是设法去管理）污染企业的环境行为。虽然偶尔也可能有一些来自非政府组织或媒体的压力，或者有一些政府与目标集团之间的双边合作，但是，其行为体构型与今天相比相当简单。然而，经过过去30 年的发展，行为体构型已经发生了剧烈的变化（见图 1-2）。

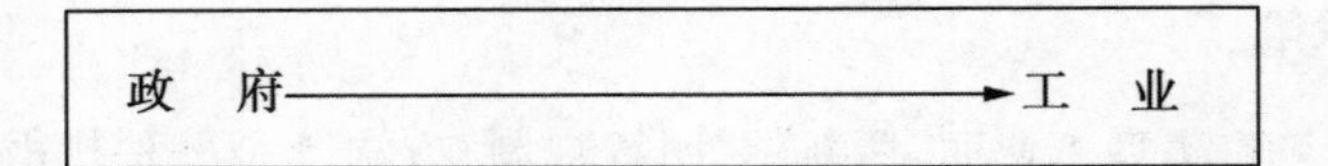


图 1-1　最初的环境政策行为体构型

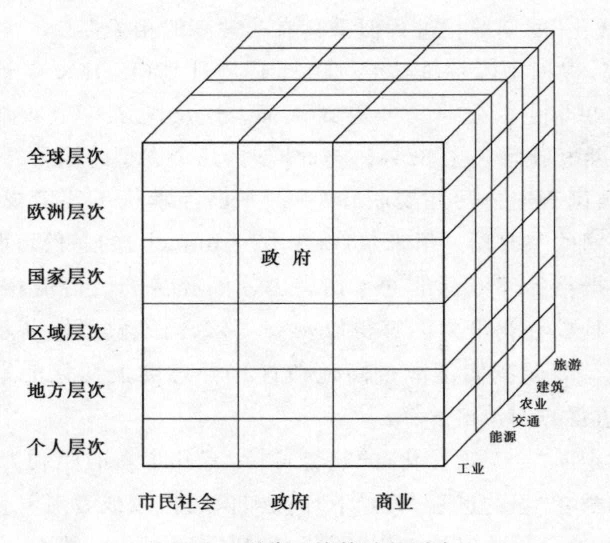


图 1-2　现代环境管治的层次

资料来源：Martin Jänicke, "The environmental state and environmental flows: The need to reinvent the nation state," in G. Spaargaren, A. P. J. Mol, and F. H. Buttel Eds., *Governing Environmental Flows: Global Challenges to Social Theory*, Cambridge/ Mass. /London: MIT Press, 2006.

为什么越来越复杂的行为体构型会给污染企业带来额外的不安全和经济风险呢？一种以生态效率为核心的政策怎样才能使企业获得较高的

经济安全呢？

多重管治为给那些顽强抵抗的污染企业施加压力，提供了大量的机会。过去，公司仅仅有一个相关的伙伴——政府（见图 1-1），而政府有时候甚至还能被污染企业"俘虏"。但从 20 世纪 80 年代起，由于非政府组织和媒体转为直接攻击污染企业，公司不得不认识到，它们不能再"藏"在政府身后了。布伦特斯帕冲突就是一个表现这种压力的突出例证。行为体构型的日益复杂化已经产生了环境压力和几乎不可预测的责任与义务，因此给污染企业带来了越来越大的经济风险和不安全。从一个短时期来看，强大的污染企业作为"拥有否决权的博弈者"也许还能够成功行动，但从长远来看，这种战略可能适得其反。比起从前，越来越多的污染企业不得不在不同的压力（这种压力可以被界定为革新的压力）下行动。对于充满竞争的市场而言，尤其如此。

提高生态效率的技术革新的压力由各种各样的因素引发，这些因素不仅包括价格暴涨，还包括新的竞争性技术或新的课题。在一种具有高度复杂的行为体构型的全球环境管治中，这种革新的压力或者产生于下层（地方非政府组织或消费者），或者产生于上层（欧盟或国际制度），或者两个方面都有。它也可能起源于竞争者或来自首创规制趋势的先驱国家。在这种背景下，通过政治和（或）技术竞争产生的横向压力变得特别重要。这是一种强大的机制，在这种机制下，甚至像美国政府那样强大的拥有否决权的博弈者，也会处于弱势地位。

**表 1-4　"生态现代化"压力：污染企业商业风险的复杂性**

| 经济因素 |
| --- |
| ●波动的能源价格； |
| ●特定原材料波动的价格； |
| ●来自于零售商的"绿色"需求； |
| ●供应链中的"绿色"需求； |
| ●竞争性新技术（替代的压力）； |
| ●保险； |
| ●基准制度体系； |
| ●环境管理体系认证的竞争者（EMAS，ISO 14001）。 |

续表

| 政治因素 |
|---|
| ●先驱国家的行动；<br>●重要市场的严格规制(例如欧盟)；<br>●规制趋势；<br>●国际环境制度；<br>●公共采购。 |
| 社会因素 |
| ●来自绿色非政府组织的攻击(例如布伦特斯帕冲突)；<br>●媒体反对污染企业的运动；<br>●警示性媒体报道；<br>●反对污染企业的网上运动；<br>●警示性科学研究；<br>●日益增多的全球中产阶级的"绿色"消费主义。 |

资料来源:作者汇编。

## 五、全球环境管治的"后里约模式"本质上是以知识为基础的

在多重环境管治的背景下,"明智规制"的兴起以及污染企业要承担日益增长的经济风险,都有助于解释当今"生态现代化"快速发展的动力所在。尽管"生态现代化"战略肯定具有很大的潜能,而且其作为主要的路径,没有其他的替代者,但同样重要的是,还要承认这一方法的局限性。在这一节中,我们首先讨论纯粹基于知识的环境管治的弱点所在,然后阐述基于技术的环境政策方法的内在局限性。

"后里约时代"全球环境管治的本质特征在于,它是一个政策学习以及水平向度上的"经验学习"的过程①。因此,以"生态现代化"为核心的环境政策的创新与扩散,成为一种主导性的基于知识的过程。总体而言,在当今全球环境管治中,知识的重要作用为我们带来了出人意料的积极成果,但我们必须要警醒的是,主导性的、以知识为基础的政策还会遭遇内

① R. Rose, *Lesson-Drawing in Public Policy*, New Jersey: Chatham House Publishers, 1993; Paul A. Sabatier (Ed.), *Theories of the Policy Process*, Boulder, Co.: Westview Press, 1999.

在局限性的束缚，特别是在政策执行方面。

另一方面，基于知识的“里约进程”可以被视为一个令人印象深刻的“成功故事”。“环境管治的里约模式”包括监控目标、合作、参与及政策整合等原则，因此，考虑到全球环境政治中日益复杂的行为体构型，“环境管治的里约模式”是唯一的引领式路径选择。[①] 在政策层面，《21 世纪议程》在各级政府中的广泛采用值得我们高度关注，因为它发生于一个缺乏法律义务和(或)法律强制的框架之中。现在，绝大多数国家都制定了国家的可持续发展战略。2002 年，113 个国家总共起草了至少 6400 个地区性的《21 世纪议程》。[②] 今天，那些小型的、具有革新精神的先驱型国家，诸如瑞典、荷兰或者丹麦，在全球环境政策的发展上发挥了重要的影响。通过提供全球环境需求的创新性解决方案，这些国家证明了国家的影响力未必取决于国家的硬实力。如果他们的解决方案有一定的示范效应并被广泛传播，那么这些方案会产生一种无形的压力，使其他国家做出改变。即使美国在气候政策上被迫采取一种保守立场，它也不能轻易忽略这些政治和技术上的革新。

然而，基于知识的“里约模式”的显著成功只是故事的一个方面。另一方面，那些污染企业基于它们的权力而对“里约模式”的持久抵制，也说明了这种基于知识的环境管治方法的内在局限性：强权的污染者(通常由“它们”的某些政府部门或政府支持)能够抵制知识诱导型的变革，特别是当既得利益部门的利益受到影响的时候。权力就意味着总是有特权去忽视某些东西，并且不去学习。[③] 当然，强权的行为者也能够具有高度创新性并准备去学习。但比起那些受其支配并没有太多权力的行为体而言，促使它们这样做的压力非常小。

如果我们从议程制定以及政策输出转向政策执行及效果，这种以知

---

① Martin Jänicke und Helge Jörgens, „ Neue Steuerungskonzepte in der Umweltpolitik," *Zeitschrift für Umweltpolitik und Umweltrecht*, 2004, pp. 297-348.

② B. Dalal-Clayton and S. Bass, *Sustainable Development Strategies: A Resource Book*, International Institute for Environment and Development, London: Earthscan Publications Ltd., 2002.

③ Karl W. Deutsch, *The Nerves of Government: Models of Political Communication and Control*, New York: Free Press, 1963.

识为基础的治理方法的局限性就变得尤为明显。在此，"里约进程"在议程制定以及政策扩散方面的显著成功，与后来的政策执行和实际政策效果领域的持久性赤字（persistent deficits）形成了鲜明的对比。国家可持续发展战略的例子充分展示了这种差距：尽管现在大多数的国家都制定了国家可持续发展战略，但只有12%的国家真正进入了战略实施阶段。[①]这种现象不足为奇，因为在政策周期进入实施阶段后，那些既得利益集团——"生态现代化"的潜在失利者——会倾向于组织、动员，进行强有力的抵制。由于革新性知识经常与传统污染者的既得利益发生冲突，所以，我们需要重新强化政府规制，并找到确保和改善执行效果的更多路径。在这一背景下，作为某些部门"管理转型"的软性"积极模式"[②]似乎是不够的。另外，环境革新的多种"负面"压力（见表1-4）似乎是一种较有希望的选项。如上所述，全球环境管治的复杂行为体构型为推进环境革新施加压力提供了巨大的机会，这一潜在的方法可以运用在提高环境管治方面，并应成为未来进一步研究的对象。

## 六、超越技术的环境管治

当基于知识的环境管治方法遭遇基于权力的方法的抵制时，"生态现代化"战略将面临更多额外的困难。

首先，在（潜在的市场化）技术手段不可用的地方，这一概念会暴露出很多内在局限性。环境政策所针对的那些"持久性问题"（persistent problems）——如城市扩张、土壤侵蚀、生态多样性流失、核废料的最终处置、全球气候变化——都证实了这些局限性。同时，一般而言，当生态危机非常急切并需要紧急性防御措施的时候，"生态现代化"方法往往是不可行的。

其次，环境效率的渐进提高常常不能被认为是一种可持续的解决方

---

① OECD, National Strategies for Sustainable Development: Good Practices in OECD Countries. Paris: OECD SG/SD, 2005.

② R. Kemp and D. Loorbach, "Dutch policies to manage the transition to sustainable energy," in F. Beckenbach, U. Hampicke, C. Leipert, G. Meran, J. Minsch, H. G. Nutzinger, R. Pfriem, J. Weimann, F. Wirl and U. Witt, *Jahrbuch Ökoligische Ökonomik 4: Innovationen und Transformation*, Marburg: Metropolis Verlag, 2005.

案,因为这种提高很容易被随后的经济增长过程所抵消。例如,汽车的具体排放减少很容易就被随后日益增加的公路交通数量所抵消,这一问题就是早先被公认的"N 型曲线困境"[①]这种困境不但会影响到末端治理,而且还会影响到渐进的"生态现代化"。关于后者,我们可以引用日本工业的例子来解释。在 1973 年到 1985 年之间,日本工业在能源及原材料的节约使用方面取得了巨大的成就,但这些成就都被这一时期高速的工业增长非常轻易地抵消掉了。[②]

这里所描述的"N 型曲线困境"需要更多影响深远的解决方案。首要的一种解决方案,就是用环境中立性产品取代环境密集型的产品和生产过程,从而实现从渐进革新到激进革新的转变。这方面比较著名的例子就是由提高煤电厂的能源使用效率转为太阳能发电的变迁。在渐进变革和激进革新之间还有一些不甚确定的情况,即各种渐进提高加在一起可以达到激进改善的效果(比如零能耗房屋)。另外,结构性解决方案也是必需的。这一方案要求发展"生态结构性政策",即以改变供需结构的形式来强加一种非技术的解决方案。这不仅影响到工业结构,还会影响到个人的生活方式(如个人流动、住房供给)。但是,这里有一个问题,就是结构性解决方案不仅会深刻影响既有的利益和行为结构,而且更为重要的是,结构性变革的方案不能依赖一种"生态现代化"的战略,因为既存的问题不能通过可以市场化的技术革新来解决。基于这样的背景,我们就不会惊讶,为什么迄今为止都没有与此相关的经验性证据存在,即通过精心设计,重组工业结构,摆脱环境资源密集型的工业结构。现有的例子,如荷兰煤矿的关闭、卢森堡的几处钢厂的停业以及意大利核电站的淡出,都不是出于环境保护的动机。[③]

总之,"生态现代化"——尽管它有巨大的环境改善潜能——并不足

---

① Martin Jänicke, *Wie das Industriesystem von seinen Mißständen profitiert*, Opladen: Leske und Budrich, 1979.

② Martin Jänicke, M. Binder and H. Mönch, "'Dirty Industries': Patterns of change in industrial countries," *Environmental and Resource Economics* 9, 1997, pp. 467-491.

③ M. Binder, U. Petschow and Martin Jänicke (Eds.), *Green Industrial Restructuring: International Case Studies and Theoretical Interpretations*, Berlin/Heidelberg/New York: Springer, 2001.

以提供环境的长期稳定。这不仅是因为它不能为每种环境问题提供有效的解决方案，而且还可以归因于双重的"野兔与刺猬困境"：一方面，"生态现代化"要经受上面提到的那种渐进环境改善与经济增长之间的竞争；另一方面，"生态现代化"要遭遇"现代化失利者"的抵制：如果工业和私人经济能够节约能源，削减对原材料的消费，同时采用环境资源低密集型的替代品，那么这些措施都会减少相关工业部门的利润（如采矿业、原材料工业以及电力生产，等等）。不仅如此，这些基于已有权力和影响力结构的"旧"工业，还经常能够成功开拓新的商机。例如，能源部门经常发现新的电力使用者，这种状况转而就会抵消上述为节约能源所作出的努力。相似的例子还有，反对使用氯的成功环境抗议运动成果，已经被随后氯在其他领域的扩展使用而大大抵消。只要环境资源密集型部门极力抵制任何想降低其污染的生态愿望，"N 型曲线"就能够照预期发生。"生态现代化"的步伐被以下两个因素严重阻碍：真正结构重组的缺失以及现代化失利者的规避行为。只要经济上缺乏可供替代的政策选择，上述两种因素的反抗及阻碍行为就似乎非常"合乎情理"，而任何政策改变在经济和社会向度上都显得不可接受。

从战略上说，这正是与"生态工业政策"相关的地方。正因为工业重构与生态现代化具有十分紧密的联系，所以，"生态工业政策"应该使这种工业重构过程在社会和经济向度上得到接受。这样能够促进产品种类的多样化，或者提供社会缓冲、劳动力的再培训与转移。环境革新应该具有"创造性"，但不要导致一种熊彼特（Schumpeter）所理解的那种"创造性破坏"，否则，"生态现代化"的失利者将成为一种阻碍力量。

## 七、结论

鉴于对"生态现代化"战略的上述讨论，笔者得出以下结论：

（1）"生态现代化" 的潜能能够从根本上减少工业增长过程中的环境负担，这是一种无可替代的治理方法。例如，据估计，"绿色电力"的技术潜能几乎与目前全球的电力供应相等值。[①] 其他的"充足即可"或改变生

① WBGU, *Energiewende zur Nachhaltigkeit*, Berlin/Heidelberg: Springer-Verlag, 2003.

活风格的战略都不拥有相似的潜能。

(2)“生态现代化”背后的驱动力有：

第一，技术现代化以及革新竞争的资本主义逻辑，同时加上全球环境需求的市场潜力：环境问题的市场化技术性解决方案为我们提供了一种前景广阔的“双赢方案”。

第二，先驱国家实施的“明智的”环境规制。这些先驱国家一般具有如下特征：较高的环境压力与较高的环境应对能力相辅相成，而潜在的竞争优势通常强烈地激发了这些国家的“明智的”环境规制。环境规制通常既是环境革新，也是这种革新扩散的一个重要前提条件。

第三，在一个全球环境管治日益复杂的背景下，污染工业面临着日益增长的经济不安全与风险。这种商业风险的日益增长，使得“生态现代化”成为那些环境资源密集型企业获取安全的一种战略选择。

(3)然而，“生态现代化”过程却存在着很大的局限性：

第一，如果生态效率的提高仅仅是一种渐进提高(低于经济增长率)；环境革新仅限于利基市场或者这种“解决方案”，只治标不治本的话，那么，经济增长会趋向于抵消环境领域的改善和提高。

第二，“生态现代化”通常会遇到“现代化失利者”的抵制，他们常常拥有足够的权力去限制环境政策的范围和成效。虽然“现代化失利者”可能不足以阻止环境革新和以知识为基础的政策出台，但在进入政策执行阶段的时候，基于权力的抵抗就成为重要的阻碍因素。

(4) 因此，“生态现代化”管治必须寻求新的途径来克服这些强大污染企业的抵制。转型管理中害怕引起“创造性破坏”而产生的恐惧必须尽量减少，但是，胡萝卜必须与大棒同行。环境管治也必须同时包括结构性方案。在复杂性和不安全性日益增长的条件下，更多冲突导向的方法似乎成为可能的和不可或缺的，这种方法能为环境革新带来更多的压力。虽然污染者面临风险的日益增加与“明智规制”影响的日益提升似乎成为改善环境管治的巨大潜力，但改善“生态现代化”战略的具体设计仍需要进一步的研究。

(5)迄今为止，“生态现代化”作为一种以市场为基础的方法已经取得了巨大的成功。如果与结构性解决方案相比，“生态现代化”似乎成为一种更容易的环境政策方法。然而，在研究“生态现代化”理论与实践近25年之后，笔者确实已经充分意识到，我们可能存在满足于市场化的、“双赢方案”的“眼下成果”的风险。归根结底，如果不将可持续发展管治纳入一个结构性解决方案的话，其最终是不可能成功的。因为，更为关键的任务将是长期性环境干扰的预防，工业转型终将不可避免地与既得利益集团相冲突。因此，可持续发展管治必须能够动员起足以赢得这场斗争的意愿与能力。当然，遗憾的是，这显然并非易事。

（马丁·耶内克）

# 第二章　环境革新的领导型市场：民族国家的新作用

[**内容提要**]本章讨论了民族国家对激发绿色革新的领导型市场形成与发展的作用。通常，由于经济与政治全球化的发展，人们表现出对民族国家行动潜能受到削弱的担忧。但对环境政策发展的经验性研究却揭示了这样一种更为普遍的情形：正是发挥先驱作用的民族国家推动了环境政策的进一步发展。就这些政策革新是以技术为基础这一点而言，这些国家通常是作为一个新型“绿色”技术的地区肇始点而发挥作用的。环境技术和支撑它们的政策措施的革新与扩散，对具有深远影响的“生态现代化”而言，确实孕育着巨大的潜力。

## 一、为什么一些国家引入环境革新比其他国家要早

不同的国家对环境革新的适应速度具有重大的差异。一些在革新及其市场渗入方面起步更早的国家比其他国家具有更大的包容性。如果这些革新随后被其他国家不加以更大改变就采纳，那么，把这种革新首先引入市场的那些国家就能够被当作领导型市场来加以分析。领导型市场的概念已经被发展并广泛地应用于正式的革新。环境革新领导型市场的例子有：移动电话在芬兰的应用、传真技术在日本的应用、互联网在美国的应用。这些市场具有如下特征：被设计用来满足某一地方需求偏好和条件的产品或生产过程的革新，也能够被引入到其他地理范围的市场之中，并且能够在没有进行太多改变的情况下被成功地商业化。它是整个世界市场的核心，在世界市场中的某一地方，这些产品或生产过程的当地使用

者就是一个拥有国际规模的革新的早期采用者。

我们的研究意在分析这些环境革新的领导型市场。[①] 在环境保护的历史上，这样的领导型市场例证是十分丰富的：它包括汽车催化净化设备在美国运用法律手段的强制性引入，脱硫技术在日本的采用，荷兰对风能技术的支持以及无氟冰柜在德国的生产。另外一些令人印象深刻的例子还包括：绿色和平组织和美国环境保护局的政治行动导致的免氯纸在全球范围的扩散，绿色和平组织在德国和奥地利发起的各种各样的运动导致的免氯纸在斯堪的纳维亚国家的引入，在东南亚国家（像泰国）有效的政治性市场干预。后者的案例表明，激发具有国际扩散潜力的成功革新的政治行动不一定只限于政府机构，这样的功能——至少是一些推动环境目标进程的功能——也可以由一些支持环境保护的个人或组织承担。

领导型市场能够通过在不同国家的市场渗透率来表示。扩散开始越早的国家，其市场渗透就比其他国家越彻底。一个典型的例子是汽车的催化净化设备。[②] 20 世纪 60 年代，加利福尼亚成为空气质量和汽车排放标准的潮流引领者。20 世纪 70 年代，美国国会通过了这些影响深远的标准。而当时的现有技术无法达到这些标准的要求。那是第一次有目的地推动技术发展。然而，为满足这些标准，较短的时期之内无法设计出新型发动机。因此，催化净化设备就成为减少排放的主导性技术战略。美国的规制方式后来就被拥有汽车工业的几个国家所采用。特别是日本，为了使自己的汽车工业适应全球市场并增强竞争力，它较早就采用了美国的规则。

虽然美国的标准由于受到美国汽车工业的成功干预而被推迟和降

---

① 本章部分地基于一个正在进行的研究项目“Policy framework for the development of international markets for innovations of a sustainable economy：from pilot markets to lead markets (LEAD)”的研究，这个项目是由德国教育与研究部资助，项目批准号为 07RIW1A。在该项目中，我们分析了 20 个环境技术的领导型市场。除了能源技术（诸如太阳光电、风能、固定发电的燃料电池）、化工技术（诸如 CFCs 的替代物质、镉、洗涤剂中的磷酸盐），还有应用于汽车的技术（例如，能源高效的发动机、尾气排放的催化净化设备、汽车使用的燃料电池）。我们所研究的环境技术都是具有历史意义的革新和扩散的例子，这一革新与扩散的进程现在仍然在持续。

② 更加详尽的讨论可参见：M. Beise and J. Blazejczak, et al., The Emergence of Lead Markets for Environmental Innovations. FFU rep 2003-02, Berlin: Environmental Policy Research Centre, 2003.

低，但日本政府却坚持较早地实行了这些标准。在欧洲，采用催化净化设备的规则在1985年被采纳。在欧洲国家当中，德国发挥了领导作用，其原因主要是其出口导向的汽车工业（参见图2-1）。

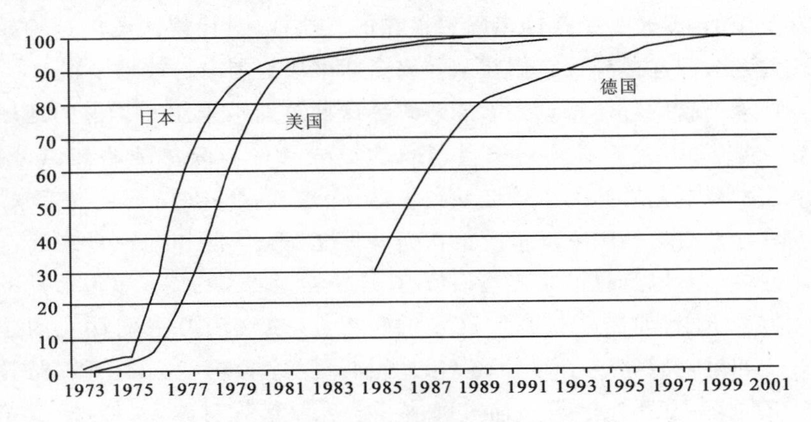


图2-1　安装催化净化设备的轿车比例（%）

图2-1资料来源：M. Beise and J. Blazejczak, et al., The Emergence of Lead Markets for Environmental Innovations, FFU rep 2003-02, Berlin: Environmental Policy Research Centre, 2003.

导致这些革新引入差异的决定性因素是什么？发挥领导作用的国家具有什么样的特征？是否具有专门促进环境革新领导型市场建立的战略路径？

从我们的案例分析以及先前的研究中，我们能够推断，技术上的环境革新在很大程度上可归因于政府（或非政府组织）的活动。环境革新不仅仅由一个国家与其他国家相比具有较高环境标准的消费者所激发，而且也受到特定的激励措施或者市场中的政治干预的激发。如果技术导致了额外的成本而并没有提高使用者的利益，那么，为促进革新和扩散，规制性干预是必不可少的。而且，在一体化技术的案例中，伴随着效率上的明显优势，要促进革新和支持扩散，政策措施通常是非常必要的。在环境革新方面的投资不足，可以由花费在环境技术中的研发努力的双重外部性来加以解释：我们可以观察到，任何研发活动都会伴有一种溢出效应，从而导致为环境改善而进行的技术方面的努力成为又一个公共物品（产生很多搭便车者)。因此,我们可以想见环境革新方面的投资不足。

环境革新确实也具有另一个特征,那就是它们的国际扩散倾向:它们对环境问题的解决提供了一种市场化解决方案,而这些环境问题通常是世界范围的,或至少是在许多国家存在的。这样,对环境问题的这种技术解决方案会内在地导致它们在国际或全球市场范围内的被采用。

环境革新的具体特点并不能够解释这种革新被采用和扩散的地区性差异。鉴于此,我们必须对领导国家的框架条件与政治战略加以分析。环境技术对规制措施的依赖性导致了这样一个问题:在全球化的背景下,激发领导型市场的国家环境政策在何种程度上是可能和有效的?

许多学者以及政治家普遍相信,在经济全球化背景下,单边行动的可能性越来越小,原因不仅在于问题的跨界性,也在于所有的环境问题本身——如果它们导致了额外成本的增加。受此影响,存在一种"监管冷却"[①]的危险:如果政治家和选民确信环境规制措施对国家(经济)竞争力产生了不良影响,那么这种论断就能够被一个政策目标集团所利用而去制造信用威胁。在这种情况下,革新性环境政策措施将不会被采用。

从这种观点来看,一种充满希望的问题解决方案主要依赖于由民族国家所组成的国际社会是否能够达成一种约束性法律,以及为一种国际层面上的新管治结构的形成创建一种制度性规约,这些法律和制度能够确保这些国际协定的实施。一种更加乐观的观点认为,诸如非政府组织或科学网络这样的新行为体的出现,国际法和国际组织的快速增加,以及像公司伙伴关系这样的新型规制形式的兴起,已经使超越民族国家的管治初见端倪。

一种更具有怀疑色彩的立场认为,一般地,由于分散的利益结构以及决策过程模糊的等级制度,国际谈判进程导致了一种并不令人满意的结果。这两种主张都假定了民族国家重要性的不断下降。然而,经验性研究揭示,民族国家仍然具有重大的行动空间,先驱性政策仍然是可能的。

---

① G. Hoberg, "Trade, harmonization and domestic autonomy in environmental policy," *Journal of Comparative Policy Analysis: Research and Practice*, 2001(3), p. 213.

## 二、先驱性环境政策的政治经济学

国际市场的"绿化"强烈依赖于制定环境政策的先驱国家。许多经济学研究者认为，经济全球化，亦即资本和商品跨越国界的自由流动，是民族国家的决策者在环境领域所遇到的一个重大障碍。因为环境标准确实增加了生产或产品的成本，工业将会转移到那些有着最低标准的国家。这同样适用于每一个可能增加额外金融负担的公共政策领域(如社会政策或者税收)。要成为公司投资最具有吸引力的地方，可以想见，管理者为了最低的标准、最低的税率而相互竞争。根据这种主张，经济全球化会导致一种"竞次"或"去规制化"(de-regulation)现象，以便吸引外国投资。这种放松规制现象成为著名的全球化"特拉华效应"(Delaware effect)——正是特拉华州，率先开始了一个在美国范围内的对公司章程的去规制竞争。因为在美国，公司管理章程分别由各州单独制定，但所有各州都被要求相互承认其他各州的章程。在这种竞争过程中，特拉华州通过降低对雇佣工人、股票持有者以及消费者的保护水平而赢得了"竞次"博弈的胜利。

但是，对于环境标准而言，经济一体化与严格的标准设置之间的关系并不是像人们所预期的那样是一种相互对立的关系。通常，在一些重要的市场当中，会被迫外国生产者使去适应这些高的标准，这转而会激励外国政府去提高它们自己的标准。此外，由于生产中的规模经济效应，还有为赢得一个善于创新的公司形象，公司会去适应其他市场更高的标准(而且是在自愿的基础上)，这是一种明智之举。上面提到的加利福尼亚制定的汽车尾气排放标准导致整个世界范围内的汽车制造工业去适应这种标准的例子，就是一个最突出的例证，这就是著名的"加利福尼亚效应"。有人认为，这种机制也许仅仅适用于对产品的规制[①]，但有经验证据表明，这

① David Vogel, "Trading up and governing across: transnational governance and environmental protection," *Journal of European Public Policy*, 1997(4), pp. 556-571; F. W. Scharpf, *Regieren in Europa: Effektiv und Demokratisch*? Frankfurt/New York: Campus Verlag, 1999.

种机制也适用于大量的工业污染控制标准。①

在一个全球化背景下，在设置严格环境标准方面，关于民族国家的作用正在普遍被削弱的预期并不被经验研究所支持。为什么会如此？为什么民族国家在环境政策领域的作用没有萎缩？

(1)非常明显，开放性的(全球化的)民族经济需要一个强政府，并且也确实是具有强政府的特征。这既表现在政府的规模，也表现在政府管理的范围方面。根据几个跨国研究，在经合组织国家的开放性经济中，人均的公共支出要比那些更少融入世界市场的国家的公共支出高。这与经济全球化弱化了民族国家作用的主张是矛盾的。但是，在一个一体化程度很高的国家，一个规模更大、范围更广的政府活动却能够被以下三个原因合理解释：对于成功的国际竞争而言，它需要一个发展完好的基础设施，包括在教育、研发或交通等领域所投入的更多的公共费用；迅速的结构变化对分配机制造成的影响，要求一定的补偿机制；为适应国际发展，需要更多的规制行动。

(2)民族国家仍然保持着"地方英雄"的角色，这不仅仅是在环境保护领域。作为一个拥有较高预见性、合法性的合格的领土管理者与保护者，没有任何其他与民族国家功能等同的行为体。关于任何其他行为体，它们能够解决公民的抱怨吗？政府则别无选择，责无旁贷。此外，国家并不仅仅要对经济压力作出反应，而且还要对选民的偏好与需求作出回应。因此，民族国家的政府设法在经济发展的要求与环境保护之间发现最低限度的折中与妥协。而对于这个问题，最为普遍的一个回答就是技术。就技术能够对环境问题提供解决方案而言(而在许多其他领域需要影响深远的"结构性"解决方案)，国家政策拥有很高的潜能。

(3)全球化的影响在不同的政策领域之间具有重大的不同。在经济全球化过程中，工资支付、对流动资源的税收以及社会安全等领域面临一种标准被迫降低的压力。其他政策——像环境政策，还有健康或安全标准，在全球的规制竞争中具有不同的逻辑。几个跨国经验性研究已经否

① M. Hettige and M. Huq, et al., "Determinants of pollution abatement in developing countries: Evidence from South and South East Asia," *World Development*, 24(12), 1996, pp. 1891-1904.

定了竞次假设。[①] 严格的环境政策并不导致“脏工业”向发展中国家转移，然后再把这些产品重新出口到工业化国家。关于这种结果的许多原因现在已是众所周知：与具有严格规制措施的国家进行贸易的国家和公司，趋向于使它们自身拥有更加严格的政策——最大的市场往往是规制相当严格的。环境政策的全球化已经部分改变了世界市场的框架条件。

(4)环境政策中的规制竞争通常为本国经济创造了先行者优势。环境技术越来越成为竞争力的一部分。所谓的波特假说(Porter hypothesis)认为，严格的环境政策能够提高企业和部门的竞争力。对此，有两个解释：第一，如果一种严格的环境政策在随后的发展过程中能够在国际上扩散，那就可以获得一种竞争优势。因为如果一种工业(并不一定必然是污染工业本身)已经发展了一种回应严格环境标准的技术，它们就能够出口这种技术，通过其他国家或企业的学习效应或对它们革新技术的专利保护，就可以获得它们的竞争优势。第二，严格的环境政策也许导致污染工业自身的技术革新，这种技术革新能够补偿、甚至超额补偿它们的改造成本。波特假说的这一部分被称为“免费午餐”甚或是“付费午餐”假说。虽然传统的经济理论并不能解释重大低效率现象的存在(这些理论假定经济行为体可以获得完全的信息)，但它拥有支持这种假定的广泛经验性证据。波特假说也已经被关于先驱国家的政策科学研究所支持，这些先驱国家展示了积极的环境政策会带来经济优势的证据。

(5)环境政策中的先驱国家拥有较高的竞争力。全球竞争力报告揭示了积极环境政策与一个国家竞争力之间的非常明显的高相关性(相关性系数 $R^2=0.89$)。其他一些研究也已经揭示了生态效率与竞争力之间的相似关系。它们二者之间可以互为因果关系，也许第三因素(比如，人

---

① “我们发现没有竞次现象……拥有更加开放贸易机制的国家有着更加严格的管治。”(P. Eliste, and P. G. Fredriksson, “Does open trade result in a race to the bottom? Cross country evidence,” World Bank, 1998.)国家的环境先驱政策可以创造“先行者优势”(N. A. Ashford, “Environment, health, and safety regulation, and technological innovation,” in C. T. Hill and J. M. Utterback (Eds.), *Technological Innovation for a Dynamic Economy*, Cambridge: Pergamon Press, 1979, pp. 161-221.)孟加拉国、印度、印度尼西亚和泰国“与发达国家相似很快采用工业污染控制标准”(M. Hettige and M. Huq, et al., “Determinants of pollution abatement in developing countries: Evidence from South and South East Asia,” *World Development*, 24 (12), 1996, pp. 1891-1904.)。

均国民生产总值)也可以解释这种相关性。然而,竞争力与严格要求的环境政策之间存在矛盾的假定能够被否定。国民生产总值(GNP)成为严格环境政策与高竞争力的非常重要的解释因素,对此,我们也许可以通过以下事实予以阐释:经济发达国家有着对环境压力的较高感知能力以及回应这种压力的较高能力。

(6)严格的环境规制(在一定的限度之内)拥有保护本国工业的可能性。跨国公司趋向于在各地推行同样的标准。环境标准的差异趋于降低。一般而言,其他差异(比如劳动力成本或工资)比它们更加重要。环境问题已经成为一般性技术进步的一个重要向度。据说,到2010年,所有革新行为的40%将与环境改善相关。

总之,那种认为环境政策会导致竞争力下降的预期、竞次现象会出现的假设,受制于以下几个备受质疑的前提假定:它假定环境规制会给生产者强加成本,从而导致企业的转移,而不论劳动生产力的差异;它还假定政府会排他性地对国际资本的偏好作出回应,而忽视了选民或利益集团的利益与偏好;最后但并非不重要的是,竞次假设不仅高估了环境成本与规制成本差异的重要性,而且也高估了价格的一般性作用,因此也就忽视了革新在全球竞争中的作用。最近,一些政治行为体也已经主张,在全球革新竞争中,环境问题变得越来越重要(例如,欧盟委员会在2001年发布的文件[①]。

## 三、先驱政策的政治决定因素

除了环境政策中居于主导作用的经济因素,还存在着一些政治因素,它们使发达国家发挥先驱作用或者更具有吸引力成为可能。环境政策国际舞台的发展支持先驱国家,并且也被先驱国家不断地框定。民族国家既是全球环境政策学习和吸取教训(基准)的主体,也是它们的客体。国家政府寻求环境决策中的最优实践。成功的环境政策革新——制度、措施、战略——因此经常被其他政府所采纳。这种通过效仿而导致的扩散,

---

① European Commission, Umwelt 2010: Unsere Zukunft liegt in unserer Hand, Sechstes EU Umweltaktionsprigramm 2001-2010, Luxemburg: Mitteilung der Kommission, 2001.

是全球环境政策发展和政策趋同的一个重要机制。诸如经济合作与发展组织、联合国环境规划署(UNEP)这样的国际机构或其他一些特殊的机构,是先驱者的政策舞台,它们作为一种环境政策革新扩散的代理机构而发挥作用。先驱者的作用似乎比国际制度本身所创建的政策革新更加重要。图 2-2 显示了环境政策革新从先驱国家向世界其他国家扩散的一些例证——比如环境部的设立或绿色计划的制定。

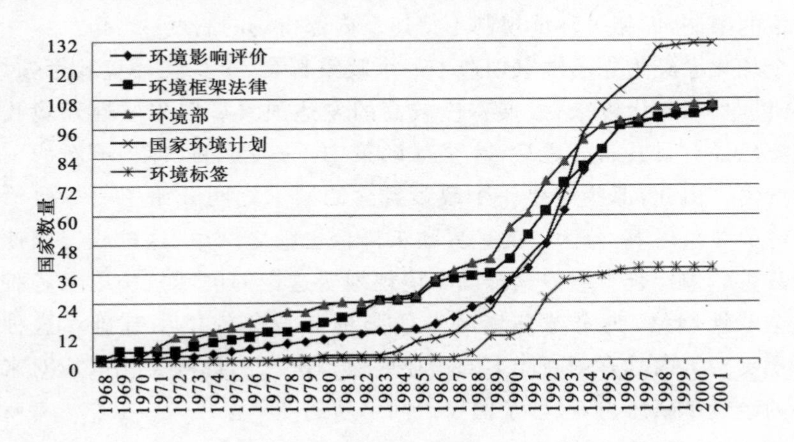


图 2-2　环境政策革新的全球扩散

图 2-2 资料来源:Per-Olof Busch and Helge Jörgens, „Globale Ausbreitungsmuster Umweltpolitischer Innovationen," in Kerstin Tews und Martin Jänicke (Hg.), *Die Diffusion Umweltpolitischer Innovationen im Internationalen System*, Wiesbaden: VS Verlag für Sozialwissenschaften, 2005, pp. 55-193.

先驱国家的革新性环境政策措施在国际上扩散。这种扩散的速率依赖于以下几个因素:(1)政策革新的类型(例如分配性措施比再分配措施更容易扩散);(2)要解决问题的类型和困难程度;(3)潜在采纳者的环境政策能力;(4)国际组织——也有战略性国家——支持扩散的成功影响。这样的国际组织(政府间组织,也有国际非政府组织或商业协会)存在许多,它们促进了环境政策领域"最优实践"扩散战略的发展。在这一方向上,经济合作与发展组织非常积极。此外,比较而言,欧盟的各个机构也应积极推动政策革新并且积极促进它们的扩散。欧盟必须首先——至少

在原则上——接受一种在成员国实施的“高水平保护原则”，然后，它必须促进在成员国层面实施的环境政策革新达到一致和统一。政策革新的国际扩散机制有利于促进环境革新领导型市场的创建。一方面，标准和规制的趋同意味着——在以技术为基础的政策方面——技术市场的扩大；另一方面，技术解决方案的获得使得相应政策革新的扩散更加可能。然而，欧盟层面上的政策的实施仍是少得可怜。迄今为止，环境措施仍然受到严格的限制，即相关环境规制不得违反内部市场的制度。

全球化已经为先驱国家创造了一个政策舞台，至少在环境政策领域。自20世纪70年代以来，发展程度较高的发达国家采取先驱性环境政策的现象已经有目共睹。之后，在全球政策中，一些小的、善于革新的国家逐渐增多。由此，那些需要一个政策舞台的国家之间开始了一场政治竞争。冷战终结后，一分为二的世界政策舞台也随之结束，这种状况因此也有所改善。像经合组织或联合国环境规划署这样的国际机构以及各种各样的全球性网络，为全球环境政策的基准和竞争提供了基础。这种意志——支持国内具有创新能力的产业或保护国家的规制文化以应对来自国外的政策革新压力，激发了国家之间革新的竞争。

民族国家仍是全球舞台上最有能力且组织最好的行为体（与其并存的是跨国公司）。虽然存在着国家主权向国际机构的转移，但民族国家通过在全球范围内协调它们的行动赢得了另外的机会。在一些领域——如自然保护、有毒废弃物控制（《巴塞尔公约》）或一般性环境战略（《21世纪议程》）——能够找到许多例证。此外，国家预算的一致加强也是一个重要的例子。因此，国家解决问题能力的下降不应该被混淆为国家主权的衰落。如果我们转向全球市场绿化以及为促进环境革新的领导型市场的建立这样的问题，先驱国家政府的作用将更加令人感兴趣。

## 四、领导型市场的兴起

与竞次假设正好相反，我们关于环境政策发展的经验性研究证实，正是先驱性民族国家，成为了推动全球环境政策进步最为常见的力量。就这些政策革新是以技术为基础这一点而言——旨在改善环境革新发展和（或）它们扩散的条件，这些先驱国家通常作为一些新技术的地区起点而

发挥其作用。在我们的案例研究中，领导型市场在经验上具有以下特征：较高的人均收入，要求甚高的消费者，较高的并且得到国际承认的质量标准，以及为技术生产者和使用者提供的灵活多样的、有助于创新的框架条件。

正是较高收入的国家能够支付得起研究以及为促进新技术发展而进行的必要投资。许多这样的国家也拥有使环境领导型市场发展所需求的条件。这些市场必须解决革新初创时期所面临的诸多困难，它们也必须为研究和发展方面进行的投资提供回报。它们展示了技术在更大范围内应用的技术可行性。成功的领导型市场不仅与潜在的先行者优势相连接，而且也能够为环境友好型技术的发展吸引投资者，正如德国可再生能源发展所显示的情形。

具有较高发展程度的发达国家既面临着较高的环境压力（被较高的教育和收入水平所诱发的客观和主观方面的压力），也拥有应对这种压力的较高能力[包括制度基础、管理权能、经济（财政）资源、知识以及非政府组织的力量]。

有一些由需求驱动的领导型市场，例如拥有较高环境标准的国家导致环境友好型技术的广泛应用。这方面的例子有加利福尼亚的汽车尾气排放标准和瑞典对使用镉的规制。其他的领导型市场是被革新性技术的供应所驱动的。通常，技术生产者寻求扩展他们的市场，因此，他们自己为促进自己的技术得到国际支持而积极奔走、游说。

通过建立要求更高的环境标准，环境政策领域的先驱国家也许发出了一个超越它们国家市场边界的具有双重向度的信号：首先，环境友好型技术的国家市场充当了随后向更大市场扩展的基础。先驱国家展示了它的标准和规制规则的经济、技术和政治可行性。随后，其他国家采纳了这种革新性规则。政策扩散——例如遍及欧盟的扩散——能够带来适当的市场扩展。通常，如果国家生产者能够成功适应新标准，它们就会支持国际扩散。如果一个国家已经赢得了先驱者的形象，它的规制规则的扩散将会更加可能。当前，仅仅少数国家——绝大多数是欧盟的成员国——发挥着环境政策发展基准的作用。

然而，拥有要求甚高的环境规制规则的先驱性市场也能够向内部市场之外的供应方送出一种信号。例如，加利福尼亚——与美国的其他州相比较，拥有更加严格的排放规则——能够对世界范围的汽车制造工业产生重要影响。今天，加利福尼亚的排放标准对世界汽车制造业一再产生重大影响，以致发展出一种零排放交通工具。相似地，1994 年，丹麦目标性地发展了一种提升能源效率的电冰箱，最终它能够促使整个欧洲的供应方提供这样的家电设施。在诸如此类的案例中，具有较高竞争力的企业能够展示它们向这样的要求较高的市场供应产品的能力，而这可以是它们技能的证明。如果拥有规模效应，它们就能有足够成本并且有效地引领这种产品向最高的标准发展。

对于环境技术而言，领导型市场的兴起发生在两个阶段，其中第一阶段是最为重要的：这一阶段可以被界定为是为在本国市场的成功而努力拼搏。这包括本国市场的建立（不仅仅是一个保护性的利基市场）以及该产品本身及其生产过程成功的逐步改进。政府的手段可以是建立标准、提供补贴、征税、赋予某种商标、公共采购、网络管理或者环境管理与审计(EMAS)（公司的需求）。

第二个阶段可以被界定为政府通过一些国际组织的行动（例如，技术的支持性政策模式的扩散）、与战略性国家的双边活动、专门的国际会议、国际媒体的报道以及与国际组织的合作等，为技术转移提供支持。也许，更为重要的是——从需求的状况来看——企业基准扩散的发动机以及对最佳实践的寻求，在今天的许多国家已经是一种制度化的机制。另外，与跨国公司的合作也许也是一种相关的技术转移机制。

如果成功创建这样的市场，就可以实现一系列功能：从一个全球视角来看，它们对典型的环境问题提供了一种市场化的解决方案。高收入国家的领导型市场能够增加必要的资金，为提供发展和学习所需要付出的成本再次筹集资金。这对环境革新而言尤其如此：因为存在一种克服新技术初创阶段的困难而特有的需求。这些新技术既展示了技术方面，也展示了政治方面的可行性，因此，它们给其他国家和企业采用其的先驱性标准提供了一种激励。从一个国家的视角来看，积极超前的标准或其支持机制保护了它们自己的工业先行者的优势。此外，由积极超前的政策措施而引发的某种需求，也能够吸引致力于环境革新发展和市场化的外

国投资者。最后，支撑经济优势的严格政策也能够为决策者赢得合法性，有时也能够为他们在全球舞台上提供某种充满吸引力的形象。

## 五、创建领导型市场的战略

诸多学者已经描述和分析了可能促进环境革新兴起的政策。这些政策包括“多重刺激假设”①、环境政策的“设计标准”②或“战略性利基市场的管理”③。然而，领导型市场的发展主要聚焦于绿色技术的扩散，同时也没有忽视对支撑它们发展的政策措施的需求。

在革新公司与环境政策决策者之间，存在一种利益趋同的趋势。环境技术的供应者为了扩大他们的市场而寻求政治家的支持，而政治人物也寻求技术。因为，与任何种类的结构性干预相比，实施这些技术确实要容易得多。建立在技术——这些技术已经展示了它们的可行性——基础之上的政策更有可能扩散到其他国家。

环境政策措施的扩散与环境技术之间的相互作用能够导致各种各样的可能结果。图 2-3 描述了某一时段的政策与技术发明以及政策与技术扩散的模型。从理论上讲，根据那些导致政治和技术革新的因素进行分析，我们可能对下列不同的扩散情景作出区分：

技术革新确实为政策制定者提供了另外的选项，因此，支持环境友好型技术扩散的规制也就被创建。对于其他情形，政策因素已经成为激发环境友好型技术革新的主要驱动力量。然而，对于环境革新而言，技术驱动的情形是罕见的。迄今为止，环境政策在促进国家内部或国家之间的技术扩散方面是具有它自身的优势的。然而，可以观察得到的是，政策促进扩散确实只是支持了一种渐进式的革新。在环境技术的革新与扩散

---

① J. Blazejczak and D. Edler, et al., „Umweltpolitik und Innovation: Politikmuster und Innovationswirkungen im internationalen Vergleich," *Zeitschrift für Umweltpolitik und Umweltrecht*, 22(1), 1999, pp. 1-32.

② Norberg-Bohm, "Stimulating 'green' technological innovation: An analysis of alternative policy mechanisms," *Policy Sciences*, 32, 1999, pp. 13-38.

③ R. Kemp and J. Schot, et al., "Regime shifts to sustainability through processes of niche formation: the approach of strategic niche management," *Technology Analysis and Strategic Management*, 10(2), 1998, pp. 175-195.

中，革新的自动兴起与扩散只是个例外，这样的发展对公司内部效率的渐进提升通常是有限的。

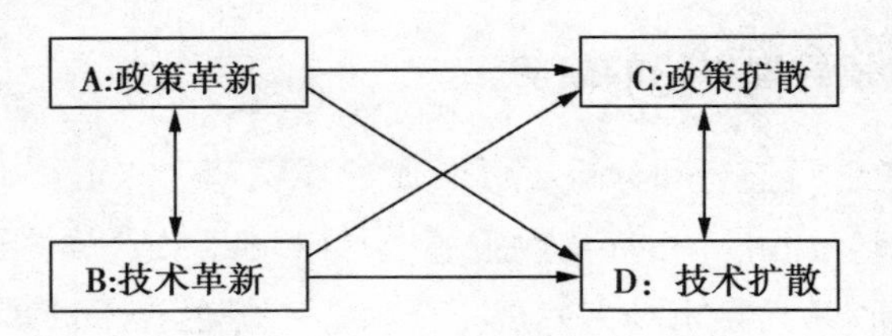


**政策诱导型扩散**

技术驱动 A⇨B⇨C⇨D

例如：美国的汽车排放标准(1970 年)。

政治倡导 A⇨B⇨D⇨C

例如：镉替代。

政治主导 A⇨C⇨B⇨D

仍然没有例子

**技术诱导型扩散**

技术倡导 B⇨A⇨C⇨D

例如：风能。

技术主导 B⇨A⇨D⇨C

例如：CHP 技术。

自动扩散 B⇨D

例如：能源效率的渐进提高。

- 技术驱动(A⇨B⇨C⇨D)：一个国家的环境政策推动技术革新，如果政策革新得到扩散，那么，技术革新也扩散(例如汽车的催化式排气净化器技术)。
- 技术倡导(B⇨A⇨C⇨D)：一种新的但已经存在的环境技术诱发了一种政治革新，这种政治革新的扩散转而鼓励了这种技术的扩散(例如风电厂)。
- 政治倡导(A⇨B⇨D⇨C)：国家的环境政策导致技术革新，这种技术的扩散转而鼓励政策革新的扩散(例如镉替代)。
- 技术主导(B⇨A⇨D⇨C)：环境技术革新成功扩散，结果，既得到了国家的政治支持，也得到了国际上的政治支持(例如工业中的联合供电供热)。
- 政治主导(A⇨C⇨B⇨D)：在相应的技术获得之前，环境政策成功扩散(在生态现代化过程中，这种情形很少)。
- 自动扩散(B⇨D)：环境技术成功扩散，但没有政治影响；超越企业能源效率的渐进提高(这种情况似乎相当少)。

图 2-3　环境革新的扩散模式

技术和政策的革新与扩散的不同变体意味着，实施这种革新与扩散的根本战略的政治困难程度有所不同。政策制定者也许会参考其他国家的做法，在那些国家，技术与政治两方面的可行性已经得以证实，与那些

致力于解决问题却不存在参考现存技术或政策可能性——正如技术驱动下的环境技术革新与扩散的模式所示的情形——的政策制定者相比，这些政策制定者可以使他们的计划更加容易合法化。在这种情形下，分配性政策措施——特别是对研发项目的补贴——更容易实施。而与此同时，对于现存技术的扩散而言，再分配措施和规制性方法却更加有效和高效。

## 六、结论

如此，"生态现代化"("经济技术"意义上的[①])的有限性是由技术的有限性所决定的。然而，这些有限性是动态的。它们能够通过科学研究(以及通过研究与发展政策)而加以延展。例如，减少二氧化碳排放的生产过程的研发，如果我们取得成功，将从根本上拓宽我们在气候政策方面的回旋余地。那么，由于那些旨在促进能源部门——正是这样的能源部门事实上给现存的能源市场(煤炭、石油)强加了许多限制——发生结构性变化的气候政策面临着重重困难并行动迟缓，我们可以预见到某种适宜的政策革新将会快速扩散。这种政策与技术之间相互作用的各种变化形式，在任何情况下都是环境革新扩散研究的一个核心性主题，尤其是当我们有选择地使这样的革新达到最优化程度的情况下。

受先驱国家驱动的"生态现代化"，是一种与市场兼容的技术性环境革新的战略，相应地，支持它们扩散的政策能够被构想出来，并有它自身的优势。正是那些(高度发达的)民族国家在这种背景下发挥了至关重要的作用。从这一视角来看，国际组织更多地被看作是先驱国家的政策舞台，是政策与技术扩散的代理机构，而不是一个原初的政策革新者。

此外，在经济全球化时代，"竞次"现象并不存在：当前环境政策领域的先驱者主要是一些开放的经济体。在竞争力与要求较高的环境政策之间不存在一般性矛盾，相反，高度发达的国家趋向于把环境问题融合到对产品质量的竞争中去。受到高度规制的市场与它们的环境标准——例

---

① 对生态现代化不同概念的讨论可参见：Martin Jänicke, Ecological Modernization: Innovation and Diffusion of Policy and Technology, FFU-Report 00-8, Berlin: Environmental Policy Research Centre, 2000.

如，欧洲国家的环境标准——对其他出口型国家具有很强的影响力。环境政策方面最优实践的全球性扩散，对于在全球范围内典型存在的环境问题解决所提供的市场化的、技术化的解决方案的扩散来说，已经成为一种非常重要的驱动力量。

但迄今为止，一种“生态现代化”的战略仍然具有严重的缺陷。在诸如气候变化或地下水保护这样的环境领域下，环境保护措施的实质性提升仍是必需的。仅仅在某些国家采取的、对利基市场具有有限影响力的渐进革新是不够的。也许正是应用于全球范围的激进革新，可以带来必要的变革。然而，促进“生态现代化”发展的一种全球战略也并非是件坏事。

（马丁·耶内克、克劳斯·雅各布）

# 第三章　环境政策的领潮者：先驱国家的特征和作用

[**内容提要**]政策扩散造成的环境政策趋同似乎不仅仅受到世界市场的功能性迫切需要的影响，而且也受到民族国家政府集体行为的影响，在这样的集体行为中，在存在不确定性的条件下，先驱国家作为一种(智力型)领导者的角色发挥其功能。它们所提供的对于一般性环境问题的解决方案被其他国家采用。作为一种规则，这是为大集团或大多数国家所偏好的一种单一性解决方案。这种规制"遵从主义"，同一些国家先驱作用的发挥高度相关。本章将分析环境政策中这样的"引领潮流者"的特征和作用。要成为环境政策领域的一个先驱国家，其必要条件是具有高超的政治能力。这包括制度、经济和信息的框架条件以及该国家绿色倡议联盟的相对力量。虽然这些因素指的是制定政策所需的相对稳定的条件，但这并不能够解释先驱国家为什么会产生和退却。为了解释这个问题，需要引入一个分析框架，包括情势性因素、战略因素以及行为体构型，特别是有组织的环境目标的支持者与经济现代化支持者之间的联盟。这个"生态现代化"的联盟也许会破裂，例如，在经济危机时期。全球化的政治和经济框架条件也许有时候会成为先驱国家的障碍，但与此同时，它们确实也为高度发达国家承担先驱者角色提供了激励——至少在环境保护领域。在为促进革新而进行的竞争中，这已经成为一个非常重要的问题。

自从20世纪70年代环境政策发展的初期，就已经存在一些在新的政策领域引领规制潮流的先驱国家。民族国家先驱者已经倡导环境政策革新，诸如新的制度、措施或运作模式。它们为特定环境问题所提供的解决方案已经被一些相关的集团或大多数国家所采用，从而产生了一种特定的政策趋同现象。早先，这种机制在国际环境政策领域已经被界定为一种"促进成功的条件"。环境政策革新的"水平扩散"并非不如由国际组织所实施的"垂直"规制重要，这并不是新的观点。全球环境政策的发展和它偏好的政策模式比起绝大多数其他政策，也许已经受到横向发生的"经验学习"的更多影响。环境政策趋同基本上源自于一种大的国家集团集体的——但并非同时的——对一种特定的政策革新的选择，这种政策革新被视为是对某种环境问题最佳的解决方法(或至少是被最频繁采用的)。

先驱国家不只是"先行者"。要倡导一种规制趋势，它们需要一种特定的"远见卓识"，它们的政策革新是否会导致一种国际政策议程至关重要。在此，国际制度扮演了一个重要的角色，因为先驱国家是国际政策舞台范围内的行为体。但是，政策革新以及它们被其他国家较早的采用主要依赖于国家的内部因素。它们需要：

(1)一种特定的能力。政治能力的概念相当复杂。经济合作组织非常宽泛地把环境政策能力界定为"一个社会鉴别和解决环境问题的能力"[①]。给出一个较为精确的可操作化的概念也许是非常困难的，但借助某些相对稳定的限制条件至少可以对其作出保守性的概念界定——如果超出了这些限定条件，是不可能成功界定这一概念的。这些限制依赖于：一是"绿色"倡议联盟的现有实力，二是特定政策的支持者不能逾越的现存制度、经济或信息机会结构[例如制度、经济(财政)资源或知识的匮乏]。能力能够被政策增强——在既定的限制之内(能力建设的能力)。一种越来越相关的能力建设选择是制度性的国家间合作。

(2)先驱行动还因具体问题而异。一般而言，在环境政策领域，国家也许是"强大的"，但是，在特定的议题领域也许有它们自己成功或失败的故事。一个先驱国家在特定的环境领域也许是落后的(例如德国在对待能源效率汽车方面是一个先行者，但在公路上却没有一般的速度限制)。

(3)还有一些情势性因素(机会之窗)，支持或限制一种既定能力的完

---

① OECD, Capacity Development in Environment, Paris: OECD, 1994.

全利用——或一定程度的强化。要解释环境政策领域的先驱国家为什么兴起和退却，这些都是必要的。对于高度发达的国家，或者成为一个政策革新者或者成为一个更加犹豫不决的国家，似乎具有较大范围的选择。

(4)要充分解释一个有效的先驱者角色，还需要考虑战略因素的问题，利用一种既定能力和条件性背景的“意愿和技巧”。

那么，环境政策领域的先驱国家就是这样一些国家：在这些国家中，为了引入更多的环境政策革新(这些革新有助于形成某种国际规制趋势)，一个强有力的绿色倡议联盟具有足够熟练的技巧去利用一种机会结构以及情势性机会。下图描述了决定一个国家在环境政策领域成为一个先驱者角色的因素(见图 3-1)。

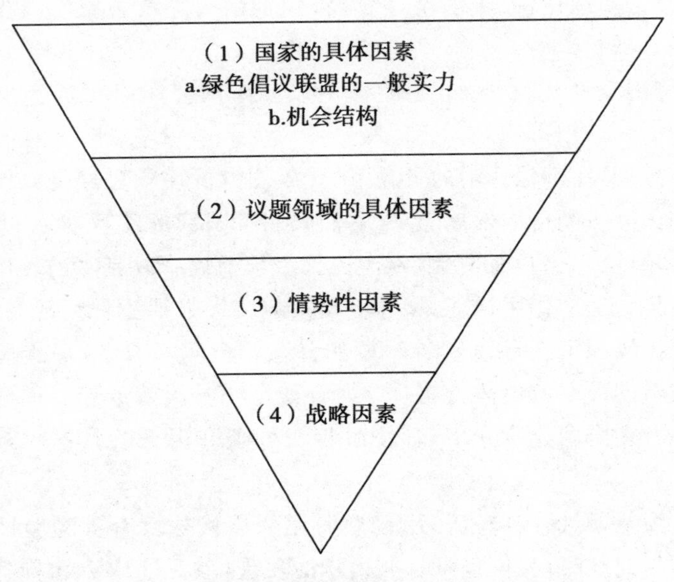


图 3-1　环境政策领域的先驱者：因果关系漏斗

下文将聚焦于环境政策领域先驱国家的共同特征，这些国家发动了——无论积极与否——某种规制趋势以及在其他国家的政策扩散。在自己经验研究以及评述相关文献的基础上，笔者将对它们作出相应的描述。论述的焦点在于促进环境政策革新必需的国家具体因素以及为先驱角色创造充足条件的情势性因素。

但在本章的开始，笔者将对全球背景作一番审视：首先要回答的问题就是，在一个经济和政治全球化的时代，先驱行为（至少是高度发达国家的先驱行为）是否可能，以及环境规制的引领潮流者是受到国际体系中规制竞争的严格限制，还是从中获益？对此问题的回答表明，国际体系对成为一个环境政策领域的领导国家，提供的不只是消极影响，还有积极的激励。

## 一、全球化时代的环境政策先驱者

在一个全球背景下，民族国家的作用存在两种主要的挑战——它们似乎与民族国家发挥先驱作用的可能性是矛盾的：

(1)政治全球化：政策的全球化，特别是削弱主权国家发挥作用的环境政策的全球化。

(2)经济全球化：国际市场的作用以及跨国公司对民族国家施加的压力。

毋庸置疑，在全球管治的背景下，民族国家的主权已经受到削弱。各种各样的国际机制得以发展起来，它们限制了国家的政策制定，尤其是在贸易政策领域。WTO的规制、欧盟内部市场的规制或者当前美国在全球环境政策舞台上的作用，给国家环境政策的决策强加了种种限制。但是，这导致了民族国家在环境政策领域的普遍式微吗？或者，民族国家主权的失落被新的潜在的集体行动政府所补偿了吗？政策革新者倡导这样的政府了吗？在全球化背景下，环境政策与处于高压下的其他政策有所不同吗？

迄今为止，对民族国家作用普遍弱化的担忧并没有被经验性研究所证实。而与此同时，我们也没有获得新的发现（参见耶内克和雅各布在本书中的章节）。对待民族国家政府在全球环境管治中的作用，最主要的争论可以概括为如下一些主题，这些都建立在不同经验研究的基础之上。

(3)全球化已经为先驱国家创建了一个政策舞台，至少在环境政策领域是如此。

(4)在多层环境管治的背景下，（发达的）民族国家仍然保持着关键博弈者的角色，而不只是在政策革新和它的扩散过程。国家政府既是全球

环境政策学习和经验学习的主体，也是这一行动的对象。

(5)环境政策革新及其退化主要地是在国家层面上发生。

(6)全球化对各种政策的影响是不同的。

(7)否定全球经济的普遍性限制作用的研究也是众所周知的，也与我们的研究背景高度相关。

(8)在环境政策领域并不存在普遍的“竞次”现象。

(9)环境政策中的先驱国家拥有开放性的以及较高竞争力的经济。

(10)开放的(全球化了的)民族经济需要强大的政府，也以此为主要特征。

(11)新环境技术——作为一种规则——开始于国家的“领导型市场”(这些市场建立在支撑性先驱政策的基础之上)。

上述主题可以概括如下：政治领域与经济领域的全球化对环境保护领域的国家先驱行为不只是带来了限制，实际上，它对于此领域的国家政策革新也带来了强烈的激励。最重要的事实似乎是，环境问题已经逐渐地在革新竞争领域发挥作用，比起其他的国家，发达国家在这一点上起到更大的作用。这与上面提到的事实——拥有严格环境管制的国家与其他国家相比拥有更高的竞争力——相一致。

## 二、环境政策先驱者的共同特征

表 3-1 提供了对 21 种不同的环境政策革新引入或较早采用的国家及其采用数量。革新或较早采用这些政策的排名，也许不同于所选定的政策革新组合的排名。它仅仅是一个政策输出层面上的排名，而不是政策实施或结果的排名。作者聚焦的不是政策革新，而是表现指数，就像安德森(Andersen)和列菲林克(Lieferink)[①]对这个清单上的绿色先驱者的部分偏离一样。这些国家将会包括奥地利(“一个已经成为先驱者的后来者”)或挪威，但不包括法国。

---

① Mikael Skou Andersen and Duncan Liefferink (Eds.), *European Environmental Policy: The Pioneers*, Manchester: Manchester University Press, 1997.

表 3-1 环境政策中的先驱国家：政策革新引入或较早采用国家及其采用数量(1970～2000)

| 国家 | 1970～1985 | 1985～2000 |
|---|---|---|
| 瑞典(11) | 7 | 4 |
| 美国(11) | 9 | 2 |
| 日本(10) | 8 | 2 |
| 丹麦(9) | 5 | 4 |
| 芬兰(8) | 4 | 4 |
| 德国(7) | 5 | 2 |
| 法国(7) | 5 | 2 |
| 荷兰(7) | 3 | 4 |
| 英国(6) | 4 | 2 |
| 加拿大(6) | 2 | 4 |
| 总计 | 52 | 30 |

资料来源：Per-Olof Busch and Helge Jörgens, „Globale Ausbreitungsmuster Umweltpolitischer Innovationen," in Kerstin Tews und Martin Jänicke (Hg.), *Die Diffusion Umweltpolitischer Innovationen im Internationalen System*, Wiesbaden: VS Verlag für Sozialwissenschaften, 2005, pp. 55-193.

这至少印证了欧洲小国在过去10～15年间发挥了积极作用的论断。笔者希望表明的是，那些勇于承担成为环境先驱者风险的国家存在，这些先驱者会随着时间的变化而变化。在20世纪70年代，美国和日本——与瑞典一起——在整个工业化世界作为环境规制的引领潮流者是如此重要，而到20世纪80年代和90年代，它们却拥有了一种非常不同的地位。

因此，在解释国家的先驱作用时，我们必须在相对稳定与相对不稳定的因素之间进行区分。或者，在稳定的结构或能力与其他更容易变化的"情势性"条件之间作出区别，而这些"情势性"条件在一个给定的能力结构之内引发变化。

1.“绿色”倡议联盟的实力

萨巴蒂尔(Sabatier)的倡议联盟概念对于解释政策革新非常有用。它聚焦于行为体动机的种类(信念体系)以及不同行为体相对于反对联盟的综合实力。这就与行动的稳定结构和情势性因素具有了相关关系。[①]这种方法实际上与具体议题领域的政策革新相关。但是,它以一种相似的方式描述具体国家的环境政策革新的驱动力量是具有重要意义的。特别是它对联盟方面的描述能够被用来达到这一目的。普遍支持环境友好型政策解决方案的倡议联盟,首先由环境管理当局或生态运动的行为体构成。环境管理部门的实力和权限,还有环境运动的组织化力量和专业性,是先驱国家的重要特征。例如,在荷兰,环境主义者的组织化程度要高于工会的组织化程度。

然而,最重要的特征似乎是传统的环境政策支持者和现代化支持者之间结成联盟。环境政策中的先驱国家以存在一个“生态现代化”联盟为特征。尤其值得一提的是,日本在20世纪70年代初存在一个“生态现代化”的强大联盟,这一联盟部分地代替了虚弱的环境运动。在部分产业领域以及像可再生能源和能源效率领域,存在许多环境乐观主义,日本的通产省(MITI)是“生态现代化”的一个驱动力量。这种联盟甚至导致了多种生态重构(eco-restructuring)。20世纪80年代,这一联盟破裂,国家的先驱作用随之结束(在过去几年,它也许已经重新复兴)。能够观察到表3-1中提到的那些国家中的绝大多数都在部分产业存在一种相似的、较为谨慎的环境乐观主义,并且拥有绿色管理者和非政府组织的“生态现代化”联盟。20世纪70年代初以及近几年,在德国,多数工会也成为这个联盟的一部分。在德国,如果没有这种联盟,我们就无法理解对可再生能源的强烈法律支持。但是,这种绿色现代化联盟以及诸如此类的联盟也依赖于情势性因素(只有行为体是“稳定因素”)。迄今为止,“生态现代化”联盟只有在特定的时间段是积极的,一段时间之后就不复存在。

---

① Paul A. Sabatier (Ed.), *Theories of the Policy Process*, Boulder, Co.: Westview Press, 1999.

2. 结构框架性条件

(1)经济因素

“绿色”先驱国家最重要的特征是它们高度发达的经济(通过人均国民生产总值测量)。国家的收入水平不仅可使其获得更多的技术或者财政资源,而且也与其他因素具有强烈的一致性。教育水平——认知问题和采纳新知识的重要条件——在富裕国家是最高的。类似的情形在其他地方也得到显示,例如制度的力量。

在我们的研究背景中,经济发展水平的主导地位是至关重要的,这主要是基于以下两个原因:高度发达的国家对来自能源生产、交通、化学物质或城市扩张等方面的环境压力有着更强烈的感受——接受更好教育的人们对此感知更深。与此同时,它们也拥有更高的解决环境问题的管理、经济和科学能力——至少对于那些容易获得技术手段的国家而言。较高的环境压力感知能力与较高的环境问题解决能力之间的相互作用,似乎是解释高度发达国家发挥先驱作用的最重要的机制。

因此,在功能和能力方面高度发达的国家是环境先驱国家的候选者。但是,在这些国家集团之内仍然存在差异。这些差异导致了其他特征的出现。

(2)政治和制度因素

政治体系的结构:对新利益和理念的开放性以及政策融合和协调的能力似乎是环境政策革新先驱者一个重要的制度框架条件(“强政府”因素前文已经提到)。

政策风格:普遍承认的是,对话和共识文化是成功环境政策的一个重要条件,这对于创建一个广泛的“生态现代化”联盟似乎特别重要。一种革新为导向的环境政策需要各种各样的网络和沟通。

欧盟成员因素:1985 年之后,为什么正是如此多的欧盟(欧共体)成员国成功地发起了许多环境政策革新?一个可能的回答是,在那个时间,欧盟条约的修订引入了强烈的环境政策规制。新的规制为环境革新创造了一个双重制度优势。欧盟必须首先——至少在原则上——接受在个别成员国实施的“高水平保护”;接下来,它必须寻求使成员国层面实施的环境政策革新达到统一。为了使它们随后适应欧盟政策标准的政策调整程度

达到最小化，先驱国家——从这些国家的视角来看——往往拥有这样一种利益，即把它们的政策革新锚固在欧盟的制度框架之内。这也通常是一个某些国家先驱政策措施的“欧洲化”(Europeanizing)问题，而这些政策措施有利于特定国家的内部产业。这就凸显了欧盟统一化的政策措施的重要性。然而，欧盟内部的政策扩散，不仅仅通过垂直向度的欧洲化方式来实现，而且也存在从一个国家向另一个国家水平向度扩散的方式。二氧化碳税就是这样一个水平向度扩散的例证。

(3)认知和信息因素：知识基础

环境政策的先驱者以较高水平的研发(R&D)投入为特征。这也许可以被视为是一个强国革新体系的指标，对于以技术为基础的环境政策方法而言，这一因素发挥了非常重要的作用。绿色先驱国家倾向于根据革新政策和生态现代化来界定它们的环境政策和可持续发展。但是，政策革新的知识基础必须不仅仅能够被生产出来，也必须能够被转化以及被受过良好教育的公众所采用，所有这三个条件都是必需的。如果转移媒介受到限制(例如被一种主导的商业结构所制约)，一种高度发达的研究能力连同一个有效的教育体系也许并不够。

创新性知识向政治精英的立即转化也许尤其重要。没有联邦议会“调查委员会”(ecquete-commission)在20世纪80年代后期所起到的重要作用，德国在气候保护领域的先驱作用是无法解释的。正是联邦议会“调查委员会”，为议会和受过良好教育的社会创建了令人尊重的知识基础(同样的状况也可以说存在于德国的核能逐步退出政策中)。

3. 不稳定的、情势性因素

现在，我们从环境先驱国家相对稳定的因素转向不太稳定的因素。情势性机会以及“政策之窗”的作用长期以来被视为政策革新的重要因素。情势性因素——限制性的或支持性的——能够被经济条件(比如经济衰退、高油价或新技术)突然改变。像政府更迭或其他国家的政策革新所导致的政治事件或变化也能够发挥类似作用。新的、有时候令人震惊的信息(从像《增长的极限》出版到切诺尔贝利事件这样的情况)在这种背景下也经常被提到。

情势性因素不仅可以解释要在环境政策中发挥先驱作用，就要对既定能力完全利用，而且，如果要用来解释政治反复或者对某种既定能力开发不足的话，它们尤其重要。这方面的例子有：里根和老布什治理下的美国、20世纪80年代中期之后“泡沫”危机期间的日本、玛格丽特·撒切尔治理下的英国，或者更加近期的政府更替之后的丹麦和荷兰。而另一方面，20世纪90年代后期，格朗·皮尔森(Göran Persson)治理下的瑞典却作为环境先驱者经历了一场复兴。

我们需要对导致先驱角色放弃其先驱行为的政策变化作更多的比较研究。我们再次强调，经济状况是最重要的解释因素。但是，先进国家的先驱角色最终会导致挫折和过度扩张，这似乎也是合理的。感受到过度规制或竞争劣势——尤其在危机期间——对上述所有的案例都是一种共同的情形。政府的更迭是另一个因素，但也是与这样的感知密切相连的因素。自我破坏性成功(self-destroying success)也许是环境政策中导致先驱者放弃先驱角色的另一种自相矛盾的原因：在最明显的环境难题中(例如水或空气污染)取得显著的进步和改善，也可能会削弱采取更进一步的积极措施的。所有这些都可能会导致环境目标的支持者与工业现代化支持者之间所形成联盟的破裂。这是一个能够从先前环境政策先驱者身上吸取的深刻教训。“生态现代化”联盟不是一个稳定因素。

另一方面，在高度发达的先前的先驱者国家内部也存在着一些制约因素，这些因素会限制这些国家的环境政策发生反复。而这个利好消息也许必须从以下两个方面进行理解：一方面，这些国家仍然存在较高的环境应对能力，另一方面就是前文所提到的革新竞争机制。例如，美国仍是环境技术方面一个强大的出口国。当然，也存在一些国家出现多次反复的经验事实。例如，英国、瑞典、日本和德国的例子。我们可以把它理解为是对一种既定能力的再次充分利用。

4. 具体的问题领域因素

安德森和列菲林克区别了导致国家先驱行为的特定的国家因素与具体的问题领域因素之间的差异。[1] 先驱作用的发挥通常仅限于那些国家

---

[1] Mikael Skou Andersen and Duncan Liefferink (Eds.), *European Environmental Policy: The Pioneers*, Manchester: Manchester University Press, 1997.

已经在过去获得了一定权能的问题领域。环境政策的路径依赖也产生于来自国外的感知和关注：过去作为一个榜样的国家有可能受到其他国家更为密切的关注。

笔者没有仅仅就环境保护中的单个问题领域进行研究。但非常清楚的是，问题领域——问题的种类以及解决方法——存在着差异。有些问题也许是十分明显的，或者也许是高度隐性的（不知不觉地恶化）；污染者也许是强大的，也许是弱小的。然而，最重要的因素是，一种市场化的技术解决方法是可以获得的，还是比较匮乏的。笔者已经强调了这一点，那就是，环境革新能够从这样的事实中获益：环境问题本身已经成为革新竞争的一个重要向度。但是，在一个经济全球化的时代，这样的优势受制于以技术为基础的政策。

5. 战略性因素

一个给定的环境政策与一个情势性政策之窗是否以及怎样被利用，取决于战略性因素，也取决于特定国家的意志和技巧。对于先驱者来说，存在以下几种选择：它们可以仅仅是一个先行者，对国内问题或一定的市场机会作出回应。在这种情况下，只有政策革新被其他国家（或欧盟）采用，才决定它们成为先驱角色。或者，它们可以作为一个积极的"推动者"而采取行动，把它们的政策革新转移到更高的层面——例如欧盟。瑞典、荷兰、丹麦、德国以及英国已经多次综合利用了这两种战略。例如，德国通过一个特别的国际会议对可再生能源政策的推动（2004 年）。

## 三、引领潮流

正如前文已提到的，环境政策的先驱者不只是一个先行者。笔者已经概括了先驱者的特征：不仅具有环境政策革新的多元化（plurality）特点，而且还具有国际"可视度"（visibility）。先驱国家在国际社会的声誉是另一个重要的因素。基于声誉或知识的领导与基于权力的领导是有差别的，成为一个政策革新者的声誉对于小国家而言也许具有非常特别的吸引力。

国家的管制确实影响着国际市场，全球经济至少需要一些统一与协调，政策趋同和规制趋势因此具有了一个强大的基础。国家管制的统一通常来自于国际协定。但是，规制趋势的演进在很大程度上似乎是一个独立的进程。在此，政策革新的设计也是重要的。为了迎合一种国际规制趋势，环境政策革新必须满足一定的条件。在一个对环境领导型市场以及它们的支持性政策的研究中，我们发现下列因素特别重要：环境革新必须是可转移的，必须对其他国家有用；它应该与全球环境需求相关联。另一个重要的因素是，一个国家的政策革新与国际政策议程（例如《京都议定书》）密切相关。它也必须表明，它是有效的和可接受的（至少具有很高的可能性）。这种示范效应（demonstration effect）在一定程度上又依赖于国家的"可视度"。规制趋势也依赖于接纳国家的参与。不仅仅积极的企业参与规制，国家——特别是出口导向型经济的国家——也趋向于引导它们自己走向将来的规制发展。对于一个特定的环境问题，如果存在彼此竞争的政策设计，只要关于最终的趋同性政策设计的预测是不确定的，采用者就会趋于谨慎。在此还应强调的是，即便没有国际协定，每一种政策采用也都有其自身成功的记录。这种政策采用不仅仅依赖于政策能力与一个国家的一般性环境状况，还依赖于诸如灾难性事件、政府更迭、技术发展或者能源政策的突然改变等这些情势性因素。来自领导型市场研究的主要信息是，与这种政策采用的内部逻辑相比，先驱国家的转移活动发挥了次要作用。

## 四、结论

来自政策扩散的环境政策趋同似乎不仅仅受到世界市场紧急要务的影响，而且也受到国家政府特定集体行为的影响。在一些时间点上，有限数量的先驱国家为其他国家采取更进一步的环境政策提供了榜样。它们展示了一定解决方案的政治和经济可行性，因此，使其他国家随后采用同样的政策革新合法化。一般来说，政策趋同来自这样的事实：大的国家集团或大多数国家偏好一种单一性的解决方案。结果往往是，现存的先驱国家促进了先进环境政策理念的扩散或吸收。政策采纳过程——有它自身的逻辑（这已经超越了本章的主题）——似乎是以一定的规制遵从主义（regulatory conformism）为特征。从这个视角来看，政策趋同似乎不只是源自国家政府的"集团行为"，在这种集团行为中，先驱国家在存在不确定

性的条件下发挥了一种(智力型)领导作用。

成为先驱者的一个必要条件是,制定环境政策的较高能力。这包括制度、经济和信息机会以及一个国家绿色倡议联盟的相对力量。这些因素指的是制定政策的相对稳定因素,它不能解释为什么先驱者角色有的时候被放弃。要解释环境政策的这种兴起与衰退,另外的因素必须要考虑到。而要解释这一现象,必须要引入一种包括情势性因素、战略性因素和行为体构型的分析框架,尤其是有组织的环境目标的支持者与经济现代化支持者之间的联盟。这种生态现代化联盟在经济危机的时期也许会破裂。或者由于现存共识过度延展的结果,或者甚至是由于环境明显改善而导致的一种悖论式结果,这种联盟也会破裂。但是,一个国家的现有能力——连同国际体系的一定激励——将会阻止一种过度的退步,并为再一次"东山再起"提供机会(就像瑞典和英国的例子)。

全球化的政治和经济框架也许有时候为先驱者制造了障碍,但与此同时,它们也为一定的先进国家承担先驱者角色提供了激励——至少在环境政策领域是如此。然而,现存的机会似乎受制于以技术为基础的解决方案。迄今为止,它们局限于高度发达的经合组织国家——通常是欧盟成员国,这些国家在革新竞争方面拥有卓著的地位。然而,先驱战略在发展中国家是否也会变得可行,这也应该成为进一步研究的题目。

(马丁·耶内克)

# 第四章 全球环境政治中环境决策的能力建构

[内容提要]自20世纪70年代初开始,引领规制潮流的先驱国家促动了国际环境政策的发展。规制革新的持续扩散,意味着国家环境决策仍是国际环境政策发展的一个重要推动力量。虽然已开展了一系列案例研究,但在如何理解民族国家革新行为的影响因素方面,环境政策的比较分析依然缺乏理论和经验上的透彻审视,尽管它与国际环境政策发展的相关性得到了广泛承认。基于一种对国家引进环境政策革新能力的概念化,我们把本章的核心部分分解为一些量化的变量。通过使用包括统计模型在内的规范方法,对所分析的案例进行经验性验证。我们把经合组织国家气候变化政策中的规制革新作为本章的因变量,目的在于试图发现也许能够解释国家为什么承担或放弃先驱角色的关键变量。不同于先前进行的集中于结果或效果变量的大样本研究的结论,我们的研究发现,政治因素具有非常重要的解释力,而一个国家经济表现的解释力却非常有限。

对于国家在国际环境政策中的决策参与权限及其相关影响因素,学术界存在着激烈的争论。一些学者认为,经济一体化和政治的国际化进程已经大大限制了国家的自治权限和行动能力。而其他一些学者集中于规制手段的国际扩散进程并得出结论,国家决策依然是国际政策发展的一个核心驱动力。尤其是国际环境政策,是以规制革新广泛扩散的进程为特征的。革新性规制在全球范围的扩散已经兴起,但随之而来的一个问题是:在一个国际背景下,什么因素影响了为开拓一种新规制而先行一

步国家的决定呢？

虽然已经开展了一系列案例研究，但在如何理解民族国家革新行为的影响因素方面，环境政策的比较分析依然缺乏理论和经验上的透彻审视，尽管它与国际环境政策发展的相关性得到了广泛承认。近年来，量化研究已经成为国际环境研究的一种日益普遍的方法，但在环境政策的比较分析中，量化研究却还主要集中在对环境结果及其影响的分析，或者对遵守国际机制状况的分析。对国家层面的政策输出的阐释，迄今为止在很大程度上是一种案例研究或定性的小样本研究(small-n studies)，而这样的研究很少关注对各种变量的严格核查。

本章的目的在于考察大样本研究(large-N studies)方法在多大程度上适合于一种对先驱性环境政策国家的决定因素的分析。以气候保护政策中的规制革新为例，借用环境政策能力这个概念，通过使用包括对统计模型(以对倒退行为的分析为基础)进行测试在内的规范性方法，我们试图发现能够解释经合组织国家政治革新行为的关键变量。我们根据经合组织国家首先引入或较早适应环境革新的比率来界定革新行为。对于气候保护中的革新领导者国家，我们能否发现某种相似性？是否存在任何结构性前提条件？或者，这样的一种革新行为首要的是取决于与具体环境和情势性因素相关的不稳定因素吗？

聚焦于政策产出而不考虑它们的实际效果，这使得我们不能审视执行赤字(implementation deficits)、象征性政策以及仅仅适合于技术或经济标准的规制的可能性。在没有达到结果的情况下，标准可能被取消，而不是采取另外的努力去再次实施它们。许多国家放弃二氧化碳目标正是这样的一个例证。尽管存在着这些缺点，政策产出对环境质量的改善通常仍是一个必要的条件。从可测量的政策产出中推导出政策的有效性也是成问题的，因为政策结果和效果受到许多其他变量的影响，特别是技术的提升和经济结构的改变的影响。这种方法有可能高估政策成效，而同时在统计分析中考量政治、经济和技术成效则要求更大数量的案例，而这在跨国研究中通常是不可能做到的。

本章的结构如下：首先，我们提供了一个关于国家在环境政策中“走在前列”的利益和战略的非常简洁的背景性讨论，并归纳出环境政策能力的概念。接下来，我们将引入因变量，也就是引入二氧化碳减排目标、二氧化碳/能源税、能源效率标准、促进可再生能源发展的配额和“电网回购”政策，并列出相关领域的先驱国家。我们创建了一套涉及宽泛的27个自变量，并提出了具体的研究假设，以检验它们的影响。这些变量使较为抽象的环境政策能力的概念化变得可以操作。之后，我们提出了自己的一些比较研究发现。第一步，我们提供了一个这些变量之间相关性的双变量评估结果。第二步，我们分析了有着最高相关性的变量是否能够有效地解释一个国家相当早或相当迟地采取了新的环境政策措施。我们使用了一个个别对待的分析方法去测试这些变量的解释力。本章作为一个关于环境政策制定模式化能力的综合研究项目的起点，是对解决我们探究问题可能方式的第一次评估。基于此，在结论部分，我们对进一步研究进行了展望。

## 一、环境政策中国家革新行为的利益和战略

国家中的革新者总是国际政策发展的一个重要驱动力量。在相关学术文献中，学者们主要强调了如下几个动机，用来解释为什么严格的国内环境政策的单边采用在一定条件下可能是理性行为：

(1)避免适应国际规制的调整成本：国家设计它们国内的规制有这样一种意图，即对国际政策制定的进程施加可能性的影响以及把它们的规制作为标准规制的范本。这样就存在以下激励：首先，如果本国的规制模式成为国际规制的基础，那么，随后的法律调整成本就会达到最小化；其次，这样就使本国工业的竞争劣势得以消除，因为所有其他企业也必须采取相似的措施。

(2)在全球竞争中赢得经济优势：所谓的波特假说(Porter hypothesis)认为，严格的环境政策能够改善公司和有关部门的竞争力。① 首先，如果一种

① M. E. Porter, *The Competitive Advantage of Nations*, New York: Free Press, 1990; Michael E. Porter and Claas van der Linde, “Green and competitive: ending the stalemate,” *Harvard Business Review*, 73(5), 1995, pp. 120-134; N. A. Ashford, et al., “Environment, health, and safety regulation, and technological innovation,” in C. T. Hill and J. M. Utterback, *Technological Innovation for a Dynamic Economy*, Cambridge: Pergamon Press, 1979, pp. 161-221.

严格的环境政策在稍后的一个阶段能够得以国际性扩散，那么就可以赢得一种竞争优势；其次，严格的环境政策也许能够导致污染工业本身的革新，这样就可以补偿甚至超额补偿它们的改造成本（“免费午餐假定”）。

(3)在国际政策的发展中赢得领导地位：在全球秩序或经济权力格局中并不真正拥有政治权势的中小国家，希望通过单边行动发挥领导作用（树立一个好的榜样），并通过社会劝说和工具型领导（instrumental leadership）来塑造国际政治的议程。

安德森和列菲林克①根据国家作为一个先驱者所采取的四种行动方式归纳出如下分类：a. 通过榜样示范的推动者，它们采取政策有着明确的塑造国际政策制定议程的意图；b. 建设性推动者，它们由于国内原因而采取了一种渐进性的政策，但它们仍然寻求在国际层面达成一种建设性的国际协议；c. 防御性先行者，它们审慎地采取国内的政策，但仅仅是间接地向外推动；d. 选择性退出者（opt-outer），如果一些较宽松的标准将会在国际层面上实现制度化，它们就不会维持或采取一种更加严格的规制。

古普塔（Gupta）和戈汝伯（Grubb）②从另外一种视角，区分了国际谈判中的结构型（structural）、方向型（directional）和工具型（instrumental）领导作为参与战略的可能形式。结构型领导者是那些在全球秩序中拥有巨大物质资源和强大地位的国家，通过建设性地使用它们的实力，给予它们这样一种可能性，即领导讨价还价过程并促使其他行为体接受某些政策措施。方向型领导者是那些通过展示其国内的最优行动——这些行动的目标是可以实现的，解决方案是可获得的——来设法改变其他国家的认识与信念的国家。工具型领导者是那些利用它们的谈判技巧促使国际谈判达成一种互利的结果，特别是通过利用议题关联（issue-linkage）和建立基于问题领域的联盟。

---

① Duncan Liefferink and Mikael Skou Andersen, “Strategies of the ‘green’ member states in EU environmental policy-making,” *Journal of European Public Policy*, 5(2), 1998, pp. 254-270.

② J. Gupta and M. Grubb (Eds.), *Climate Change and European Leadership: A Sustainable Role for Europe*, Dordrecht: Kluwer Academic Publishers, 2000.

## 二、经合组织国家制定环境政策的决定因素

我们通过利用由马丁·耶内克及其合作者所做的工作[①]——他们把环境能力建设概念扩展为一个更加宽泛的框架并用来解释工业化国家环境保护成功的条件——来开始本章的分析。在耶内克等人看来，环境保护的成功并非依赖于正确手段的选择，而在于许多不同因素之间的、复杂的互动关系，这包括导致行为体发展和实施战略行动的环境问题、对抗目标集团的反对、系统的框架条件以及处于不断变化中的情势性背景(见图 4-1)。

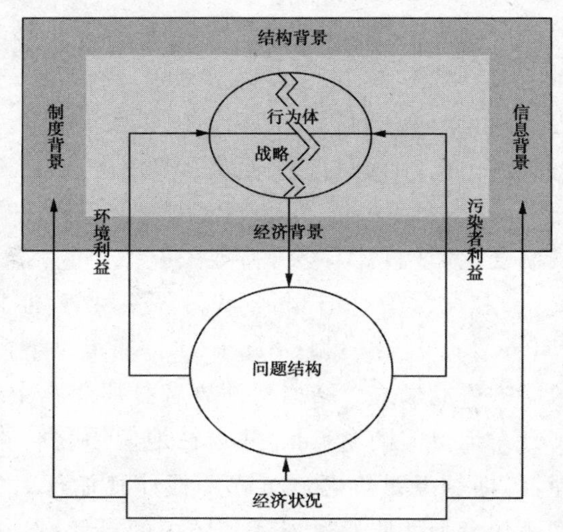


图 4-1　环境政策表现的决定因素

图 4-1 资料来源：Martin Jänicke, "The political system's capacity for environmental policy," in Martin Jänicke and Helmut Weidner, *National Environmental Policies: A Comparative Study of Capacity-Building*, Berlin: Springer, 1997, pp. 1-24.

① Martin Jänicke, „Erfolgsbedingungen von Umweltpolitik," in Martin Jänicke, *Umweltpolitik der Industrieländer: Entwicklung-Bilanz-Erfolgsbedingungen*, Berlin: Edition Sigma Verlag, 1996; Martin Jänicke and Helmut Weidner (Eds.), *National Environmental Policies: A Comparative Study of Capacity-Building*, Berlin: Springer, 1997; Helmut Weidner and Martin Jänicke (Eds.), *Capacity Building in National Environmental Policy: A Comparative Study of 17 Countries*, Berlin: Springer, 2002.

耶内克在“能力(作为一个相对稳定的行动条件)与对能力的利用(引致环境政策的主观方面和情势性方面)”之间作出区分。[①] 依此而言,一个国家的环境能力由环境保护的政府性和非政府性支持者的力量、权能、构型以及具体的认知性信息条件、政治制度条件和经济技术框架条件构成。而能力的运用依赖支持者的战略、意志和技巧,依赖特定的情势性机会。而这些因素还与特定问题的种类相关,例如,它的迫切性以及目标集团的权力与资源,还有具体的经济状况。

到底哪一种因素使环境政策发挥应有的作用?耶内克指出,首要的是建立具有充足和被赋予足够权限的诸如环境部这样的政府行为体。[②] 软弱的、孤立无援的政府机构不会赢得政治战斗,只有拥有足够权限执行综合计划的强大政府机构才可能取胜。媒体也起着决定性的重要作用。强大的环境非政府组织与大量的绿色企业是另一个主要因素。在许多案例中,新的革新性规制往往是被由政府机构、非政府组织以及绿色企业所组成的强大绿色倡议联盟所创造并付诸实践的。

至于其他的体系性框架条件、环境知识和公众意识的程度,也被认为是至关重要的。一个有着许多环境研究机构的国家比起一个只有贫乏数据以及对环境污染问题没有任何系统研究的国家,就目标性和革新性环境保护工作而言,将拥有更大的可能性。此外,较高的影响力也是一个国家独立的、必不可少的综合性能力因素。组合主义的程度也是一个具有重要影响力的因素。经济增长、贸易的开放程度以及收入水平也是更大程度上的关键变量:富裕程度较高的国家有着更高的污染负担,但同时它们也拥有更多的资源和更好的发明环保新技术的技术潜力,并通常会具有更高的环境动员水平。

---

① Martin Jänicke, “The political system's capacity for environmental policy,” in Martin Jänicke and Helmut Weidner, *National Environmental Policies: A Comparative Study of Capacity-Building*, Berlin: Springer, 1997, pp. 1-24.

② Martin Jänicke, “The political system's capacity for environmental policy,” in Martin Jänicke and Helmut Weidner, *National Environmental Policies: A Comparative Study of Capacity-Building*, Berlin: Spriner, 1997, pp. 1-24; Martin Jänicke, P. Kunig and M. Stitzel, „Lern- und Arbeitsbuch Umweltpolitik: Politik," *Recht und Management des Umweltschutzes in Staat und Unternehmen*, 2, Auflage. Bonn: Verlag Dietz, 2003.

这一概念运用了一个非常宽泛的以行为体为中心的框架，以及与基本的问题结构相关的制度变量。这种对环境政策成功条件的汇集非常有价值，它有助于我们避免一种太过狭隘的单因素解释。然而，这一概念涵盖了一系列相当庞大的元变量(meta-variables)，比如整合能力或参与能力。而这些变量只能定性描述而不能被更加清晰地界定。正如斯克鲁格思(Scruggs)正确指出的，这种方法错失了“连接原因与结果的微观基础”[①]：它不能解释为什么单一因素也有助于环境问题的解决，通常，它也不清楚单一“能力”存在的条件以及它们直接导致环境问题解决的原因。换句话说，尽管它声称单一“能力”是非常重要的，却没有对它们的具体影响进行评价，也没有对它们之间互相竞争的解释进行协调。[②] 第二，它声称，诸如政府的构成方式、政党类型、联邦主义或两院制等这样常见的政治体系变量，具有较低的解释力，但这些发现并没有被清晰地加以讨论。第三，它提到所有种类的国家规则制定必须在一个国际背景下加以审视，但它对国际体制、超国家规制或国际组织以及跨国性认知共同体的要求在何种程度上对国家的政策制定产生了影响却并没有揭示更多的细节。

上述批评构成了对这一概念更进一步阐释的起点。我们并不试图对所有的批评之点都提供同样详尽的解释。相反，我们将集中于对这个概念性框架的单一成分进行解构，从而对影响国家在环境政策中的革新行为能力的相关因素进行一个更加系统和详细的评估。我们区分了27个变量——我们假定这些变量对国家在环境政策中的革新行为产生积极影响，然后对它们之间的相关性进行测试。在我们继续对自变量进行解释之前，我们先对因变量做简短的解释。

1. 因变量

作为因变量，我们集中分析气候保护政策中四个政策革新被采纳的先后顺序。在本章的分析中，这些规制革新包括：

(1)$CO_2$ 减排目标；

---

① L. Scruggs, *Sustaining Abundance: Environmental Performance in Industrial Democracies*, Cambridge: Cambridge University Press, 2003, p. 130.

② L. Scruggs, *Sustaining Abundance: Environmental Performance in Industrial Democracies*, Cambridge: Cambridge University Press, 2003, p. 130.

(2)$CO_2$/能源税；

(3)可再生能源的配额；

(4)促进可再生能源发展的“电网回购”政策。

这些革新涵盖了20世纪90年代气候保护政策中的新的规制方式，例如目标导向的方法与以激励为基础的方法。不同政策手段的选择和它们引入之年的集合，揭示了国家对单一政策手段的偏好。规制革新的最先引入和扩散的数据，来自柏林环境政策研究中心一个项目中编撰的、关于22项环境政策革新在43个国家扩散的数据库。

设定国家内部的$CO_2$减排目标，总是在国际和具体国家之间各种因素的相互作用下发生。早在1988年，多伦多会议就提出了到2005年$CO_2$排放减少20%的目标。1989年，挪威和荷兰率先宣布了相似的国家减排目标，即到1995年把$CO_2$排放稳定在1989年的水平。1990年，12个其他国家紧随其后指定了国内$CO_2$减排目标，或者是$CO_2$排放稳定化，或者是排放量减少。

自20世纪70年代初以来，对汽油或其他燃料油进行征税已经成为一种标准的政策工具，但这主要是由于财政原因而引入。通过提高能源产品与使用能源的成本，基于一种清晰的生态动机和以减少$CO_2$排放为目标的税收只是20年以后的发明。1990年，芬兰引入$CO_2$/能源税，这在世界上尚属首例。1991年挪威和瑞典、1992年丹麦和荷兰、1993年比利时紧随其后。

可再生能源配额和“电网回购”政策的目标都是提升可再生能源在总的电力生产中的比例。然而，它们采取了不同的规制方式。配额模式确定了一个源自可再生能源的具体电力数量比例，通过一个可进行交易的许可证制度来确保遵守。然而，“电网回购”政策却对源于可再生能源的电力规定了一个固定的价格，这样的价格可以确保当生产者把他们的电力输入电网之后是盈利的。葡萄牙(1988)是世界上第一个采取“电网回购”政策的国家，紧接着荷兰(1989)、德国(1990)和瑞士(1991)也采取了这种政策。配额模式在1998年首先被荷兰引入，1999年丹麦和意大利、2000年奥地利和澳大利亚紧随其后。

通过对30个国家的具体分析后，我们得知，到1998年初，有14个国家已经引入了“电网回购”政策，10 个国家实施了能源税（1990 年以来），10 个国家采取了配额模式（从 1998 年起），24 个国家制定了与 $CO_2$ 相关的目标（1989 年首先引入），这 30 个国家中的 3 个国家没有实施任何这些政策措施（见表 4-1）。

**表 4-1　引入四种气候保护政策革新的平均排名得分**

| 国家 | 排名得分 | 国家 | 排名得分 | 国家 | 排名得分 |
|---|---|---|---|---|---|
| 荷兰 | 1.75 | 澳大利亚 | 6.00 | 爱尔兰 | 7.75 |
| 丹麦 | 2.75 | 芬兰 | 6.00 | 卢森堡 | 7.75 |
| 德国 | 4.25 | 英国 | 6.25 | 西班牙 | 7.75 |
| 奥地利 | 4.50 | 法国 | 6.50 | 美国 | 7.75 |
| 波兰 | 4.75 | 匈牙利 | 6.50 | 冰岛 | 8.00 |
| 瑞典 | 5.00 | 日本 | 6.50 | 捷克 | 8.50 |
| 瑞士 | 5.00 | 加拿大 | 7.00 | 葡萄牙 | 8.50 |
| 挪威 | 5.25 | 希腊 | 7.00 | 韩国 | 9.00 |
| 意大利 | 5.50 | 新西兰 | 7.00 | 墨西哥 | 9.00 |
| 比利时 | 5.75 | 斯洛伐克 | 7.50 | 土耳其 | 9.00 |

2. 自变量

为了便于分析，相当宽泛的环境能力概念框架需要更进一步达到可操作化。要求指标是可测量的，并代表某种理论概念，例如一种政治体系的开放程度。因此，我们必须依靠次优指标，这些指标也许仅仅包含我们选定的某些方面。为了揭示单一指标的缺点，我们作了广泛的文献梳理和数据的收集。我们根据能使这个模型与能力相关的不同方面实现操作化这一点而选择了自变量。例如，由于操作化问题，我们省略了情势性和战略因素，而集中于与行为体相关的一些因素以及经济、政治制度与信息化认知因素。这些变量分成了 7 个主要的集群（见表 4-2）。

表 4-2　　　　对国家革新行为产生积极影响的变量

| 制度性否决博弈者 |
| --- |
| (1)较高程度的社团主义(corporatism);<br>(2)单一制程度的较高得分;<br>(3)两院制程度的较低得分;<br>(4)政府的强大作用;<br>(5)利普哈特所提出的联邦/单一制量度(the Federal/Unitary scale of Lijphart)的较低得分;<br>(6)政府的效能。 |
| 政治系统的开放性 |
| (7)低选举门槛;<br>(8)选举系统中较低的不均衡性;<br>(9)议会中数量众多的政党;<br>(10)联盟政府的较高可能性;<br>(11)较大数量的绿色投票者。 |
| 绿色非政府组织的影响 |
| (12)强烈的环境团体会员身份;<br>(13)较高数量的国际自然与自然资源保护联合会(IUCN)成员组织;<br>(14)地方《21 世纪议程》的较高数目。 |
| 绿色工商业的影响 |
| (15)较大数量的 ISO14001 注册企业;<br>(16)GDP 中较低的"脏工业"份额;<br>(17)较低比率的煤消耗量;<br>(18)道琼斯可持续性集团指数(Dow Jones Sustainability Group Index)的较高得分。 |
| 支撑性经济框架条件 |
| (19)高人均 GDP;<br>(20)高经济增长率;<br>(21)低失业率。 |

续表

| 支撑性革新系统 |
| --- |
| (22)高水平的人均可再生能源消费； |
| (23)知识创造的较高得分； |
| (24)创新指数的较高得分。 |
| 国家的国际参与力量 |
| (25)更为普遍地是政府间国际组织的成员； |
| (26)对国际援助和环境项目作出较大的贡献； |
| (27)更经常地参与国际环境协议。 |

数据来自不同方面。社团主义的得分取自塞罗夫(Siaroff)[①]，其他的政治制度变量，我们使用的数据来自斯克鲁格思[②]和利普哈特[③]。结构性经济变量以经合组织(2004)[④]的数据为基础，而绝大多数行为体为中心的、国际的以及与管治相关的变量则来自于2005年环境可持续性指数的数据。数据的可获得性和连续性是一个问题，我们将通过对变量以及研究结果的及时解释来解决这一问题。

3. 双变量分析

制度性否决结构(institutional veto-structure)：我们对涉及的制度性否决博弈者的数量特别感兴趣，因为大量的否决博弈者增加了偏离现状的难度，这样也就增加了国家在环境政策中进行革新的难度。变量中的绝大多数是自我解释性的。由利普哈特创制的联邦制(单一制)程度得分是一个包括这一部分所提到的所有变量的合计分数，但同时也增加了一些其他方面的变量，比如中央银行的权威。政府效能变量是基于世界银行的指标，包括"公共服务供给的质量、官僚机构的性质、国家公务员的权

---

① A. Siaroff, "Corporatism in 24 industrial democracies: meaning and measurement," *European Journal of Political Research*, 36(2), 1999, pp. 175-205.

② L. Scruggs, *Sustaining Abundance: Environmental Performance in Industrial Democracies*, Cambridge: Cambridge University Press, 2003

③ A. Lijphart, *Patterns of Democracy: Government Forms and Performance in Thirty Six Countries*, New Haven: Yale University Press, 1999.

④ OECD, OECD in Figures: Statistics on the Member Countries, Paris: OECD, 2004.

限、政府行政部门相对政治压力集团的独立性、政府对政策承诺的信用程度"[①]。我们必须谨慎地对待这些指标,因为一个高效能的政府也意味着其他部门处于对抗积极环境政策措施的境地。然而,我们仍然没有找到一个令人满意的测量环境行政部门能力的指标,而不得不以这个指标作为研究的起点(见表 4-3)。

**表 4-3 对"制度性否决结构"因素的双变量分析**

| 变 量 | 相关性 | 显著性 | 观察样本(N) |
|---|---|---|---|
| (1)较高程度社团主义的先驱者(一体化) | −0.639 | 0.001 | 23 |
| (2)单一制程度的较高得分(联邦制) | −0.073 | 0.781 | 17 |
| (3)两院制程度的低得分(两院制) | −0.192 | 0.460 | 17 |
| (4)较强的行政机构(行政机构) | −0.040 | 0.878 | 17 |
| (5)利普哈特所提出的联邦/单一制量度的较低得分 | −0.198 | 0.365 | 23 |
| (6)政府的效能 | −0.570 | 0.002 | 29 |

社团主义与先驱行为有着意义显著的相关性。我们也发现政府效能指标与先驱行为的得分之间具有意义显著的相关性。其他变量——例如两院制、行政部门的实力、联邦主义以及联邦制(单一制)的得分——并没有显示出与先驱行为得分之间的显著相关性。这对于政治体系之内的行政部门的地位和实力来说,亦是如此。这些变量的价值几乎均衡地分布于先驱者与追随者之中。然而,必须指出的是,这些变量的数据仅仅是从对 17 个经合组织国家的分析中所获得的[联邦制(单一制)量度的指数来自于对 23 个国家的分析],而另外的数据也许会显示一幅大不相同的图景。到此为止,我们的数据表明,大量的制度性和社会性否决博弈者并不

① D. Kaufmann, A. Kraay and M. Mastruzzi, *Governance Matters III: Governance Indicators for 1996-2002*, Washington, D.C.: MS. 2004.

自动地阻止政府实施新的革新性规制。

政治体系的开放性：从这些变量中，我们能够得知环境利益进入议会和行政决策过程的难易程度。然而，决策程序的开放性并非只是对环境利益支持者的一种制约，因此，对此进行更加仔细的分析是必需的。

经验分析揭示出这组变量与因变量之间具有非常显著的相关性。较早引入环境政策措施的国家是以较低的选举门槛、选举系统中较低的不均衡性、议会中较高数量的政党以及较多数量的绿色投票者为特征的。但是，与政府中政党数量的相关性并不显著。数据表明，我们的样本先驱国家更为通常的是由一个联盟政府而非单一政党政府所管治。再就是，我们的数据仅仅是从 17 个国家(选举门槛、绿色投票者和单一政党政府)以及 23 个国家(选举体系的不均衡性和议会中的政党数量)分别获得(见表 4-4)。

**表 4-4　　对“政治系统开放性”因素的双变量分析**

| 变　量 | 相关性 | 显著性 | 观察样本(N) |
|---|---|---|---|
| (7)有较低选举门槛的先驱者(选举门槛) | 0.634 | 0.006 | 17 |
| (8)选举系统中较低的不均衡性(选举的不均衡性) | 0.424 | 0.044 | 23 |
| (9)议会中数量众多的政党(议会中的政党数量) | −0.435 | 0.038 | 23 |
| (10)联盟政府的高可能性(单一政党政府) | 0.433 | 0.082 | 17 |
| (11)较高数量的绿色投票者(绿色投票) | −0.487 | 0.047 | 17 |

绿色非政府组织的影响：因为没有真正的、能够测量整个经合组织国家绿色非政府组织影响的指标，我们使用环境团体的会员数据和国际自然与自然资源保护联合会(IUCN)成员组织的数据作为对绿色非政府组织实力和影响力的粗略评估。用地方《21 世纪议程》的数量作为测定地方公民组织影响力的补充因素。这一指标也许能够对次国家层面上的绿色政府行为体的实力评价提供一些帮助，而这些行为体也许可以对国家层

面上的行为体产生某些政治压力。

环境团体的会员比例以及地方《21 世纪议程》的数量，显示出与先驱者的数量有着强烈的相关性。然而，只有在排除异常值(outliers)的情况下，《21 世纪议程》数量的重大相关性才能够计算。而这对于国际自然与自然资源保护联合会成员组织的数量亦是如此：这一变量在第一次测试中并没有显示出显著的相关性。只有当我们从分析中排除了异常值，我们才能够观察到一个显著的相关性(见表 4-5)。

**表 4-5　　对"绿色非政府组织"因素的双变量分析**

| 变　量 | 相关性 | 显著性 | 观察样本(N) |
|---|---|---|---|
| (12)在环境组织中拥有较多成员的先驱者(环境组织成员) | －0.760 | 0.000 | 18 |
| (13)较高数量的国际自然与自然资源保护联合会(IUCN)成员组织 | －0.535 | 0.003 | 26 |
| (14)地方《21 世纪议程》的较高数目(地方《21 世纪议程》) | －0.566 | 0.003 | 26 |

绿色工商业的影响："脏工业"的份额这一变量由 6 个工业部门组成，这些工业的能源消耗远远高于平均水平，例如化工、纸浆与造纸、有色金属。煤的消耗量用平均居住区域的煤消耗量与单位 GDP 的碳排放量表示。道琼斯可持续性集团指数包括"根据可持续性进行评估的处于前 10%的企业。已经在道琼斯全球指数的企业有资格进入可持续性集团指数。具有较高合格企业比例的国家满足了这样的要求：拥有一个更加有助于环境可持续性的私有部门"[①](见表 4-6)。

① D. C. Esty, M. A. Levy, T. Srebotnjak and A. de Sherbinin, *2005 Environmental Sustainability Index: Benchmarking National Environmental Stewardship*, New Haven: Yale Center for Environmental Law & Policy, 2005.

表 4-6　　对“绿色工商业影响”因素的双变量分析

| 变　量 | 相关性 | 显著性 | 观察样本(N) |
| --- | --- | --- | --- |
| (15)GDP 中“脏工业”的较低比例(GDP 中的“脏工业”) | 0.135 | 0.676 | 12 |
| (16)较低比率的煤消耗量(煤的消耗) | －0.166 | 0.39 | 29 |
| (17)道琼斯可持续性集团指数的较高得分(道琼斯可持续性集团指数) | －0.513 | 0.021 | 20 |

从道琼斯可持续性指数、ISO14001 注册企业的份额以及 GDP 的碳强度这些指标，我们发现了显著的相关性。煤消耗量的比例没有显示出显著的相关性。然而，绿色工商业变量的相关性相当弱。

支撑性经济框架条件：在环境能力的概念模型中，经济变量既是污染的决定因素，也是解决问题的资源。我们参考了经济增长的能动效应、高的人均 GDP，并增加了一个较低的失业率作为另一个结构性因素。

但令人吃惊的是，我们的分析结果表明，经济表现的相关性并不显著。只有当我们把这一变量的价值转化为一种定序模式(低、中、高)时——这样减少了异常值的影响——一种显著的卡方(chi-square)才能够被计算出来。我们的发现表明，增长率和失业率与国家在环境政策中的革新行为并没有显著的相关性。这与先前对环境质量与经济表现之间相互关系的研究是相矛盾的(见表 4-7)。

表 4-7　　对“支撑性经济框架条件”因素的双变量分析

| 变　量 | 相关性 | 显著性 | 观察样本(N) |
| --- | --- | --- | --- |
| (18)拥有较高人均 GDP 的先驱者(人均 GDP) | －0.285* | 0.127 | 30 |
| (19)较高的经济增长率(1993 年 3 月的增长率) | 0.319 | 0.086 | 30 |
| (20)较低的失业率(1993 年的失业率) | －0.097 | 0.618 | 29 |

* 如果转化成定类尺度，则卡方显著。

绿色革新体系:对可再生能源的支持是一个能源部门转变的具体指标。知识创造和革新能力的指数来源于 2005 年环境可持续性指数(ESI)报告的指标,这一报告宽泛地描述了环境科学、环境技术和环境政策中的能力发展。

我们计算了对可再生能源的人均公共消费,这一变量表明了与先驱行为相对较高的相关性,而其他变量并没有显示出任何显著的相关性(见表 4-8)。

**表 4-8　　对"支撑性革新系统"因素的双变量分析**

| 变　量 | 相关性 | 显著性 | 观察样本(N) |
|---|---|---|---|
| (21)拥有高水平人均可再生能源消费的先驱者(人均可再生能源) | −0.640 | 0.001 | 25 |
| (22)知识创造的较高得分(知识创造) | 0.102 | 0.6 | 29 |
| (23)革新指数的较高得分(革新指数) | −0.32 | 0.091 | 29 |

国际因素:如果我们假定在强烈的国际参与背后具有一种结构型或方向型领导动机的存在,那么,我们就能够预期,在国际层面上的积极参与将会促进国家的革新行为。我们使用的变量反映了国际参与的不同方面(见表 4-9)。

**表 4-9　　对"国家的国际参与力量"因素的双变量分析**

| 变　量 | 相关性 | 显著性 | 观察样本(N) |
|---|---|---|---|
| (24)国际组织更为频繁的成员的先驱者(环境国际组织) | −0.429 | 0.02 | 29 |
| (22)对国际援助和环境项目作出较大的贡献(对发展的贡献) | −0.196 | 0.309 | 29 |
| (23)更为经常的参与环境协议(环境协议) | −0.542 | 0.002 | 29 |

对国际因素的分析显示,其与对环境协定的参与以及在国际环境政府间组织的成员身份具有显著的相关性,但与对国际环境基金以及发展项目的贡献却并没有显著的相关关系。

4. 中间性结论

对双变量之间相关性的计算结果，证实了来自于其他研究的许多发现。例如，所有首先引入或较早采用环境革新政策的这些国家，都显示出较高程度的社团主义。一个拥有实权并高效的政府也是革新环境政策的一个前提条件。对新政治权力的进入条件影响着政治系统的回应敏感程度，政策网络中的多元主义程度有利于环境保护这样的弱势社会利益群体的代表，这些也都是被普遍观察到的现象。不过，双变量分析给我们留下了一些问题，对我们的问题给出了令人相当不满意的回答。双变量分析揭示出了许多关系，然而，虽然我们能够证实许多变量的重要意义，但我们却不能证明它们的相对重要性。双变量分析给了我们这样一种看法：几乎所有的变量都是非常重要的。这样，我们不得不鉴别其中最重要的变量，例如那些解释了我们绝大多数案例的变量。这样，我们就允许作出以下评估：一个国家是否可能比其他国家更早地引入一种政策革新？然而，这要求一种更加详尽的多变量分析。

## 三、多变量分析

较小数量的案例与数量众多的变量要求我们聚焦于那些在分析的第一步显示出特别高的相关性的因素。尽管受到这些限制，我们的数据也允许进行一种区别对待的分析。我们把因变量（先驱者）转化为三种程度不同的情形（早采用者、晚采用者、拖后腿者），每一组包括相同比例的国家。而对于自变量（一体化、选举门槛、政府效能、环境组织成员、道琼斯可持续性指数、人均可再生能源、环境协议、GDP 中的“脏工业”、人均 GDP），缺少的变量由每一个变量的实际价值所代替。为了防止在分析中可能被排除的情况，这是非常必要的。因为，对相互区别的功能进行计算，要求每一个变量的价值。当然，增加了价值的变量，显示出与衍生它们的变量具有强烈的相关性。此外，它们虽然变得弱了一些，但仍然保持与因变量非常显著的相关性。区别分析的结果见表 4-10：

**表 4-10　　　　对所选择的部分变量区别分析的结果**

| 先驱者 | 平均值 | 标准差 | 有效值 | |
|---|---|---|---|---|
| | | | 不加权 | 加权 |
| 较早采用者 | | | | |
| 一体化 | 4.03750 | 0.565348 | 10 | 10.000 |
| 选举门槛 | 5.18941 | 3.956042 | 10 | 10.000 |
| 政府效能 | 1.69900 | 0.524605 | 10 | 10.000 |
| 环境组织成员 | 9.11556 | 6.489931 | 10 | 10.000 |
| 道琼斯可持续发展指数 | 0.46130 | 0.271618 | 10 | 10.000 |
| 人均可再生能源 | 1.71253 | 1.053540 | 10 | 10.000 |
| 人均 GDP | 27590.12306 | 6303.135163 | 10 | 10.000 |
| GDP 中的"脏工业" | 7.40000 | 0.916919 | 10 | 10.000 |
| 环境协议 | 0.93600 | 0.072142 | 10 | 10.000 |
| 较晚采用者 | | | | |
| 一体化 | 2.80000 | 0.83165 | 10 | 10.000 |
| 选举门槛 | 19.37706 | 11.132674 | 10 | 10.000 |
| 政府效能 | 1.44400 | 0.617957 | 10 | 10.000 |
| 环境组织成员 | 5.54778 | 2.119322 | 10 | 10.000 |
| 道琼斯可持续发展指数 | 0.39495 | 0.292611 | 10 | 10.000 |
| 人均可再生能源 | 0.69725 | 0.410558 | 10 | 10.000 |
| 人均 GDP | 24250.93243 | 6464.507730 | 10 | 10.000 |
| GDP 中的"脏工业" | 7.96667 | 0.760929 | 10 | 10.000 |
| 环境协议 | 0.86100 | 0.099605 | 10 | 10.000 |
| 拖后腿者(Laggards) | | | | |
| 一体化 | 2.91250 | 0.645632 | 10 | 10.000 |
| 选举门槛 | 15.61588 | 7.009033 | 10 | 10.000 |
| 政府效能 | 1.07562 | 0.707305 | 10 | 10.000 |
| 环境组织成员 | 5.30333 | 2.562010 | 10 | 10.000 |
| 道琼斯可持续发展指数 | 0.30325 | 0.210319 | 10 | 10.000 |
| 人均可再生能源 | 0.63202 | 0.425712 | 10 | 10.000 |
| 人均 GDP | 24554.66399 | 13407.088709 | 10 | 10.000 |
| GDP 中的"脏工业" | 8.13333 | 2.74789 | 10 | 10.000 |
| 环境协议 | 0.80266 | 0.091748 | 10 | 10.000 |

续表

| 总计 | | | | |
|---|---|---|---|---|
| 一体化 | 3.25000 | 0.875308 | 30 | 30.000 |
| 选举门槛 | 13.39412 | 9.788997 | 30 | 30.000 |
| 政府效能 | 1.40621 | 0.653391 | 30 | 30.000 |
| 环境组织成员 | 6.65556 | 4.432032 | 30 | 30.000 |
| 道琼斯可持续发展指数 | 0.38650 | 0.259884 | 30 | 30.000 |
| 人均可再生能源 | 1.01393 | 0.840349 | 30 | 30.000 |
| 人均 GDP | 25465.23983 | 9134.271958 | 30 | 30.000 |
| GDP 中的"脏工业" | 7.83333 | 1.698546 | 30 | 30.000 |
| 环境协议 | 0.86655 | 0.101922 | 30 | 30.000 |

运用威尔克斯—拉姆达(Wilks-Lambda)值的计算，借助一体化、选举门槛、人均可再生能源与环境协议这几个因素，能够非常明显地把各组国家区分出来(见表 4-11)。

**表 4-11　　对各组国家平均值的相似性测试**

| | Wilks-Lambda | F | $Df_1$ | $Df_2$ | 显著性 |
|---|---|---|---|---|---|
| 一体化 | 0.587 | 9.837 | 2 | 27 | 0.001 |
| 选举门槛 | 0.611 | 8.588 | 2 | 27 | 0.001 |
| 政府效能 | 0.841 | 2.546 | 2 | 27 | 0.097 |
| 环境组织成员 | 0.840 | 2.569 | 2 | 27 | 0.095 |
| 道琼斯可持续发展指数 | 0.936 | 0.928 | 2 | 27 | 0.408 |
| 人均可再生能源 | 0.642 | 7.544 | 2 | 27 | 0.002 |
| 人均 GDP | 0.972 | 0.391 | 2 | 27 | 0.680 |
| GDP 中的"脏工业" | 0.965 | 0.494 | 2 | 27 | 0.615 |
| 环境协议 | 0.703 | 5.694 | 2 | 27 | 0.009 |

只有在两个函数都被应用的情况下，威尔克斯的拉姆达判别函数(The Wilks-Lambda of the discriminance function)才揭示了一种非常显著的数值(见表 4-12)。

**表 4-12　　威尔克斯的拉姆达判别函数**

| 函数的测试 | Wilks-Lambda | Chi-square | Df | 显著性 |
|---|---|---|---|---|
| 1～2 | 0.222 | 34.623 | 18 | 0.011 |
| 2 | 0.738 | 6.975 | 8 | 0.539 |

在判别函数中，每个系数(coefficient)的相对重要性可以归纳如下：

表 4-13　　标准化典型判别函数系数

| | 函数 | |
|---|---|---|
| | 1 | 2 |
| 一体化 | 0.437 | 0.563 |
| 选举门槛 | −0.536 | 0.772 |
| 政府效能 | −0.030 | 1.632 |
| 环境组织成员 | 0.390 | −0.057 |
| 道琼斯可持续发展指数 | −0.315 | −0.066 |
| 人均可再生能源 | 0.103 | −0.301 |
| 人均 GDP | 0.154 | −1.710 |
| GDP 中的“脏工业” | −0.521 | 0.459 |
| 环境协议 | 0.764 | 0.278 |

通过对每一种情况应用判别函数进行计算，我们计算了每一种情况属于一个具体国家集团的可能性，由于国家集团的核心是紧密结合在一起的，这个模型并不是非常稳定。不过，运用选择的变量能够预测 80％的具体国家归属于哪一个集团(见表 4-14)。

表 4-14　　标准化典型判别函数系数

| 先驱者 | | 预测国家的归属 | | | 总计 |
|---|---|---|---|---|---|
| | | 早期采用者 | 后来采用者 | 拖后腿者 | |
| 最初的数量 | 早期采用者 | 9 | 1 | 0 | 10 |
| | 后来采用者 | 1 | 6 | 3 | 10 |
| | 拖后腿者 | 0 | 1 | 9 | 10 |
| ％ | 早期采用者 | 90.0 | 10.0 | 0.0 | 100.0 |
| | 后来采用者 | 10.0 | 60.0 | 30.0 | 100.0 |
| | 拖后腿者 | 0.0 | 10.0 | 90.0 | 100.0 |

案例中 80％的国家都被正确地归于一类。

## 四、结论与进一步研究的展望

本章的一个核心动机在于，使稍显宽泛的、但具有启发性的环境能力概念达到可以操作的水准，以致可以对国家在环境政策中革新行为的可能性进行分析和评估。在对 27 个系列变量进行分析之后，我们的区别分析能够预测案例的 80%，这是以已经被证实与先驱行为具有特别高的相关性的 9 个变量为基础的。

我们的统计分析突出了一些变量。在政府效能指数和一体化指数的评估中有着较高得分的国家，比那些有较低得分的国家，有着更好的表现。这突出了一个合格胜任政府的重要性。当然，这样的政府也需要具有在各种政策之间进行协调的强大权限。此外，除了绿色非政府组织的力量，绿色工商业部门的力量也都属于最重要的影响因素。所谓的“脏工业”的作用也是重要的：那些不得不与诸如纸浆与造纸或有色金属工业部门的抵制和抗拒进行战斗的国家，成为革新者的可能性更小。或者是由于根据自身偏好塑造国际议程的原因，或者是由于为其他国家树立好榜样的缘故，那些在国际环境谈判中表现更为积极的国家也趋向于在国家层面更具有革新精神。但这些变量之间的关系也必须加以阐明：一方面，国际结构也许能够促进国家的政策革新；另一方面，它也可以作为一个先驱国家竞相表现的国际舞台而发挥作用。

这些发现中的一部分在其他的研究中也已经阐释过。本章的新价值在于，我们提供了一个对这些单一决定因素进行更好操作化的方式，使它们可以适用于量化比较研究，并测试它们的解释力。这样，对它们可能有一个更好的理解，甚至可以评估一个国家是否有可能成为革新者和较早的采用者，或者它是否更有可能成为环境政策中——至少在气候保护领域——的拖后腿者。然而，鉴于只对讨论中的几个变量进行了为数不多的观察，以及对理论概念充分操作化的缺乏（例如，环境部的管理权限、环境政策一体化的程度等），额外的数据也许可以改善这个统计模型。在上述模型中，各组变量之间的差异是相当小的。此外，如果关于数据质量的假定——特别是关于正常的分布被违反，那么，数量较小的案例分析并不允许作出一个最终的评判。若要改善数据，在将来的研究中可以利用以

下两种战略：首先，在专家的调查中可以得到数据，从而能以一种定序的方式把握环境政策能力的关键内涵。此外，对一些国家变量的考察，可以考虑随时间变化而变化的一些变量。因此，可以大大增加可供观察变量的数量。但更为重要的是，随着时间推移而发生的能力变化以及依赖于具体变量发展的能力变化，也能够被描述和分析。这样就容许进行以下评估：例如，经济危机或选举中的摇摆，在何种程度上打开了成为一个环境政策领跑者的机会之窗，或者是阻碍了成为这样的角色。我们感兴趣的地方在于：试图发现一个先驱者在什么样的条件下放弃其角色，以及这对解释环境能力其他因素的发展意味着什么。为此，对因变量的另外的要求是需要的。政策革新引入的排名并没有揭示一个先驱者对其角色的放弃。作为对政策结果(例如，对可再生能源的花费等)测量的补充，其他的指标也是需要的。依此，因变量随着时间的变化而发生的变化也能够被测量。

一个纵向的分析容许对情势性因素作更进一步的考量。基于时间序列，增长率(而不是像我们的计算中所使用的十年的平均增长)的数据、关于失业的数据、关于公共观念的变化以及选举中投票人数的变化，都会揭示出情势性因素的重要性。

我们期望环境政策革新能力是一个因具体议题领域差异而不同的问题。这意味着，一个国家可以是一个气候保护政策中的先行者，但却是一个化学工业或废物管理政策中的拖后腿者。这也许是由于管理权限的不同，也许是由于具体的议题结构(对于一个既定的国家，这是不同的的不同)，也许是由于不同政策领域中行为体结构的大相径庭。为了考察这些因素的重要性，一个更加精致的模型将在其他环境保护领域——例如自然保护、化工政策、废物管理政策等——的政策中进行测试。总之，这项研究的扩展和延伸已经被列入议事日程，这包括新数据(包含对专家进行访谈的调查数据)、对因时间变化而变化的变量的考察、对情势性因素的考量、对一个先驱者放弃其角色的分析及其在其他环境政策领域的应用。

(克劳斯·雅各布、阿克赛尔·沃尔凯利)

# 第二部分

# 环境政策革新的扩散

# 第五章　环境政策革新的扩散：一个新分析框架的基础

[**内容提要**]比较政策分析在其发展过程中日益面临如下的挑战：即如何将影响国家政策发展的外部力量整合到自身的分析框架中来。目前，国际关系学者发现，国家行为就政策输出结果而言，甚至在没有国际协议与条约的约束下，也呈现出某种趋同性。政策扩散这一概念及其相关理论框架可以将以上两个向度的研究联系起来。扩散分析旨在探讨在国际体系之中，哪些条件推动或者阻碍了政策革新的扩展与传播。然而，关于政策扩散这一概念，当今学术界仍然存在很多不同的定义与释读。因此，本章的目的就是，为国际体系中的扩散过程研究提供一个整体性的概念框架。对于政策扩散过程机制的理解，需要我们深入分析各种跨国组织以及国际力量、国家因素以及政策革新的特征之间的复杂互动过程。通过提供这一整体性的分析框架，本章希望不仅能够为解决这一领域的理论纷争作出一定贡献，更能为相关的实证研究提供有益的理论指导。

## 一、政策扩散：概念分析

### 1. 作为政策趋同一个来源的扩散

比较政策分析证实了一个现象，即各国的环境政策日趋相似。这一结果立刻激发了学者们对这些相似性政策的性质进行探讨。这种相似性是纯粹源于国内的特殊因素呢，还是和源于相似的现代化力量所造成的相同却分散的结果有关呢？或者，不仅仅源于国内层面的相似因素，而且超越了国家界限的那些外部因素也影响了国家的政策决策，这一趋同源自于一种国内和国际因素的复杂互动过程？

对于后一个过程，目前的文献提供了多种机制，这些机制都假设国家政策的制定同其他国家的政策制定相关，这一事实引起了一种可以观察到的政策趋同现象。[①]

在很多过程中，国家政策的制定被有意识地导向了一种规制政策趋同模式。这种机制有时被称为"和谐化"(harmonization)[②]、"义务性政策转移"(obligated policy transfer)[③]或"规制性合作"(regulatory cooperation)[④]。所有这些术语的共同观点是：国家政策有意识地向一种共同商定的标准推进——最普通的是以多边协议的形式。

第二种趋同机制也可以在一些文献中找到，这种推动政策趋同的机制同上述的第一种机制一样，都是有意识地执行的。但不同点在于，这一机制不是源自采用这种趋同政策的国家，而是源自政策输出国或者某些跨国组织。这一机制被称为"等级制强加"(hierarchical imposition)[⑤]、强

① C. J. Bennett, "What is policy convergence and what causes it?" *British Journal of Political Science*, 25(3), 1991, pp. 215-233; K. Holzinger and Christoph Knill, "Competition and cooperation in environmental policy: individual and interaction effects," *Journal of Public Policy*, 24(1), 2004, pp. 1-23; Helge Jörgens, "Governance by diffusion: Implementing global norms through cross-national imitation and learning," in W. M. Lafferty (Ed.), *Governance for Sustainable Development: The Challenge of Adapting Form to Function*, Cheltenham: Edward Elgar, 2004; Duncan Liefferink and A. Jordan, "An 'ever closer union' of national policy? The convergence of national environmental policy in the European Union," *European Environment*, 15(2), 2005, pp. 102-113.

② C. J. Bennett, "What is policy convergence and what causes it?" *British Journal of Political Science*, 25(3), 1991, pp. 215-233

③ D. P. Dolowitz and D. Marsh, "Learning from abroad: The role of policy transfer in contemporary policy making," *Governance*, 13(1), 2000, p. 15.

④ K. Holzinger and Christoph Knill, "Competition and cooperation in environmental policy: individual and interaction effects," *Journal of Public Policy*, 24(1), 2004, p. 4.

⑤ J. Caddy, "Harmonization and asymmetry: environmental policy coordination between the European Union and Central Europe," *Journal of European Public Policy*, 4(3), 1997, pp. 318-336.

制性政策转移（*coercive policy transfer*）[①]或支配（domination）[②]。这些术语的共同点在于，在政策输出者和输入者之间存在一种不对称的权力关系，通常这一关系中的"弱者"希望从"强者"那里得到更多的资源，而"强者"希望通过对资源的控制来迫使"弱者"输入一定的政策。因此，"弱者"通过政策输入取得相应的资源。这一机制相对较为容易同其他机制相区别。这一机制不但经常被一些国际组织采用，例如世界银行迫使发展中国家接受特定的——有时是环境方面的——政策，而且也经常被欧盟采用，例如欧盟为了向申请入盟的国家推广它的整个共同体法律（Acquis Communitaire）而使用这一机制。

第三种机制是竞争机制，它不是由相互竞争的行为体的"求同策略"意图所驱动，而是由它们为了赢得竞争优势或者避免失去稀缺资源的获得而努力采取的一种"求异策略"所驱动。这一机制被认为是趋同现象出现的最主要动因之一。[③] 由竞争而引起的相对不稳定的趋同现象通常体现在"竞次"或者"竞优"这两个众所周知的术语中。[④] 这种趋同现象被理解为是竞争状态的次级阶段，还是被视为竞争过程结束后的均衡状态，取决于人们预期或者设定的政策趋同的程度。但从实证角度而言，并没有证据证明，跨国环境规制中存在所谓的"底层竞争均衡"（bottom-level equilibrium）或者"竞次"的倾向。[⑤] 通常，一种高于"最小公分母"的均衡状态需要通过规制性合作以及和谐化才能实现，但相关的实证研究[⑥]表明，"竞优"模式是可以实现的。这意味着在环境规制中，在"领跑者"（fron-

---

① D. P. Dolowitz and D. Marsh, "Learning from abroad: The role of policy transfer in contemporary policy making," *Governance*, 13(1), 2000, pp. 5-24.

② C. J. Bennett, "What is policy convergence and what causes it?" *British Journal of Political Science*, 25(3), 1991, pp. 215-233.

③ Christoph Knill and Andrea Lenschow, "Compliance, communication and competition: Patterns of EU environmental policy making and their impact of policy convergence," *European Environment*, 15(2), 2005, pp. 114-128.

④ David Vogel, "Trading up and governing across: transnational governance and environmental protection," *Journal of European Public Policy*, 4(4), 1997, pp. 556-571.

⑤ G. Hoberg, "Trade, harmonization, and domestic autonomy in environmental policy," *Journal of Comparative Policy Analysis: Research and Practice*, 3(2), 2001, pp. 191-217.

⑥ David Vogel, "Trading up and governing across: transnational governance and environmental protection," *Journal of European Public Policy*, 4(4), 1997, pp. 556-571.

trunner)的带领下，可以出现一种水平上的、基于“竞优”平衡的国家环境规制趋同模式，后文会提到各种不同的竞争机制。

第四种假定引起趋同现象发生的机制是交流。[1] 交流作为促进政策趋同现象的机制，在某种程度上比较难以应对和处理。对新知识以及最优政治实践的交流，是通过国际组织以及跨国网络进行传播的，这种几乎无处不在的传播有利于对某种特定知识的理解，而且这些知识在某些接纳国中所起到的积极作用比其他国家更加明显，得到了更多的支持。然而，交流似乎不足以作为一种政策趋同机制，因为知道一些事情并不意味着就会对决策过程自动产生影响。与政策相关的知识通过行为体跨国网络或者国际组织进行交流，从而在国际层面形成一系列关于如何更好设计和实施政策的“观念循环流”（ideas circulating），但是，只有在这些政策与国家政府发展这样政策的期望相交汇并产生共鸣的时候，政策趋同现象才会发生。[2] 这一前景取决于诸多国家内部及其外部因素的影响（如下所述），所以，交流很难被完全认为是导致环境政策趋同的充分条件，环境政策趋同明显超越了单纯的观念趋同。

然而，如何理解“扩散”这一概念呢，它在引发政策趋同的复杂机制中到底处于什么位置？分析扩散过程最常用的定义来源于传播学的研究：“扩散是指这样一个过程，一种革新随着时间的推移，经由特定的渠道在一个社会系统的成员之间进行传播。”[3]

从这一点出发，人们可能会得出结论：扩散就是信息交流。如果我们旨在研究知识、流言以及新闻在一个社会系统成员之间如何扩散的话，那么这一结论是正确的。然而，如果我们试图解释政策革新是如何扩散的，那么这一结论就显得过于简单。同信息交流研究的目的相比，政策革新必须通过复杂的革新—决策过程，才能最后被采纳。

---

① Christoph Knill and Andrea Lenschow, “Compliance, communication and competition: Patterns of EU environmental policy making and their impact of policy convergence,” *European Environment*, 15(2), 2005, pp. 114-128.

② M. Howlett, “Beyond legalism? Policy ideas, implementation styles and emulation-based convergence in Canadian and U. S. environmental policy,” *Journal of Public Policy*, 20(3), 2000, p. 306.

③ E. M. Rogers, *Diffusion of Innovations* (4th edition), New York: Free Press, 1995.

可以看出,政策扩散并不是一个容易被明确界定的过程。前文所论述的各种机制都有可能引起政策革新的扩散,当然这些机制彼此之间也许有重叠或混合的地方。然而,如果将扩散界定为一个包含上述各种机制的一般性概念,是没有太大分析意义的。政策扩散术语应该在以下意义上使用,即它是一个在国际体系中的不同国家之间进行的政策革新的传播过程,这一过程由很多动力机制驱动,包括所有自愿的政策采纳——从政策学习到政策复制或者政策模仿。扩散机制和其他引起政策趋同机制之间的界限是动态不明确的。扩散是由于国家之间的交流而不是通过国际制度之内的等级制或者集体决策来实现的一种政策革新的传播。因此,国内对有约束力的国际法的执行以及对政策的强迫接受都应该被排除在扩散研究的范围之外。虽然这些被排除在研究范围之外的机制也有着非常重要的作用,但这种限定对于研究分析而言还是非常必要的。一个涵盖了所有可能导致政策趋同机制(自愿、法律约束以及强迫)的广义概念,几乎没有太大的分析价值。因为,这将使我们的研究或者流于一种描述,或者冒着与现有的一些概念——比如国际体制分析——出现重大重合的风险,这些概念多年来已经是国际关系学研究的焦点。限定扩散研究概念的范围,还出于如下更为重要的考虑:所有横向的政策扩散都可能导致政策趋同,甚至在缺乏强有力的国际体制的情况下——长期以来,国际体制被假定为全球管治的唯一方式,而一种狭义上的扩散概念也许可以聚集我们的研究焦点,并为全球管治机制的前瞻性研究增加新的问题与研究视角。

2. 阐释政策扩散:政策革新扩散的概念化

为了理解政策扩散是以何种方式引起政策趋同的,我们首先必须分析,什么因素引起了政策扩散。把罗杰斯(Rogers)的扩散定义应用并纳入政策科学的目标,可以揭示那些与政策扩散分析相关的因素。从这一视角来看,如果要更好地理解政策革新是如何扩散以及为什么如此扩散,就必须将国家性质、国家在系统内部的地位(采纳者的特征)、国际体系本身的特征以及单个政策革新的特点等各种因素考虑在内。因此,当我们将扩散确定为因变量的时候,分析路径则集中在国际体系内部促进或阻碍环境政策革新在各个国家扩散的要素是什么。为了避免误解,应该明确,“政策革新”的内涵是指“政府所采纳的新规划、观念或者实践”[1],但这并不意味着这项革新在其他地方未被采用过,或者革新就是一件好的事情。这种方法的优点在于:首先,我们也能够从我们不喜欢的案例中学习(例如环境政策退化趋势的散播);其次,政策扩散是一个开放性的概念,对政策革新扩散的特殊机制并未作出任何预先的设定。因此,它可以包括多种机制在内,如文献中所提到的“同构”(isomorphism)[2]、“合法性”(legitimacy)[3]、“政策从众”(policy bandwagoning)[4]或者“规范普及”(norm cascades)[5]等。上述概念强调的都是,各个国家为了追求自身的合法性以及良好的国际声誉而采取了相同或者相似的政策,而不是出于如何去解决一个问题的良好或最优实践(其他国家能够从这些实践中学习)而致使政策扩散,这种从众行为的不确定性甚至可以被描述为“盲人带领着盲人走路”[6]。

## 二、政策扩散:塑造扩散模式的因素

对扩散过程的分析是一个充满挑战的艰难过程,因为这要考虑以下三个因素的复杂互动:一是国际和跨国因素,它们将不同的司法管辖区通过水平和垂直两个向度连接起来,使政策内容的转移成为可能;二是国家因素,国家过滤外部经验并且决定国家对外部激励因素或者促进因素的

---

① J. L. Walker, “The diffusion of innovations among the American states,” *American Political Science Review*, 63, 1969, p. 881.

② P. Di Maggio and W. W. Powell, “The iron cage revisited: institutional isomorphism and collective rationality in organizational fields,” in P. Di Maggio and W. W. Powell (Eds.), *The New Institutionalism in Organizational Analysis*, Chicago: University of Chicago Press, 1991, pp. 63-82.

③ C. J. Bennett, “Understanding ripple effects: the cross-national adoption of policy instruments for bureaucratic accountability,” *Governance*, 10(3), 1997, pp. 213-233.

④ J. G. Ikenberry, “The international spread of privatization policies: Inducements, learning, and ‘policy bandwagoning’,” in E. Suleiman and J. Waterbury (Eds.), *The Political Economy of Public Sector Reform and Privatization*, Boulder, CO.: Westview Press, 1990, pp. 88-110.

⑤ Martha Finnemore and Kathryn Sikkink, “International norm dynamics and political change,” *International Organization*, 52(4), 1998, pp. 887-917.

⑥ D. Hirshleifer, “The blind leading the blind: social influence, fads, and informational cascades,” in M. Tommasi and K. Ierulli (Eds.), *The New Economics of Human Behaviour*, Cambridge: Cambridge University Press, 1995, pp. 188-215.

反应；三是政策革新的特点，它显示了政策革新的"可扩散性"(diffusablity)[①]。

1. 国际体系层面的动力

这一组影响因素涉及政策及项目信息进行扩散的交流渠道和这一过程中所介入的各种行为体，以及各个国家管辖范围之间的互动模式。该分析可以回答环境政策革新如何以及为什么在国际层面扩散这一问题。

为了界定国际体系中引发政策扩散的动力机制，我们必须将注意力集中在结构与行为体这两个影响因素上，结构预设了互动的模式，而行为体在结构中采取行动和革新，并改变着这些结构模式。

当今国际体系中最大的共性特点是全球化。随着全球化过程中结构性连接的增多，各个国家及其人民日益紧密地联系在一起，彼此间的认识进一步增强。民族国家之间的连接创造了国家间政策转移的渠道，包括经济贸易关系、制度和社会网络等。

经济连接通常可以制造一种规制政策调整的外部压力，为了在全球经济中保持和提高国家的竞争力，国家必须修改和调整相关的政策。[②] 有些人认为，为了提高经济竞争力，国家可能会放松其环境规制，降低环境标准；同时还有人提出，国家更有可能在竞争中强化其环境标准。然而，前一种理论预测，即规制竞争(regulatory competition)会促进一种"竞次"的政策趋同，是缺乏经验性证据的。[③] 相反，实证数据显示，在环境保护领域，很大程度上而言，全球的发展是由"先驱国家"所领导的。[④] 一些学者提出，规制竞争为国家创造了一种激励，即国家为了赢得"先行者优势"(first mover advantages)而在较早的阶段采取革新措施。所谓的波特假

---

① Kerstin Tews, Per-Olof Busch and Helge Jörgens, "The diffusion of new environmental policy instruments," *European Journal of Political Research*, 42(4), 2003, pp. 569-600.

② Christoph Knill and A. L. Lenschow, "Compliance, communication and competition: Patterns of EU environmental policy making and their impact of policy convergence," *European Environment*, 15(2), 2005, pp. 114-128.

③ David Vogel, "Trading up and governing across: transnational governance and environmental protection," *Journal of European Public Policy*, 4(4), 1997, pp. 556-571.

④ K. Kern, "Konvergenz umweltpolitischer Regulierungsmuster durch Globalisierung: Ursachen und Gegentendenzen," in Röller L-H., Wey C. (Eds.), *Die Soziale Marktwirtschaft in der neuen Weltwirtschaft*, Berlin: WZB Jahrbuch, 2001, pp. 327-350.

说(Porter Hypothesis)认为，严格的环境政策可以激发企业的革新，提高企业和商业部门的竞争力。[1] 此外，“先行者”的雄心，即为了赢得国内工业市场中可以预期的比较优势，也可以解释这种先行行为。[2] 如果国家内部的政策革新能够随后引发国际层面政策扩散的话，这些优势也许就可以实现。这又导致进一步全球技术市场的扩展，而这些技术是在应对国内更为严格的环境规制的情况下发展起来的。

欧盟成员国之间关于欧盟未来共同政策的制度设计竞争也可以解释规制竞争激励下各国的“前进政策”。欧盟内部可预期的统一化进程为欧盟各国在环境政策上的先驱行为提供了激励机制，为了给作为一个整体的欧盟展示和提供一种可行的政策模型而采取先发行动。这一先发行动的比较优势具有一种制度属性。欧盟各成员国首先旨在促进本国的制度模式在欧盟层面的推广，使本国对自身行政实践和传统的维护体现在制度规制竞争上，这样可以保护本国的行政制度在适应欧盟共同政策的时候不会耗费太多的调整成本。[3]

几乎所有文献中所提到的比较优势都是基于某种预期并取决于特定的条件。因此，上述的讨论，即国家为了取得先发优势采取更为严格的环境标准规制这一阐述，是不完备的，因为无法解释国内的政策制定者是如何确定这样的机会的。这是一个非常具有挑战性的问题，有助于我们进一步理解，为什么规制竞争可以被视为是“竞优”的政策扩散机制，而不是一种倒退至“最小公分母”状态的扩散。

全球化的另一个特征——国家间紧密的纵向和横向政治与制度连接——也可以解答此问题，它促进了对可预期的扩散以及由此产生的比较优势进行事先评估：通过各种具有法律约束力或不具有法律约束力的

① Michael E. Porter and Claas van der Linde, “Green and competitive: ending the stalemate,” *Harvard Business Review*, 73(5), 1995, pp. 120-134.

② 事实上对于比较优势的取得存在两种解释：第一种被称为“免费午餐假设”，政府通过严格的环境政策来促进企业对其污染治理进行革新，否则企业要为其污染买单，其费用甚至高于政策革新的成本，然而这一解释不如文中所提到的第二个解释更有说服力。

③ Adrienne Héritier, Christoph Knill and Susanne Mingers, *Ringing the Changes in Europe: Regulatory Competition and the Transformation of the State*, Berlin/New York: Walter de Gruyter, 1996.

环境机制，使环境保护在国际上得以制度化。环境组织（政府间组织以及非政府组织）及跨国网络的存在促进了信息的交流、良好范例和最优国家实践的扩散，并且起到了监督作用，即对国家的政策表现进行奖励或批评。

应对环境事务的国际舞台[制度和（或）组织]的建立可以“鼓励行为体去接受外部的视野和规范”[①]，并“促使国家在行为上作出单边调整——甚至是在缺乏任何法律义务要求其这样做的情况下”[②]。这也许导致在水平层次上形成一种竞争动力，为国家赢得优势或避免损失。

因此，除了规制竞争之外，我们还可以观察到另一种被称为观念竞争(ideational competition)的动力机制。如今，国家日益嵌入到联系紧密的跨国网络和国际社会关系中，这有利于塑造国家对世界的认知以及进一步界定自身在世界中的角色。这一规范或者观念压力可以带来政策趋同，“当一系列信仰变成充分的规范力量的时候，国家就会改变其制度和规制模式，因为国家领导者担心，如果不采取相似的政策则会落后于其他的国家”[③]。

事实上，我们可以观察到这样一种现象（如图 5-1 所示）[④]，不仅在过去的 10 年中我们见证了环境政策革新在各国的迅速扩散，而且我们还观察到世界范围内的国家政策革新活动在一特定的时间点上加速发展。这些时间点与环境事务的国际交流在 1972 年和 1992 年两次大规模的联合国环境会议前夕、期间以及之后的高速扩散是同步的。

---

① A. Underdal, “Conclusions: patterns of regime effectiveness,” in E. L. Miles, A. Underdal, S. Andresen, J. Wettestad, J. B. Skjærseth and E. M. Carlin (Eds.), *Environmental Regime Effectiveness: Confronting Theory with Evidence*, Cambridge, MA: MIT Press, 2002, pp. 435-465.

② A. Underdal, “One question, two answers,” in E. L. Miles, A. Underdal, S. Andresen, J. Wettestad, J. B. Skjærseth and E. M. Carlin (Eds.), *Environmental Regime Effectiveness: Confronting Theory with Evidence*, Cambridge, MA: MIT Press, 2002, pp. 3-45.

③ D. D. Drezner, “Globalization and policy convergence,” *International Studies Review*, 3(2), 2001, p. 57.

④ 图 5-1 的数据来源于柏林自由大学环境政策研究中心的“全球化向度下的环境政策革新扩散研究”项目，该项目由大众汽车基金资助。该项研究基于大量的实证研究，由多位研究组成员共同完成，研究结果可以从以下网站下载：http://www.fu-berlin.de/ffu. 也可参见：Per-Olof Busch and Helge Jörgens, “International patterns of environmental policy change and convergence,” *European Environment*, 15(2), 2005, pp. 80-101.

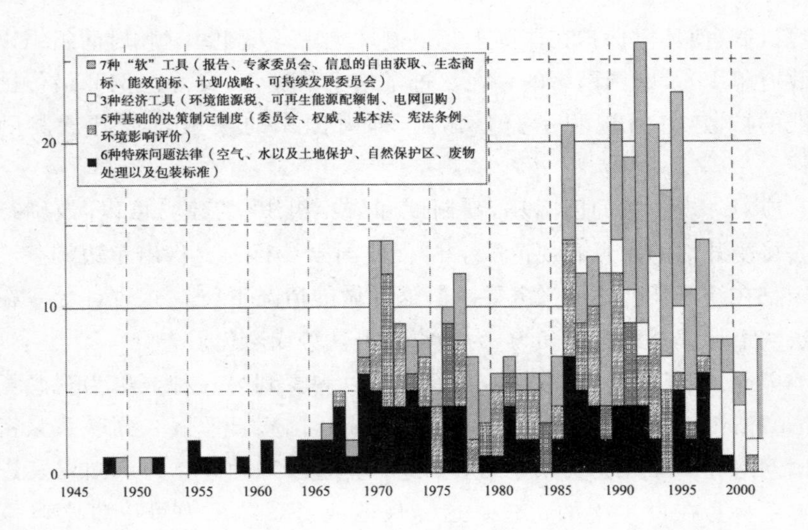


图 5-1 OECD 国家每年环境政策革新的总量(1945～2001 年)

图 5-1 资料来源：M. Binder，Umweltpolitische Basisinnovationen im Industrieländervergleich：Ein grafisch-statistischer überblick，FFU Report 06-2002，Berlin：Environmental Policy Research Centre Berlin. http://www.fu-berlin.de/ffu/ [Accessed 5 January 2005].

当然，我们如果不把扩散过程中所涉及的各种行为体考虑在内的话，就不能真正理解政策扩散所带来的影响。国际组织、跨国网络以及非政府组织运用并强化了上述的竞争动力。这些集体行为体及其行为活动，连接了国家层面和国际层面之间的缺失环节。这些行为体影响扩散进程的资源和能力存在差异。尽管一些国际组织利用非对称性权力这一杠杆关系来促进政策的扩散和接纳①，但还有一部分国际组织——例如经济发展与合作组织——倾向于借助观念竞争的力量，即促使各国参与到所谓的“观念游戏”之中，在其中“制定、转移、推销以及传授那些看似是非正式的规制，但这些规则中承载着原则性或者因果性的信念规范，有助于约束

① D. P. Dolowitz and D. Marsh，“Learning from abroad：The role of policy transfer in contemporary policy making，” *Governance*，13(1)，2000，pp. 5-24.

或者促进特定类型社会行为的产生”[1]。国家官员所形成的网络一般倾向于介入到政策实践和政策工具的“硬”转移过程之中。[2] 相比较而言，非国家行为体，如智库或跨国倡议网络（transnational advocacy networks）则更加关注理念、规范的交流沟通或者强调“知识对政策的重要支撑作用”[3]，并且它们有时利用国际规范这一杠杆对其国内政府施加压力[4]。这些区别说明不同的政策转移模式的存在，而且它们是互为补充的。这也在各种文献中达成了共识。[5]“非国家行为体在更广泛的政策理念的‘软’转移方面发挥着更为重要的作用。”[6]它们与特定政策的合法性构建相关，在所谓的规范生命周期（norm life cycle）的早期阶段，非国家行为体发挥着议程设定者（agenda-setters）或者规范活动家（norm entrepreneurs）的作用。[7]“它们促进了各种理念和意识形态的转移，使采纳一项特殊行动的过程变得更加理性化和合法化，将人们的注意力引向国外政策的发展是它们努力的一部分。”[8]

官僚机构通常构成现存结构的制度核心，它们的职能包括：监督谈判原则的功能发挥，提供相关的信息，准备共同性立场以及行动等。例如，一些国际公约的（比如《联合国气候变化框架公约》）秘书处。我们知道，官僚机构可以在其委托人的授权与其行动的回旋余地之间采取行动，就此而言，国际官僚机构可以被视为一种相关的行为体。[9] 同样，诸如经合

---

① M. Marcussen, “The OECD in search of a role: playing the idea game,” Paper prepared for presentation at the ECPR, 29th Joint Session of Workshops, Grenoble, 2001, p. 13.

② D. Stone, “Learning lessons and transferring policy across time, space and disciplines,” *Politics*, 19(1), 1999, p. 55.

③ D. Stone, “Non-governmental policy-transfer: the strategies of independent policy institutes,” *Governance*, 13(1), 2000, p. 47.

④ M. E. Keck and K. Sikkink, “Transnational advocacy networks in international and regional politics,” *International Social Science Journal*, 1999, 159, pp. 89-101.

⑤ Martha Finnemore and Kathryn Sikkink, “International norm dynamics and political change,” *International Organization*, 52(4), 1998, pp. 887-917.

⑥ D. Stone, “Learning lessons and transferring policy across time, space and disciplines,” *Politics*, 1999, 19(1), pp. 51-59.

⑦ M. Finnemore, K. Sikkink, “International norm dynamics and political change,” *International Organization*, 1998, 52(4), pp. 887-917.

⑧ D. Stone, “Non-governmental policy-transfer: the strategies of independent policy institutes,” *Governance*, 13(1), 2000, p. 66.

⑨ 这就是委任授权问题。

组织这样的政府间组织不只是在其成员国的授权下行动，相反，它们还可以在一定程度上根据自身的判断超越成员国的控制，从而更加灵活地处理和安排相关议程。因此，它们为拥有新理念的主角——政策活动家，包括个人、非国家集体行为体和国家代表——提供了一个活动的平台。它们为政治创新活动、先驱行为、自下而上的纵向扩散和(或)横向的竞争性扩散动力，提供了一种有利的制度性前提条件。

这些参与到"观念游戏"中的一些组织所进行的活动与竞争性扩散动力的诱发因素具有高度的相关性。同国内政策表现相比，这些组织通过在特定事务领域中(如环境或者教育领域)的出色表现，系统性地激发了一种"确定基准"进程("benchmarking"processes)，即将一个通过协商而达成的目标(期望、规范)作为行使"羞辱"以及施加"压力"的关键性工具，通过将国家的实际表现同该目标的对比来发挥规范性力量，促使国家进行相关改革。[①] 不仅国际组织，而且越来越多的跨国性非国家行为体都在追求那些"期望性制度"(aspirational institutions)或准机制范畴下的工具性基准活动。这促进了一些国家对某种政策革新的采纳，这些政策革新或者是在其他国家实践的革新型政策或者是在国际上推动的模式化"最优实践"。所以，国际组织和跨国网络就成为政策扩散的重要施动者。然而，国家对某种政策革新的采纳决定最终必定是由该国正式任命的政策制定者所作出。所以，国际体系中的行为体所支持的政策倡议是否能变得有效，主要取决于国家政治系统的回应性(见前文)。

人们假定，国际层面政策转移的制度化加速了政策的扩散。[②] 这一假定主要基于以下发现，即纵向的交流或者通过第三方协调的交流都加速了政策传播的进程。当这些政策转移设计出一些与各种各样的国家制度背景相兼容的模型或者元标准的时候，这种特殊的催化剂效果便会显

---

① Liliana Botcheva and Lisa L. Martin, "Institutional effects on state behavior: convergence and divergence," *International Studies Quarterly*, 45(1), 2001, p. 15.

② 关于这一论断的实证性说明请参见：Per-Olof Busch and Helge Jörgens, "International patterns of environmental policy change and convergence," *European Environment*, 15(2), 2005, pp. 80-101.

现。[①] 这些模型减少了不确定性，并提供了合法性。这转而又支持了国家采纳已经在其他国家实践的政策和（或）受到普遍认可的国际组织所推广的政策。

比较而言，当相互竞争的组织提出相互竞争的模型时，扩散的过程可能会受到阻碍。[②] 同样，如果政策迁移机构忽视政策扩散的持续进程，其政策建议也会阻止政策革新的进一步扩散。后者尤其跟欧盟的情况相关。如欧盟委员会作为核心迁移机构，不仅提供各种政策模型，而且还可以迫使接受者将使此模型纳入自身的发展蓝图中。有实例表明，欧盟制度设置的这种特征往往会阻碍政策的横向扩散，因为成员国之间的规制竞争诱发了它们采取一种"等待和观望行为"，并且妨碍它们采取单边的先驱政策，用自己更偏好的或更有利的政策手段解决相关问题。这反映在以下案例中：特定家用电器的能源功率标准的竞争[③]、可再生能源的"电网回购"政策与配额制的对弈[④]，并且也在一定程度上反映在关于欧盟能源（碳）税历经的 11 年斗争中。[⑤]

2. 国家因素

国际层面动因的影响力往往会受到国内诸多因素的过滤。在此，我们的研究主要集中在国家的内生变量上，即影响国家接受环境政策革新的倾向和接受能力等相关的变量。通过对国内相关因素的分析，我们可以回答如下问题，即为什么有些国家接纳政策革新要早于其他的国家？

各个国家对相同政策革新的不同接纳行为可以归因为：其一是由于

---

① Kerstin Tews, Per-Olof Busch and Helge Jörgens, "The diffusion of new environmental policy instruments," *European Journal of Political Research*, 42(4), 2003, pp. 569-600.

② K. Kern, H. Jörgens and Martin Jänicke, "The diffusion of environmental policy innovations: A contribution to the globalisation of environmental policy," Discussion Paper FS II 01-302. Berlin: Social Science Research Centre, 2001, p. 344.

③ Per-Olof Busch and Helge Jörgens, Globale Ausbreitungsmuster umweltpolitischer Innovationen, FFU Report, Berlin: Environmental Policy Research Centre, 2005. http://www.fu-berlin.de/ffu/ [Accessed 5 January 2005].

④ Per-Olof Busch, Die Diffusion von Einspeisevergütungen und Quotenmodellen: Konkurrenz der Modelle in Europa, FFU Report 03-2003, Berlin: Environmental Policy Research Centre, 2003. http://www.fu-berlin.de/ffu/[Accessed 5 January 2005].

⑤ K. Tews, Die Ausbreitung von Energie/$CO_2$-Steuern: Internationale Stimuli und nationale Restriktionen, FFU Report 08-2002, Berlin: Environmental Policy Research Centre, 2002. http://www.fu-berlin.de/ffu/[Accessed 5 January 2005].

不同的国家性质；其二是环境政策制定的能力不同。前者主要指国家的属性，如国土面积、市场容量、国家能力与国际信誉等；后者是指在环境政策制定上的政治—制度、社会—经济以及认知—信息等能力。[①] 这些国内因素可以解释以下国家不同接纳行为的根源：

(1)对革新性解决方案的国内需求

比较性研究揭示，社会—经济发展的一定程度对国家的环境危机管理是必要的，它影响着国家对环境危机的认识、处理方式以及资源的投入或配置。然而，经济发展水平的不同并不自动对应着环境表现的不同，正如国际组织的基准结果所证实的："尽管在广义上来说，高收入水平国家的环境表现得分都比较高，然而在人均收入水平相似的国家中，收入和整体的环境可持续性并没有很强的因果联系。"[②]此外，对于革新性解决方案的需求还有赖于一个国家的认知—信息能力水平，即在很大程度上取决于国内环境倡议网络的发展水平，它们可以成功地推动国家采取新的理念来解决相关环境管理问题。

(2)国家对国际激励因素的回应

国际关系学者认为，国际"期望性制度或者软规范对国家行为的影响强度"[③]，取决于特定国内因素所起到的决定性作用。特别是各国国内压力集团的不同存在形式、组织方式以及影响力，决定着国际软规范对国家行为所起的作用的大小，因为这些压力集团拥有着运用国际规范对政府施加压力并促使政策发生转变的能力。[④] 这同玛格丽特·E·凯克(Margaret E. Keck)和凯瑟琳·辛金克(Kathryn Sikkink)所提出的跨国倡议网络的"回飞棒模式"(boomerang pattern)策略非常接近，即跨国倡议网

---

① M. Jänicke and H. Weidner (Eds.), *National Environmental Policies: a Comparative Study of Capacity Building*. Springer: Berlin, 1997.

② World Economic Forum, Environmental Sustainability Index, An Initiative of the Global Leaders of Tomorrow Environmental Task Force, 2001, p. 7.

③ Lisa L. Martin and B. A. Simmons, "Theories and empirical studies of international institutions," *International Organization*, 52(4), 1998, pp. 729-757.

④ Liliana Botcheva and Lisa L. Martin, "Institutional effects on state behavior: convergence and divergence," *International Studies Quarterly*, 45(1), 2001, p. 13.

络在国际层面寻找同盟，以期“从外部向它们的国家施加压力”[①]。进一步说，正如国际关系理论中的建构主义所预测的，处于边缘地位的国家为了提升自身的国际声誉，会对国际层面所推动的(特定)国家行为规范作出更强烈的反应。正如制度社会学家迪·马吉欧(Di Maggio)和鲍威尔(Powell)所表述的制度同构(institutional isomorphism)理论[②]，这一理论被社会制度主义者运用到国际关系领域，认为处于边缘地位的国家，倾向于模仿性复制那些它们所认为的成功国家的行为(政策和制度)。最后，学者们通过研究小型工业化国家的行为发现，这些小型国家具有高度密集的跨国网络联系，它们参与世界市场的程度和对外开放的程度更高，这些外界压力迫使它们创建出充分的适应战略，这些战略往往反过来导致这些国家有更强的政策革新倾向。[③]

(3)革新性的对象

政策革新对国家在技术和(或)政治上接受革新的可行性提出了独特的适应性挑战。我们认为，各个国家对政策革新所表现出来的不同取向，取决于革新议题和革新手段的不同。各个国家由于所面临的问题各不相同，因此所作出的反应也不同。现有的(过于简单的)关于问题压力与革新性之间关系的假定认为，经济基础的特性、国家资源的可获得性等，可能会影响国家的政治需求，并预设出政治活动的相关议题。进一步说，路径依赖、行政风格与传统等都会影响国家进行政策革新的方式，并且会决定革新的过程是激进还是缓和。比如历史上形成的(执政)政党与特殊利益集团之间的联盟关系(比如国内特殊的工业部门以及相关的工会组织)，可能会阻止国家在后者所关切的利益相关领域进行的政策革新，这

---

① M. E. Keck and Kathryn Sikkink, “Transnational advocacy networks in international and regional politics,” *International Social Science Journal*, 51(159), 1999, p. 93.

② P. Di Maggio and W. W. Powell, “The iron cage revisited: institutional isomorphism and collective rationality in organizational fields,” in P. Di Maggio and W. W. Powell (Eds.), *The New Institutionalism in Organizational Analysis*, Chicago: University of Chicago Press, 1991, pp. 63-82.

③ P. J. Katzenstein, *Small States in World Markets: Industrial Policy in Europe*, Ithaca, NY: Cornell University Press, 1985.

些利益部门在宏观经济意义上都具有重大的独立性。[①]

(4)革新性的时间差异

政治革新不能被理解为国家行为的一种稳定特征。国家革新往往随着时间的推移而不断变化，这一倾向可以归因于动态的政策过程变量以及相关的情势性因素(situative factors)。政策过程变量包括精英共识(elite consensus)[②]、政策活动家的作用[③]以及政策机会之窗的开启[④]。另外，正如相关比较研究所揭示的，情势性因素有时对政治决策有着决定性影响。[⑤] 例如，议会中多数派的改变以及政府更替、反映在政治事务周期中的公众观念的不稳定状态等，都影响着国家对革新理念的开放程度[⑥]，并且，这些变量对政策输出有着至关重要的影响。另外，自然灾害以及工业事故也可能催生激进性的政策接纳转变。不仅如此，国际基准研究中令人难堪的国家排名，也可能促使国家接纳革新性政策措施并将其合法化。因此，尽管结构变量预设了政治进程，但它们不能决定整个进程如何展开。[⑦]

(5)对体系中其他成员的信号效应(推动与拉动)

许多文献中提到“关键国家”对革新政策的接纳可以加速其扩散过

---

① A. B. Pedersen, “$CO_2$ taxes in Scandinavia: Design, achievements, and policy processes,” Paper prepared for the Fifth Nordic Environmental Research Conference the Ecological Modernisation of Society, Aarhus, 2001.

② A. Middtun and D. Rucht, “Comparing policy outcomes of conflicts over nuclear power: Description and explanation,” in H. Flam (Ed.), *States and Anti-Nuclear Movements*, Edinburgh: Edinburgh University Press, 1994, pp. 383-415.

③ M. Mintrom, “Policy entrepreneurs and the diffusion of innovations,” *American Journal of Political Science*, 41(3), 1997, pp. 738-770.

④ J. W. Kingdon, *Agendas, Alternatives and Public Policies*, Boston, MA: Little Brown, 1984.

⑤ K. Kern and S. Bratzel, „Umweltpolitischer Erfolg im internationalen Vergleich: Zum Stand der Forschung,“ in Martin Jänicke (Ed.), *Umweltpolitik in Industrieländern*, Berlin: Edition Sigma, 1996, pp. 29-58.

⑥ W. D. Nordhaus, “The political business cycle,” *The Review of Economic Studies*, 42(2), 1975, pp. 169-190.

⑦ A. Middtun and D. Rucht, “Comparing policy outcomes of conflicts over nuclear power: Description and explanation,” in H. Flam (Ed.), *States and Anti-Nuclear Movements*, Edinburgh: Edinburgh University Press, 1994, pp. 383-415.

程。[①] 我们必须看到，“关键国家”由哪些国家组成，会随着问题领域的不同而发生改变。“关键国家”首先是指这样的国家：迄今为止它们的行为与正在传播的规范相抵触，并且如果没有它们支持，实质性的目标将受到损害。[②] 先前在环境政策领域的成功记录所塑造的道德境界或良好声誉，或者来自其他政策领域的成功决策的外溢（spillover）效应，都足以诱发其他国家的追随行为（这就是所谓的拉动效应）。另外，国家的特征也可能会影响到一国对政策革新扩散的反应。[③] 文献中经常提到国家规模这一影响因素。通常国土面积小的国家为了获得国际认同或者最大限度地发挥自己的影响力和知名度，会大力发展推动规范扩散的战略，推动本国人员在国际组织中施行“亲合力渗透”战略（affinity to infiltrate）。同时，国内市场容量对于诱发市场去推动环境革新（技术革新）有着至关重要的作用。关于环境领导型市场的研究[④]表明，推进环境革新的领导型市场的建立，对国家提出了一项特殊的挑战，而这主要取决于该国的市场容量大小。[⑤] 尽管有着巨大市场容量的先驱国家可以做到向国外的供应方发出信号（又称为“加利福尼亚效应”）[⑥]，但要为国外的需求方创造一个信号并确保市场的扩张，有着较小市场容量的先驱国家需要补充性地依赖规制模式的成功输出。

（6）趋同程度

在国家影响因素中，还应该特别关注行政传统、规制结构、政策风格以及过去政策的遗留。行政层面对接纳新政策或者工具的反应往往被视为一项关键性因素，从而影响着接纳还是拒绝其他国家政策革新的决定。

---

① Martha Finnemore and Kathryn Sikkink, “International norm dynamics and political change,” *International Organization*, 52(4), 1998, p. 901.

② Martha Finnemore and Kathryn Sikkink, “International norm dynamics and political change,” *International Organization*, 52(4), 1998, p. 901.

③ 扩散机制和（或）政策扩散如何进行战略选择多取决于政策革新的特点。

④ Martin Jänicke, “Ecological Modernisation: Innovation and Diffusion of Policy and Technology,” FFU Report 00-08, Berlin: Environmental Policy Research Centre, 2000. http://www.fu-berlin.de/ffu/[Accessed 5 January 2005].

⑤ Martin Jänicke, “Trend setters in environmental policy: the character and role of pioneer countries,” *European Environment*, 15(2), 2005, pp. 129-142.

⑥ David Vogel, “Trading up and governing across: transnational governance and environmental protection,” *Journal of European Public Policy*, 4(4), 1997, pp. 556-571.

这里所强调的“行政契合”(administrative fit)是基于一个总体性的假设，即“制度性的结构和常规会阻止组织对外生性压力的轻易接纳”[①]。一些学者认为，这些制度性差异会导致政策的分化。但事实上这取决于对政策趋同观念的认识。其他学者更为谨慎地论述了国家对革新的接纳，认为国家组织制度设计起到了过滤器一样的作用。[②] 因此，笔者建议用以下的方法来看待这些机构设置和制度传统：它们也许会导致国家对偏离其路径的政策接纳的延缓，甚至是拒绝，但它们主要影响的是政策趋同的程度，特别是关系到政策的相似性问题，如政策观念和政策路径、特殊政策工具的使用或规制水平的高低。因此，全球政策趋同从来不会排除不同的国家扩散接纳方式，因为“当一项政策从一个政府扩散到其他政府的时候，我们不能指望这一政策不受一国历史、文化及制度的影响”[③]。

3. 政策革新的特性

虽然早期关于政策扩散的文献中也提到了革新的特性[④]，但在当代实证研究中，这个问题经常被忽视。革新的特性——根据它们的行政可应用性和(或)它们的政治可行性来界定——决定其最终的扩散能力(diffusability)。

班尼特(Bennett)甚至总结说：“……当评估一项政策革新扩散的时候，最主要的变量就是考虑这一政策革新的内在属性。”[⑤]然而，界定政策革新的特性是一件极具挑战性的工作。一项政策革新必须经历政策循环的整个过程。在每一个阶段，由于基本的问题结构以及问题的兼容性或政治的可行性，决策过程都有可能被打断。

---

① Ch. Knill, A. Lenschow, “Change as ‘Appropriate Adaptation’: Administrative Adjustment to European Environmental Policy in Britain and Germany”, European Integration online Papers (EioP), 1998. http://eiop. or. at [Accessed 5 January 2005].

② K. Kern, Helge Jörgens and Martin Jänicke, “The Diffusion of Environmental Policy Innovations: A Contribution to the Globalisation of Environmental Policy,” Discussion Paper FS II 01-302. Berlin: Social Science Research Centre, 2001.

③ Richard Rose, “What is lesson-drawing?” *Journal of Public Policy*, 11(1), 1991, p. 21.

④ E. M. Rogers, *Diffusion of Innovations* (4th edition), New York: Free Press, 1995.

⑤ C. J. Bennett, “Understanding ripple effects: the cross-national adoption of policy instruments for bureaucratic accountability,” *Governance*, 10(3), 1997, p. 229.

显而易见的是，政策革新的特性很难从异质的国家环境中分离出来，不同的国家环境对政策革新的技术及政治可行性有着至关重要的影响。比如，革新政策中与行政相关的部分会对其他异质的国家规制结构、政策风格以及逻辑施加独特的适应挑战。[①] 然而，为了概括政策革新的特性，人们试图界定一种最低的标准，即可以通过政策革新在国际体系中的接纳率来证明其特性。

第一，看影响接纳速度的问题结构。基于实证经验，我们可以发现，与长期持续性环境退化问题相关的政策革新不容易进入政治议题领域，扩散也比较慢，因为这些问题本身的影响不是直接可见的。同样，那些典型的技术解决方案不可获得的环境问题的政策扩散也比较缓慢，如涉及土地使用、地下水污染或者生态多样性损失的政策革新等。

第二，政策革新同现行规制风格及结构的兼容性。由规制革新所引发的政策转变的程度似乎是影响其扩散的决定性因素。考虑到国家制度的过滤效果，革新扩散的能力取决于它是否能够较为容易地通过这些过滤。[②] 如果这些革新扩散能够被比较容易地加载于现行的国家结构之上，而且只引起渐进的变化，那么，这些革新的扩散便会快于那些与传统的规制结构和政策风格相冲突的革新。[③] 许多实例已经证实了这一假设。比较 21 种环境政策革新的扩散模式，我们可以发现，最近几年发展的一些“较软”的政策革新展示了最快的扩散速度，如可持续发展环境规划和战略、可持续发展委员会的建立以及环境信息法的颁布。一方面，这种快速扩散可以归因于国际和跨国行为体的推动作用；另一方面，政策革新工具所具有的特征使其似乎更加容易被各个国家所接受。正如对新环境政策工具的研究所示，这些较软的具有开放性和灵活性的政策工具的主要特

---

① Christoph Knill and Andrea Lenschow, “Change as ‘Appropriate Adaptation’: Administrative Adjustment to European Environmental Policy in Britain and Germany,” European Integration online Papers (EioP), 1998. http://eiop. or. at. [Accessed 5 January 2005].

② Kerstin Tews, Per-Olof Busch and Helge Jörgens, “The diffusion of new environmental policy instruments,” *European Journal of Political Research*, 42(4), 2003, pp. 569-600.

③ K. Kern, Helge Jörgens and Martin Jänicke, “The diffusion of environmental policy innovations: A contribution to the globalisation of environmental policy,” Discussion Paper FS II 01-302. Berlin: Social Science Research Centre, 2001, pp. 11-13.

征是，隐含着“逃脱政策义务的可能性”[①]。为了诱发政策变化，这些政策工具应该具备一些必要的前提条件。它们假定，在政策扩散过程中存在着有意愿和有能力的行为体，“也就是那些愿意为政策工具积极工作……朝既定目标前进的行为体”[②]。所以，这些软工具的潜在缺点就是，它们所推动的政策革新扩散，在进入国家政治议程的同时，会受到外界国际驱动者的强烈影响。自由地获得环境信息这一政策革新的扩散，似乎是这样的国际“规范普及”的一个较为合适的例子[③]。在进入全球政策舞台并被纳入有影响力的国际组织议程之后，这种政策革新在全球范围内得到迅速的扩散。值得注意的是，那些在搜集、组织以及提供各种环境信息等方面几乎没有公共能力且非政府组织也并不发达的国家[④]，竟也接纳了这一政策革新。因此，我们可以得出以下结论：政策接纳并非总是受政策工具的预期影响所驱动（在一种可以更加有效的环境管理参与的前提下）。相反，一种政策规范在全球环境议程中的相对重要性以及工具性回应这种规范的FAI条款的适当性，已经证明，其足以激发这些管制在那些期待成为国际社会内部合法成员的民族国家中的接纳和采用。[⑤] 当然，这种接纳的普及只适用于那些比较容易加载的政策革新，而且其有效执行还需要一定的前提条件。

第三，取决于政策革新引发与强势行为体集团冲突的潜力，特别是一项政策的财政效果影响着由政策革新引发的潜在冲突的程度。那些影响到当权者利益的再分配性政策革新很难迅速扩散，特别是那些需要在国

---

① Christoph Knill and Andrea Lenschow, “On deficient implementation and deficient theories: the need for an institutional perspective in implementation research,” in Christoph Knill and Andrea Lenschow (Eds.), *Implementing EU Environmental Policy: New Directions and Old Problems*, Manchester: Manchester University Press, 2000, p. 18.

② Christoph Knill and Andrea Lenschow, “On deficient implementation and deficient theories: the need for an institutional perspective in implementation research,” in Christoph Knill and Andrea Lenschow (Eds.), *Implementing EU Environmental Policy: New Directions and Old Problems*, Manchester: Manchester University Press, 2000, p. 26.

③ Martha Finnemore and Kathryn Sikkink, “International norm dynamics and political change,” *International Organization*, 52(4), 1998, pp. 887-917.

④ 比如1998年的阿尔巴尼亚和1996年的马其顿王国。

⑤ Kerstin Tews, Per-Olof Busch and Helge Jörgens, “The diffusion of new environmental policy instruments,” *European Journal of Political Research*, 42(4), 2003, pp. 569-600.

际层面进行动员的政策。因此，政策革新所承载的规制竞争可以作为预测其接纳速度的一项主要标准。在这一假设提出之前，夏普夫(Scharpf)[①]就已提出，一项革新的政治可行性所遭遇的规制竞争，取决于潜在的经济竞争涉及“产品的质量”，还是“产品的生产成本”。前者的扩散速度要快于后者。这些假设在实证研究中都得到了证实。那些提供了产品质量信息以及规制产品质量的政策工具，如生态标签(eco-labels)和能效标签(energy-efficiency labels)，速度在21项环境政策革新的扩散中位居第二，而那些涉及“产品的生产成本”的扩散则相对缓慢，如能源税及碳税。[②] 因此，国际贸易对于那些基于市场的环境政策工具扩散而言，既是管道，又是闸门。首先，它可以像管道那样促进与环境规制相关的绿色产品的扩散，如生态标签等，因为消费者的行为在一定程度上至少受其环境关切的影响。这些环境偏好通过环境非政府组织的各种活动被更为有力地塑造出来。[③] 在经合组织国家中，消费者的环境关切日益增强，与此同时，在中东欧地区，政府自愿接受了环保商标系统，并且供应商也积极参与了该系统，这被认为是保证销售机会以及市场份额的理性选择。其次，与这些政策革新相关的产品的出现，标志着人们用一种协作博弈逻辑规则取代了囚徒困境的逻辑，即冲突点在于联合解决方案的类型而不是联合解决方案本身。因此，至少在欧盟内部，环境革新的扩散同时也是由成员国之间积极的政策协调所推动的。相应地，由于这些国家的生态标签工具使那些在全球范围内进行贸易的环境友好型产品获得丰厚收益，国际组织和一些政策网络——它们在政策扩散进程的起始阶段几乎很难参与其中——逐步设法在政策扩散过程中发挥着重要的作用。

但是，当这些以市场为基础的政策革新工具同生产成本相关的时候，

---

① F. W. Scharpf, *Regieren in Europa: Effektiv und demokratisch?* Frankfurt: Campus, 2000.

② Per-Olof Busch and Helge Jörgens, Globale Ausbreitungsmuster umweltpolitischer Innovationen, FFU Report, Berlin: Environmental Policy Research Centre, 2005. http://www.fu-berlin.de/ffu/ [Accessed 5 January 2005].

③ K. Kern, I. Kissling-Näf, Politikkonvergenz und Politikdiffusion durch Regierungsund Nichtregierungsorganisationen: Ein internationaler Vergleich von Umweltzeichen, Discussion Paper FS II 02-302. Berlin: Social Science Centre, 2002.

国际贸易网络则更多扮演着闸门的阻碍性角色。这种基于市场再分配的环境工具的扩散相对较慢，这是由于这些革新触及到了利益集团的竞争性，从而严重妨碍其政治上的可行性。结果，能源税（碳税）的实例甚至已经证明，革新特性的影响是如此强烈，以至于几乎能够主宰通常是由一些国际宣传促进活动——由像经合组织、联合国和欧盟这样最有影响力的国际组织多年来所进行的促进活动——加速推进的政策结果。尽管如此，还是有少数的国家接纳这种政策革新工具。因此，我们必须断定，这些政策革新的扩散更多情况下是由国家层面上的因素所决定的。通过比较在能源税（碳税）扩散中成功和失败的国家实践，我们可以发现，政策过程因素，比如精英共识、战略性管理、联盟建设等都对政策革新的接纳起着决定性作用，其重要性远远超过了政治制度和经济表现等结构性变量。①

## 三、结论：应对各种因素的复杂互动

在扩散研究中，绝大多数学者都从宏观的角度来探讨扩散的核心问题，即扩散的驱动因素和阻碍因素是什么。这首先应归因于扩散的定义。定义认为，在"由外而内"的顺序下，那些从国外引入的政策转移个案才值得关注。所以，政治科学中，典型的扩散研究主要探求这些国家在革新政策接纳过程中所采取的模式。然而，这种宏观层面扩散研究的主要弱点，就是忽略了政治因素对扩散的影响，换句话说，即那些来自国外的经验以及它们借以进行交流的方式是如何影响了国家的政策制定过程。然而，政策接纳本身（政策输出层面）并没有告诉我们，是输入政策本身的影响，还是输入政策对国内政治层面因素的影响。为了完整地把握整个因果关系链，引入微观和中观层面的研究是必要的。因此，通过接纳特定的政策革新将国际刺激因素转化为国内政策的过程也就是值得深入研究的一个问题。近来大部分政策转移研究开始关注这一研究路径。本章在发展上述研究框架时努力将这些相关的但分析路径不同的研究融合为一体。

---

① Kerstin Tews, Die Ausbreitung von Energie/$CO_2$-Steuern. Internationale Stimuli und Nationale Restriktionen, FFU Report 08-2002, Berlin: Environmental Policy Research Centre, 2002. http://www.fu-berlin.de/ffu/ [Accessed 5 January 2005].

“政策转移分析”概念在分析层面上不同于扩散概念，因为它在微观或中观层面上解决了一个单向度的发展过程，即“关于某时和(或)某地的政策、行政管理、制度等的知识被运用于另一个时间和(或)地点的政策、行政管理、制度的发展进程中”①。因此，这一研究路径弥补了传统扩散分析框架的不足，其主要集中分析了：

(1)政策转移的意图。

(2)不同的关键政策转移行为体的作用及其能力与动机。

(3)知识选择与利用的过程。

将这些考虑包括进扩散分析之中，似乎是合适的。因为正如实证研究所揭示的，在政策革新的扩散过程中，并不存在一种自动的力量。它可以从特定的扩散机制之中被简单地导引出来，我们甚至观察到，那些在文化上、经济和(或)政治关系上紧密相连并且具有相似的结构性决定因素的国家，对相同的革新扩散也有着不同的取向。因此，在扩散模式和影响因素上没有一种简单的单一联系。虽然国际驱动者确实起到了一定的作用，但它们不足以解释所有具体的扩散模式。由国际激励因素所推动的对某种特定政策革新的国内接纳过程，遭遇到了各种异质的国家能力以及行为体构型，它们发挥着过滤器的功能，或者——换句话说——决定着国家对来自国外经验的国内反应。

因此，既为了理解各种因素之间的互动，也为了对其施加影响，最为合适的路径就是研究政策革新的不同特性，因为它们是连接国际和国内各种因素、结构和单元行为体的最为重要的纽带。这包括：①制度化政策转移的影响；②国家层面的能力需求；③其他国家的行为在多大程度上制约着国内的行动。因此，应考虑到这些政策革新的特性对于扩散机会的前瞻性评估有着至关重要的作用，因为它们对一个行动较早的国家或政策扩散的其他行为体所追求的完备的扩散战略提出了特殊的要求。来自扩散和政策转移研究的下列发现，也许有助于发展一个综合性扩散分析框架，这种综合性分析超越了宏观分析层次，并把所有可能的、具有决定

① D. P. Dolowitz and D. Marsh, “Who learns what from whom? A review of the policy transfer literature,” *Political Studies*, 44, 1996, pp. 343-357.

作用的干预变量考虑在内：

(4)不同的革新通过不同的机制进行扩散。[1] 一方面，国际贸易可以发挥管道作用，通过规制竞争来引起扩散；另一方面，通过所谓的"国际社会"激发政策学习或引发模仿——由观念竞争所驱动，因为国家行为体都倾向于作为"国际社会"的合法成员而采取行动。图 5-2 表明了政策革新的核心特征之间的关系[2]以及扩散机制和扩散渠道。

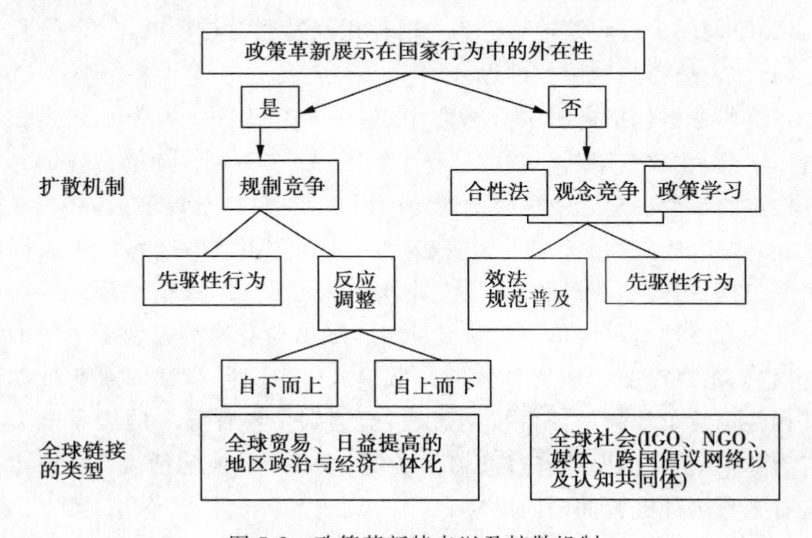


图 5-2　政策革新特点以及扩散机制

(5)政策扩散的不同机制引发了国家层面促使政策被成功接纳的各种机会。寻求合法性作为一种接纳政策革新的驱动力量并不必然导致实质性的政策转变。因此，正如大多数政策扩散的宏观分析所指出的，聚焦于政策输出结果的分析方法很难区分开"表面"和"深层"的政策接纳。前者主要指对于政策革新的接纳，在很大程度上是象征意义上的；而后者则

---

① C. J. Bennett, "Understanding ripple effects: the cross-national adoption of policy instruments for bureaucratic accountability," *Governance*, 10(3), 1997, pp. 213-233.

② 摘录并修改自波特奇娃(Botcheva)和马丁(Martin)的论文，他们发展了分析国际组织对国家行为影响的理论模型，并且将所提到的事物特性作为一个核心变量考虑在内，用来解释这一影响过程(参见 Liliana Botcheva and Lisa L. Martin, "Institutional effects on state behavior: convergence and divergence," *International Studies Quarterly*, 45(1), 2001, p. 14)。

指包括大量资源承诺在内的真正意义上的接纳。[①] 我们需要通过对接受者动机的分析来深化我们的研究，并且需要界定政策扩散成功的条件。除此之外，也许还需要辨认和确定政府部门中那些影响政府政策接纳的行为体。

(6)政策转移过程中有不同的行为体参与。这些行为体可能包括国际组织、国家行为体或者非国家行为体。在政策转移过程中，它们掌握着不同的资源。根据它们不同的交流方式，其政策转移的对象也不同。另外，在政策循环或转移过程的不同阶段，不同行为体的相关性也不同。[②]

因此，从上述这些评述中，我们能够得出以下结论：革新的特性在很大程度上预先确定了哪一种扩散机制能够发挥作用、哪些行为体最为相关、哪些行为体的能力必须由扩散的行为体进行补充，以便发展一个促进革新性政策措施扩散的战略路径，并使它们在不同的国家管辖范围内都能够发挥作用。

（克斯汀·图思）

---

① F. S. Berry and W. D. Berry, "Innovation and diffusion models in policy research," in Paul A. Sabatier (Ed.), *Theories of the Policy Process*, Boulder, CO.: Westview Press, 1999, pp. 169-200.

② Martha Finnemore and Kathryn Sikkink, "International norm dynamics and political change," *International Organization*, 52(4), 1998, pp. 887-917.

# 第六章　规制工具的全球扩散：建立一个新的国际环境体制

[内容提要] 在20世纪90年代，国内环境政策决策中出现了一种新的规制模式。本章认为，这种规制模式的出现在很大程度上可以归因于政策扩散的结果。即使在正式的具有约束力的规制工具缺失的情况下，这些在国际范围内广泛传播以及在其他地方正在被实践的政策规制工具，被一些国家的决策者自愿模仿和接纳。在国际层面推动力的作用下，通常这些规制工具的扩散会进一步加速，并且这些工具的特征也决定了不同规制工具在各国扩散的范围和速度。对规制工具的自愿接纳并不能单纯由决策者提高其管治效益的理性动机来解释。除了理性动机之外，决策者的国际合法性考虑以及必须遵守国际规范的压力，也激发着他们采纳这些规制工具。

自20世纪90年代初以来，环境政策制定的规制模式发生了很大的改变。通过观察可以发现，环境政策规制从一种部门性碎片化的以及在很大程度上主要基于法律治理路径的规制方法朝向一种更多使用自愿性、协作性或者基于市场的规制工具模式转变（如图6-1）。这种转变不仅限于小规模的先驱国家，而是迅速从先行国家扩展到几乎每一个工业化国家。

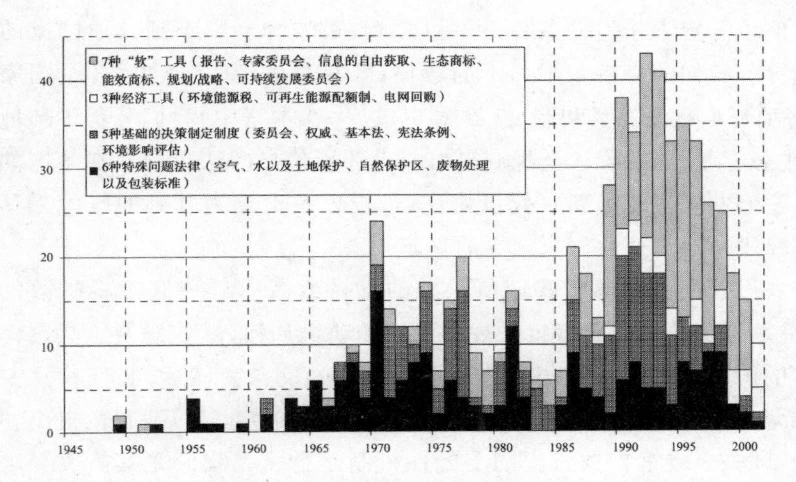


图 6-1　规制工具和制度的国际扩散(1945～2001 年)[①]

图 6-1 资料来源:M. Binder, Umweltpolitische Basisinnovationen im Industrieländervergleich: Ein grafisch-statistischer überblick, FFU Report 06-2002, Berlin: Environmental Policy Research Centre Berlin. http://www.fu-berlin.de/ffu/ [Accessed 5 January 2005].

如何解释这种分布广泛的转变呢？首先,结构性解释提出,尽管在全世界范围内各个政府都是独立地对新的规制工具作出反应,但面对相似的经济、政治或者环境问题压力,各国政府往往会以相似的方式作出反应。其次,国际体制理论认为这种显著的平行相似性可以归因为一种制度效果,如各国政府对各项国际条约的同时执行。但我们的实证数据表明,即使在国际协定和条约缺失的时候,新的规制工具在国际层面的扩散还是会发生,而且上述结构性理论所提出的国内政府对相似的问题压力所作出的相似反应也不能令人满意地解释这一现象。因此,第三种解释指出,国家政府倾向于引导它们自己的政策向那些已经在其他国家实践的政策发展。新的环境政策工具的全球性扩散,在很大程度上就可以解释为新的规制范式在国际层面扩散的结果。

---

① 图 6-1 及本章所有后来的图中的信息来自 43 个国家,包括工业化国家与经济转型国家,即阿尔巴尼亚、澳大利亚、奥地利、白俄罗斯、比利时、波斯尼亚—黑塞哥维那、保加利亚、加拿大、克罗地亚、捷克共和国、丹麦、爱沙尼亚、芬兰、法国、德国、希腊、匈牙利、爱尔兰、冰岛、意大利、日本、拉脱维亚、立陶宛、卢森堡、马其顿、摩尔多瓦、荷兰、新西兰、挪威、波兰、葡萄牙、罗马尼亚、俄罗斯、斯洛伐克共和国、斯洛文尼亚、瑞典、瑞士、韩国、西班牙、土耳其、乌克兰、英国和美国。

本章界定了在何种条件下，一国的政策选择会影响到其他国家的政策选择。我们的分析基于如下的数据，即在过去50多年里43个国家的20多项环境政策工具和制度(见图6-1)。① 在本章中，我们分析了环境战略、生态标签、能源税以及规制自由获得环境信息的法律规定在各国的扩散。它们共同呈现了新一代以协作、市场以及信息为基础的政策工具最近在几乎所有工业化国家之内的兴起。②

我们首先讨论那些我们所预期的支持或者阻碍规制工具扩散的因素，并且考虑政策制定者接受规制工具的动机如何，这些规制工具已经为很多的国家所实践并在国际体系中得以沟通交流。然后，我们将这一理论框架运用到所选取的四个例子中，进行实证分析。最后，我们得出初步结论，即关于政策扩散过程的支配性机制是什么。我们尤其需要寻求以下问题的答案：即政策制定者决定仿效其他国家的规制工具，是由什么动机来推动的。是源于(能感受到的)竞争压力促使政策制定者接受新的规制工具，从而保持或者提高其自身竞争力并加强其政策效率呢？还是因为他们受规范考虑的驱动，促使他们模仿规制方法以回应一种国际规范，并且提高他们或在国内或在国际上的合法性？我们认为，对来自国外的规制工具的接纳并不能单纯被以下动机解释，即设法改善他们环境政策制定的表现。另外，国家之间的规制竞争以及源于其他国家的政策选择和国际行为体因它们的推动而出现的"观念性"压力，也影响着政策决策者的决定。

## 一、政策扩散的机制和驱动力

首先，我们把政策扩散界定为一个过程，通过这一过程，政策革新得以在整个国际体系中交流，并随着时间的推移被越来越多的国家自愿接

---

① Per-Olof Busch and Helge Jörgens, Globale Ausbreitungsmuster umweltpolitischer Innovationen [Global patterns of the international spread of environmental policy innovations], FFU-Report, Berlin: Environmental Policy Research Centre, 2004.

② Andrew Jordan, Rüdiger Wurzel, Anthony R. Zito and Lars Brückner, "European governance and the transfer of 'new' environmental policy instruments (NEPIs) in the European Union," *Public Administration*, 81(3), 2003, pp. 555-574.

纳。[①] 扩散是指政策革新在国际层面的传播，这一传播过程是由国际制度内的信息流，而不是来自于国际制度内的等级制或集体决策所驱动的。在微观层面，扩散是一个由社会学习、复制或者模仿过程所激发的过程。[②] 政策扩散的本质特征在于，它是在正式性的或契约性义务缺失的情况下出现的。另外，扩散基本是一个水平传播的过程，各行为体对规制方式的个体性接纳最终形成了一个非中心化规制结构（decentralized regulatory structure）。不同于多边法律条约，那是由国家之间通过谈判而缔结并随后自上而下执行的；对于扩散而言，政策制定的程序是非中心化且停留在国家层面的。只有经过更多的国家对相同政策条款的模仿和学习的逐渐积累过程，扩散的效果才能显著。[③] 集权化规制体制往往明显可见并且明确规定自身的目标，但在这一规制缺失的情况下，国际政策扩散依然可以发生，并且引起了一场"令人吃惊的规制革命"。

越来越多的关于政策趋同、政策扩散以及政策转移的文献都指出，扩散过程既不是偶然巧合的，也不是由任何一种单一的机制所驱动的。相反，我们可以确定，这一过程是由复杂的因果互动因素来推动的。基于上述的研究成果，我们区分了三组可能影响国际扩散模式的因素。

第一，国际体系的动力：扩散预示着信息交流。当分析革新政策和工具在各国扩散的时候，首先要明确革新政策和工具通过国际和跨国渠道得以交流，同时，其中的行为体可以将这些信息从一种政治环境传输到另一种政治环境中。

第二，国内因素。虽然国际和跨国因素是政策扩散的必要前提，但它不能解释不同国家的具体政策转变。国内行为体、利益、制度、能力以及政策风格等因素，对任何一个接纳一种正在国际上交流的政策或工具的国家的实际决策都具有重要影响。

---

① Everett Rogers, *Diffusion of Innovations*, New York: Free Press, 2003, p. 5.

② Helge Jörgens, "Governance by diffusion—Implementing global norms through cross-national imitation and learning," in W. M. Lafferty (Ed.), *Governance for Sustainable Development: The Challenge of Adapting Form to Function*, Cheltenham: Edward Elgar, 2004.

③ Helge Jörgens, "Governance by diffusion-Implementing global norms through cross-national imitation and learning," in W. M. Lafferty (Ed.), *Governance for Sustainable Development: The Challenge of Adapting Form to Function*, Cheltenham: Edward Elgar, 2004.

第三，政策特征。扩散研究需要回答如下问题：为什么有些革新政策或工具的扩散快于其他的政策或工具？比如，为什么自20世纪80年代末以来，世界上有140多个国家制定了环境战略；但在相同时间内，只有11个国家引入了能源税？[①] 在目前的扩散实证研究中，学者们常常会忽视政策本身的特点。但只有考虑到这些独特的政策特征，才可以帮助我们解答上述问题。

在这一相对比较宽泛的框架中，存在着诸多政策制定者自愿仿效其他国家规制路径的个人动机。政策制定者可能扮演一个理性人的角色，能够跨越国界，从国外寻求应对国内问题的更为有效的解决方法。罗斯(Rose)将这一行为称为"经验学习"[②]。当国内行为体感觉目前的革新政策选择具有很大不确定性，即无法确定该政策能否在将来给它们带来想要的政策结果的时候，理性的经验借鉴则变得不太可行。在这种情况下，国内政策制定者可能会偏爱仿效那些受到广泛认可的成功国家的政策模式。在扩散过程的早期阶段，政策制定者可能会受到其他国家、国际以及跨国行为体的积极劝说。[③] 而到了扩散过程的后期阶段，当革新规制路径已经为相当数量的国家所采纳的时候[④]，国家采纳革新路径的主要动机变为在国际压力下顺应国际规制、政治精英提高其行为的合法性以及在国际社会中强化其国家自尊的需要，因为，此时"适当行为"的规范标准在国际结构中变得日益重要[⑤]。

所以，国家接受革新规制的动机不仅同"理性"和治理有效性相关，还与"社会适当性"以及处理环境问题的合法途径相关。然而还有一个更为

---

① Per-Olof Busch and Helge Jörgens, Globale Ausbreitungsmuster umweltpolitischer Innovationen [Global patterns of the international spread of environmental policy innovations], FFU-Report, Berlin: Environmental Policy Research Centre, 2004.

② Richard Rose, "What is lesson-drawing?" *Journal of Public Policy*, 11(1), 1991, pp. 3-30.

③ Martha Finnemore, "International organizations as teachers of norms: the United Nations Educational, Scientific, and Cultural Organization and science policy," *International Organization*, 47(4), 1993, pp. 565-597; Peter M. Haas, "Introduction: epistemic communities and international policy coordination," *International Organization*, 46(1), 1992, pp. 1-35.

④ 芬尼莫尔(Finnemore)和辛金克(Sikkink)提到扩散过程中国家数目"临界值"的概念。

⑤ Martha Finnemore and Kathryn Sikkink, "International norm dynamics and political change," *International Organization*, 52(4), 1998, p. 895, pp. 902-904.

复杂的动机结构存在于“规制竞争”这一标签下面。在各种文献中，对于规制竞争这一概念有两种理解方式。第一种最常见的内涵是指，随着商品和服务的国际竞争日益激化以及资本和高技术劳工等因素，流动性的日益加强，政府被迫在社会和环境政策领域降低规制标准以提高自身竞争力。[①] 第二种内涵则在近来欧洲化的研究文献中广为运用，即指通过扮演环境保护先行者的角色，欧盟成员国试图积极塑造欧盟层面的政策，以使它们与自己国内的政策风格和规制传统相一致，从而希望在将来的政治和行政调整中实现成本最小化。[②] 隐藏在这两种规制竞争概念后的基本逻辑是：在既定问题面前，政策制定者不会必然选择那些许诺能够带来高效率或者最高合法性的政策路径，而是还要同时考虑经济和行政上的预期成本，这一成本来自于各国之间日益复杂的、政治经济上的相互依赖。为了强调两种内涵之间的不同，下面我们将分别分析经济和政治的竞争。

本章中的政治竞争的内涵特别强调将扩散过程的潜在效果考虑在内，并将其运用到国际多层治理之中。政策制定者基本上认识到政策和工具同时在两个向度上进行扩散，即在水平方向上扩散到其他的国家或者在垂直方向上扩散到国际层面。当这些规制途径为大多数的国家所接受(达到一种临界值)或者被转化为国际法的时候，先前那些不情愿接受规制革新的国家此时很难再忽视它们的存在。在最坏的条件下，这些“后来者”将在先驱国家的强大影响力之下，被迫去执行那些不适合自身行政结构和政策风格的规制革新规划。这些国家的另一种可能的选择就是，通过将本国国内的规制范例推向国际层面，从而来积极影响未来国际规制的设计和内容。如果多个国家选择这一战略，那么在应对相同的政策议题时，各个国家便会在国际层面展开一种规制竞争，但此过程可能会由于各国行政和技术细节的不同而不同，或者由于议题范围和目标的积极

---

① Fritz W. Scharpf, Globalisierung als Beschränkung der Handlungsmöglichkeit Nationalstaatlicher Politik, Discussion Paper 97/1, Köln: Max Planck Institute for the Studies of Societies, 1997.

② Adrienne Héritier, Christoph Knill and Susanne Mingers, *Ringing the Changes in Europe: Regulatory Competition and the Transformation of the State*, Berlin/New York: Walter de Gruyter, 1996.

程度不同而有所差异。因此，在一个既定的问题领域，通常会有大量的国内规制革新规划快速涌现。它们构筑了全球管治结构，而这些结构又反过来强化了国际性法律的统一以及进一步扩散的前景。由于在一些制度化较为"稠密"的环境中——比如欧盟或经合组织——约束性国际规制普遍具有较高的可能性。我们可以预期，在这些组织中，政治竞争将最为频繁。[1]

相比之下，经济竞争更多发生在制度"稀疏"的国际环境之内，或者正式的政治权威在很大程度上仍来自于民族国家的那些议题领域。在这样的领域，民族国家的政治权威并没有移交给某种超国家或国际制度。经济竞争通常被认为会导致"竞次现象"，因为国家可以通过降低其环境规制标准来防止资本外逃。[2] 然而，在实践中，这一进程可能更为复杂，其中相关的政策工具也会随之变化，而不是直接降低环境保护或社会保障的标准。在目前的环境保护中，我们很难找到实例来证明现存的环境规制标准被实际降低了的现象。[3] 相反，我们可以观察到很多政府尝试通过软政策工具，比如自愿协议或者污染者的单边承诺等来弥补甚至替代直接性的法律约束性规制。这里要注意的是，通过这种规制政策工具的转变，提出一些更弱的环境目标或者放松监督的要求变得更为容易，这事实上间接降低了国内企业必须遵守的环境标准。这种间接弱化环境标准的行为通常通过对一些受到广泛认可的国外模式的模仿，或者对一些国际组织倡导的概念的模仿而得以发生，并通过这些模仿使得这种行为正当化。相比于完全发明一种新的环境保护路径，各国通常更倾向于模仿他国成功的规制路径，即引入其主要竞争者的环境规制路径，从而达到间接放松其自身的环境保护标准的目的。

然而，经济竞争的结果不是只诱发"竞次"，而是也可能诱发"竞优"。

---

① Helge Jörgens, "Governance by diffusion—Implementing global norms through cross-national imitation and learning," in W. M. Lafferty (Ed.), *Governance for Sustainable Development: The Challenge of Adapting Form to Function*, Cheltenham: Edward Elgar, 2004.

② Daniel W. Drezner, "Globalization and policy convergence," *International Studies Review*, 2001, 3 (1), pp. 53-58.

③ David Vogel, "Trading up and governing across: transnational governance and environmental protection," *Journal of European Public Policy*, 1997, 4(4), p. 558.

因为各国在政策规制国际扩散的早期，都会寻求仿效新的雄心勃勃的规制路径，从而达到确保“先发优势”并且不落后于其他国家的目的。[①] 另外，政策制定者可能受其国内企业的鼓励，从而提高环境规制的标准以适应更为严格国际市场规制水平。这一现象背后的原因在于，那些国际公司如果想将其产品销往世界各地，它们无论如何都必须满足大多数高规制市场的环境标准。相比于为了适应不同环境标准市场而生产不同规格的产品，它们更愿意以最高环境规制的市场标准来统一产品的规格，并生产相似的产品销往世界各地，从而能够降低生产成本。[②]

在接下来的四个研究案例中，笔者将展示新的规制路径如何在国际层面扩展，从而解析这一全球政策变化过程背后的原因和内在机制，并愿意探求扩散机制在此过程中的作用。

## 二、环境政策的新规制工具在全球的扩散：四个案例研究

1. 战略性环境规划的扩展：扩散、强迫接受和协调一致

环境战略是一项综合的政府行动规划，范围广泛的社会行为体参与其中，并为一种经济、社会与环境协调发展的环境政策制定中长期发展目标。[③] 从实证向度而言，环境战略可以分为两种不同的路径：环境政策规划和可持续发展战略。前者主要关注环境问题领域，并将社会和经济等方面的因素仅仅视为环境保护进程中的主要阻碍因素；而后者则试图在可持续发展的框架中，设法为所有的环境、社会和经济向度的可持续发展设定不同的目标。

总之，环境战略代表了一种重要的转型，即从非中心化的、中期目标为主要导向的工具型环境政策转变为由长期目标指导的统一整合路径。自 20 世纪 80 年代以来，环境战略的制定在各个工业化国家迅速扩展，同

---

① Michael E. Porter and Claas van der Linde, “Green and competitive: ending the stalemate,” *Harvard Business Review*, 73(5), 1995, pp. 120-134.

② David Vogel, “Trading up and governing across: transnational governance and environmental protection,” *Journal of European Public Policy*, 1997, 4 (4), pp. 561-563.

③ Martin Jänicke and Helge Jörgens, “National environmental policy planning in OECD countries: preliminary lessons from cross-national comparisons,” *Environmental Politics*, 7(2), 1998, pp. 27-54.

时还扩散到新兴工业化国家、发展中国家以及转型国家。截至 2003 年，世界上的 140 多个国家(包括 30 个 OECD 国家中的 28 个成员国)都制定了环境战略。虽然这些规划在目标以及具体特征方面存在着显著的差异[①]，但这些国家在环境设计上都采用了一种目标导向性的、跨部门的以及广泛参与的(至少在意图上)环境规划路径(见图 6-2)。

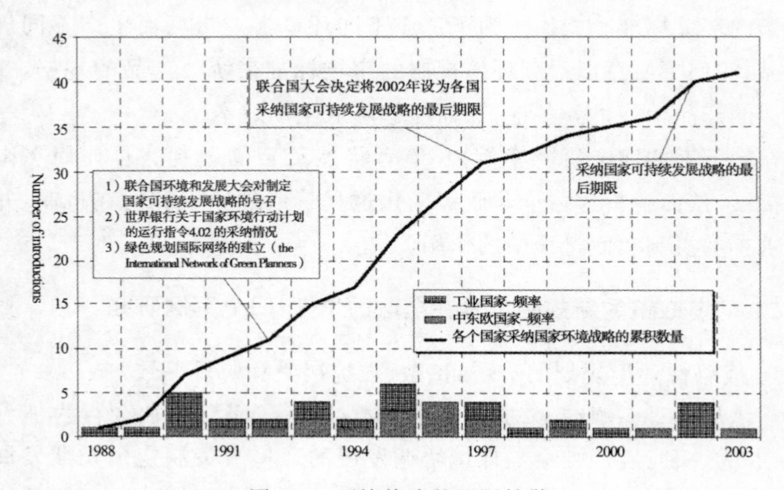


图 6-2　环境战略的国际扩散

图 6-2 资料来源：Per-Olof Busch and Helge Jörgens，Globale Ausbreitungsmuster umweltpolitischer Innovationen [Global patterns of the international spread of environmental policy innovations]，FFU-Report，Berlin：Environmental Policy Research Centre，2004.

在工业化国家集团中，隐藏在环境战略扩展背后的主要驱动力就是扩散机制。自 1988 年首次提出国家环境战略，到 1997 年其作为联合国的正式决议被采纳，环境战略已经被 16 个工业化国家引入。特别是在扩散的最初阶段，从一国到另一国的直接性政策转移起了非常重要的作用。1989 年，荷兰国家环境政策规划迅速上升为世界范围内被广泛认可的成

① Martin Jänicke and Helge Jörgens，"National environmental policy planning in OECD countries：preliminary lessons from cross-national comparisons，" *Environmental Politics*，7(2)，1998，pp. 27-54.

功范式。荷兰范式被很多工业化国家所模仿并成为其环境战略制定的重要灵感来源。[①]

在20世纪90年代，这种扩散模式在国际层面日益得以制度化。1992年，联合国环境和发展大会制定了《21世纪议程》，议程中建议："各国政府应该接纳可持续发展的国家战略。"这种建议既没有法律约束力，也没有作出明确预测，即具体在何时实现这一目标。因此，该议程只具有程度相对较低的正式约束力，并将是否接纳国家环境战略的决定权留给了国内政策制定者。在联合国环境和发展大会召开之后的一段时期，接受国家环境战略的国家从1991年末的7个上升为1997年的16个。几乎所有这些战略的制定都明显参考、学习了联合国环境和发展大会及《21世纪议程》。与此同时，欧盟也在1992年制定了《欧盟第五个环境行动规划》(EAP)，之后，西欧各国纷纷制定自己的国家环境战略。[②] 很多欧洲国家环境战略的制定都明显参考了欧盟行动规划。比如，奥地利的国家环境规划主要仿效了欧盟环境行动规划中的核心要素。[③] 换句话说，荷兰模式的"扩散"，经历了从国家到国际层面以及从国际层面再回到国家层面的过程，这一过程被帕蒂特(Padgett)称为"上传"及"下达"过程。[④]

在联合国环境和发展大会之后，大量国内或者跨国的、政府或者非政府的行为体开始将《21世纪议程》中的规定作为其参考标准。如在1993年，经合组织国家开始将是否制定国家环境战略作为其环境表现的重要评价标准。1992年，绿色规划国际网络(International Network of Green Planners)成立，它为政策制定者分享信息、交流经验和促进环境战略扩散

---

① Helge Jörgens, "Governance by diffusion—Implementing global norms through cross-national imitation and learning," in W. M. Lafferty (Ed.), *Governance for Sustainable Development: The Challenge of Adapting Form to Function*, Cheltenham: Edward Elgar, 2004.

② Helge Jörgens, "Governance by diffusion—Implementing global norms through cross-national imitation and learning," in W. M. Lafferty (Ed.), *Governance for Sustainable Development: The Challenge of Adapting Form to Function*, Cheltenham: Edward Elgar, 2004.

③ Werner Pleschberger, "The national environmental plan of Austria: A lesson to learn in environmental policy?" in P. Glück, G. Oesten, H. Schanz and K.-R. Volz (Eds.), *Formulation and Implementation of National Forest Programmes: Theoretical Aspects*, Joensu: European Forest Institute, 1999, p. 222.

④ Stephen Padgett, "Between synthesis and emulation: EU policy transfer in the power sector," *Journal of European Public Policy*, 10(2), 2003, pp. 227-228.

提供了一个平台。在国内层面，反对党以及非政府环境组织时常参照《21世纪议程》，对执政政府施加压力并促使其制定国家环境战略。总而言之，通过制定国家可持续性战略来执行可持续发展的国际规范，已经成为彰显政府行为适当性的重要表现。①

扩散过程同样也发生在中东欧国家(CEE)以及一些所谓的新独立国家(NIS)。同时，《欧盟第五个环境行动规划》也成为国内倡议的重要参考标准。另外一个推动力就是1993年中东欧的环境行动规划(Environmental Action Programme for CEE)。这一规划的执行包括：在中东欧国家建立环境战略作为主要目标，由新建的特别行动组予以监督，这一特别行动组包括所有来自中东欧国家和新独立国家的环境官员。它的主要功能是"推动彼此互动从而实现'在实践中学习'的目的——交流经验、界定'最优实践'以及激发网络成员之间的相互合作与支持"②。

然而，在中东欧国家制定国家环境战略的过程中，主导性机制是凭借财政这一强制性措施来迫使中东欧各国接纳国家环境战略的。在经济强制机制中，世界银行是主角。1992年，世界银行颁布的《4.02运行指令》(Operational Directive 4.02)正式规定：为了得到世界银行的贷款，各个国家必须首先制定本国的环境行动规划。通过这一指令，世界银行有效地将对这一政策工具的接纳作为借贷国家必须遵守的强制性前提。在中东欧国家中，阿尔巴尼亚(1993年制定国家环境战略)、摩尔多瓦(1995)、马其顿王国(1997)以及波斯尼亚—黑塞哥维那(2003)，都是在世界银行的制约性要求下制定其环境行动战略的。在一些经济较为发达的中东欧国家，其他的组织取代了世界银行的角色来促使国家环境战略的制定。"这些组织都将国家环境战略的制定实施作为实施援助的首要条件，援助组

① Helge Jörgens, "Governance by diffusion—Implementing global norms through cross-national imitation and learning," in W. M. Lafferty (Ed.), *Governance for Sustainable Development: The Challenge of Adapting Form to Function*, Cheltenham: Edward Elgar, 2004.

② OECD, Evaluation of Progress in Developing and Implementing National Environmental Action Programmes (NEAPs) in Central and Eastern Europe and the New Independent States, CCNM/ENV/EAP, (98)23/REV1. Paris: OECD, 1998, p.20.

织都坚持实施国家环境战略规划是实现成本—效率环境投资的必要前提。"①

自1988年第一个环境战略规划引入之后的10年中，国家环境战略这一政策工具通过强迫及扩散这两种方式，已经扩展到了113个国家。1997年，联合国大会通过一项决议，呼吁所有的联合国成员国在2002年前完成自己的可持续发展战略的制定。② 虽然联合国的宣言和决议没有在法律意义上形成具有约束力的国际法，但该决议具有国际"硬法"的两个重要因素，即设定固定期限和建立监督机制。这两个因素强化了施加在各国政府上面的压力，并促使其尽快遵守决议，制定本国的环境战略。因此，自1997年以来，"软法"趋同（'soft-law' harmonization）日益转变为影响全球环境战略扩散的主导机制。

基于此，在1997年到2003年间，30个OECD成员国中的14个正式接纳了可持续发展的国家战略。值得关注的是，2002年一年之中，总共有10个国家正式接纳这一战略或者递交完整的草案。只有4个OECD成员国——墨西哥、新西兰、土耳其和美国——还没有接受可持续发展国家战略或没有计划在不久的将来宣布制定草案。③

主要依靠非中心化的在很大程度上由国际规范力量推动的扩散机制、外部强迫机制以及法律协调机制，都从不同向度解释了是什么力量推动了国家接纳环境战略，但政策本身的特征可以解释，为什么环境战略的扩散速度如此之快。环境战略的制定不需要剧烈的机构改变，并且，它可以较为容易地加载到现存的规制结构之中。只有很少的国家通过引入全

① Barbara Connolly and Tamar Gutner, "Policy networks and process diffusion: organizational innovation within the 'Europe for Environment' network," Unpublished manuscript, 2002.

② United Nations, "Programme for the further implementation of Agenda 21," Resolution adopted by the General Assembly at its 19th Special Session (13-28 June 1997), New York: UN General Assembly.

③ Helge Jörgens, "Governance by diffusion—Implementing global norms through cross-national imitation and learning," in W. M. Lafferty (Ed.), *Governance for Sustainable Development: The Challenge of Adapting Form to Function*, Cheltenham: Edward Elgar, 2004. 图6-2中的增长曲线并没有完全反映出所有国家对环境战略的接纳，这是因为，有些国家在较早的时期就采纳指定了国家环境战略（如丹麦、法国、奥地利、葡萄牙以及荷兰），只有那些第一次接纳国家环境战略的国家才会出现在统计图表中。

新的、雄心勃勃的环境政策目标从而推进了影响深远的机构变化。绝大部分环境战略规划的执行都不会带来剧烈的改变。[①] 这种"迅疾且后果严重"的缺失，解释了为什么有这么多的国家实际上能够接纳环境战略这一"软"政策工具。

2. 生态标签的扩展：多层管治体系中的垂直扩散

生态标签被界定为"基于广泛的环境考虑而为商品添加标注的实践"，旨在为消费者提供更多的与环境相关的信息。[②] 生态标签使消费者可以根据商品的环境特性来决定购买何种商品，反过来，这种生态标签又能促使生产者更多地关注产品设计的环境特征。下面的实例分析只考虑那些基于第三方认证的生态标签，即将一系列强制性的环境标准运用到广泛的产品或产品系列上。

1978 年，德国引入了第一个环境标签。当 1989 年斯堪的纳维亚半岛四国采纳了多国生态标签"北欧天鹅"(Nordic Swan)之后[③]，日本和美国也引入了自己的生态标签制度(如图 6-3)。自此，生态标签的实践开始迅速扩展。1992 年，欧盟采取了一种欧盟范围内的生态标签，即所谓的"欧洲之花"(European Flower)。[④] 随着欧盟十成员国启动这一政策工具，继而引发了前所未有的生态标签浪潮。由于欧盟生态标签并不强迫成员国废止自己的生态标签系统，所以在很多国家中，"欧洲之花"同其国内的生态标签体系并行存在。

很明显，各国对生态标签的接纳，主要是由国际协调机制(如超国家

---

① Martin Jänicke and Jörgens Helge, "National environmental policy planning in OECD countries: preliminary lessons from cross-national comparisons," *Environmental Politics*, 7(2), 1998, pp. 27-54.

② EPA (Environmental Protection Agency), Environmental Labelling: Issues, Policies and Practices Worldwide, Washington, D. C.: EPA, 1998, p. 5.

③ "北欧天鹅"是针对北欧国家的一套官方生态标志系统。它是一项中立的、非强制性的认证计划，于 1989 年为统一北欧各国出现的各种生态标志计划应运而生。该绿色天鹅标志认证涵盖 60 多个产品类别，如今已得到广大消费者的高度认可和尊重。

④ "欧洲之花"生态标签最初产生于 1992 年，其主管机构为欧盟生态标签委员会(EUEB)。"欧洲之花"生态标签制度是一个自愿性制度。其目的在于选出优秀的"环保产品"，从而推动欧盟各类消费品的生产厂家，在产品的设计、生产、销售、使用、直至最后处理的整个生命周期内，都不会对生态环境带来危害；同时提示消费者，该产品符合欧盟的环保标准，鼓励消费者购买该"绿色产品"。

组织欧盟)推动的。尽管如此,扩散仍是另外一个重要的机制,它主要推动生态标签在欧盟国家之外的其他国家的扩散,这些国家不受超国家协调的影响。在绝大多数的案例中,关于生态标签项目实施的相关知识影响了国内政策的选择制定。特别是在中东欧国家中,德国蓝天使(German Blue Angel)标签[①]成为典范。德国联邦环境局(the German Federal Environment Agency)推动了该项目,即通过在地区内部或者在具体产品案例中举办学习研讨班以及对发展生态标签的国家进行直接援助,来促进生态标签的扩展。[②] 另外,新西兰和澳大利亚在生态标签政策上的高度相似性也说明,两个国家曾经在生态商标制度上进行政策意见的交流。[③]

除了这些在个体国家之间水平扩散的案例之外,还存在一种与"环境战略"案例中"上传及随后下达"极其相似的垂直扩散过程。在欧盟生态标签的垂直扩散过程中,其设计在很大程度上受到德国、法国、奥地利和斯堪的纳维亚半岛等国家现存模式的启发和影响。[④] 随着"欧洲之花"的引入,政策变化的主导机制由自下而上的扩散机制转变为自上而下的协调机制。对于"北欧天鹅"的接纳,在很大程度上也符合这一模式。总共有 12 个国家对生态标签政策的接纳可以归因为多层管治的纵向扩散的结果,即协调机制的影响。

---

① 蓝色天使计划是德国政府及一些民间团体共同组织实施的环保措施。贴有蓝色天使环保标志的产品具有可靠的环保性。能够得到蓝色天使环保标志的,产品与其他达到同样性能的产品必须具有可比性;其次,要从整体上符合环保要求,包括原材料的使用等;再次,在环境保护方面有突出的作为。另外,产品没有因为增加了环保功能而减弱了本身的性能。

② Ute Landmann, „Nationale Umweltzeichen im Zuge der Globalisierung von Wirtschafts-, Umwelt-und Sozialpolitik: Analyse und Perspektiven von Umweltzeichenprogrammen," FU Berlin: Department of Social and Political Sciences, 1998, p. 101.

③ Ute Landmann, „Nationale Umweltzeichen im Zuge der Globalisierung von Wirtschafts-, Umwelt-und Sozialpolitik: Analyse und Perspektiven von Umweltzeichenprogrammen," FU Berlin: Department of Social and Political Sciences, 1998, p. 100.

④ Ute Landmann, „Nationale Umweltzeichen im Zuge der Globalisierung von Wirtschafts-, Umwelt-und Sozialpolitik. Analyse und Perspektiven von Umweltzeichenprogrammen," FU Berlin: Department of Social and Political Sciences, 1998, p. 103.

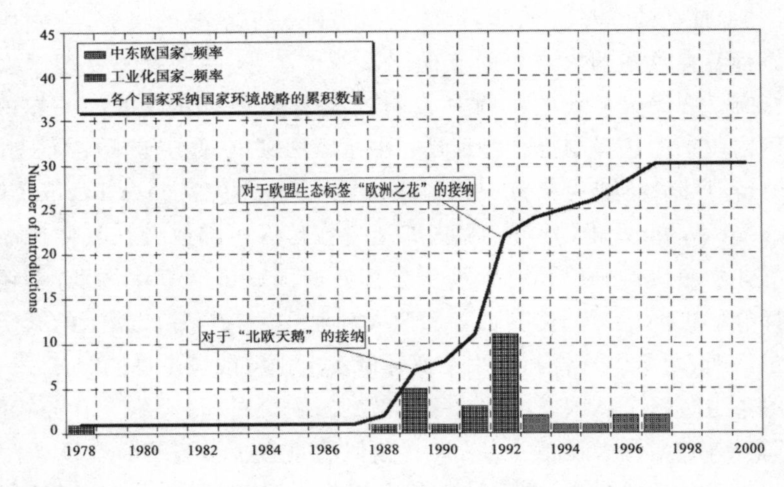


图 6-3　生态标签的国际扩散

图 6-3 资料来源：Per-Olof Busch and Helge Jörgens，Globale Ausbreitungsmuster umweltpolitischer Innovationen [Global patterns of the international spread of environmental policy innovations]，FFU-Report，Berlin：Environmental Policy Research Centre，2004.

3. 能源税的扩展：具有不利特性的政策工具的扩散

能源税是基于市场的环境政策工具，即对能源消耗或者生产征税。能源税的主要目标是减少能源生产过程中化石燃料所引起的二氧化碳的排放，从而减缓气候变化。通过提高能源价格，从而为能源节约提供市场激励；或者基于能源中的碳含量来计算税基，从而促进对可再生能源的使用。

能源税的国际扩散至少在两个方面值得我们关注：一方面，一些国家对能源税这一政策工具的接纳至少部分上由政治竞争所推动；另外，至少有三个国家——瑞典(1991)、丹麦和荷兰(1992)——对能源税的接纳，或多或少是受到欧盟委员会试图在欧盟范围内引入能源税意图的直接影响。瑞典和丹麦力图通过在国内层面树立一个能源税的榜样——它们认为，其他国家很快就会效法其做法——来积极塑造预期中的欧盟能源税

的设计和制定过程。[①] 它们采用的正是列菲林克(Liefferink)和安德森(Andersen)[②]所提到的“通过范例来推动”的战略(pusher-by-example strategy)。相比之下,荷兰则将欧盟委员会的建议作为自己的模板,进而将其燃料收费方式转化为一种更为综合性的能源税,由此确保其能源税政策与一种可能的欧盟范围的规制方式的兼容性。

另一方面,能源税较为缓慢的国际扩散还说明了政策工具本身的特性对扩散进程的影响,以及扩散过程中各个国家对自身经济竞争力的考虑。如图 6-4 所示,虽然国际政策过程已经为能源税的扩散创造了相当有利的条件,但能源税的扩散还是相对缓慢。

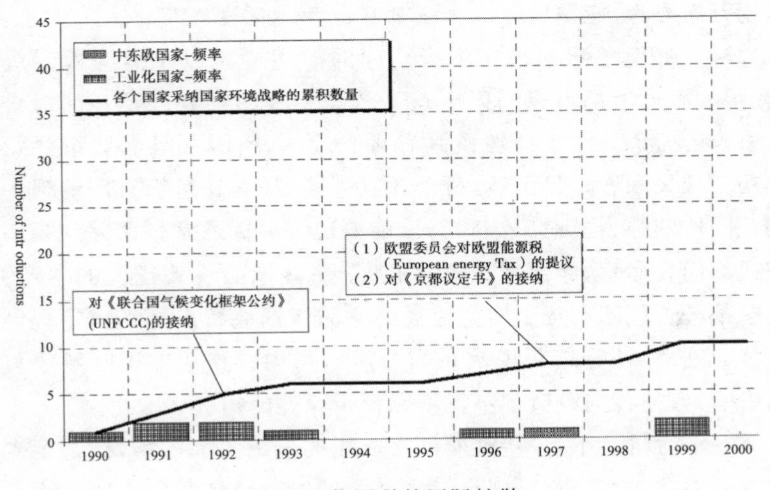


图 6-4　能源税的国际扩散

图 6-4 资料来源:Per-Olof Busch and Helge Jörgens, Globale Ausbreitungsmuster umweltpolitischer Innovationen [Global patterns of the international spread of environmental policy innovations], FFU-Report, Berlin: Environmental Policy Research Centre, 2004.

---

① 尽管瑞典那时还不是欧盟成员,但它也会受到欧盟范围内能源税的影响,因此,瑞典也有意影响欧盟能源税政策的发展。

② Duncan Liefferink and Mikael Skou Andersen, “Strategies of the ‘green’ member states in EU environmental policy-making,” *Journal of European Public Policy*, 5(2), 1998, pp. 254-270.

尤其是《联合国气候变化框架公约》的签署，促使各国相继制定二氧化碳减排的国家目标[①]，而减排目标的制定进而推动各国寻求有能力实现这一目标的政策规制工具。在工业化国家所讨论的政策选择中，能源税具有极其重要的位置[②]，并且受到各种国际组织的积极推动，如经合组织(2001年)和欧洲环境局(2000)。尽管如此，从1992年至2000年，只有5个国家决定采纳能源税。考虑到国际社会对气候政策的热烈争论，这个数目显然过低。尽管在20世纪70年代，就有了关于实施能源税的呼声和要求。[③] 然而，直到20年之后，以生态保护为导向的能源税才第一次超出矿物油领域，在其他的能源领域征收，并且直到国际层面关于气候保护的争论开始之后，能源税才成为政策制定者的有效政策工具选项之一。

这种在环保呼吁和现实施行之间的时间迟滞以及能源税的缓慢扩散，在很大程度上都可以归因于这一政策工具的特点以及各国对自身经济竞争力的考虑。由于能源税具有再分配的特性，并且在政策执行过程中成功者和失利者一目了然，所以，能源税经常受到组织有序的强大的国内利益团体的强力反对。[④] 特别是，能源税的目标通常很明显地指向能源和交通部门。而且，能源税"……强加于一些产品或关键性的生产要素，而这些都是在国际市场上广泛流通的商品"，这些特点暴露出了规制竞争的经济向度。[⑤] 由于能源税被认为会对国家内部产业的国际竞争力带来负面影响，致使各国政府都不得不顾及企业界的担忧。

在这一背景之下，一些政府最终成功地采纳了能源税，这甚至令人感到惊奇。因此，能源税的国际扩散表明，虽然对经济竞争力的顾虑会制约

---

① Manfred Binder and Kerstin Tews, Goal formulation and goal achievement in national climate change policies in Annex-I countries, FFU-Report 2004-02, Berlin: Environmental Policy Research Centre, 2004.

② Kerstin Tews, Die Ausbreitung von Energie/$CO_2$-Steuern. Internationale Stimuli und nationale Restriktionen, FFU-Report 08-2002, Berlin: Environmental Policy Research Centre, 2002.

③ William J. Baumo and Wallace E. Oates, *The Theory of Environmental Policy*, Cambridge, UK: Cambridge University Press, 1989.

④ Martin Jänicke and Weidner Helmut (Eds.), *National Environmental Policies: A Comparative Study of Capacity Building*, Berlin: Springer, 1997.

⑤ OECD, Environmentally Related Taxes in OECD Countries: Issues and Strategies, Paris: OECD, 2001, p. 72.

国内相关环境政策的制定，并且抑制该政策在国际层面扩散的动力，但这些都无法阻碍个别政府对这些环境政策的单边接受。这些“逆流而上”的接纳主要可以被理解为一种国内各种利益集团互相博弈的结果。深入分析表明，相关政治支持的激活、政策制定者的政治意愿以及执政精英共识的形成，都是能源税成功被接纳的至关重要的条件。[①]

总之，能源税的国际扩散动力主要源自两种力量的驱动，或者是先驱国家的单边行动，尽管存在着潜在的竞争劣势，但这些国家仍然付诸行动；或者是其他国家对先驱国家中较为成功的能源税政策施行进行仿效，并且受到国际组织诸如经合组织和欧盟的支持。国际趋同机制和双边强迫机制(bilateral imposition)都没能在这一进程中发挥作用。事实上，绝大多数的能源税制定国家都是欧盟成员国。这说明，欧盟持续多年的关于采取共同能源税的争论[②]是能源税扩散动力中最强烈的影响力量，但能源税自身的特点却抑制了这一政策工具向更大范围的国家扩散。

4. 自由获取(环境)信息权——“善治”规范观念的扩散

自由获取信息的法律规定(FAI)规定了市民获得由公共当局提供的信息的权利。通过保证相关信息的可获得性(availability)、可比较性(comparability)以及公众的可接近性(public accessibility)，来提高行政行为的透明度和责任感。自由获取信息的法律规定可分为两种：一是普遍领域的规定，它规定所有公共政策领域的信息均可自由获得；二是具体的问题领域的规定，如专门规定了对环境信息的获取。总体而言，自由获取信息的法律规定已经是最近闻名的“善治”(good governance)的重要因素(见图 6-5)。

---

① Kerstin Tews, Die Ausbreitung von Energie/$CO_2$-Steuern: Internationale Stimuli und nationale Restriktionen, FFU-Report 08-2002, Berlin: Environmental Policy Research Centre, 2002.

② 2003 年，欧盟通过了最低程度的欧盟能源税指令(Directive 2003/96/EC)，但这远远低于欧盟委员会之前雄心勃勃的目标，甚至低于目前很多实施能源税的先驱型欧盟成员国。

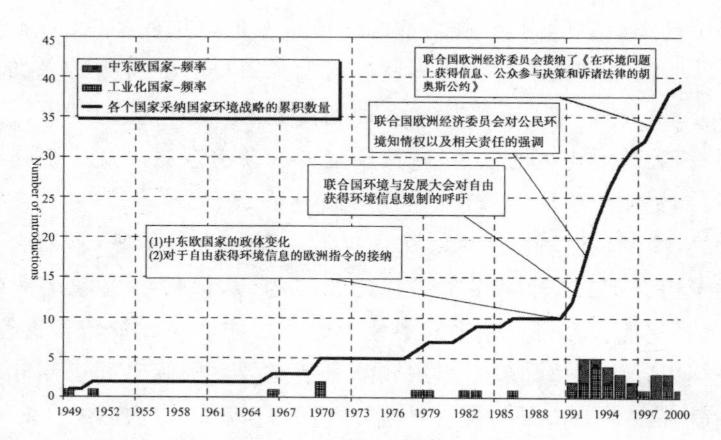


图 6-5　自由获得(环境)信息的法律条款的国际扩散

图 6-5 资料来源：Per-Olof Busch and Helge Jörgens，Globale Ausbreitungsmuster umweltpolitischer Innovationen [Global patterns of the international spread of environmental policy innovations]，FFU-Report，Berlin：Environmental Policy Research Centre，2004.

在 1945 年到 2000 年间，大约 80%的工业化国家和转型国家都采纳了自由获取信息的法律规定。这一扩散过程可以分为两个阶段。第一个阶段的特点是，相对缓慢的自由获取信息的“普遍领域规定”的扩散。斯堪的纳维亚半岛国家(瑞典 1949 年、芬兰 1951 年、挪威和丹麦均在 1970 年)的接纳至少部分说明了地理上相互连接的国家易于形成地区性的政策扩散。特别是，瑞典和芬兰的采纳可以追溯到两个国家深厚的历史和文化联系。这种同一地区内部国家之间的联系，可以理解为扩散机制的结构性决定因素。[1] 第一阶段的最后，1966 年《美国信息自由法案》(U. S. Freedom of Information Act)的颁布，在世界范围内成为各种环境组织以及各国政策制定者效仿和认可的第一个模型。

1991 年，随着自由获取信息规定的国际扩展出现了一个显著并突然的加速，自由获取信息规定的扩散进入了第二阶段，这一阶段持续到 2000 年。这一时期的很多规定都是专门针对环境信息的可获得性的。一方

① J. Lutz，“Regional leadership：patterns in the diffusion of public policies，” *American Politics Quarterly*，15(3)，1987，pp. 387-398.

面，这一显著的扩散是超国家协调机制推动的结果，比如欧盟的成员国把关于自由获取环境信息的欧共体指令（EC-Directive 90/313/EEC）转化为它们自己的国家法律，从而加速了这一政策的扩散。但另一方面，指令本身也受到垂直扩散过程的影响。在欧共体（欧盟）政策制定的过程中，欧洲环境非政府组织、欧洲议会以及欧盟委员会利用了斯堪的纳维亚半岛国家、荷兰、法国以及美国的自由获取信息的法律规定，作为参考。同生态标签和环境战略的扩散相似，自由获取信息规定的概念从先驱国家的国家层面扩散到超国家层面，并进一步形成具有约束力的超国家法律，随后再为剩余的欧盟成员国所执行（即上传下达的过程）。一种自由获取信息的"普遍领域的规定"的政策工具规制了所有公共政策领域，然后，这一规定被精简为一种专门解决环境信息领域的规制工具。

但进一步的数据分析显示，在 29 个自由获取信息的接纳国家中，实际上只有 8 个[①]是由欧盟的超国家协调机制推动的。国家、国际以及全球层面的其他因素都促进了这一政策工具的快速扩散。

1992 年的里约环境大会制定了《里约宣言》，宣言明确号召各国政府尽快批准国民自由获得信息的权利。6 年之后，联合国欧洲经济委员会（UNECE）接纳了《在环境问题上获得信息、公众参与决策和诉诸法律的奥胡斯公约》（Aarhus Convention on Access to Information, Public Participation and Justice）。在 20 世纪末，自由获得环境信息这一议题已经发展成为一个得到广泛认可的国际善治规范，并进入了几乎所有国际组织的政治议程之中。

另外一个促进自由获取信息规定扩展的因素是，1989～1990 年东欧共产主义政权的崩塌。作为回应，新的政府开始首先仿效西方的民主模型，并采用应公共行动透明和负责任的规范准则。这也是对各种社会行为体民主要求的一个回应。在一些国家中，环境组织集团甚至成为了政府反对派的核心组成部分。在 1992 年的 6 个自由获取信息规定接纳国中，有 4 个是来自于中东欧国家。值得注意的是，我们可以发现，自由获

① 1992 年，英国、卢森堡；1993 年，爱尔兰、葡萄牙；1994 年，比利时、德国；1995 年，西班牙；1997 年，意大利。

取信息规定甚至会被那些提供公共信息能力很弱并且非政府组织势力也不强的国家所接纳(如马其顿王国在1996年、阿尔巴尼亚在1998年接受了这一政策)。因此,对自由获取信息规定的接纳不仅仅是由国家的预期影响所激发,还是由其象征价值或者规范状态所决定的,这一价值或规范来自于自由获取信息规定在全球环境议程中的相对重要性。自由获取信息日益被视为对环境负责的国际社会的一个的重要前提条件,其中,对环境政策工具的积极接纳者会被认为是国际社会的合法性成员。

最后,一些中东欧国家接纳自由获取信息规定的动力来自成为欧盟成员国的期望。接受欧盟的所有法律,包括关于自由获得环境信息的欧盟指令,都是加入欧洲一体化进程的必要前提条件。[1]

总而言之,我们可以看出,当该议题进入超国家机构和国际组织的议事日程的时候,自由获取信息规定的扩散开始加速。它的扩散同时受到超国家组织的协调机制和扩散机制两种机制的驱动。而由扩散机制所驱动的政策接纳多归因于公共(环境)政策制定中规范理念的作用,如透明度和负责任等。

## 三、结论

扩散机制已经成为跨越广泛领域的全球管治中的备选方案和补充性模式。本章所研究的所有四个规制工具的国际扩散及其影响,连同其他政策变化机制,已经成为一种具有重要影响力的机制,它们共同组成了一种新的规制秩序、一种新的环境规制秩序。扩散过程可能是国际环境体制出现的第一步。首先是水平扩散,如各个国家对相同或相似政策项目的模仿和学习,这些个例的积累最终导致了这样一个“事实性”体制的构建:即在正式的多边协议缺失的条件下,大多数的国家仍自愿执行相似的政策工具。其次是垂直扩散,如国家层面的理念或者规划直接转移到超国家层面,而超国家层面相关法令的制定又进一步激发或者直接导致其他各成员国对国际环境法的接纳。这两种扩散机制在我们的案例研究中

---

① Kerstin Tews, „Politiktransfer. Phänomen zwischen Policy-Lernen und Oktroi: Ürnen und Oktroi unfreiwilligen Politikimporten am Beispiel der EUOsterweiterung," *Zeitschrift für Umweltpolitik & Umweltrecht*, 2, 2001, pp. 173-201.

都有所分析。在国家环境战略扩散的案例中，水平扩散机制以及来自国际组织的信息和建议等趋同机制，共同促成了“关键多数”(critical mass)的接纳者，从而使任何单一国家政府很难公开拒绝对这一政策工具的接纳。在生态标签和自由获取环境信息的例子中，基本的规制理念从国家层面扩散到欧盟层面，推进了欧盟层面对该政策工具的接纳，从而最后促使该政策工具在所有欧盟成员国之间扩散。

在上述所有实例中，国际层面的推动力量被证明在政策扩散中起到决定性的作用。通常，国际行为体在加速扩散过程中起到了至关重要的作用。但正如能源税实例中所揭示的，政策工具的具体特性最终决定着国际促进因素能够引起国内政策改变的实际程度。能源税的扩散相对缓慢，并且没有达到“关键多数”。与此同时，垂直扩散在相当长的时间内都未能成功实现欧盟范围内对于能源税的趋同化。这些案例说明，潜在冲突性高的政策不可能得以快速扩散。相比而言，国家环境战略或生态标签等政策工具不会必然引起根本性的政策转变，所以其扩散速度会明显比较快。

最后，本章的实例分析、揭示了规范考量在政策制定者接纳规制工具的决定中起着非常重要的作用，特别是对于那些在其他国家被成功实施并且在国际体系内得以广泛交流的政策工具。比如，在很多国家中，对政策工具的接纳，特别是对国家环境战略和自由获取环境信息法律的接纳，并不是单纯受到提高环境政策效力的理性动机所驱动；相反，国家对很多政策的接纳，可以被解释为一种对国际规范的回应。随着国际政策过程的推进，一些国际规范日益被政策制定者所认同和内化。

（珀尔—奥鲁夫·布施、黑尔格·尤尔根斯、克斯汀·图思）

# 第七章　可持续发展管治的跨大西洋次国家层面经验学习

[内容提要]尽管目前在跨大西洋环境对话中存在各种分歧，但令人吃惊的是，美国和德国在次国家层面的互动较为顺利，并率先在环境以及相关领域进行经验学习。这种在联邦政府层面之下的次国家政策层面的经验学习形式，在诸多方面值得人们关注：这种互动性环境政策的驱动力及其可能的障碍是什么？我们可以观察到何种差异？最终会取得怎样的效果？本章简要描述了美国和德国州一级的双边合作伙伴关系，这一双边关系为相关政策和经济部门的“绿化”建立了一个经验交流的平台。有趣的是，美国和德国这一次国家层面的经验学习与更大范围的可持续发展的全球管治密切相关。它关系到国际气候保护进程，并且同21世纪的环境管治模式相关，即与1992年在里约热内卢召开的联合国环境与发展的世界大会上所制定的《21世纪议程》相关。同样值得我们关注的是，这些革新性管治路径对于德国和美国联邦体系中次国家层面的政治范围而言，是非常契合的。在革新性环境政策领域，德国和美国的次国家政府在政策实施中的核心地位、相对权力以及采取行动的范围等方面，都具有可比性。迄今为止，这种非中心化革新潜能的研究视角还在很大程度上被忽视。比如，人们通常将研究的关注点放在次国家层面如何阻碍了环境政策的革新和执行。地区工业间的竞争以及对各自地区利益的争夺，成为解释这种阻碍行为的主要论点，正如关于“竞次”现象的争论中所阐释

的那样。[①]

直到最近,学者们才开始将注意力集中到与生态可持续性相关的次国家政府革新潜能层面。在这里,次国家层面主要指地方政府之上、联邦政府之下的州或者省一级单元,如美国的州(states)[②]和德国的州(Bundesländer)。[③] 在此视角下,作为次国家层面的"州"的革新潜能可以作为我们的实证研究对象。特别是在环境保护方面,"州"一级的行为体甚至已经以一个拥有较多权力的自治政治行为体的角色出现,尤其是美国气候保护领域内州一级政府所发挥的作用。这种先驱者行为的动机是,通过提高地区环境质量,进而增进地区人民的生活水平。在这一背景下,国家内部各州之间以及国际层面的经验学习开始出现。美国与德国各州之间的经验学习旨在为各种环境问题寻求解决途径,这些相似的问题是大西洋两岸具有可比性的次国家政治行为体所共同面对的,各自制定和执行的政策具有值得相互借鉴的地方。自从依赖通过扩散进行管治的可持续发展模式被成功执行之后,这一模式得到了学者们更多的关注。这种通过扩散进行管治的模式主要包括了经验学习和政策转移等,如"地方21世纪议程项目"(Local Agenda 21-programs)中所强调的全球扩散。全球政策制定者和全球社会都面临着相似的环境问题以及寻求革新性解决问题方案的相同挑战,它们彼此之间的经验学习则可以节约大量的时间和资源。

## 一、美国和德国次国家层面之间关于政策及相关部门绿色整合的经验学习过程

本章通过下面两个实例简要阐述美国和德国州一级已经开始的跨大

---

① 更多详细论述参见:Kirsten H. Engel, "State environmental standard-setting: Is there a 'race' and is it 'to the bottom'?" *Hastings Law Journal*, 48, 1997, p. 274.

② Barry Rabe, *Statehouse and Greenhouse: The Emerging Politics of American Climate Change Policy*, Washington, D. C.: Brookings Institution, 2004.

③ Kirsten Jörgensen, Ökologisch nachhaltige Entwicklung im föderativen Staat-Das Beispiel der deutschen Bundesländer, FFU-report 04-2002, Berlin: Environmental Policy Research Centre, 2002.

西洋经验学习过程。这些案例在一个已经进行、的关于"联邦体制中的环境保护"的研究项目中，已经有了详尽的研究。作为该研究项目的一部分，笔者对德国和美国一些州立环境管理机构的官员们进行了多次访谈。

1. 建筑部门绿色整合的地区先驱者：美国的马里兰州和德国的石荷州

德国和美国次国家层面合作的一个较好例子就是，美国马里兰(Maryland)州和德国石勒苏益格—荷尔斯泰因(Schleswig-Holstein)州于2002年建立了环境伙伴关系。在这一伙伴合作中，它们在不同的议题领域共享关于一些非中心化难题的解决方式的知识和经验。马里兰在"智能增长"(smart growth)方面经验丰富，这是一种在美国和加拿大非常流行的土地管理方式，而石荷州则在可再生能源发展及可持续性战略上(即一个全面参与的绿色规划方法)成绩突出，这些经验都被确定为它们各自的经验学习兴趣点。在最初阶段，双方实质性的合作来自于每个地区的最优实践(best practice)，即美国的智能增长方式和德国的可再生能源以及绿色建筑、绿色规划领域。它们是如何同政策的绿色整合相联系的呢？

马里兰的智能增长政策路径是针对保护自然资源和提高人们生活水平的战略性路径方式。① 它主要关注如何更加有效地利用土地，包括节省建筑的空间、减少汽车的使用以及缩短上下班的路程等。主要的政策工具来自于地方层面的财政支持、先驱试验项目(pilot projects)以及对外伙伴关系的发展等。州政府将智能增长视为一种提供长期发展方向和政策整合的倡议。② 虽然这一政策的主要目标是进行建筑业绿色整合的行动，但其实践效果同温室气体的减排以及防止空气污染相联系，同时还涉及其他备受关注的环境保护议题，如气候保护等。智能增长与可持续发展是相兼容的，尽管智能增长在较大的范围内还不为人所知，但这一口号在

① 对于马里兰州智能增长提议的详细检查报告于1997年4月颁布，参见：Richard Haeuber, "Sprawl Tales, Maryland's Smart Growth Initiative and the evolution of growth management," *Urban Ecosystems*, 3, 1999, pp. 131-147. 以及 Tom Daniels, "Smart Growth, a new American approach to regional planning," *Planning Practice & Research*, 16(3/4), 2001, pp. 271-279.

② 同环境部部长 Jane Nishida 的访谈记录，2001年12月21日。

公众之中更易于交流传达。[①]

马里兰州的制度结构主要是基于 1998 年 1 月 1 日的州长行政命令[②],其中包括智能增长和老城区保护等项目,这些项目必须由相关工作小组以智能增长的方式加以检验。由于对土地使用的管理责任在地方层面,智能增长的垂直整合主要基于一些非规制性工具,如财政激励和信息分享。基础设施建设项目的公共资金支出的标准首先是内向密集型的,下水道以及道路建设等项目同样如此,这些项目只能应用于与智能增长项目相兼容的项目之中。

在马里兰州轮值全美州长协会(U. S. National Governors' Association)主席时期,智能增长的理念得以在整个美国扩散开来。另外,在对智能增长的评估过程中,经合组织对这一政策路径也开始感兴趣。同样,在加拿大的政策转移组织"智能增长 BC"[③]的支持下,英属哥伦比亚省和几个自治市承诺将实施智能增长模式。[④]

另一方面,作为马里兰的伙伴,石荷州主要在能源政策和气候保护领域推行部门的绿色整合,这主要反映在次国家层面的可持续发展战略上面。在过去 15 年中,石荷州作为一个先驱者,一直在执行新建筑的节能新标准上处于领跑地位。这一措施使新建筑在能耗上只需同等规模的传统老建筑平均能源消耗的 1/4。[⑤] 石荷州同时还因其积极的气候保护政策而受人瞩目,该州实施了一个气候保护项目,以此来支持联邦层面的框架规制和治理路径。该州同时还关注通过建筑的现代化改造进行节能等议题。接下来,石荷州更为雄心勃勃的目标就是,提高社区和企业的热能联产的比重以及能源效率。

---

① Harriet Tregoning, Julian Ageyman and Christine Shenot, "Sprawl, Smart Growth and Sustainability," *Local Environment*, 7(4), 2002, pp. 341-347.

② Governor Glendening's Executive Order, 01. 01. 1998: Smart Growth and Neighbourhood Conservation Policy.

③ Don Alexander and Ray Tomalty, "Smart growth and sustainable development: challenges, solutions and policy directions," *Local Environment*, 7(4), 2002, pp. 397-409.

④ Don Alexander and Ray Tomalty, "Smart growth and sustainable development: challenges, solutions and policy directions," *Local Environment*, 7(4), 2002, pp. 397-409.

⑤ Energie-Bericht Schleswig-Holstein, 1999. http://landesregierung. schleswigholstein. de/coremedia/generator/Archiv/48050, property=pdf. pdf.

石荷州在欧洲二氧化碳排放交易领域引领了一项先驱性实验项目，目标是为给参与这一复杂项目的公司提供相关信息和建议。随着类似项目的发展，石荷州在可再生能源和气候变化战略发展方面已经远远超过德国的其他州。

2000年，石荷州在公众的积极参与下，建立了一项综合绿色规划进程。其成果推进了2004年石荷州的可持续发展战略的出台。[①] 同时，这一战略也鼓励了次国家政府相互之间的经验学习。合作通常以研讨会或者政策学习参观的形式进行。我们可以预期，双方与上述议题相关的网络关系将会继续发展下去。

2. 经济部门的绿色整合：德国巴伐利亚州和美国威斯康星州

本章第二个案例是美国威斯康星(Wisconsin)州和德国巴伐利亚(Bavaria)自治州之间的学习与合作。为了在环境保护上取得更大的成绩，两个州在1998年建立了"规制改革工作伙伴关系"( Regulatory Reform Working Partnership)。这一伙伴关系协定的主要关注领域在于，通过共享理念和交流意见，测试提高商业效率和各自利益的实际观念，建立革新性公共政策及其相关网络。加入该协议的州政府将彼此协调行动，相互报告进度，并召集各种跨州活动。这一伙伴关系的时间进程安排一直持续到2005年。它们关注的核心问题就是，公共政策如何促进商业部门对环境管理系统的引入。其中的最优实践和经验学习的对象当属巴伐利亚州于1995年出台的《巴伐利亚州环境协定》(*The Environmental Pact of Bavaria*)，这也成为其他地区经验学习的目标。具体而言，这是一个经过共同协商达成的州商业协定，它被用来当作促进环境政策整合以及环境管理系统在商业部门扩散的工具。特别是2000年出台的经过修订的该协议第2版，在部门的绿色整合方面是一个革新。[②] 它包括制定可测量的

---

① 可持续发展战略的全文参见：http://landesregierung. schleswig-holstein. de/coremedia/generator/-Aktueller _ 20Bestand/StK/Hintergrund/PDF/-Nachhaltigkeitsstrategie _ _ Langfassung，property=pdf. pdf.

② Kirsten Jörgensen, "Policy-making for ecological sustainability in federal states: The examples of the German Bundesländer and the U. S. States: American Institute for Contemporary German Studies," The Johns Hopkins University. AICGS/DAAD Working Paper Series. Washington D. C., 2002.

目标，提供监督并争取创建一个更广阔的平台，将更多商业组织和地区纳入其中。这些目标涉及温室气体减排、空气污染控制、能源生产、可再生能源研发、回收利用率以及水资源生产率的提高等。巴伐利亚州的"环境协定"成为德国环境政策工具扩散的范例，自1995年开始，该协议已经扩散到了——以一种不太积极的形式——德国几乎所有的州。德国绝大多数的州都发展了一种类似于巴伐利亚州商业协定的经共同协商达成的州商业协定，所有这些协定都参考了欧洲环境管理与审计系统(EMAS)。这些条约被称为"环境联盟"或者"环境协定"，其目标在于建立一种新型的商业—州关系，即将传统的命令—控制模式转变成一种更多以共识为导向的政策风格。这些政策倡议的关键目标就是，为那些加入环境管理系统的公司减少遵守环境协定的成本，从而使公司的环境规制费用变得更可测算，并且促进单个公司组织机构的改善。

这一德美协定也包括了与更高层级的决策层的互动，比如在联邦层面和欧盟超国家层面的交流。比如，一个"环境表现聚会"曾在华盛顿的德国大使馆举行。

上述两个次国家层面跨大西洋伙伴关系的案例，都受到了来自像德国海因里希·波尔基金会(German Heinrich-Böll-Foundation)、宝马基金会(the Quandt BMW Foundation)以及州政府委员会这样的政策转移研究机构的支持。

## 二、生态可持续性的管治及各政策部门的绿色整合

上述两个次国家层面跨大西洋伙伴关系的实例都与生态可持续发展背景下的各种问题高度相关，如气候变化、生物多样性流失、地下水污染、土壤退化以及对空间的过度使用。[①] 这些持久性的环境难题引发了较高的问题压力，并以一种非常具体的方式挑战了公共政策制定。这些持久性环境难题的特点，是长期影响性以及部分不可逆转的环境恶化。值得关注的是，这些环境难题都是当前环境政策迄今为止既没有解决、也没有

① 在20世纪90年代末，经合组织、荷兰环境政策规划以及欧洲环境局，都将可持续环境问题视为环境保护的核心议题。特别是经合组织的"交通灯"体系，将可持续环境问题界定为亟待解决的主要"红灯"问题。

取得些许改善的问题。[①] 对于这一类型难题的解决需要一种新的政策措施，即超越过去三十年以来所应用的那种传统的应对环境议题的碎片化公共政策模式。而至于可持续发展问题，则需要一种长期导向的、综合性的解决问题方式，以应对工业增长和消费发展导致的经济影响所诱发的全球性和地区性环境变化难题。

1992 年，在里约热内卢召开的联合国环境与发展大会上，可持续发展的规制理念正式进入了政治议程，包括美国和德国在内的 174 个国家同意接受可持续发展的概念，并接纳了《里约宣言》和《21 世纪议程》。《21 世纪议程》中包含了一个区分不同责任、具体而长期导向的行动规划，规划侧重于推动政府层面和私有部门的不同的行为体在全球范围内开展行动。一个从全球到地方层面的多层管治和一个包括了经济和社会各部门的多行为体管治路径开始出现。[②]

《21 世纪议程》的第 8 章指出，当今最为紧迫的任务之一就是环境政策的整合。公共政策领域需要环境政策的整合，比如负责交通、经济、农业、能源政策和城市规划的各个部门，都应该将环境政策目标以及对环境问题的应对考虑纳入部门的政策制定之中。[③] 此外，最重要的是，一些由于污染导致持久性环境问题的部门，如能源供应、农业、交通和建筑业等，都必须将环境目标整合到各自部门的内部。正如拉弗蒂(Lafferty)和豪顿(Hovden)指出的，"成功的环境政策整合是可持续发展概念必须的和不可或缺的组成部分，尽管它本身并没有构成可持续发展"[④]。政策和经济部门的绿色整合主要依赖于来自各种各样的行为体以及各个政策层面的

---

① EEA (European Environment Agency), Environmental Signals, European Environment Agency Regular Indicator Report, Luxemburg: Amt für amtliche Veröffentlichungen, 2001, p. 113.

② Martin Jänicke and Helge Jörgens, *Neue Steuerungskonzepte in der Umweltpolitik*, ZfU 3/2004, S. pp. 297-348.

③ 环境政策整合指将环境目标和对环境问题的考虑纳入部门(如能源、交通和农业)的政策制定和规划中，是实现可持续发展的一个重要原则。传统的环境政策不同于环境政策融合，将环境视为单独的领域，而问题则通过"末端处理"的方式解决。在实践中，欧洲环境署(EEA)把环境政策融合定义为"在所有政策过程中，从政策过程的一开始就切实考虑环境问题的一种持续过程"。

④ William M. Lafferty and Eivind Hovden, "Environmental policy integration: Towards an analytical framework," *Environmental Politics*, 12(3), 2003, pp. 1-22.

激励和贡献[①]，次国家层面在其中可以发挥极为重要的作用。

1. 不同政府层次的角色

美国和德国都代表着高水平的消费社会，并拥有相对较高的问题解决能力。这两个国家一直以来都致力于发展自身的环境先驱行为以及促进有效的全球环境合作，并在其中发挥一定领导者的角色。然而，基于国际比较研究，德国和美国的联邦政府并没有在国家可持续性进程的协调中起到先驱领导者作用。只有少数国家可以被归类为可持续发展管治的"热心家"，如荷兰、瑞典和挪威。[②] 连同澳大利亚、加拿大、日本和英国[③]，这些国家或多或少发展了一种有效的横向协调的政策类型，即它们设计了国家可持续发展战略或综合性国家环境政策规划，基于一个长远的角度来推进自身的可持续发展。

相比之下，德国只遵循一种象征性政策道路，这一路径通常缺乏具体的可持续发展措施，可以被描述为"谨慎支持性"措施。[④] 相对于其他的OECD国家，直到1998年，德国联邦层面的可持续发展战略的执行和为了横向协调而进行的机构建设，都落后于其他国家。[⑤] 直到2000年后，在红—绿联合政府的背景下，德国联邦政府的领导力才开始提高，并于2002年4月发布了可持续发展战略。在可持续发展战略中，美国联邦政府得到了最差的评价，被认为是最不上心的政府，"在美国，联合国环境与发展大会上所签署的条约面临着尖锐的问题，特别是《21世纪议程》在联邦层面实际上并不存在"[⑥]。同时，根据2005年全球环境可持续发展指数，美

---

① Klaus Jacob and Axel Volkery, "Institutions and Instruments for Government Self-Regulation: Environmental Policy Integration in a Cross-Country Perspective," *Journal of Comparative Policy Analysis*, 6(3), 2004, pp. 275-293.

② William M. Lafferty and J. Meadowcroft (Eds.), *Implementing Sustainable Development*, Oxford: Oxford University Press, 2000, p. 413.

③ William M. Lafferty and J. Meadowcroft (Eds.), *Implementing Sustainable Development*. Oxford: Oxford University Press, 2000, p. 356.

④ William M. Lafferty and J. Meadowcroft (Eds.), *Implementing Sustainable Development*, Oxford: Oxford University Press, 2000, p. 415.

⑤ Martin Jänicke, Helge Jörgens, Kirsten Jörgensen and Ralf Nordbeck, *Governance for Sustainable Development in Germany*, Institutions and Policy-Making. Paris: OECD, 2001.

⑥ William M. Lafferty and J. Meadowcroft (Eds.), *Implementing Sustainable Development*, Oxford: Oxford University Press, 2000, p. 415.

国在 146 个国家中仅仅居于第 45 位。[①] 布什政府不仅没有签署《京都议定书》，而且还反对提高可再生能源使用的约束性目标。美国的主流观点就是强调，在国家层面上，“联邦规制者从来不会而且将来也绝不能获取并吸收大量的对于作出最佳规制判断非常必要的信息，而这些判断反映了确定具体地点和污染源的技术要求”[②]。在 2001 年，来自美国和德国各州的次国家层面环境部门的代表共同认为，总体而言，其联邦政府对可持续性进程的贡献还相当弱。[③]

在美国，暂时也在德国，联邦政府除了在发挥领导作用方面步伐缓慢，而且甚至在管治方面也部分地出现了一种瘫痪状态。但令人感兴趣的是，这两个联邦制国家的次国家层面却积极向前迈进，并制定出多种与生态可持续性概念相关的政策作为回应。

2. 试验场所：美国和德国的州

自 20 世纪 90 年代中期以来，德国所有的州都制定了与可持续发展相关的政策措施。其中几个州的开始时间要远远早于联邦政府层面，其中包括下萨克森州、黑森州和巴伐利亚州。北莱茵-威斯特法伦、黑森和萨尔州都建立了促进地方 21 世纪议程进程发展的核心机构，并制定了相关的财政规划。基于此，这些州中 60%～70%的城市都推出了自己的地方《21 世纪议程》方案。大部分的州引入了与《21 世纪议程》相关的绿色规划进程。[④] 它们采取了《21 世纪议程》规划和环境规划的形式。同时，巴登-符腾堡州、巴伐利亚州、柏林、汉堡、下萨克森州、莱法州、萨尔州和石荷州也都制定了州层面的环境规划或《21 世纪议程》项目。

令人感兴趣的是，在美国也有一些州开始设法去填补由于联邦政府领导作用缺失而造成的空缺。少数的几个州作为先行者，已明确制定了

---

① www. yale. edu/esi/ESI2005. pdf.

② Henry N. Butler and Jonathan R. Macey, *Using Federalism to Improve Environmental Policy*, Washington D. C. : American Enterprise Institute, 1996, p. 27.

③ Kirsten Jörgensen, Ökologisch nachhaltige Entwicklung im föderativen Staat-Das Beispiel der deutschen Bundesländer, FFU-report 04-2002, Berlin: Environmental Policy Research Centre, 2002.

④ Kirsten Jörgensen, Ökologisch nachhaltige Entwicklung im föderativen Staat-Das Beispiel der deutschen Bundesländer, FFU-report 04-2002, Berlin: Environmental Policy Research Centre, 2002.

全面绿色规划战略，如俄勒冈州、新泽西州和明尼苏达州。令人吃惊的是，与其他的州相比，虽然新泽西州通常在环境质量上[①]排名比较靠后，但该州在可持续发展的制度框架构建上却名列前茅。另外，明尼苏达州（1993 年）、新泽西州（1997 年）、马里兰州（1998 年）、俄勒冈州（1999 年）和纽约（2001 年）——最常见的是通过行政命令的方式，已将可持续发展作为州政策的目标并纳入到其行政责任之中。[②]

美国和德国的州都构建了一系列革新政策路径来应对持久性环境难题以及促进政策和部门的绿色整合。比如，气候保护计划已经在大西洋两岸扩散开来。在联邦层面义务约束缺失的情况之下，美国的 29 个州和德国的 13 个州都提出了自己的气候保护计划，以及与此相关的能源计划和项目。它们发展了横向的协调方式，以应对污染部门的一系列问题，如计算和监控温室气体的排放量以及制定气候行动计划。比如，新泽西州以 1997 年美国在《京都议定书》中所提出的减排标准为目标，来努力减少二氧化碳的排放，并在 2000 年 4 月 17 日发布《新泽西州可持续发展温室气体计划》，试图解决治理工业和废物管理等污染部门和领域。[③] 在德国，13 个项目中的 9 个都包括着量化指标——如关于温室气体减排的目标、能源效率提高的目标、可再生能源比例提高的目标[④]以及部门目标等，为促进气候保护的新的行政设置已经出现。在 2004 年，明尼苏达州建立了机构间污染防治咨询小组，主要负责把空气污染防治整合进州的各个部

---

① Ranking performed by: Gold and Green 2000, Institute for Southern Studies, Durham, NC, 2000 (first published in 1994) http://www. southernstudies. org/gg2000sources. html # Green1, last accessed in March 2002.

② Kirsten Jörgensen, "Policy-making for ecological sustainability in federal states: the examples of the German Bundesländer and the U. S. States," American Institute for Contemporary German Studies, Washington D. C.: The Johns Hopkins University AICGS/DAAD Working Paper Series, 2002.

③ Barry Rabe, *Statehouse and Greenhouse: The Emerging Politics of American Climate Change Policy*, Washington, D. C.: Brookings Institution, 2004.

④ BMU 2000, Nationales Klimaschutzprogramm. Beschluss der Bundesregierung vom 18. 10. 2000 (5. Bericht der Interministeriellen Arbeitsgruppe "CO2-Reduktion"), Berlin, Klimaschutz-Monitor: Bericht des HLUG zum Erlass I 16 101 d. 08. 25-14053/00 des HMULF vom 10. April 2000, Stand: März 2001. Own data collection.

门之中。[①] 另外，还有一些州鼓励可再生能源的发展。所有的这些措施都促进了电力部门中可再生能源发电比例的显著提高。

除了绿色规划和气候保护之外，州层面还存在其他的具有相互进行经验学习潜力的"智能政策"。这些政策包括多种革新路径：土地使用的管理（马里兰州、俄勒冈州、巴登-符腾堡州以及巴伐利亚州）、交通规划（巴登-符腾堡州、柏林）以及商业部门的绿色整合（巴伐利亚、威斯康星州）。[②]

如上所述，美国和德国的案例是一些令人感兴趣的例子，这说明政策革新不一定是一个自上而下的过程，也可以是一个在次国家层面出现的自下而上的过程。对于美国各州而言，它们作为政策扩散的试验场使革新跨越很多的政策领域，包括州层面的横向政策扩散以及向上到联邦层面的纵向扩散。实证研究表明，在一些特定的议题领域，美国的一些州甚至可以在创建更为有效的环境政策措施革新中居于领导地位。关于环境表现应该注意的是，一个州的领导地位会导致各州对政策革新的规制竞争并提高其环境表现，当然这一现象也并非会必然发生。不过，还有一个不能忽略的问题是，州层面也会出现一些"竞次"现象发展的实例，即一些州为了吸引工业厂商，从而放松它们的环境标准。

关于跨大西洋互动经验学习的潜力问题，要看美国和德国各州在分散性革新能力上是否具有可比性。特别是，当州的政策同联邦政策相异的时候，其制度框架是会限制经验学习的进程[③]——正如联邦政策的争论所表明的，还是依然可行？

美国和德国代表了不同的联邦体制，美国偏向于一种二元制联邦体系，而德国是一种非常特殊的合作型联邦体制（cooperative federalism）。在经合组织国家中，像美国、瑞士和加拿大这样的二元制联邦体系中的地

---

① Kirsten Jörgensen, Ökologisch nachhaltige Entwicklung im föderativen Staat -Das Beispiel der deutschen Bundesländer, FFU-report 04-2002, Berlin: Environmental Policy Research Centre, 2002.

② Kirsten Jörgensen, *Ökologisch nachhaltige Entwicklung im föderativen Staat-Das Beispiel der deutschen Bundesländer*. FFU-report 04-2002, Berlin.

③ Bernd Hansjürgens, „Umweltpolitik in den USA und in der Bundesrepublik Deutschland —Ein institutionenökonomischer Vergleich," in Bettina Wentzel und Wentzel Dirk (Hrsg.), *Wirtschaftlicher Systemvergleich Deutschland/USA*, Stuttgart: Lucuis und Lucius, 2000, pp. 181-222.

区政府在许多政策领域拥有更为广泛的权力。[1] 二元制联邦体系中的权力分配提高了每一个层级的自治性，从而也促进了非中心化的政策革新和竞争性规制政策的发展。

相对于二元制联邦体系，德国的联邦体系中存在一种功能性权力分配。在实践中，联邦层级掌握着所有政策领域的立法功能，并且也是主要的政策行为体和议程设定者。因此，很难期待德国的州拥有很强的非中心化革新能力和革新政策扩散能力。因此，德国州的政策革新能力并没有引起太多的科学研究关注，那种对州层面能力的低估还是可以理解的。但是，当我们认真审视各州的正式权力时会发现，这些规定性正式权力并不能完全反映州层面所享有的政治行动的权[2]，即州的政治行动能力要大于正式的规定性权力。学者们发现，在 20 世纪 70 年代末的经济衰退时期，德国的北威州采用了一些革新政策来推动社会经济结构的转变；在 20 世纪 80 年代，德国的一些州开始在科技革新政策、劳务政策[3]以及环境政策等领域积极展开行动。在 20 世纪 80 年代，州政府之间的竞争关系开始出现，各个州开始试验各种不同的政策执行模式[4]，并进一步推进了革新规制政策的发展。

在环境政策领域，一个非常有趣的现象是：美国和德国各州在环境政策框架条件上有很多相似之处。环境规制的决定权无论在德国还是在美国，都已经越来越集权化，20 世纪 70 年代期间，联邦中央政府在许多环境

---

① Dietmar Braun, "The territorial division of power in comparative public policy research: An assessment," in Dietmar Braun (Ed.), *Public Policy and Federalism*, Aldershot/Burlington USA/Singapore/Sydney: Ashgate, 2000, pp. 234-248.

② Josef Schmid, „Sozialpolitik und Wohlfahrtsstaat in Bundesstaaten," in Arthur Benz, Gerhard Lehmbruch (Eds.), *Föderalismus: Analysen in entwicklungsgeschichtlicher und vergleichender Perspektive*, PVS Sonderheft 32/2001, Wiesbaden: Westdeutscher Verlag, 2002, pp. 279-305.

③ Josef Schmid, „Sozialpolitik und Wohlfahrtsstaat in Bundesstaaten," in Arthur Benz, Gerhard Lehmbruch (Eds.), *Föderalismus: Analysen in entwicklungsgeschichtlicher und vergleichender Perspektive*, PVS Sonderheft 32/2001, Wiesbaden: Westdeutscher Verlag, 2002, pp. 279-305.

④ Joachim Jens Hesse and Ellwein Thomas, *Das Regierungssystem der Bundesrepublik Deutschland*, Opladen: VS Verlag für Sozialwissenschaften, 1992, p. 28.

政策领域变得更加强势。[①] 但令人吃惊的是，这两个国家环境政策目标的执行与实现、成败与否，很大程度上取决于次国家层面。在德国，宪法规定的行政职能或“行动权”被授权予州政府来行使。各州拥有对德国联邦政府以及欧盟层面环境规制的执行权。与司法权的权力分配不同，在典型的美国联邦制体系中，美国各州在环境政策执行的决策过程中同样拥有很大的权限。在20世纪70年代期间，联邦层面同时掌握着环境政策的决策权及执行权（执行权主要掌控于美国国家环境保护局）。但在20世纪90年代，美国联邦政府与州政府之间的关系发生了很大改变，联邦层面将更多的弹性空间留给州政府，即将大部分的执行权和强制权力给了州政府。传统的美国国家环境保护局同各州之间的授权代理关系开始发生变化，它不再能够反映州在环境政策制定中的角色，各州对国家环境政策的强制执行能力以及财政支出比例均不断上升。[②]

## 三、美国和德国次国家层面经验学习的潜能

考虑到它们的权力和政治行动能力，美国和德国州层面的分散化革新能力是具有可比性的。这种次国家层面的分散化革新能力，一方面与联邦政策的执行相关联，并且对于德国而言，还有欧盟这一超国家层面的政策影响；另一方面与分散化政策革新相关。次国家层面同具体政策的执行与实践紧密相连，是主要的施行者。在政策执行过程中（如工业部门中环境政策的强制执行、对土地使用管理的控制等），新的公共管理路径的试验同样可以施行。在政府同企业磋商的协议以及政策集合中，可以将命令—控制型的“硬”规制同政策和部门的绿色整合等“软”工具相结合。这可以更好地激发地区层面的自上而下的垂直整合过程。另外，上述来自美国和德国的案例都显示，次国家层面是同部门绿色整合相关的新管理模式的实验场所，这一治理层面不仅内嵌于联邦政策之中而且也

---

① Barry Rabe, “Power to the States: The Promise and Pitfalls of Decentralization,” in Norman J. Vig and Michael E. Kraft (Eds.), *Environmental Policy: New Directions for the Twenty First Century*, Washington D. C.: Congressional Quarterly Press, 2000, pp. 32-54.

② Elke Loeffler and Christina Parker, “The National Environmental Partnership System (NEPPS) Between the States and the US Environmental Protection Agency,” Public Governance and Management Working Papers, Paris: OECD, 1999.

同国际政策及国际法相连，比如合作型的绿色规划与《21 世纪议程》相关联，州与企业之间的磋商协议与欧洲管理与审计系统相关或者与来自国际标准化组织的私人环境管理形式相关联。同时，还有一些跨域各部门安排的案例，这些案例同气候保护以及其他跨部门任务相关联。

总而言之，从以上的案例分析中，我们可以看出，次国家政策层面拥有明显的革新能力。但是，我们同时要谨记的是，那些代表着先驱行为和最优实践的革新政策不一定是次国家政策制定的主流。从革新政策上看，并不能从总体上得出次国家层面是一个强有力的先驱者这样的结论。从广义上而言，对美国的各州在实现可持续发展能力上的评价一般还比较低："大多数的州通过不同的革新性努力来提高自身的环境表现，如在智能增长、提高水质量、褐地清理、土地获得等领域采取的革新政策，但几乎没有几个州能够把这些努力作为更大范围的可持续发展的一个组成部分，从而应对更为严峻的可持续性发展问题。"对于德国的州而言，对其生态可持续性的机构建设和大量环境政策制定的评价同样需要谨慎。[①] 在与生态可持续发展相关的特殊领域，如欧洲自然保护法，特别是植物生活环境和鸟类保护指令等方面，法律及法令的执行还远远落后于可持续发展的要求。

可以看出，由经验学习以及成功范例的政策转移为主的扩散管治可以被认为是促进可持续发展执行的重要机制。这样的扩散机制已经存在于国内以及国际的不同政策层面。次国家层面对可持续发展革新政策的反应，已经通过经验学习体现在很多案例中。前文所提到的三个美国绿色计划案例，基本上都是以荷兰的环境政策规划以及新西兰的路径为范例进行仿效的。

在德国，土地使用管理的革新路径从巴符州一直扩散到巴伐利亚州。这一解决路径部分来自于美国国家环境保护局和德国关于褐地再发展的工作小组的成果[②]，即对于流动地点技术以及革新性清理方法的互补性研

① Kirsten Jörgensen, *Ökologisch nachhaltige Entwicklung im föderativen Staat-Das Beispiel der deutschen Bundesländer*, FFU-report 04-2002, Berlin.

② Michael Greenberg, et al., "Brownfield redevelopment as a smart growth option in the United States," *The Environmentalist*, 21(2), 2001, pp. 129-143.

究。智能增长和气候保护是马里兰州和石荷州伙伴关系中的共同兴趣点所在。一种新的管治路径已经被接受，即根据表现导向管理来促进环境政策制定的现代化，如整合性污染防治、环境计划、环境优先性设置以及分散性因地制宜政策的制定。美国全国环境表现伙伴系统(NEPPS)的设立主要仿效荷兰的国家环境政策规划方法[①]，并且已经在美国联邦/州政府间层面开始实施。

除了上述这些例子，比较性国际研究显示，新的管治模式已经同国际经验学习以及扩散机制紧密相关。特别是超越了传统等级制的各种管治形式已经在国际层面开始扩散，如州—企业的磋商协议模式[②]以及环境战略规划模式[③]。在这一背景下，次国家层面已经显示出自身的重要性。基于跨大西洋的比较研究可以看出，事实上新的管治形式的试验不是发生在联邦层面，而是发生在州层面，这是政策执行的主要层面，如上述美国的案例所示。[④]

### 四、各种扩散机制

前文实例中所论述的经验学习机制和政策扩散机制已经嵌入到国内以及国际各个层面。这些机制已经纳入合作双方的政府官员和私营部门行为体的互动之中，并受到政策转移机构的支持。迄今为止，在环境领域的国内及国际经验学习以及政策扩散的前提条件方面，美国的条件似乎要比德国好很多。[⑤] 在国内扩散机制上，德国各州在对经验学习的界定、

---

① Walter Rosenbaum, "Escaping the 'Battered Agency Syndrome': EPA's gamble with regulatory reinvention," in Norman J. Vig and Michael E. Kraft (Eds.), *Environmental Policy: New Directions for the Twenty First Century*, Washington D. C.: Congressional Quarterly Press, 2000, pp. 165-189.

② M. De Clercq (Hrsg.), *Negotiating Environmental Agreements in Europe: Critical Factors for Success*. Cheltenham (UK)/Northampton (Ma., USA): Edward Elgar Publishing, Inc, 2002.

③ Kerstin Tews, Per-Olof Busch and Helge Jörgens, "The diffusion of new environmental policy instruments," *European Journal of Political Research*, 42(4), 2003, pp. 569-600.

④ Norman J. Vig and Michael G. Faure (Eds.), *Green Giants? Environmental Policies of the United States and the European Union*, Cambridge: The MIT Press, 2004.

⑤ Kirsten Jörgensen, Ökologisch nachhaltige Entwicklung im föderativen Staat-Das Beispiel der deutschen Bundesländer, FFU-report 04-2002, Berlin: Environmental Policy Research Centre, 2002.

基准设定以及政策转移等方面的机制相对较弱。经验学习机制主要依赖于两个或多个州——比如老州与新州——之间的双边到多边合作，或者在州和联邦层面上的环境部长会议上已经形成的地区行为体集团和工作组。创建这些机构的主要目的是为了联合解决相关问题、统一环境政策的执行，最后但并非不重要的是为了协调各州代表在德国议会的第二院——上议院——的投票行为。因此，这些机构并不是为了政策转移和最优实践的交流而设立。相比之下，美国各州在新联邦主义和授权代理的推动下，创立了美国环境州委员会（Environmental Council of the States, ECOS)这类具有较高行为能力的环境机构。同时，如国家立法会议等机构，也支持国内外层面的信息交换和政策转移。作为补充，一些非营利性组织也对州层面的政策评估和咨询有所贡献。因此，从德国的视角来看，公共和私营政策评估与政策转移能力的加强能够激发智能政策在德国联邦体系内的竞争与扩散。这对德国而言，是非常明显的经验学习过程。

美国似乎在国际经验学习方面也走在了前列。美国的政策转移机构，如环境州委会、联邦环境保护局[1]以及很多私立的研究和咨询机构都会提供国际最优实践的信息，并支持相关新网络的建设。相对于美国，德国的此类机构还较少，但海因里希·波尔基金会以及欧盟宝马基金会(BMW Herbert Quandt Foundation)多年来一直在推动德国的国际经验学习。

## 五、结论

本章最主要的意图就是引发学者们对如下问题的关注：即在联邦体制内，次国家层面可以作为一个试验场所，对革新性可持续发展管治作出贡献。[2] 但令人吃惊的是，就生态可持续发展问题而言，直到今天，极少有人把公共政策制定的关注点置于联邦体系内的次国家层面之上。迄今为

① http://www.epa.gov/international/regions/Europe/westeur.html [Last accessed 2004-11-30].

② 次国家层面的统计参见：Jonathan H. Adler, "A New Environmental Federalism," *Forum of Applied Research and Public Policy*, 13, 1998.

止，无论是对生态可持续发展的政治争论，还是其科学研究，其焦点仍主要集中在国家和地方层面的管治上。然而，在过去的两年中，我们可以观察到，已经开始出现如下变化：在气候保护领域，美国的某些州已经开始作为一个相关的行为体，发挥越来越积极的作用，以填补由于联邦政府领导作用的缺失而造成的空缺。最有可能的一种前景是，它们的作用将变得越来越重要。美国和德国的某些州已经很好地展示了这方面的例证。甚至在国家领导作用严重滞后的时期，一些次国家层面上的州政府积极前进，针对一些诸如气候变化、土地使用以及工业污染等相关的政策议题，推进制度建设并制定大量的应对政策。

本章的核心理念在于，阐述在美国和德国这样的联邦制国家中，次国家层面的州政府可以成为革新政策的制定者。特别是，州政府可以超越单纯性气候保护的任务，通过政策革新来积极应对并解决持久性环境问题。在与执行可持续发展进程紧密相关的部门和政策绿色整合议题上，次国家层面尤其可以发挥试验场所的功能。环境政策整合需要在政治—行政制度安排上进行革新，在特定环境问题上将各部门的政策制定整合在一起，在碎片化的决策机制与专业化的决策机制之间搭建整合的桥梁。

次国家层面与具体政策的执行和实践紧密相连，并且为自治型政策倡议及政策革新留有较大的回旋余地。在德国和美国的联邦体制内，次国家层面都享有一定的自主采取行动的范围，在诸如土地使用管理或战略性规划制定这样的与生态可持续发展密切相关的一些议题领域，州政府都有一定的“决定权”。

另外，次国家层面还掌控着联邦管治的执行，并为管理路径的革新作出了贡献。尤其是考虑到持久性环境问题的特点，尽管德国和美国在政治体系的制度结构方面存在着差异，但其可以相互比较的环境政策现代化进程，也可以为它们之间的彼此学习提供基础。[①] 经验学习的执行过程也可以被视为是政策制定的一个阶段，在这一阶段上，不同形式的、等级

① Christoph Demmke, "Implementation of environmental policy and law in the United States and the European Union," in Norman J. Vig and Michael G. Faure (Eds.), *Green Giants? Environmental Policies of the United States and the European Union*, Cambridge: The MIT Press, 2004, pp. 135-158.

制的以及水平管治的模式，可以很好地结合在一起，并进一步向前发展。

在扩散机制中，我们可以找到经验学习和政策扩散的一个至关重要的条件。通过比较美国和德国的州政府之间的经验学习及扩散，我们可以发现，在关于最优实践的信息交流和信息分配机制方面，美国的州比德国的州更为先进。

（科斯顿·尤尔根森）

# 第三部分

# 环境管治的里约模式

# 第八章　环境管治的新路径

[**内容提要**] 随着人类所面临的主要环境难题在结构和性质上都发生了根本性变化,相关的环境政策制定也面临着更大的挑战。当今很多最为紧迫的环境难题可以定性为“持久性”难题,这意味着,在很长的一个时期内,试图解决此类环境难题的政治努力已经归于失败或者并未取得预期的效果。同时,影响环境政策制定的政治框架条件也经历了一个重大转变。这一转变的特点就是介入到政治决策中的行为体不断增多,除了民族国家之外,其他各层面行为体的重要性在不断增强。同时,环境政策的操作模式也进一步拓宽,从重点强调直接规制模式发展成为一种将经济路径、信息路径、合作或者自我规制路径都纳入考虑范围的综合模式。基于此背景,本章旨在分析新的管治模式在解决新的“持久性”环境难题上所起到的作用。从原则上说,新的管治模式的运用可以帮助人们克服在环境保护难题上常见的执行赤字,即一种执行不力的现象,但该模式效力和效率的发挥主要取决于相关辅助措施的施行。为了避免整体环境保护水平的下降,新的管治模式应该通过直接的等级制规制来给以补充和保障。

## 一、环境管治的新挑战

当今环境政策所面临的挑战与几十年前截然不同,在引起关注的环境问题以及相应的可用应对战略两个方面都出现了很多变化。问题方面,在一些次级环境保护领域取得了显著的成功之后,目前人们所关注的焦点是那些经历了相当长的治理时期之后,环境政策仍未能带来重大环境改善的问题。[①] 回应方面，规制技能与所涉行为体的范围都有了持续的扩展。虽然传统的等级制干预形式还居于支配地位，但它们日益需要新的合作管治模式予以补充，因为单纯的等级制干预模式可能会引起国家权威和民主合法性的弱化，以及既有制度解决问题能力的下降。[②] 与此同时，新的政策工具也可以提供一个机会将环境执行赤字纳入到现行的环境政策中，并有助于解决那些迄今为止仍未得到解决的问题。

本章旨在探索在机构和政策框架发生变化的背景下，如何能够更加有效地解决持久性环境难题，而新的管治路径在这里又发挥了怎样的作用。因此，在学术和政策争论中，环境政策的制定这一基础性议题在"管治"的总标题下再次受到人们的关注。

本章的第一部分详细描述了环境和政治形势的变化。本章第二部分，鉴于1992年以来里约进程所带来的经验性启发，论述了里约会议所提出的雄心勃勃的多层管治模式，并且评价了当今环境政策中四个核心的管治路径：目标指向模式(target orientation)、整合模式(integration)、合作模式(cooperation)以及参与模式(participation)。环境管治的新模式给人们带来了在解决持久性环境难题上新的预期和承诺，但这种承诺的实现对新模式本身的要求非常苛刻，尤其需要在目前这种传统等级制规制模式为主导的体系中增加一些支持性措施。如果没有这些附加的防御措施，新的管治模式将在效力和效率上都大打折扣，或者将依然延续甚至恶化目前这种低水平的环境保护模式。

1. 持久性环境难题

持久性的环境难题是指那些在相当长的时期内，通过相关环境政策的执行未能取得任何显著改善的问题。[③] 这些难题包括未得到抑制的全球性温室气体排放、生物多样性的流失、城市扩张、土地和地下水污染、危

---

① SRU, Umweltgutachten 2002: Für eine neue Vorreiterrolle, Stuttgart: Metzler-Poeschel, 2002, pp. 69-74.

② J. Pierre, "Introduction: Understanding Governance," in J. Pierre (Ed.), *Debating Governance: Authority, Steering, and Democracy*, Oxford/New York: Oxford University Press, 2000, p. 2.

③ SRU, Umweltgutachten 2002: Für eine neue Vorreiterrolle, Stuttgart: Metzler-Poeschel, 2002, pp. 69-74.

险化学品的使用、威胁人类健康的一系列环境压力等。[1] 这些持久性环境难题的难以驾驭性主要来自于以下三个方面：

第一，它们经常代表那些源自传统环境政策领域之外的环境及健康风险，并且是经济和社会等其他部门发挥"正常"功能时的一种产品。不像过去那些环境政策的成功——如提高地表水的质量或者逐步淘汰破坏臭氧层物质的使用等——主要得益于相关的技术支持或该政策有能力取得双赢的局面以保证快速化的推进。目前对于持久性环境难题的解决，则不可能炮制过去的成功模式，而是需要那些造成持久性环境难题的部门在其运行逻辑上作出彻底的永久性改变。

一个复杂的事实是，这些部门的生产活动必然会对自然攫取很多，如采矿和原材料生产等工业部门以及与其相似的能源、运输、建筑和农业部门，都对自然环境资源有着较高的依赖性。所制定的相应的环境政策不仅要同这些行业部门所造成的环境压力相抗争，同时还要面对每个行业中存在的特殊的部门政策（这些部门政策用于保护行业的正常运行）：经济、能源、建筑和农业政策的主要目标是确保为其客户部门提供产品的生产条件，同时还要在总体上改善经济增长和就业条件。它们表现出一种强烈的倾向，那就是只有在环境政策不损害其部门根本利益的情况下，它们才会考虑环境关切。结果，环境政策仅被视为一种多余措施，经常被改头换面以环境技术的形式出现。甚至是旨在促进生产效率的"生态现代化"政策，如果它对其他产业的销售市场产生了不利影响，也会被打入阻碍部门生产的"违规政策"范畴。以促进电力节省的政策为例，这一政策只有得到了能源工业的支持，才有成功机会（例如，因为这些工业在新型商业链中看到了替代产品）。依此可以看出，现代环境政策面临着一些特殊的挑战。

第二，绝大多数的持续性环境难题都非常复杂。这些问题多数发展缓慢，以一种缓慢恶化的形式出现，同时牵涉众多的行为体，其中很多只是被间接所涉。在因果关系上往往存在着巨大的距离或者实质性的迟

---

① EEA (European Environment Agency), Environmental Signals 2002: Benchmarking the Millenium, European Environment Agency Regular Indicator Report, Luxembourg: Office for Official Publications of the European Communities, 2002.

延，到处扩散的排放物以及难以处置的添加剂的影响，使那些被动反应型环境政策的成效变得微乎其微。与此同时，针对环境相关部门的预防性战略的障碍越来越多，限制其发展。这些问题进一步加剧了对现存环境管治的挑战，目前的管治往往被批判为：不可管治性(ungovernability)、政府超载(governmental overload)和政府失灵(governmental failure)。这些挑战，使尼克拉斯·卢曼(Niklas Luhmann)尖锐地提出了针对环境管治模式的怀疑言论：环境问题本身"明确地显示出政治力量需要去完成很多任务，但实际上政府能力何其有限"①。

第三，持久性环境难题的难驾驭性使雄心勃勃的环境政策行动仅仅拥有相对较低的支持率。这种支持差距的形成，部分是由于环境政策需要在其他经济和社会部门进行深入的变革。还有一个原因就是，很多当今急迫的环境问题的缓慢恶化不易让人察觉，其负面效果不是立刻显现出来的，比如城市扩张、气候变化、物种消失，所以在公众开始警觉和关注之前，需要科学家和媒体必须高度重视，及时唤醒大众。② 环境问题本身是混合多样的，近几十年成功的环境政策涉及的主要是非常显著可见的问题，如烟雾污染、地表水污染等。这给人一种错觉，就是几乎所有的紧迫的环境问题大体都置于人们的控制之下。③ 结果，在应对某些持久性的环境难题上的失败使人们萌发放弃的念头，尽管为了引起公众对此类问题的关注，相关人士已经为此奋斗抗争多年甚至是几十年。比如，20世纪80年代，德国围绕有害化学制品而进行的热烈的公共争论现在已经逐渐销声匿迹。这似乎成为了一种可以接受的两难困境，一个群体的错误安全观念引起了另一群体的放弃，特别是当一个企业被要求接受更为严格的环境规制的时候，这种现象便达到了顶点。先前的环境保护先行者如美国和日本，在20世纪80年代都经历了这样的过程，即激烈的反膨胀证

① N. Luhmann, *Ecological Communication*, Chicago: University of Chicago Press, 1989, p. 85.

② Martin Jänicke and Helge Jörgens, "National Environmental Policy Planning in OECD Countries: Preliminary Lessons from Cross-National Comparisons," *Environmental Politics*, 7(2), 1998, pp. 27-54.

③ BMU and UBA, Umweltbewusstsein in Deutschland: Ergebnisse einer repräsentativen Bevölkerungsumfrage, Berlin: BMU, 2002, p. 34.

明了这一现象的严重性，而最近如荷兰和丹麦也在面临着这样的问题。

第四，持久性的环境难题经常具有全球属性。由于他们可以跨越国界，所以只可能在国际层面有效地解决这些问题。但是，由于各个国家利益的异质性以及激进环境保护措施的反对者有很多否决的机会，导致了在国际层面难以合理协调各国之间的环境政策，这比在国内层面解决那些不越界（地理上有所限制的）的环境问题要难得多。因此，有效地处理持久性环境难题，要求必须在多层管治的国际体系中克服政策协调的困难。

2. 政治和制度框架的改变

在环境问题的性质逐步改变的同时，作为回应，环境政策的政治和制度框架也随之变化。不同于那些围绕着传统环境政策工具的争论，这些改变几乎都是在环境管治的名义下进行讨论的。在行为体结构和运行环境日益复杂的背景下，"管治"这一伞状概念包括了当今不同政策层面国家和非国家的各种形式的管理实践。[①] 因此，相对于仅限于国家行动的"政府管理"(government) 而言，"管治"(governance)这一术语包括了更大范围的行为体和政策工具。尤其是，相关环境政策很快接纳了这一广义的管治概念，因为在这一政策领域，立法手段和行为体的多样化已经达到了相当高的程度。[②] 最终，鉴于涉及众多的政策层面（从全球到地方）、部门（政策整合问题）、既得利益者（利益相关者）以及相互竞争的政策手段，环境管治就是关于如何更好地解决那些棘手的、占主导地位的全球性环境问题。

在关于管治的争论中，最为重要的是首先要区别从分析向度还是从规范向度来使用管治概念。[③] 从分析的视角来看，管治这一概念被用来描

---

① J. Pierre and G. B. Peters, *Governance, Politics and the State*, New York: Palgrave, Macmillan, 2000.

② K. Holzinger, C. Knill, and A. Schäfer, „Steuerungswandel in der europäischen Umweltpolitik?"In Holzinger, K., Knill, C. and Lehmkuhl, D. (Eds.) *Politische Steuerung im Wandel: Der Einfluss von Ideen und Problemstrukturen*, Opladen: Leske and Budrich, 2003, pp. 103-129.

③ H. Mürle, „Global Governance: Literaturbericht und Forschungsfragen," INEF Report Heft 32/1998, Institut für Entwicklung und Frieden der Gerhard-Mercator-Universität-GH-Duisburg, 1998, p. 6.

述——没有任何隐含的价值判断——上面所概括的环境管治实践中的变化以及政策制定的条件。而从规范性的角度来看，管治的概念承载了很多的价值判断，甚至有时是相互冲突的价值。这些价值包括从"最小国家"的理念——也就是系统性地减少国家的服务和干预，到世界银行和国际货币基金组织所宣扬的"善治"原则。

本章接下来将通过例证更加详尽地论述管治的变化以及导致其变化的条件，如行为体集团的改变、政策层面和政策工具多样性的提高以及制度框架的改变。同时，每一部分还会从当代管治争论的角度来简要叙述相关的核心规范性政策议题。

(1)行为体和行为体集团

在德国以及其他的欧盟工业化国家，基本的环境政策行为体集团在过去的30年中发生了重要的改变。[①] 在第一阶段，即20世纪60年代末和70年代，环境政策有两种传统的行为体支配，一是制定政策的国家，二是作为政策接受末端的企业。在第二个阶段，更多的行为团体如环境组织和媒体等也加入到环境斗争领域。这一阶段的另一个新特点是，各行为群体之间互动的出现。一方面，是由于那种通常占主导地位的直接命令控制规制模式开始需要其他合作路径的补充，如工业部门自愿承担环境义务。另一方面，很多环境组织开始要求污染者关注环境保护。从20世纪80年代末以来，多数是环境组织以抗议的方式进行的，而到了20世纪90年代，开始出现环境非政府组织同大企业进行合作的案例。[②] 最后，自20世纪90年代初以来，国家环境政策的责任开始从环境政策机构内部部分外移到其他的政策领域。

通过实证性观察可以看出，行为体的范围不断扩大，这一事实往往被草率地总结为一种政府及其行政影响力逐渐减弱的标志，甚或被理解为

---

① Martin Jänicke and Helmut Weidner, "Germany," in Martin Jänicke and Helmut Weidner (Eds.), *National Environmental Policies: A Comparative Study of Capacity-Building*, Berlin/Heidelberg/New York: Springer, 1997, pp. 133-155.

② Helmut Weidner, Umweltkooperation und alternative Konfliktregelungsverfahren in Deutschland, Discussion Paper FS II, Zur Entstehung eines neuen Politiknetzwerkes, Berlin: Wissenschaftszentrum Berlin für Sozialforschung, 1998, pp. 96-302.

“国家的退却”( retreat of the state)。[①] 通常占主导地位的直接命令控制被呼吁让位于规制的全面放松，将管治任务大规模地转移到社会行为体。在这种争论背景下，存在一种错误的倾向，即主张一种参照国际政策协调模式的“没有政府的管治模式”[②]。事实上，这一术语主要由那些从分析角度来诠释管治含义的学者使用，他们仅仅指出一个经验性事实，即国际体系中没有一个政府可以拥有至高无上的约束性决策的权力，因此，管治必须依赖于横向的政策协调机制。[③] 但是，这不能推导出任何的倾向于放松规制和减少国家作用的价值判断。

(2)政策层面

正如行为体集团不断多样化和扩大化，管治的概念也意味着各政策层面同各自的政府行为体和非政府行为体之间的相互影响也在不断增大。在拥有着众多国际组织和环境机制的全球层面可以看到这种影响，在欧盟层面同样可以观察到。随着这些超国家的政策层面创立越来越多的政策，它们的重要性也随之不断增长。但这种趋势绝对不意味着民族国家影响力的降低，包括欧盟成员国在内。相反，不同政策层面之间的相互依赖关系的出现，使国家成为国际制度安排中必不可少的权力和合法性的来源，虽然国家的行动不再完全自由。[④] 例如，现在欧盟成员国的环境政策议程很大程度上是由以下两种需要决定的：一是执行占优势地位的欧盟法的需要(自上而下)；二是预测和积极塑造欧盟相关措施和行动规划的需要(自下而上)。[⑤] 具体而言，一方面，在制定国家环境政策时，要

---

① G. F. Schuppert, „Rückzug des Staates? Zur Rolle des Staates zwischen Legitimationskrise und politischer Neubestimmung," *Die Öffentliche Verwaltung*, 18, 1995, pp. 761-770.

② J. N. Rosenau, "Governance, Order and Change in World Politics," in J. N. Rosenau and E. O. Czempiel (Eds.), *Governance without Government: Order and Change in World Politics*, Cambridge: Cambridge University Press, 1992, pp. 1-29.

③ J. N. Rosenau, "Governance, Order and Change in World Politics," in J. N. Rosenau and E. O. Czempiel (Eds.), *Governance without Government: Order and Change in World Politics*, Cambridge: Cambridge University Press, 1992, p. 9.

④ Martin Jänicke, „ Das Steuerungsmodell des Rio-Prozesses (Agenda 21)," Jahrbuch Ökologie 2004, Munich: C. H. Beck Verlag, 2004.

⑤ Adrienne Héritier, Susanne Mingers, Christoph Knill and M. Becka, *Die Veränderung von Staatlichkeit in Europa: Ein regulativer Wettbewerb. Deutschland, Großbritannien und Frankreich in der Europäischen Union*, Opladen: Leske and Budrich, 1994.

将一系列的国际协定和多边条约考虑在内。[①] 另一方面，欧洲和国际环境措施的制定也需要来自民族国家的输入性参与，即它们的立场和利益又很大程度上受国家和国际游说团体、跨国环境行动者网络[②]和环境科学家的影响[③]。因此，环境管治日益被纳入到由不同层面的国家和非国家行为体的运行和互动而形成的复杂的网络中。

环境议题同样影响着次国家层面地区和地方政府的政策制定。世界范围的"地方《21 世纪议程》的作用只是许多例子中的一个。另外，市民也成为多重环境政策体系中的一部分。市民作为投票者、消费者和非政府组织的成员，其作用受到更多的关注。

(3)政策工具

随着行为体和政策层面范畴的不断增大，尤其在环境政策领域，新的政策工具开始受到大量的关注。以信息为导向的工具(information-oriented instruments)，如生态标签等，很早之前就已在环境规制工具箱(regulatory toolkit)中发挥重要的作用。与之相比，以市场为导向的管治路径，自 20 世纪 70 年代初起就在学术争论中处于核心地位，但在实践中的被接纳过程却是非常缓慢。自 20 世纪 80 年代末起，合作性工具(cooperative instruments)如环境相关部门和国家签订的自愿协议等，无论在政策制定实践、还是政治学家的分析中，都占有日益重要的地位。最后，20 世纪 90 年代出现了一定程度的环境政策去规制化(policy deregulation)。这里提到的环境政策去规制化，一方面是指那些与国家紧密相连的部门有获得更多自由权限的倾向，以及将某些国有工业私有化的过程，如电信业、能源产业、自来水供应以及废品处理等[④]；另一方面是指从通常的直接

---

① H. Klaus Jacobson and Edith Brown Weiss, *Engaging Countries: Strengthening Compliance with International Environmental Accords*, Cambridge: MIT Press, 2000.

② M. Keck, and Kathryn Sikkink, *Activists Beyond Borders*, Ithaca/London: Cornell University Press, 1998.

③ P. M. Haas, "Introduction: Epistemic communities and international policy coordination," *International Organization*, 46 (1), 1992, pp. 1-35.

④ SRU, Umweltgutachten 2002: Für eine neue Vorreiterrolle, Stuttgart: Metzler-Poeschel, 2002 pp. 295-304, pp. 448-461.

命令—控制干预模式部分撤出，并增加对市场力量和自我规制的依赖。[①]上述两层含义中第二层的多样性变化更适合被定义为去规制化，但不能忽视的是，在国家活动和服务的自由化和私有化过程中，非常重要的新规制也几乎总是伴随左右，比如相互竞争的法律或者新的规制机构的创立。[②]

在国际层面上也是一样，信息指导或者合作管治的因素随着常规条约的出现而变得更为重要。一个实例就是在提升可持续性消费模式上，国际环境政策纳入了相对较少的条约法，其中包括联合国环境规划署和经合组织国家的行动。这两个组织都首先依赖于信息指导，即通过采集和散布最优实践知识来推进信息指导。它们的行为基于《21 世纪议程》第 4 章，该章勾画了“消费模式转变”的总体目标和原则。[③]

甚至那些不是很正式的管治机制，也在“扩散管治”的名义下被加以论述和分析。[④] 本章的研究集中于如下观察，在发展环境措施和项目的时候，各国政府日益关注其他国家已经施行的政策，很多的政策革新通过国际体系迅速得以扩散，而不需要任何有约束力的国际协定制约。这样的扩散过程产生于一系列的不同行为体——如国际组织或者国际网络。在扩散管治理念下，环境政策的必然结果可能就是有意识地效仿政策先驱者，具体而言，政策先驱者是指那些能够对其他的国家施加政治和科技的革新及竞争压力的国家，这成为国际环境管治的一个重要因素。

同环境政策行为体集团的变化一致，政策工具发生了如下转变：通过

---

① U. Collier, “The environmental dimensions of deregulation: An introduction,” in U. Collier (Ed.), *Deregulation in the European Union: Environmental Perspectives*, London: Routledge, 1998, pp. 3-22.

② U. Collier, “The environmental dimensions of deregulation: An introduction,” in U. Collier (Ed.), *Deregulation in the European Union: Environmental Perspectives*, London: Routledge, 1998, pp. 3-22.

③ UNDESA (UN Department of Economic and Social Affairs), “United Nations Conference on Environment and Development,” 3 to 14 June 1992: Agenda 21. New York, UNDESA, 1992, p. 4.

④ 参见：Helge Jörgens, “Governance by diffusion: Implementing global norms through cross-national imitation and learning,” in William M. Lafferty (Ed.), *Governance for Sustainable Development: The Challenge of Adapting Form to Function*, Cheltenham: Edward Elgar, 2004.

实例观察可以看出，基于合作的、基于市场的或信息的管治战略的大量出现，往往意味着那种直接的大部分基于命令—控制模式的国家干预开始减弱。然而，现在还没有经验性证据来支持“传统”国家行为重要性的降低。[①] 所以说，这一现象应该被理解为一种管治范畴的扩大，目标在于通过明智的政策组合选择来应对环境问题，而不是单单通过某一特殊的政策工具来达到目的。[②]

(4)制度框架

关于管治的争论同时也把制度的作用推到了政策所关注的中心。相对稳定的正式规则和实践集合形成了一种结构，制约着各个行为体之间的关系沿着预期路线发展。[③] 通过排除特定的选择并使其他可能的选择居于优先地位(比如给非政府组织评价环境事务的机会)，制度对政治和社会行为体可采取的行为选择施加影响。[④] 另外，制度塑造了既得利益阶层、行为体偏好以及行为体在其可施加影响力的领域的行为预期。[⑤] 管治的规范性政策路径——像欧盟委员会的《欧洲管治白皮书》——通常都有一个制度向度，在其中，它们规定了详细的管治愿景，比如如何重组管治的制度性框架，而整个管治过程就在这种框架内运作。因此，它们也会影响到不同行为体集团之间的权力关系。

(5)小结

可以看出，当今环境政策框架的政治和制度性变化并不能完全印证那些流行语所描述的状况：“去规制化”、“国家的退却”、“欧洲化”、“民族

---

① 关于欧盟的描述可以参见：K. Holzinger, C. Knill and A. Schäfer, „Steuerungswandel in der europäischen Umweltpolitik?“ in K. Holzinger, Christoph Knill and D. Lehmkuhl (Eds.), *Politische Steuerung im Wandel: Der Einfluss von Ideen und Problemstrukturen*, Opladen: Leske and Budrich, 2003, pp. 103-129.

② SRU, Umweltgutachten 2002: Für eine neue Vorreiterrolle, Stuttgart: Metzler-Poeschel, 2002.

③ J. G. March and J. P. Olsen, "The institutional dynamics of international political orders," *International Organization*, 1998, 52 (4), pp. 943-969.

④ M. D. Aspinwall and G. Schneider, "Same menu, separate tables, the institutionalist turn in political science and the study of European integration," *European Journal of Political Research*, 38(1), 2000, pp. 4-5.

⑤ P. J. DiMaggio and W. W. Powell, "Introduction," in P. J. DiMaggio and W. W. Powell (Eds.), *The New Institutionalism in Organizational Analysis*, Chicago: University of Chicago Press, 1991, p. 11.

国家的终结”等。上述的变化并不能证明当今的政治权威真正发生了“零和迁移”( zero-sum shift)这种绝对的更替，而是日益增多的行为体、政策层面和政策工具之间的相互关联和相互依赖关系得以强化。

环境管治的复杂结构需要我们详细分析及评估目前的发展，并提出相应的改革建议。因此，本章要研究和评估最近四种环境管治路径的优缺点：目标指向型管治、整合型管治、合作型管治和参与型管治。

## 二、环境管治的新路径与方法

基于里约进程及其战略目标的经验，接下来，我们将概述主要的环境管治新模式，它们具有潜在的能力（或者宣称具有的能力），能够更好地应对上述那些新的环境挑战。

1. 战略性环境管治及里约框架

(1)《21 世纪议程》的管治路径

《21 世纪议程》是 1992 年由联合国里约热内卢峰会签署的应对环境和发展问题的战略性管治路径。这是一个涵盖了各种长期目标和实施任务，并且包括成功的监督机制在内的可持续发展战略。它也是一个环境管治框架，它把一些已经在国家和欧盟范围内产生了重要影响的管治关键路径和方法整合在了一起，该管治框架包括长期性规划、以目标和结果为指向的管治、环境整合、合作管治、自我规制以及参与模式。[1] 接下来，我们将对这一迄今为止最为雄心勃勃的环境政策路径加以评估。

在其 40 个章节中，《21 世纪议程》不仅收录了关于环境政策的学术知识现状，还反映了整个工业化世界公共部门改革的趋势。回过头来看，这一议程是一个巨大的概念性成就，有时会出其不意地达到影响深远的冲击效应。该议程拥有特殊的地位，因为对环境政策的发展而言，这种全球多层和多部门管治路径已经成为一种独一无二的必选路径。从复杂的执行过程在多层政策层面所发挥的效用看，德国联邦议会人类与环境保护研讨委员会在 1994～1998 年选举期间特意提到《21 世纪议程》，并称其为

---

① Martin Jänicke, „ Die Rolle des Nationalstaats in der globalen Umweltpolitik," *Zehn Thesen*, *Aus Politik und Zeitgeschichte*, Issue B27/2003, pp. 6-11.

“新的管治模式”。这一模式的作用有时也可归因于《21世纪议程》主体部分所阐述的“可持续发展”的概念。比如，《21世纪议程》中的三个支柱形式被经合组织推荐为全球管治的主要框架。从某种程度上说，里约进程可以被视为迄今为止最能经受住考验的综合性新环境管治路径，在不断变化的政治和制度环境中，它能够为解决持久性的环境难题提供可以参考的路径以及关于如何克服阻碍的关键信息。

《21世纪议程》所提出的综合性管治模型的主要特点如下[①]：

①战略路径：基于广泛共识的目标、长远视野的战略制定(《21世纪议程》第8章，第37和第38条)。

②整合：环境关切的整合，特别是将环境和发展融入其他的政策领域和部门(第8章)。

③参与：非政府组织和市民的广泛参与(第23～32章)。

④合作：国家和私营部门的行为体在与环境相关的政策制定和实施上进行合作(所有章节都反复强调的主题)。

⑤监督：利用各种各样的汇报义务和指标进行成功监督(第40章)。

《21世纪议程》为主要的问题领域和单独政策层面设定了目标。它将特定的任务分配给特选的行为体集团，如商业和工业群体、科学和技术共同体以及地方政府。在环境保护方面，它致力于通过全球、国家和地方层面的共同努力来实现在环境上更可持续的发展以及在全球范围内实现更加公平的发展模式，全面代替那种基于一事一议的、被动反应型和事后添加式的政策决策模式(reactive, additive, case-by-case policy decision-making)。

(2)里约进程

虽然为实施《21世纪议程》建构和设计的里约进程(“里约加5”或约翰内斯堡峰会)经历了很多的挫折，但即便如此也向我们呈现了一些值得注意的和不曾预料到的结果。如20世纪90年代，很多国家建立了环境部或者中央政府环境局，这比历史上任何一个时期都多，如今有超过130

---

① SRU, Umweltgutachten 2000: Schritte ins nächste Jahrtausend, Stuttgart: Metzler-Poeschel, 2000.

个国家拥有了类似的机构。[①] 另外，140 多个国家顺应了没有法律约束力的里约指令，发展自身的国家环境规划或者国家可持续性战略。截至 2002 年，绝大多数的国家都提交了关于执行《21 世纪议程》的结构性报告（国家分析文件）。经合组织也大力推动其成员国落实国家可持续发展战略。最后，113 个国家发起并执行了 6400 个“地方《21 世纪议程》”项目。[②] 据成立于 1993 年的联合国可持续发展委员会（CSD）统计，正式介入可持续发展进程的第三方成员已经达到相当大的规模，在 CSD 有超过 1000 个的非政府组织注册。

已经在欧盟实施的《21 世纪议程》的关键因素有：

①1993 年的第五个欧洲共同体环境行动规划明确阐释了以目标为指向的《21 世纪议程》战略管治路径。

②2001 年，欧盟通过了它自己的可持续发展战略。

③环境一体化原则不仅吸纳进了欧洲共同体条约之中（第 6 条），而且也在所谓的卡迪夫进程（the Cardiff process）中开始付诸实践。卡迪夫进程是发展各部门环境整合战略的一次雄心勃勃的尝试。

④目前有很多的合作管治案例已经在环境政策中被加以检验。共同规制以及工业的自愿承担承诺和协议发挥着日益重要的作用。

⑤除了第五个欧洲共同体环境行动规划之外，《21 世纪议程》的原则在其他地方也被采用，如在《奥胡斯公约》中的运用。

总之，在《21 世纪议程》管治路径的实施过程中，里约进程促进了所有的政策层面和主要的环境相关部门的重要经验学习进程。可以说，这种影响进一步延续到 2002 年的联合国约翰内斯堡峰会。在 2003 年 3 月，联合国可持续发展委员会通过了执行约翰内斯堡决议的详细工作程序。

---

① Per-Olof Busch and Helge Jörgens, „Globale Ausbreitungsmuster umweltpolitischer Innovationen,“ in K. Tews and Martin Jänicke (Eds.), *Die Diffusion umweltpolitischer Innovationen im internationalen System*, Wiesbaden: VS Verlag für Sozialwissenschaften, 2005, pp. 55-193.

② B. Dalal-Clayton and S. Bass, *Sustainable Development Strategies*: *A Resource Book*, International Institute for Environment and Development, London: Earthscan Publications Ltd., 2002.

2016/17 号决议[①]规划了一项对《21 世纪议程》及其执行的综合性评估。很多欧盟国家不仅按规划执行了它们的可持续发展战略，而且进一步发展了这些战略。仅仅在约翰内斯堡会议后的一年，法国便出台了涵盖面很广的雄心勃勃的可持续发展战略。德国政府在 2004 年发表了对自身可持续发展战略的初步评估，并且抓住这一机会设定了一些新的环保关注点。在次国家层面，德国的北威州和石荷州最近保证，要进一步发展本州的可持续发展战略。

2003 年春季，欧洲理事会决定加强可持续性发展的环境向度，并且提倡可持续发展的"新推动力"。它重申了自身的可持续发展战略目标，并通过执行约翰内斯堡计划中所列出的主要目标来补充这一战略。为了促进正在进行的可持续发展进程的演进，理事会决定加强旨在推动环境一体化的卡迪夫进程，并设立了部门性的具体目标，以实现环境退化与经济增长过程中资源使用之间的脱钩（decoupling）。欧盟认为，自身"在把可持续发展推广至全球范围的过程中已经发挥了领导性作用"。

在里约进程的推动下，铭刻在《21 世纪议程》之中的雄心勃勃的管治路径初步证明了其自身作为一个长期的多层次多部门战略指导体系的价值。从全球层面扩展到了地方层面（后者作为地方《21 世纪议程》）的多层管治尤其证明了它的有效性。仅仅从全球层面发挥出的影响力已经达到了令人惊叹的程度，这种全球层面的治理包括对问题的描述以及所推荐的战略，而这些战略的主要工具来自国际汇报制度。这里的多层管治最终是指民族国家之间的一种自愿性协定，国家可以保留不去执行和遵守的权力。全球环境管治的里约模式通过极端的"软"政策工具来发挥其效力。

（3）阻碍因素

不过，在不同的政策层面，这一模式的效力主要局限于议程设定和战略制定阶段。当我们审视战略本身的性质甚至进一步考虑到其具体实施

---

① BMU (German Federal Ministry for the Environment, Nature Conservation and Nuclear Safety), „Geschärftes Profil, verbesserte Erfolgskontrolle," UNKommission für nachhaltige Entwicklung beschließt Arbeitsprogramm 2004 bis 2017, *UMWELT* 06/2003, Bonn: BMU, pp. 326-327.

时，一个更加复杂的图景展现在我们面前。总体而言，里约进程所追求的战略模式在执行过程中遇到了一些明显的限制。因此，在解决持续性环境难题的时候，里约模式还不能被认为是一种最优管治模式。

里约进程的局限性因素在很多方面显示出来：2002 年的联合国约翰内斯堡峰会提出了一项对国家可持续发展战略进行的具体评估，但这一评估政策当时只是停留在学术战略推荐的层面，而未被真正实施。[①] 这一经验同时还被列入了一些国家的报告之中，但在形成正式的文本条约时，这一提议并未最终得到采纳。那些成功的方面并不能被当作评价基准的基础。没有人去调查，为什么如此多国家的可持续发展战略就像例行出版物一样，仍然停留在大而化之的水平。在约翰内斯堡峰会上，CSD 和 UNEP 都未能成功拓展任何额外的制度能力。虽然约翰内斯堡峰会上国际社会采纳的可持续发展战略实施规划包含了一些重要而具体的目标，但总体而言，这些目标是模糊且不具有法律约束力的。

里约进程的发展逐渐陷入了困境，在欧洲层面也遇到了相似的情况，这些，我们在此不再展开详细的论述。基于《21 世纪议程》和 1989 年荷兰的国家环境政策规划（NEPP），1993 年，欧共体通过了目标指向明确的第五个欧共体环境行动规划，但该规划未能在 2001 年环境行动规划中继续得以贯彻。1999 年，欧盟委员会自己进行了总结：第五个环境行动规划所制定的“雄心勃勃的愿景”——其“主要是对 1992 年里约地球峰会的回应”，“在走向可持续发展过程中的实践进展相当有限”。[②] 同样的，在 2001 年 6 月的哥德堡欧洲理事会上，由委员会提交的可持续发展战略最后只有其主要框架被采纳（在一个题为“可持续发展战略”的十四点决议中），原因是在关键的具体目标上缺乏共识。旨在把环境关切系统地融入到欧

---

① B. Dalal-Clayton and S. Bass, *Sustainable Development Strategies: A Resource Book*, International Institute for Environment and Development, London: Earthscan Publications Ltd., 2002.

② European Commission, Communication from the Commission: Europe's Environment, What directions for the future? The Global Assessment of the European Community Programme of Policy and Action in relation to the environment and sustainable development, "Towards Sustainability," COM (1999) 543 final. Brussels: Commission of the European Communities, 1999, p. 6.

盟具体的部门政策中的卡迪夫进程为农业和交通政策注入了重要动力，但在其余绝大多数政策领域都遭遇到了相当大的抵制。总体而言，欧盟环境领域的战略远行(strategic excursions)表现出一种明显的制度超负荷征兆。①

2. 环境管治关键新路径的整体性评估

里约进程之外，有必要进一步评估管治路径的各个子体系，因为这些子体系在《21世纪议程》的框架下被整合为一个统一的体系，但在随后的接纳和发展进化的过程中却是分别进行的。本章主要是指在20世纪90年代取得重要发展的主要管治路径，特别是在欧盟内部有：

①目标和结果为指向的管治；

②环境政策融入到部门政策之中；

③狭义上的合作管治(包括共同规制)；

④民间行为体的参与。

这些政策重叠和结合，共同形成了多种混合型路径，部分出于此原因，在此我们将它们作为整体环境管治模型的一部分加以讨论。自从《21世纪议程》签署之后，这一模型也包括多层管治，如欧盟的实践进一步深入探索了多层管治这一模式。而管治技能——诸如通过汇报义务而进行成功监督——方面也同样是普遍适用的。

最新管治路径的一个共同特征对于不同形式的欧盟环境政策来说变得尤为重要，即它们与传统的等级制规制完全不同。这意味着通过民主的合法行动进行管治，即通常在立法机构方面，通过征收税费或者采用普遍适用的规则和标准，直接指向"抽象"的群体。而另一方面，新的管治模式主要代表了目标指向灵活的行政行动——在新公共管理的概念框架之中，针对特定的群体并用各种各样的方式执行。常规规制的合法性通常是通过民主的多数投票实现的，而新的合作政策工具还有其他的合法性来源，如协商共识、"受影响一方"的参与以及有效性证明文件。

新的以目标为指向的合作政策工具是否或者如何帮助我们更好地应

① SRU, Umweltgutachten 2002: Für eine neue Vorreiterrolle, Stuttgart: Metzler-Poeschel, 2002, pp. 151-152.

对上述的持续性环境政策问题，对此，本章还不能作出全面详细的评估。无论如何，他们不能脱离它们的特定目标而对其进行适当评价；20 世纪 80 年代关于政策工具的抽象争论也得出了相似的结论。[①] 尽管如此，以它们所展现出来的困难，基于迄今为止的实践经验，尝试对关键的新管治模式进行解释，仍具有重大意义。

(1)基于目标和结果指向的管治

目标本身对于环境政策而言并不是一个新的概念，如在环境质量标准中的目标。新的基于目标指向路径的独特之处在于设定目标、完成的期限以及对结果的监督。[②] 自 1992 年以来，很多先驱国家的国家环境规划都尝试了这一路径。此处所描述的以目标和结果为指向的管治路径是对环境政策执行赤字以及低效率化的必然回应。没有目标和结果监控的规划(包括效率测量)是不可行的。持久复杂的长期性环境难题尤其需要能够促进协调连贯的行动得以实现的政策目标。在荷兰，以目标为指向的对复杂环境压力进行长期修正的路径，在战略性“管理转型”的概念框架下，已经列入了荷兰第四次环境规划。[③]

环境目标最好从问题的诊断发展而来，起初作为一种质量目标，然后在此基础上推导出更加详细的行动目标。无论是具有法律约束力的条款还是无约束力的指令，它们都能为众多的行为体提供指导。目标的另一个核心在于克服行政部门和组织机构中的惯性。所以，目标管理(MBO)不仅在行政改革中是核心议题[④]，而且在先进的经合组织国家的环境规划中也具有核心地位[⑤]。考虑到环境目标设定包括学习和共识建构的过程，那么，环境目标同样拥有重要的工具性功能，从而使相关行动变得更为可

---

① P. Klemmer, U. Lehr, and K. Löbbe, (Eds.) *Umweltinnovationen: Anreize und Hemmnisse*. Berlin: Analytica, 1999, p. 166 .

② SRU, Umweltgutachten 2000: Schritte ins nächste Jahrtausend, Stuttgart: Metzler-Poeschel, 2000, pp. 57-68.

③ J. Rotmans, R. Kemp, and M. van Asselt, “More evolution than revolution-transition management in public policy,” *Foresight*, 3 (1), 2001.

④ F. Naschold, and J. Bogumil, *Modernisierung des Staates: New Public Management und Verwaltungsreform*. Opladen: Leske and Budrich, 1998, p. 204.

⑤ Martin Jänicke and H. Jörgens (Eds.), *Umweltplanung im internationalen Vergleich: Strategien der Nachhaltigkeit*, Berlin/Heidelberg/New York: Springer, 2000.

行并且瓦解受影响各方的反对派。环境目标的另外一个优点就是对投资者而言，它们使政策舞台的可预测性提高，促进了政策适应过程，并为革新者提供了更为清晰的机会。在任何决策过程开始之前，应该尽早树立解决问题的方向标（signposting）以显示国家可能的回应，这是革新过程的关键。①

基于目标的管治包括多种不同的路径，并且，随着新情况的进展，路径范围还会不断增大，它们都涉及目标的设定过程以及目标等级。目标设定可以具有广泛的基础并在很大程度上能够在制度上得以合法化，这有利于其长期的稳定。但是，目标制定也有可能只是部门暂时决定的结果，而未必能在下一次的选举中延续下来。目标本身可以是具有法律约束力的，也可能只是参考性的指示。它们可以载于法律之中（如德国新的可再生能源法）；它们可能包括以结果为指向的目标设定过程，并且针对特定问题领域具有法律约束力（如最近在欧盟所看到的）；它们也可能以一种精确的技术要求的形式出现，即在特定时间内实现特殊的技术标准，如日本要求特定的产品达到最优能源效率。② 这种多样性也可以被视为一个学习过程和环境政策实验的一部分。

有效的环境政策目标的形成需要一种讨价还价式的过程，这一过程需要首先采纳环境专家的意见，然后依次需要专业的管理和合适的制度框架。另外，从本质上说，目标设定的过程还是基于问题导向的。特别是那些发展缓慢、不易被察觉的、持久性的环境难题，需要新知识的输入，从而对抗那些棘手的、根深蒂固的已有趋势。如果缺乏新知识的输入，那么，在关于革新、双赢解决方案以及最优实践的必要争论中，就不能达成广泛的共识。

为了更加有效，目标指向的环境管治路径应该建立在利益攸关者的利益之上。鉴于之前我们已经提到了接受困境，所以在目标形成过程中，至少要确保各方就面临的问题进行一个最低限度的沟通，受影响集团的

---

① K. Jacob, *Innovationsorientierte Chemikalienpolitik. Politische, soziale und ökonomische Faktoren des verminderten Gebrauchs gefährlicher Stoffe*, Munich: Herbert Utz Verlag, 1999.

② H. Schröder, From Dusk to Dawn: Climate Change Policy in Japan, Dissertation, Fachbereich Politik-und Sozialwissenschaften, Free University of Berlin, 2003.

主张也必须得以伸张。从产业部门的立场看，它们需要设定稳定的目标，从而为研发过程和投资决定提供一个可预测的框架，同时允许目标的实际接纳具有一定的灵活性。例如，与投资周期相一致。[①] 不同于短期反应性的环境政策干预那样不可预测，这种以目标为指向的路径则具有更高的可预测性，所以，可以得到来自产业界目标群体更好的接纳。[②] 比如，在围绕温室气体排放交易许可证体系的争论中，产业部门一直强调设立一个长期政策目标的重要性，这有利于商业部门基于政策的可预期行为将来作出相应的规划。但是，从管理角度来看的优先事项包括三个方面：清晰的责任界限、更高级别的制度授权以及充足的资源。对于政策制定者和公众而言，他们的立场则强调对所规划行动的评估以及成功的监控。

如上所述，目标指向的环境管治路径要求并不严格。它们需要基于一种现实的立场来应对可以预测的阻力。呼吁目标和结果指向的政策绝不是新鲜事物，至少自 20 世纪 60 年代起，公共部门的改革尝试就伴随着这种呼声。它们被反复呼吁的事实证实了其重要性，同时也证明了实施它们的困难。迄今为止，各环境政策行为体都认为，在政策工具上达成一致意见要比环境目标容易得多，这绝对不是一种巧合。目标导向的、目标管理风格的环境政策不仅会侵犯到既得利益群体，而且还会强化监督权力，从而使强政策部门以及在其庇护下的经济赞助者力图避免这种目标政策的施行。这种逃避策略从直接拒绝某些目标和避免最后期限的限制，到采用各种类型的或是无关紧要或是不具有约束力的目标。因此，总是有一种选择，那些普通的、日常任务受制于一个收效甚微的无意义的目标。后一种情况造成了一个荒谬的现实，那就是目标的合法化得益于它的低效，这种低效反而成为优先设置它们的原因。

发展和实施一个适当的目标等级，需要我们付出极大的努力。因此，除了创立运行层面的目标之外，任何目标的形成过程都应该伴随着特定

---

① SRU, Umweltgutachten2002: Für eine neue Vorreiterrolle, Stuttgart: Metzler-Poeschel, 2002.

② UNICE (Union of Industrial and Employer's Confederation of Europe), European Industry's Views on EU Environmental Policy-Making for Sustainable Development. Brussels: UNICE, 2001.

的能力需求评估。尤其是涉及持久性环境问题的时候，目标设定通常与一个提高能力的需求相联系。

政策制定过程往往要考虑到资源的稀缺性。因此，特别是在解决较为棘手的问题上，必须将注意力集中在关键的目标上。当不能获得足够的实施能力时，最好将精力集中在数量有限的战略目标上或者一些具有潜在影响或确实棘手的问题上，它们对社会构成了特别的挑战。基于里约进程中所获得的经验，目前比较紧迫的需要是为环境可持续发展设立优先权。

(2)环境政策整合和部门战略

由于环境资源的利用是整个经济部门生产的基础，把环境关切融入这些部门以及相应的政策领域的需要，就应该被视为现代环境政策的一个基本原则。如果经济领域的关键部门是造成长期环境压力的主要来源，那么，环境政策应该直接应对问题的根源所在而不是敷衍于表面症状，这就要求这些部门实施根本性变革。这包括在"相关责任"部门政策领域的变革，它们目前政策的形成主要受制于部门"逻辑"的考虑，而且通常只是为了保证自身的利益。如果环境风险部门不能将环境责任真正内化为主体性思考，那么，环境政策就只能是一种非主体性的附加政策，仅限于缓解一些表面的环境问题以及做出边缘性的干预，这种观点绝不是新鲜的。相反，采纳环境政策整合则意味着要发挥部门专家意见以及革新能力的杠杆作用，以获得更多的可持续性发展路径。

目前，很多的环境措施都寻求达到一种环境政策的一体化。一个雄心勃勃的路径包括，促进环境相关部门(如交通或能源部门)采纳环境导向的部门战略。这一路径在欧盟层面已被采用，它主要通过 1998 年发起的著名的卡迪夫进程加以推动。2000 年，德国环境保护项目为这种部门责任的分配提供了另一个范例，即如何将环境责任分配到特定的部门中去。[①] 与部门环境影响评估相关的概念同样受到重视，比如欧洲环境局顺着这一方向发

① SRU, Umweltgutachten 2002. Für eine neue Vorreiterrolle. Stuttgart: Metzler-Poeschel, 2002, pp. 219-220.

展了部门指标体系。[①] 这一指标体系集中评估过去的发展和趋势，并同现在的预防性的环境政策行动案例相对比。比如，比较环境主流路径、评估目标指向的政策与具体措施、对战略环境影响的评估以及相似方面。在一些欧洲国家中，环境考虑已经同预算进程融为一体。欧盟所追求的进一步发展路径是绿化政府的运行，比如实现环境友好的政府采购。[②]

然而，本章的目标并不是进一步区别可能的环境政策整合形式或者进一步深入探讨这一条路径下迄今为止的个案经验。相反，本章认为，对这条路径的内在问题的整体性评估是非常必要的，因为我们已经证明，它本身就要求非常高。环境政策整合理念本身绝不是一个新的概念。它在议程上的重复出现表明了由于目标的冲突性，导致该政策在执行上面临很多难题。在跨部门政策的旗帜下，这一路径早在 20 世纪 70 年代就得到了德国环境政策的官方认可。在那之后的十年，环境政策一体化路径最终成为"污染者付费"原则之后的合理继承者，与工业世界中的其他环境政策相伴随。与此同时，早在 1982 年，环境政策整合概念就已成为《欧洲共同体第三个环境行动规划》的一项重要特征。[③]

这一理念很难渗透进环境政策的制定，是有很多方面原因的：从表面上看，整合政策的运行似乎违背了超级专业化政策部门的内部逻辑，并侵犯其经济赞助者的利益。"消极协调"的偏见[④]倾向于尽可能少地影响相关部门的既得利益，所以，这一问题只有通过相当大的制度层面的努力才能克服。将环境关切融入与环境相关的产业政策领域时，这些产业部门的利益便会受到影响，这种问题便会发生。因此，这也是为什么一些特殊的部门如采矿业、交通和农业，拥有如此大的游说力量和如此强烈的路径依赖，并在环境政策革新问题上施加了巨大的压力。

---

① EEA (European Environment Agency), Environmental Signals, Benchmarking the Millenium, European Environment Agency Regular Indicator Report, Luxembourg: Office for Official Publications of the European Communities, 2002.

② OECD, Governance for Sustainable Development: Five OECD Case Studies, Paris: OECD, 2002.

③ C. Knill, *Europäische Umweltpolitik. Steuerungsprobleme und Regulierungsmuster im Mehrebenensystem*. Opladen: Leske and Budrich, 2003, p. 49.

④ F. W. Scharpf, „Die Handlungsfähigkeit des Staates am Ende des zwanzigsten Jahrhunderts," *Politische Vierteljahresschrift*, Vol. 32, 1991, pp. 621-634.

因此，诸如重工业和能源这样的部门，首先是被迫——拖延了很长时间之后——采取了末端治理技术。之后，更加有效率的技术随之而来，从源头而不是从末端减少对环境方面的影响。迄今为止，部门环境战略主要局限于有效的技术变革。只要有结构性变化的需要，有不仅在技术结构方面进行干预，而且也要在部门的生产经营、市场甚至它们的社会角色方面进行干预的需要，就会有一种显著的阻碍力量兴起的趋势。这样的例子包括交通避税以及作为环境战略的电力节约。

要实现结构性变化，就必须要减少这些部门对环境的影响，即采用更多的彻底的政策工具，而不是迄今为止在使用的基于技术的环境政策。因此，环境政策一体化不仅仅是一个有潜力的解决途径，还是一个充满政治和信息交流的挑战过程，它需要在其管理和能力方面显著提升。加拿大的案例可以诠释制度基础在这一点上的重要性：加拿大通过一项特殊的政策整合措施来支持（咨询性的）加拿大环境评估机构，即环境和可持续发展委员会每年向议会提交报告，并且对各部门年度可持续发展战略的发展和执行情况作出评估。

部门战略得到政府责任机制和相关部门政策的支持。但对于这样的政策，各部门机构必须动员其利益相关者及其赞助者支持环境政策的整合。其中一种选择是对话战略，即各部门政策决策者和环境专家通过精心准备的方法程序进行基于结果导向的对话，将经济和环境的长期前景相结合，寻求一种双赢策略。对话目的就是，通过有效的话语管理来促进长期性的部门结构的改变。比如，德国就是采用了基于共识的激励措施来逐步淘汰核能的使用[①]，并且努力使能源生产部门中的煤炭工业及其消费者直接面对长期存在的气候变化问题，从而影响其态度。在这种努力的过程中，使这些制造环境问题的企业直面这些持续性环境问题是非常适当和必要的。尽管相关的科学知识输入以及学习过程也是必要的，部门战略同时也需要这一条件适时地出现，从而给予更多的成功机会。各部门利益相关者的各种对话话题应该至少包括，在环境压力不断增大的

① Lutz Mez and A. Piening, "Phasing-out nuclear power generation in germany: Policies, actors, issues and non-issues," *Energy and Environment*, 13(2), 2002, pp. 161-182.

情况下与之相关的经济风险是什么，这一部门最终面临的经济和环境危机有哪些，等等。这种现实的评估还必须采取一些干预措施，这种干预在一些常规事务中可以避免，但如果在一种危机发生的紧急情况下民众被动员起来的话，国家有可能被迫采取这样的干预措施。在环境发展史上，这种危机型反应案例还是非常多的，从1976年意大利塞维索(Seveso)二恶英污染事件，到1986年乌克兰的切尔诺贝利(Chernobyl)核电厂泄漏事故，再到灾难性的洪水暴发。这些环境灾难所带来的大规模负面性的经济和社会影响，使相关部门必须直面这些问题，而一个基于长期投资周期的部门可持续发展战略有助于避免悲剧的再次发生。

在这样的对话战略形成过程中，可以使用荷兰提出的"管理转型"的概念[①]，即基于技术影响评价的路径、围绕它们所建立的基于"共识会议"的制度以及对绿色结构政策的研究等。但为了成为实现上述目的的有用工具，这些路径需要进一步发展其概念框架。

部门战略通常需要一个高级别的制度授权(议会的或是国家的)去考虑如下议题：比如问题具体化、责任的界限、程序的要求以及汇报义务与监督。这一高级别制度授权与较早实行的整合方法形成鲜明对比，在早期的整合路径下，人们期待一个(一般而言较弱的)环境部在(较强的)部门之间进行横向协调。

而"纵向"的环境政策一体化则主要基于如下的预设：即强有力的环境部门不但可以在最高层的授权过程中，而且还可以在随之而来的与其他部门的横向合作中，享有实质性的权力。环境部门必定需要相关的人力和制度资源。这一附加能力同时也需要关于环境政策整合的战略，因为考虑到受影响部门的利益，各部门政策都倾向于抵制环境行政部门专家所倡导的要求。

基于过去的经验，这里要注意的是，环境一体化和跨部门政策并不能确保那些负责其他政策领域的部门去实施环境政策，它们具有一种把环境政策视为它们"业余事务"的偏见。相反，必须通过适当的网络结构将相关政

---

① J. Rotmans, R. Kemp and van M. Asselt, "More Evolution than Revolution Transition Management in Public Policy," *Foresight*, 3(1), 2001.

府部门和工业行业中的专家吸纳过来，从而真正认可环境整合等政策。革新性的解决方式特别需要相关的专家参与，既需要来自环境政策部门的专家，也需要来自受影响的政策部门以及工业中相关目标部门的专家参与。然而，由于能够强加于所涉及的游说集团的责任与义务不同，一些部门比另一些部门更易于接受与目标集团通过谈判达成一致意见。

部门环境战略的成功还可以通过其他的方面加以判断，即在多大程度上，现存各个部委的环境部门把它们自己视为是总体战略的一部分，而不是仅仅代表环境部和它的政策规划部门的一个检查员。比如，在德国联邦经济部，存在着比例相当高的环境单元，如果该单元将其职能主要集中在环境和经济关切之间的交叉与整合，而不是仅仅事后向环境部进行汇报的话，那么这一单元就可以作为环境整合的核心要素。在此，能力建设已不再是一个(已有)专家团队的建设问题，而是一个内阁或议会授权让环境部门发挥更大作用的问题。

(3)合作管治

应对棘手环境难题的等级制规制方法的局限性，成为社会科学家长期以来探讨的主题之一。[①] 根据这些理论观点，学者的争论主要围绕以下几点展开：为了达到精细控制的理想水平所需信息需要付出的过高成本，社会子系统在回应中央政府政策激励措施时的内在逻辑与有限回应能力，[②]或互相依赖的行为体通过谈判达成一个可以相互接受的解决方案所面临的困难。

当命令和控制方式遇到真实的或者假设的限制时，合作性政策工具日益成为一个可以替代的选择，即通过施加影响，国家行为体同意将私营部门的目标群体视为平等的伙伴。

(4)合作政策工具在实践中的有效性

合作政策工具从本质上说并不是高效的。但无论是在环境政策研究方面，还是在其他方面，它们的娴熟应用已经被确定为一个关键的成功评判标准，这一政策工具的优点如下：

---

① U. Schimank and R. Werle, *Gesellschaftliche Komplexität und kollektive Handlungsfähigkeit*, Frankfurt am Main: Campus, 2000.

② N. Luhmann, *Ecological Communication*, Chicago: University of Chicago Press, 1989.

①凭借法律指令的规制更能产生出一个更有针对性的政策，这至少是因为，从这一磋商过程中获得的知识和经验可以作为一种资源来利用。

②在对现实问题作出真实反应的时候，政府部门在实现其相关自治行为的合法化方面有着自身的既得利益。在已建立的合法化模式里，合作性的政策工具通过促进利益相关者的参与以及形成结果指向的共识，从而有助于问题的更好解决。

③基于与工业部门的共识而制定的政策，在措施的实施过程中将面临较少的抵抗。

④经由议会决策过程的冗长经过以及它们的限制被绕开了，适应性对策（诸如革新）能够尽早被激发出来。

倘若"较硬的"政策措施——例如监管或财政手段——在原则上不可获得，"软的"、沟通性的、因此更易于被接受的政策手段则可以被应用（见图 8-1）。

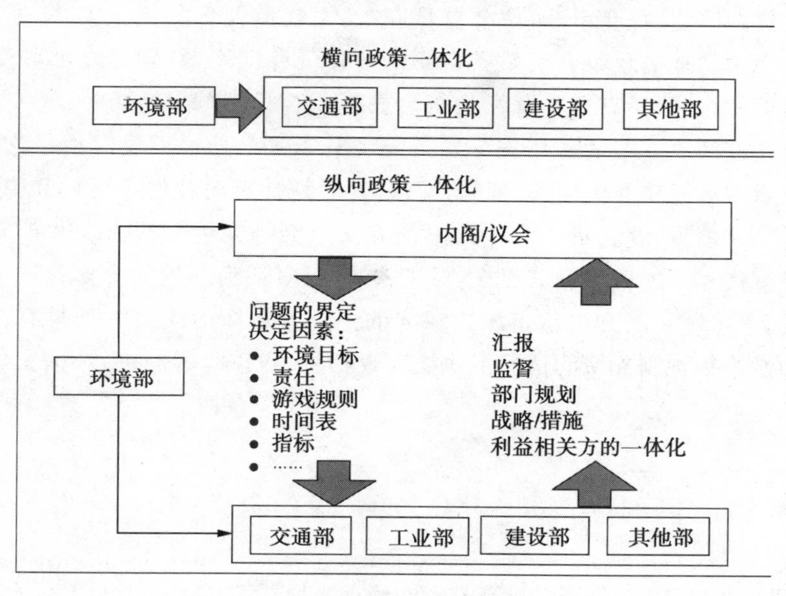


图 8-1　从横向到纵向的环境政策一体化

图 8-1 资料来源：Martin Jänicke，"Environmental plans: role and conditions for success，" Presentation at the seminar of the European Economic and Social Committee，*Towards a Sixth EU Environmental Action Programme*：*Viewpoints from the Academic Community*，Brussels：European Economic and Social Committee，2000.

但我们通过个案的研究可以发现，合作性的政策工具的这些潜在优点是以抽取政策的严谨性为代价的。自愿性承诺所追求的目标以及严谨性很少能够超越“一切如常”的情景（the ‘business as usual’ scenario），从而实现某种突破。[①] 相关的实证研究证明，合作以及自我规制政策往往只是呈现普通的结果，与传统的命令控制路径相比，并没有明显的优势。[②] 即使是经合组织国家，近来也改变了之前的观点而对自愿承诺作出批判性的评价：“自愿路径的环境效力还是值得怀疑的（……）经济效率（……）通常较低”[③]。经合组织国家甚至发现了这样一种趋势，即与自愿协定相结合的政策工具，其效力往往倾向于被弱化。因此它们的建议——如果目标无法实现的话——就应该安排和采取直接性的可靠的制裁措施。而且，最近的研究还质疑，是否自愿性协议的实施的确逐渐减弱了国家对自身责任的负担。比如，在一个英国的案例中，与 42 个产业部门谈判协商气候保护协定，花费了 31 位公务员和 17 个其他人员的工作年。[④] 同样，过度无力的环境政策会引发其自身的可接受性问题，特别是在那些受影响的群体之间，只有微乎其微的机会去影响合作性的解决方案。为了保证合作性解决方案的作用充分发挥或者其不足之处可以及时得以弥补，它们必须最终要有国家问责制的支持，并必须具有潜在的灵活性和弹性。单是这一前提，就显示了合作性解决方案只能补充传统的命令和控制的规制方法而不能取代它。那么，对于软的、以对话为基础的合作管治过程而言，等级制规制方法承担了担保人的角色。软性的政策工具只有在国家硬性等级规制支持的情况下才能有效，为了防止前者的失败，国家硬性

---

① SRU, Umweltgutachten 1998: Umweltschutz: Erreichtes sichern-neue Wege gehen, Stuttgart: Metzler-Poeschel, 1998.

② T. De Bruijn and V. Norberg-Bohm (Eds.), *Industrial Transformation: Environmental Policy Innovation in the United States and Europe*, Cambridge: MIT Press, 2005.

③ OECD, Voluntary Approaches for Environmental Policy, Paris: OECD, 2003, p. 14.

④ A. Jordan, R. K. W. Wurzel, A. R. Zito and L. Brückner, “Policy Innovation or ‘Muddling Through’? ‘New’ Environmental Policy Instruments in the United Kingdom,” in A. Jordan, R. K. W. Wurzel and A. R Zito (Eds.), *‘New’ Instruments of Environmental Governance? National Experiences and Prospects. Environmental Politics*, 12(1), London: Frank Cass Publishers, 2003, pp. 179-198.

规制已经作为“门后的大棒”预备在那里。[①]

实现潜在的合作性解决方案的能力同时还取决于它们采取何种形式来适应这一情况。比如，合作性解决方案在有些部门中的使用要多于另一些部门。自1989年开始的荷兰环境规划评估已经表明，产业协会的规模以及它们采取约束性承诺能力是一个非常重要的因素。总体而言，与拥有较少行为体的产业协会——例如能源、化工或汽车工业——进行谈判，解决方案通常容易达成；同时，拥有广泛和松散成员的环境相关部门——例如农业、汽车司机或消费者，更能够受到传统规制方式的影响。

同时，这里顺便提一下关于合作协商体系的民主理论的必要条件。这些条件与这样一个理想的目标相关：即将协商引入到议会民主进程，并且要防止政府各个部门通过相关协议的制定来对议会协商进行约束。保持透明度、多元化以及保护边缘群体的利益这样的必要要求，必须得到遵守。

鉴于合作政策工具的上述潜在缺点，这一路径的再定位对于环境政治总体而言，是不会起到太大的帮助作用。合作路径最好作为直接规制的辅助性手段。

(5)参与、自我规制和“能动型国家”

在参与的名义下，21世纪议程管理模型以及《奥胡斯公约》的目标就是通过促进民间行为体介入政策形成和强制执行的过程来充分开拓民间行为体的潜力。这一模式超越了合作路径所理解的参与，它们只是将产业部门纳入了政策制定过程，而没有给予环境游说集团或具有相关利益的个体经营者以充分的重视。参与路径的目标就是将政策项目(特别是可持续发展进程)置于更广阔的社会基础之上，以动员那些迄今为止我们不常利用的支持者和智囊团。促进市民和非政府组织的加入，会为环境政策提供更多从未开发过的潜力性资源。在各种环境压力下，上述这些行为体增加了环境自我规制的影响力。比如，自然保护组织通过积极行动来推进政府颁布《动物栖息地指令》来设定保护区并买进土地。又如，

---

① M. De Clercq (Ed.), *Negotiating Environmental Agreements in Europe: Critical Factors for Success*, Cheltenham/Northampton: Edward Elgar, 2002.

环境非政府组织通过自身行动直接影响政府规划审批的决策或者零售链条的产品范围。[①] 市民作为一个消费者可以发挥自身的能力，构建一种更加深入的参与形式。

与我们所提及的其他的新政策工具一样，环境政策议题的参与就其自身而言，要求还是非常苛刻的，它以一种能动型国家为前提。[②] 市民作为环境政策的附加性资源力量，需要政府为其提供一个具有充分权力和信息的激励体系以及加强相关基础设施建设。这包括市场上所有产品的环境资格证书的公开透明化、获取信息的权利以及公众和环境团体参与并诉诸法律的权利。公众的参与意愿也以最低限度的、准确的和着重关注具体问题的媒体的环境报道为前提。

市民组织的参与作为一种管理挑战，需要相应的人员和技能，这一点绝对不能忽视。另外，这种管理挑战就是要塑造参与过程，从而将各种关键利益容纳在内，给相关的专家充分发表政策意见的机会和渠道，而不是让他们的积极性白白浪费在没有结果的争论之中。如果相关的表达政策意见的话语渠道不畅或者缺失的话，那么，这种负面的经验会导致对《21世纪议程》激情的减损。参与路径能够加强还是减弱（通过去动机化）环境政策的效力，主要取决于其路径设计中的技巧使用。参与过程并不是一个内在的成功保证，它们往往出乎我们的意料之外。

参与过程既不能阻碍有效的政策和行政运行过程中所需的宝贵时间和人力资源，同时也必须不能通过分担铺垫责任而透支环境非政府组织的能力。因此，如果民间行为体能够事半功倍地促进长期环境政策的成功，为了鉴别管治面临的挑战，选择性参与规则的制定应该予以适当考虑。

(6)多层管治

如果不讨论多层管治的话，我们的调查分析就是不完整的。由于其高度的复杂性，多层管治为规制的有效性提出了一项重要的挑战。在多

---

① J. Conrad (Ed.), *Environmental Management in European Companies*, Amsterdam: Gordon & Breach, 1998, pp. 161-182.

② SRU, Umweltgutachten 2002: Für eine neue Vorreiterrolle, Stuttgart: Metzler-Poeschel, 2002, pp. 86-122.

层管治模式中，最大的问题在于它带来了割裂责任界限的风险，也为一些逃避责任的行为提供了大量借口，同时也使政策形成结构在很大程度上缺乏透明度。而另一方面，多层管治又为环境管治开启了新的路径，并提供了更多的解决问题的机会，特别是在处理持久性环境难题上面。这里，主要的成功案例是我们已经深入探讨过的里约进程。6400个地方《21世纪议程》的颁布得益于一种全球层面的战略建议，因为与环境相关的城市伙伴关系强调了地方和全球层面在环境政策上互动的重要性，并促进了基于地方环境治理的全球联盟的形成。

从民族国家的立场来看，无论是在全球、欧洲或国家范围内的协调行动，还是与辅助性原则相耦合的权力分散化，都与为促进实现高水平环境保护而实施的能力建设和提供灵活性这样的政策手段同样有效。然而，实际可以达到的治理水平往往会随着问题的性质不同而有显著的区别。所以，这一问题也许会成为制定可行的环境管治范式过程中的最大挑战，而针对这一问题所提出的具有洞察力的解答将引起更多学者的关注。

如果环境管治水平的提高更多缘于地方层面可获得的信息进行决策的话，那么，地方分权战略尤为适用。[①] 在自然保护、农业环境措施和交通政策等领域，存在很多这种情况。然而，针对一个范围更为广泛的目标，地方分权战略的运用则比较有限，因为，当外在性力量发挥着主要作用或者需要在较低层面进行一种协调的时候，地方决策无法代表国家或欧盟层面的立场。

经验表明，与强制汇报相耦合的战略性目标一般适用于较高的层面，在较低层面执行时应该尽可能为灵活性以及相关竞争留有足够的空间。比如在德国，这意味着联邦政府需要一方面强化自身的作用，另一方面又要为16个州在实施政策的时候留有足够的灵活性空间，使其在联邦实施框架下具有更强的竞争性。

3. 新政策工具的成功标准

这里所列出的环境管治概念都具有提高问题解决能力的潜能。但正

---

① F. W. Scharpf, B. Reissert and F. Schnabel, *Politikverflechtung: Theorie und Empirie des kooperativen Föderalismus in der Bundesrepublik*, Kronberg: Scriptor Verlag, 1976.

如我们所见，这些政策工具实施本身都需要较为苛刻的条件，在一定程度上，缺乏特定的前提条件只能带来副作用，反而达不到预期的目标。

接下来我们将讨论三个重要的成功标准：①能力建设；②明确定义国家发挥影响力时的角色，特别对于"软"形式管治的保证机制；③提高民族国家在全球和欧洲多层管治体系中的作用。

(1)建设和"积蓄"能力

里约进程及其雄心勃勃的管治路径，比如各部门战略的发展，都表明每一个战略必须从能力评估入手，从评估结论中分析出可利用的能力。[①] 在国家方面，更为雄心勃勃的政策工具需要具备相应的更高能力。这对位于可持续发展战略重要层面中的战略路径而言是不可或缺的，而且它同时又是部门战略的一个前提。在这种情况下，它应该被命名为能力建设，在《21 世纪议程》的两个章节中都提到了能力建设这一概念，同时也用了能力评估的概念，在这种背景下，我们应该重申能力建设的重要性。这些建议大部分同发展中国家的能力建设相关，但对能力建设的需求不仅限于发展中国家。正如我们已经证实的，环境政策一体化和公众的参与是以国家能力的增强为前提的。忽视能力建设的需求或者无视改善管理的需要，是造成目前问题的主要原因之一。[②] 能力不足本身同措施类型的选择无关，但却与卢曼所说的"可行性条件"[③]有关。能力不能被精确地测量，但如果缺失的话，则非常显而易见：如果知识、原料、人员、政治资源或制度前提缺失的话，再好的政策工具选择也无法发挥其应有作用。在这种实例中，能力建设或能力发展都是必不可少的，除非允许降低目标而作为代替性选择。[④] 环境政策能力建设以及该能力对可持续发展的影响沿

---

① D. Bouille and S. McDade, "Capacity Development," in T. Johannson and J. Goldemberg (Eds.), *Energy for Sustainable Development: A Policy Agenda*, New York: UNDP, 2002, pp. 192-200.

② M. Jänicke, „Die Rolle des Nationalstaats in der globalen Umweltpolitik," *Zehn Thesen*, *Aus Politik und Zeitgeschichte*, Issue B27/2003, pp. 6-11.

③ N. Luhmann, *Ecological Communication*, Chicago: University of Chicago Press, 1989, p. 89.

④ D. Bouille and S. McDade, "Capacity Development," in T. Johannson and J. Goldemberg (Eds.), *Energy for Sustainable Development: A Policy Agenda*, New York: UNDP, 2002, pp. 173-205.

着以下三个向度展开[1]：①人员向度，由所涉行为体的能力构成；②制度向度，比如协调相互冲突利益的能力或者实施监控的能力；③系统向度（同“环境授权”相关），比如法律框架、获得信息的广泛途径以及网络能力。

解决棘手的长期性难题时，需要将注意力放在一个长期的制度变革上，而且具备充分的人力和物质资源。系统地说，这同时还是一个社会意识问题。在一定程度上，它关系到对此问题的公共认同以及是否做好了准备去接受那些要求苛刻的解决方式，并且，能力建设这一议题最终还需发挥媒体的作用。考虑到公共环境意识资源的多变和稀缺，这里比较可行的路径就是与主要的媒体集团进行战略性对话，这类似于在德国就媒体描写暴力这一问题所进行的对话。

环境非政府组织在范围日益扩大的政策形成及政策决策过程中扮演着积极能动的角色，这同时也反映了一种能力的提升。这不仅仅是网络建设或联盟建设的问题。对此，2000 年的德国可再生能源法案的最终采纳可以很好地说明这一点。[2] 这一过程，不仅涉及拥有范围广泛的政党支持者的国会议员之间的协作，而且也涉及许多组织之间的协作，如机械机器制造业协会（VDMA）、国家金属制造工业联盟（IG-Metall）、国家城市社团协会（VKU），甚至包括来自农业部门的支持团体等。根据前面所列出的前提条件，环境政策的整合（基于环境关切的部门间学习）同样有助于能力建设。承担着环境风险的各部门，其绿色解决方案的倡议最能体现该行业领域的革新能力所在。它们的影响力可以进一步在制度层面得以强化。然而，这也取决于环境部的角色是否能够得到全面的强化，不论在制度建构，还是在人力资源上，都能够得以扩展。

在这种情况下，绝大多数能力建设都是国家部门的需要。但在能力建设的需求与日益增强的“更少国家干预”的呼吁之间存在一种明显的张力。在涉及具体的规制和监督过程时，环境管治的现代模式有助于能力

① B. Dalal-Clayton and S. Bass, *Sustainable Development Strategies: A Resource Book*, International Institute for Environment and Development, London: Earthscan Publications Ltd., 2002.

② M. Bechberger, Das Erneuerbare-Energien-Gesetz (EEG): Eine Analyse des Politikformulierungsprozesses, FFU Report 00-06, Berlin: Environmental Policy Research Centre, 2000.

的积蓄。这同样适用于政治理性化效应，这一效应来自于以下事实：即经过谈判协调的解决方案，完全可以绕过冗长的制度决策路径而使问题得以有效解决。然而，国家作为政策推进者或者是监督管理者，需要协商体系中的合作者以及目标制定过程的管理者，特别是部门战略制定中需要额外的技巧以及人力资源。在这种情况下，不加选择地裁减政府人员以及削弱政府的管理——仅仅因为它是国家所做的事就整顿国家的行动，可能会适得其反而带来严重的后果。

最后，仍然重要的是，解决持久性环境难题的能力建设还包括行为体的战略能力提升。战略能力可以被理解为一种促使长期性全局利益超越短期性次要利益的能力。[①] 战略能力的条件不是非常稳定，因为长期性全局的利益不同于短期性次要利益，后者总是更能吸引人们的注意力并能尽快获得[②]，而且短期利益的时间跨度也与市场及选举的周期循环相一致。首先，存在着这样一种紧张态势，就是一方面通过短期性利益来号召广泛的利益群体的参与和合作，而另一方面则呼吁着眼于长期性利益的战略能力的提升。集体战略能力与需要协调的组织数量以及组织之间的竞争强度呈负相关的关系。[③] 然而，此处政策制定的参与广度（或强制执行度）以及对政策制定者数量的限制，都是必不可少的。实际政策制定过程中的参政咨询的广度以及参与的受限度绝对不是相互排斥的。后者也可以通过明确的政策决策权力的分配来加以促进，这在复杂的联邦制体系中（如德国）显得尤为重要。为促进持久性环境难题的解决，创建易于管理的决策结构（以及在决策过程中限制否决点的数量）[④]是一个与能力建设相关的关键性前提条件。然而，这种易于管理的决策结构同样也会造成在一个合作型多层管治以及多部门管治体系中妥协现象的出现。另

---

① Martin Jänicke, P. Kunig and M. Stitzel, *Umweltpolitik: Politik, Recht und Management des Umweltschutzes in Staat und Unternehmen* (2nd Ed.), Bonn: Dietz, 2003, p. 455.

② M. Olson, *The Logic of Collective Action*, Cambridge, Mass.: Harvard University Press, 1965.

③ D. Jansen, „Das Problem der Akteursqualität korporativer Akteure," in A. Benz and W. Seibel (Eds.), *Theorieentwicklung in der Politikwissenschaf: eine Zwischenbilanz*, Baden-Baden: Nomos, 1997, p. 224.

④ G. Tsebelis, *Veto Players: How Political Institutions Work*, Princeton: Princeton University Press, 2002.

外，竞争的强度并不仅仅与工业协会之间的合作相关。在德国政党体系中存在的对抗性政治风格（尤其是20世纪90年代以来），成为又一个需要克服的屏障：议会体系中的战略能力体现为首先需要在基本议题上形成最低程度的共识（这种共识通常在较小的欧盟成员国内较容易形成并得以进一步发展），否则长期性目标在历届政府更替中很难幸存。

在雄心勃勃的环境管治模式以及相应的能力建设需求（所需解决的问题）之间，存在一种张力。政府尤其需要通过逐步探索来吸纳那些有助于能力积蓄的管治形式，从而减轻国家的负担，并且尽可能地实现一种"小政府"的理念（如下）：

"能力积蓄"范例的政策工具

- 各种"等级制阴影之下的协商"可以使绕过繁琐的制度化政策决策过程成为可能。
- 尤其是国家尽早提出解决问题的路标方向可以给相关环境部门以可信赖的行动暗示，从而为政策工具的适应过程留有机会。
- 直到明确的撤销命令下达之前，运行和应用临时标准。
- 专注于战略目标。
- 调整现有环境部门在政府各部门中（经济、交通和农业）的角色，从一种仅代表环境部的监督职能转变为更为系统地贯彻环境方面考虑，促进各部门环境政策整合机制。
- 在其他的政策制定层面使用和促进政策决策进程。
- 关注焦点事件，发掘行动机会，从环境危机（如疯牛病）到价格突涨（如石油价格上扬）。
- 从其他国家可以转移的政策中吸纳最优实践。
- 充分利用互联网，比如，借助网络手段作为参政咨询的辅助性工具。

任何解决方案都要针对引发问题的根源而不是表面症状，这是一个能力自然发挥、释放的过程。首先，在此强调的管治路径能够潜在地促进国家释放其能力，这种管治路径不仅指环境政策的整合，还包括环境目标的定位、环境合作和参与。这也是它们首先被提出的原因之一。但从迄今为止所获得的经验中，我们发现，必须强调这些路径有着自身的能力建设需求，如果忽视这些，必然会导致失败。

(2)国家在变化了的管治模式中的作用

在复杂的多层以及多部门环境管治中，私营部门行为体部分或者大规模地参与其中，这必然需要足够的指导。这既关系到发挥责任和运用能力的结构，又关系到政策的参与以及国家作用的发挥。

国家行为体已经介入到所有的政策层面。比如，在里约热内卢和约翰内斯堡环境大会上的政策制定，主要源自于政府代表的参与。市民参与以及与非政府组织的合作，可能在所有的层面都变得愈发显而易见，但迄今为止，这并不意味着民族国家在国家或者国际层面影响力的降低。[①] 国家行为体同样在各种同环境相关的工业部门以及相应的政策部门中发挥着重要作用。

与此同时，国家行为体的政治影响还取决于不同的管治模式，这些基于“去国家化”、“去规制化”等的新管治模式强调了对政府作用的弱化。除了简化法律的努力以外，这主要涉及国家与市民或经济行为体之间所形成的伙伴关系中的共同规制以及某些情况下的自我规制与政策自主。

但所有这些都会导致一个矛盾：一方面，新的管治形式提出的主要理由是国家行为缺乏效率和效力，即国家管治本身不能有效地为政策接受者提供真实的或者假定的运行动力。另一方面，新的环境管治模式趋向于造成一种模糊的、纠缠不清的责任界限，而这最终导致效率更低而不是更高。如果假设每一个人都负有责任的话，最后的分析结果就是，每个人其实都没有负责。同时，迄今为止，对于提高国家的能力建设还缺乏足够的评估。因此，为了确保重要的公共利益以及责任(这样的责任也许可以被代表，但作为一种规范性原则不能被废除)，在不同的制度性责任中，国家必须发挥它自身的影响力。依据这一前提，如果转移到私营部门行为体的活动未能成功展开的话，那么在不同政策层面，国家机构必须履行其保证人的角色，接手那些棘手的问题。尤其是针对本章所关心的持久性环境难题的应对，如果被授权的问题未能成功解决，国家必须是首位的“避风港”以及最终的依靠。

---

① K. Raustiala, “States, NGOs and international environmental institutions,” *International Studies Quarterly*, 41(4) ,1997, pp. 719-740.

但在最初对问题的正式界定上，国家的角色定位就受到特定的限制。对于私营部门的政策目标而言，国家的态度本身就是一个有力的信号，尤其是在可以作为创新来源的、与环境相关的产业部门。① 鉴于此，国家必须明确指出自身对正式界定该问题的态度，以表明国家主管当局作为最终保证人的角色。在推行相关环境解决方案的时候，如果私营部门行为体未能成功或者没有按预期作出反应的话，那么还可以依赖国家主管当局来处理此问题。基于对革新行为的研究可以得知，仅仅这种后果的威胁就可以激发革新过程。② 因此，等级制规制起着不可或缺的作用，其中包括以制裁为基础的监管法律。在任何情况下，软性合作型管治都需要这样的规制功能来保证其成功的希望，并且实现减轻国家负担的目的。这种保证功能越值得信赖，需要这种保证的可能性就越小。基于此，强调环境治理中国家应该发挥的那部分作用，在此显得尤为重要，特别是在寻求更为灵活的解决手段的时候，国家的保证作用必不可少。乔丹(Jordan)等学者顺着同样的路径总结道，“环境管治至多是一种补充手段，总体而言政府规制手段的大部分功能是不可替代的”③。

事实证明，合作性政策工具绝对不能实现对传统的命令控制模式的全面替代，即使对于里约环境峰会之后所出现的新的管治模式而言，大约80％的欧盟环境政策措施依然属于命令控制类型。④

(3)民族国家的角色：

国家的总体功能及其重要性不是当前环境政策工具争论中唯一需要澄清的基本议题。还需要阐明的是，民族国家在具体治理层面中的身份

---

① Klaus Jacob, *Innovationsorientierte Chemikalienpolitik: Politische, soziale und ökonomische Faktoren des verminderten Gebrauchs gefährlicher Stoffe*, Munich: Herbert Utz Verlag, 1999.

② SRU, Umweltgutachten 2002: Für eine neue Vorreiterrolle, Stuttgart: Metzler-Poeschel, 2002.

③ A. Jordan, R. K. W. Wurzel and A. R. Zito (Eds.), "'New' instruments of environmental governance? National experiences and prospects," *Environmental Politics*, 12(1), London: Frank Cass Publishers, 2003.

④ K. Holzinger, C. Knill, and A. Schäfer, „Steuerungswandel in der europäischen Umweltpolitik?" In K. Holzinger, C. Knill and D. Lehmkuhl, (Eds.), *Politische Steuerung im Wandel: Der Einfluss von Ideen und Problemstrukturen*, Opladen: Leske and Budrich, 2003, p. 119.

究竟如何。因为，在全球或欧洲多层管治的框架中，民族国家是阻碍了还是促进了环境政策的解决，这仍然是一个具有高度争议性的问题。同样并行存在的第二个争论议题就是，鉴于经济和社会的全球化或者欧洲一体化，国家行动的范围有多大。

德国环境顾问委员会（The German Advisory Council on the Environment）在其2002年环境报告《走向新的领导角色》中详细地探讨了这一问题[①]，并得出以下结论：先进的工业化国家——尤其像德国这样的国家——不仅能够抓住主要机会在国际革新竞赛中大力发展环境技术，以此加快推进国际市场的"绿化"，而且还能够为环境政策行动提供新的机会和必要条件。接下来，我们旨在重新审视这一形势，并在一系列命题中开始一种尝试，从而试图将一部分复杂性议题从较混杂的环境治理领域中分离出来。

①全球竞争和政策制定的国际化看上去无疑都限制了民族国家的能力和主权。对汽车碳排放征税、全球经济管治、工资水平和福利政策的调整等，都是以国家政策为代价适应压力的例子。与环境政策方面相似的例子还有很多，如世贸组织（WTO）或欧盟的无偿援助。然而，民族国家环境政策并不是全球化中的一名"失利者"，迄今为止，在欧盟的框架下，它解决问题的能力也没有受到严重削弱。当然，其中的反例也被记录在册。这与两方面相关：一是当欧盟内部的规制竞争成为可能；二是基于技术方面的对环境政策的特殊关切。

②对国家主权的限制是国家融入欧洲或者全球决策结构之后符合逻辑的结果。然而，它们不应该被理解为国家解决问题能力的降低。相反，国家间的集体行动可以提高解决环境问题的能力。如果环境问题在本质上具有潜在的全球性而不是被局限在单一国家，这一行动就是不可避免的。当国际市场的运行环境发生相应改变时，只有通过集体行动才能实现问题的解决。

③发达工业化国家作为环境政策的先驱国家，在这一过程中起了特

---

① SRU，Umweltgutachten 2002：Für eine neue Vorreiterrolle，Stuttgart：Metzler-Poeschel，2002.

殊的作用。早在20世纪70年代,就有一些先驱国家开始提出自身的环境政策,作为相对独立的政策组合。冷战的结束,预示着政策领域竞争的加剧以及民族国家之间争夺的增多,这进一步促进了国家之间环境政策的竞争,各民族国家之间也开始关注环境领域的革新竞争。之前很难想象欧洲的小国家,如瑞典、荷兰或丹麦在全球环境政策发展领域有如此大的影响力。但在过去的十年中,它们都成为环境政策制定方面的典范。更为有趣的是,这些先驱国家都与世界市场融合得非常紧密。[1]

④环境规制的质量同竞争性紧密相关。[2] 即使因果关系的方向不是很明确,一种系统性的负相关关系也可以排除,即雄心勃勃的环境政策与国家在世界市场中的整合这两个要素之间呈现出正相关的因果联系。

⑤实证研究并未证实,在环境政策领域中存在一种"竞次现象"[3]。这部分得益于当今环境议题领域的发展同技术的快速发展紧密相连,所以,发达国家之间基于质量的竞争变得日益重要。因此,国家革新体系继而得到高度的重视。促进基于环境技术革新的"领导型市场"的发展,已经被证实是民族国家(包括像丹麦这样的小国家)环境政策领域中的关键性活动。

⑥在全球多层管治体系中,民族国家本身拥有很多重要的资源和特性,并在许多政策层面上拥有其他行为体无法替代的功能。这些功能包括:财力资源;对合法性统治的垄断;精细分化的部门性专业知识技能并且占据着一些高度发展的网络性结构,如政府部门代表所参加的各种国际性网络。另外,同样重要的是,相对于超国家和次国家层面,国家层面所存在的政治民众以及合法性压力(尤其是对环境的关切)是独一无二的。相比较而言,合作性管治模式同样最适于在国家层面运行。[4] 尽管存

---

① M. Jänicke, P. Kunig and M. Stitzel, *Umweltpolitik. Politik, Recht und Management des Umweltschutzes in Staat und Unternehmen* (2nd Ed.), Bonn: Dietz, 2003, p. 455.

② World Economic Forum, *Global Competitiveness Report 2000*, New York: Oxford University Press, 2000, p. 352.

③ SRU, Umweltgutachten 2002: Für eine neue Vorreiterrolle, Stuttgart: Metzler-Poeschel, 2002, pp. 83-84.

④ A. Jordan, R. K. W. Wurzel and A. R. Zito (Eds.), "'New' instruments of environmental governance? National experiences and prospects," *Environmental Politics*, 12(1), London: Frank Cass Publishers, 2003, p. 222.

在一些广泛的“去规制化”以及“去国家化”的言论，国家政府依然是民众第一位的“避风港”，特别是在一些紧急的灾害事件中。如 2002 年，德国洪水暴发，国家在其中发挥了极为重要的作用。

因此，在多层环境政策管治体系中，包括欧盟在内，国家层面都依然是至关重要的。当然，这也必然需要欧洲超国家层面和国际层面的一种整合。然而，如果超国家层面或者次国家层面的行动失败，那么多层管治本身就需要一位保证人来承担最后的责任。基于此，国家毫无疑问地成为最后的保证人。因此，在长期性的环境政策实施过程中，国家必须保留并拓展自己的职能，扮演好最后保证人的角色。尽管存在关于国家弱化的批评性言论，但环境管治的前提条件是，首先要保证环境政策在国家层面能够被较好地履行。

## 三、结论

虽然传统的、基于等级规则的管治模式在欧盟环境政策中还占有大约 80%的份额，但在环境管治的名义下出现了很多新的规制途径。然而，探索这些管治新路径的动机似乎有些相互矛盾。一方面，新管治路径的提出是为了提高环境政策的效力，虽然取得了部分性成功，但多数的案例未能从长远的角度来改善环境质量。另一方面，新的规制模式的提出还出于以下目的：一是减轻国家管治的负担，从积极意义上说，这是较为合适的；二是“去规制化”，但摆脱国家的规制必然会带来很多问题。当然，提高管治效率和去规制化这两种立场有着很多重合的地方。针对持久性棘手的环境难题的新特征，探索更为高效的政策工具是至关紧要的。从总体原则而言，这是一个正确的方向。然而，这需要更为理性地管理国家的能力。这一议题在《21 世纪议程》(1992)中曾被提到过，但迄今为止仍被公然忽视。

本章总体的结论是，在可持续发展战略中，仅仅有雄心勃勃的目标或者基于环境政策整合的管治新路径，不足以取得成功，同时还不能缺少国家职能及其相应的行政管理部门能力的发挥。等级制规制之外的管治路径大部分基于合作性质，它们的主要目标可以归纳为：一方面要减少国家的负担，弱化国家的职能；另一方面又对国家行政能力的提高提出了大量

的要求，以提高环境管治效率。这就引出了另外一个问题，即到目前为止，扩散性新政策工具到底从多大程度上减轻了国家的负担，它们的表现又如何提高了对持久性环境难题的应对能力？

迄今为止，国际环境政策制度的扩散并没有降低国家的影响力。相反，民族国家现在扮演了多重角色：解决国内层面的环境问题，协商谈判并执行相关国际条约，调整国家政策以适应越来越多的国际法，等等。在全球多层管治体系中，国家拥有更多的重要功能和资源，这是其他政策层面行为体所不具备的（无法达到功能性的对等）。

（马丁·耶内克、黑尔格·尤尔根斯）

# 第九章　协调可持续发展：对现状的评估

**[内容提要]**本章基于对19个发展中国家和发达国家的案例比较研究，评价了可持续发展战略的现状。我们感兴趣的是：实施可持续发展的制度性结构在过去的十年中是怎样发展的；为了实现这一战略，各国政府实际上做了什么；关于这一战略的制度性革新是什么；我们能够发现哪些类型。为此，我们构建了一个简单的战略行动分析框架。基于这一框架，我们的分析结构如下：领导、计划、实施、监督、协调以及参与。尽管已经取得了一些实质性的进步，但我们的发现表明，国家仍旧处于走向可持续发展有效行动的学习早期阶段。令人感兴趣的是，我们并没有发现发展中国家和发达国家之间存在许多差异。相反，所有的国家都在为由话语转为行动而斗争。依然没有解决的关键性挑战包括：(1)与国家预算的协调；(2)与次国家层面上的可持续发展战略协调；(3)与其他的国家层面上的战略进程相协调。

在过去的十年间，联合国已经不断地要求各国通过国家的可持续发展战略的创建，采取促进可持续发展的战略性的、相互协调的行动。尽管可持续发展这一概念已经成功将其自身确立为一种核心指导原则，去指导处于公共和集体决策所有层面上的不同的政治制度，但将这一概念转化为具体的实际行动，已被证明是一件面临诸多困难与挑战的事情。在1992年的地球峰会五年之后，一个联合国特别会议得出了一个令人沮丧的进程评论：为了促使可持续发展得以认真贯彻实施，各国政府需要在政

治上给予适当的重视，总体上说，各国的失败案例数量超过了个别的成功故事。

这个评估引导各国同意这样一个目标：到2002年约翰内斯堡世界可持续发展峰会（WSSD）时，各国都创建一个"国家可持续发展战略（NSDS）"。在经合组织和联合国的积极推动下，几乎所有的国家都加强努力，随后在世界可持续发展峰会前后，制订了新的或修订了国家可持续发展战略。

把一个宽泛的可持续发展范式转化为具体行动遭遇到了许多问题。国际机构[①]以及一些学者[②]已经创制了许多促进国家可持续发展战略的成功的实践标准。在最近几年里，它们已经较广泛地思考并一再讨论这些问题。这些标准的清单包括：长远视野以及它们与短期行动的连接、横向和纵向协调的制度、社会利益相关方的广泛参与以及对行动的持续不断的监督。

然而，这些方法与现代政府的核心功能原则相冲突，也是一个众所周知的事实，像部门责任的分割、政策发展的路径依赖或消极的协调模式。政府对长期发展行动的考量更多地受到选举和预算周期的短期性特征的制约。为了回应这些冲突，可持续发展战略经常被作为一个通过经验学习和持续性适应、而不是通过挑战现存制度和权力结构来促进变化的工具。这种方法是以循序渐进的程序为标志性特征的："通过共识性的、有效的、反复讨论的过程来发展一种根本的远见卓识；不断地提出目标，明

---

① OECD, Sustainable Development, Critical Issues, Paris: OECD, 2002; OECD-DAC, The DAC Guidelines: Strategies for Sustainable Development: Guidance for Development Cooperation. Development Cooperation Committee, 2001. Available: http://www.sourceOECD.org (Accessed: 2004, April).

② B. Dalal-Clayton and S. Bass, *Sustainable Development Strategies: A Resource Book*, International Institute for Environment and Development, London: Earthscan Publications Ltd., 2002; Martin Jänicke and Helge Jörgens (Eds.), *Umweltplanung im internationalen Vergleich: Strategien der Nachhaltigkeit* [*Environmental Planning in International Comparison: Strategies of Sustainability*], Berlin: Springer, 2000; A. Martinuzzi and R. Steurer, "The Austrian Strategy for Sustainable Development: Process Review and Policy Analysis," *European Environment*, 13(4), 2003, pp. 269-287.

确实现它们的方式并予以监督，然后以此作为下一轮学习过程的指导原则。”[①]

在许多国家实施了十多年促进可持续发展的战略性和协调性行动之后，我们已可以适时作一个评估总结：迄今为止，我们取得了哪些成就；在发展中与发达国家，制度方面得到了怎样的发展；为了符合一体化的长期决策、学习和适应的需要，国家在什么样的程度上重组了制度结构；在发展中和发达国家之间明显的差异是继续存在还是逐渐趋同。

过去几年间，许多研究者已经对国家层面上取得的进步进行了评估。最近，人们的注意力已经从内容转向了程序和制度方面。本章通过比较19个发展中和发达国家在战略性和协调性行动中遇到的挑战、采取的方式和革新，为这一不断发展的研究领域提供知识增量。在当前思考的基础上，我们构建了一个简单分析模式，包括战略性管理的许多重要方面，比如领导、计划、实施、监督、协调和参与。依此，我们希望创建一个辅助政府管理者和政策制定者的实用工具箱。[②]

本章按照如下步骤进行：首先，讨论我们的分析框架和研究方法。随后，围绕战略性管理的原则，特别聚焦于战略协调所面临的挑战，提出我们的经验性研究发现。为了清晰阐述战略性管理的每一个方面，我们将首先简要介绍这些挑战和研究发现，然后简短介绍几个“最优实践”的案例。最后一部分得出我们的研究结论，集中于可能的发展趋势，并讨论以下问题：当前在发展中和发达国家都在进行的政府制度结构改革，是否足

---

① B. Dalal-Clayton and S. Bass, *Sustainable Development Strategies*: *A Resource Book*, International Institute for Environment and Development, London: Earthscan Publications Ltd., 2002.

② 本章着眼于可持续发展的进程而不是内容。可持续发展战略(SDS)在什么样的程度上导致可持续发展(SD)取得切实进展是另外一个问题——尽管是一个关键的问题。我们并没有假定一个好的进程总会导致一个“好的”结果，但对进程的评估，为我们对有效性的评估提供了一个必要的代替，并能够提供一些实用信息(对全球环境治理有效性评估分析的一个相似的结论可参见：N. Eckley, et al., *Desgining Effective Assessment*: *The role of Participation*, *Science and Governance*, *and Focus*, Cambridge, MA: Research and Assessment Systems for Sustainability, Environment and Natural Resource Program, Harvard University, 2001; L. Pintér, Making Global Integrated Environmental Assessment Matter. PhD Dissertation, University of Minnesota, 2002)。我们的研究目的并不是为了制造一个“如何”去一步一步地实施可持续发展战略进程的手册。相反，本章主要概括了在整个战略进程的各个阶段所遭遇到的一些关键挑战、方法与工具、战略革新的综合模式。

以较好地适应实施一种持续适应和学习的可持续发展方式所必然包含的战略性转变。[①]

## 一、分析框架与研究方法

在政府的实践中，像可持续发展这样跨越多个领域的交叉性问题的成功整合可以被描述为以下一系列功能性领域：

(1)领导——政府机构必须发展一种根本性的远见卓识，并通过提出总体的战略目标，使这种远见卓识达到具体化。这个过程也必须被一个高层次的政治承诺所支撑。

(2)计划——政府机构必须界定达到这些目标的手段和方式(制度性机制、纲领性规划以及具体的政策动议)。

(3)实施——政府机构必须执行且为一系列政策动议(根据上述计划的要求)提供资金。

(4)监督、核查和改进——政府机构必须制定、监督并报告其所测量的指标：实施政策动议中的进步，国家的经济、社会和环境状况。

战略管理的这四个阶段与 2002 年《可持续发展资源手册》一书所创立的管理可持续发展战略的渐进提高方法密切相关。除此之外，我们集中于战略性管理的两个交叉方面，这是达拉尔—克莱顿(Dalal-Clayton)和巴斯(Bass)[②]所界定的，即协调(例如与其他战略进程、其他政府层面以及金融机制的协调)与促进各利益相关方的综合性参与。把这些与我们在案例研究中收集到的信息整合在一起，就得到一张挑战路线图(见图 9-1)。当然，我们并不假定实践进程一定要遵循这样一个线性模式，我们也意识到这些方面之间的重合。但是，基于对 19 个国家的比较研究，作为一个富有启发性的工具，创制这样一个路线图还是非常有用的。

① 本章的研究主要是建立在对 19 个国家的案例研究及其相关的综合报告的基础之上的。为了增强研究的可持续性，当论及某一政策革新的时候，我们应该避免从单个案例研究中引用。

② B. Dalal-Clayton and S. Bass, *Sustainable Development Strategies: A Resource Book*, International Institute for Environment and Development, London: Earthscan Publications Ltd., 2002.

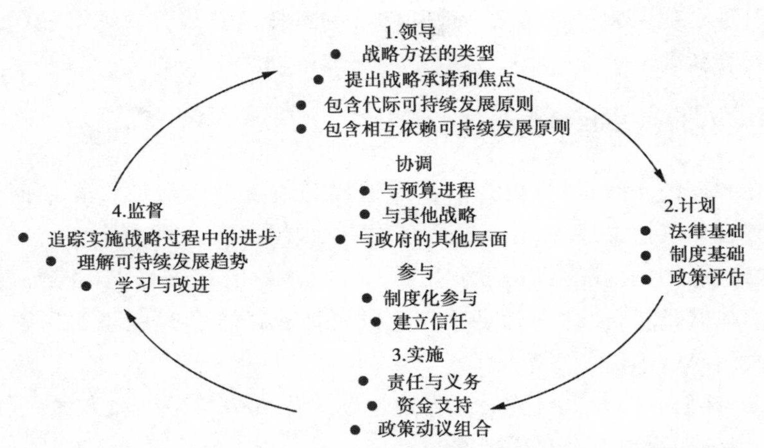


图 9-1　促进可持续发展的战略性和协调性行动的挑战路线图

（与战略性管理的关键原则相关）

图 9-1 资料来源：D. Swanson，L. Pinter，F. Bregha，A. Volkery and Klaus Jacob，*National Strategies for Sustainable Development：Challenges，Approaches and Innovations in Strategic and Coordinated Action*，Winnipeg：IISD，2004.（建立在达拉尔-克莱顿和巴斯 2002 年的研究基础之上）

我们的案例研究主要是以与政府官员访谈、政府的报告以及国际机构发布的评估报告为基础。这些数据主要是建立在自我报告的基础上，因此，我们回避了对战略实施情况的评价。鉴于国家战略中涵盖了宽泛的问题领域这一情况，要实施一个综合全面的评估，将要求收集比我们能够收集到的数据多许多的数据，然后在此基础上进行一个更加广泛的研究。

我们通过对世界范围内的 19 个发达和发展中国家的调研，既考察世界可持续发展峰会前，也考察此次峰会之后它们所做的努力。其中包括巴西、喀麦隆、加拿大、中国、哥斯达黎加、丹麦、德国、印度、马达加斯加、墨西哥、摩洛哥、菲律宾、波兰、南非、韩国、瑞典、瑞士、英国，还有欧盟。选择国家的标准主要包括：(1)发达和发展中国家较好的组合；(2)广泛的地理代表性；(3)先前的研究中没有过多的涉及；(4)包括一些至少是潜在的领导者以及发展途径较为多样化的国家。信息来源主要是公开的可获得资源（政府的战略文件、网络资源、文献资源）以及与政府官员的访谈。

国家可持续发展战略的焦点为我们的案例研究提供了一个反馈的机会，但这样的交流并不是在所有的案例中都很成功。

## 二、挑战、工具与革新

1. 领导

可持续发展的挑战关系到政府的所有部门和层面。所有相关行为体的有效承诺只有在一个积极领导者的带领下才能实现，这样的领导者能够为各个行为体提供清晰的前进方向，并及时跟踪它们的实际表现。任何承诺都必须被可操作化的、可量化的目标所支撑。从最好的角度来看，这反映了对可持续发展所涵盖的经济、社会和环境等各个系统的相互依赖性以及涉及当代以及将来几代人的需要的深刻认知。我们所研究的样本国家的战略，对这些方面的涵盖达到何种程度呢？我们的发现可概括如下：

战略路径的选择通常反映了一个国家长期坚持的制度框架条件、政策文化和规制阶梯。一种途径也许适合于在某一国家采取行动的一种具体环境，但却并不一定适合于另一个国家。国家必须采取一种能够满足其具体需要并与其制度框架条件相适应的战略方法——没有单一的秘诀。可持续性也可以被理解为不同的东西，这样，必须因地制宜地根据具体的情况制定出实际操作运转的战略。例如，消除贫困以及满足人类最基本需求的供应在发展中国家可能是战略努力的关注点，而生产和消费风格的改变以及生活质量的提高也许是发达国家行动的目标领域。我们观察到了四种主要的发展途径，它们都可服务于可持续发展目标的实现：综合性多维度途径（例如，菲律宾的国家 21 世纪议程、德国的国家可持续发展战略）、跨部门途径（例如，喀麦隆的可持续发展战略与减少贫困战略白皮书）、部门途径（例如，加拿大的各部可持续发展战略、英国的各部可持续发展战略）、把可持续发展整合到现存的其他计划中的途径（例如，墨西哥的国家发展计划）。所有这些不同的途径有一个共同的特点，那就是，它们的目标都是使可持续发展问题能够更好地整合到政府相关部门的决策之中。

如果一种承诺能够使已经清晰界定的目标更有效地实现，那么，它就能够展示其领导作用。量化的目标是一个强化承诺的共同标准。我们所研究的19个国家中的7个已经这样系统地发展了为实现可持续发展目标而制定的可量化、可测量的具体目标。例如，德国的国家可持续发展战略提供了21个目标，这些目标同时也可作为可持续发展进步的指标。喀麦隆的减少贫困战略白皮书在7个优先领域框定了14个政策领域和193项具体措施（每一项都有具体达到目标的日期）。英国的战略是以四个主要目标为核心的，这些目标被一系列重要指标和目标所支持，同时还规定了10项指导原则和方式。瑞典和丹麦也在提出核心领域的具体目标和实施措施方面，拥有良好的纪录。

然而，并不是目标的数量，而是目标的质量决定着领导作用的发挥。所有的国家都在为制定一个覆盖面广且条分缕析的行动战略而不断努力。这些战略或者是既有政策目标的集合，或者包含一些措辞模糊的新目标。

被激发的学习过程已经成为重点强调的一个重要目标，战略本身通常是各种不同行为体之间讨价还价的结果，反映了它们的利益冲突并追求折中与妥协。有的时候，战略包含一些值得突出强调的单一目标，因为它们已经超越了政策发展传统的短期议程。这方面的例子有：英国的可持续发展战略和它的中期气候保护目标，德国的国家可持续发展战略中的到2020年土地利用减少近75%的激进目标。

宪法条款是展示承诺的另一种方式。瑞士提供了一个有趣的例子：从1999年开始生效的新宪法把可持续发展提升到了国家目标的地位。它给政府的所有层面为促进可持续发展强加了一个约束性要求，甚至把可持续发展包含在了它的外交政策目标之中。在欧盟也可以观察到一个相似的途径：它把可持续原则以非常突出的位置框定在了《欧洲联盟条约》之中（以前的第3条和第6条）。当促进可持续发展行动的新政策建议必须被立法时，我们通常参考这些法律条款。

就可持续发展的代际原则来说，提出一个长期发展目标有助于形成一个更好的代际目标。但是，只有5个国家考虑到了战略前景要有清晰的代际特点，比如时距考虑到将来的25～30年（瑞典、丹麦、德国、菲律宾和墨西哥）。然而，虽然以现在的基本情形来推断目前的发展趋势，但它

们却并没有调查替代将来发展的可能性,也没有讨论其对严格决策可能造成的影响。

研究显示,经济、社会和环境向度之间的连接在所有国家中表现相当弱。在许多案例中,国家可持续发展战略只是国家的经济、社会和环境目标与计划的一个简单汇集,而并没有包含问题、目标与计划怎样相互影响——或积极或消极——这样一个根本的观念。有助于增进对于经济、社会和环境系统之间相互连接理解可资利用的工具是综合政策评价(Integrated Policy Appraisal)(例如英国所做的),或者是战略性可持续评价(Strategic Sustainability Assessment)(例如在瑞士的案例中)。值得强调的是,英国是世界上率先对法律草案开始进行综合政策评价的国家之一,从那以后,其实际的应用已经得以持续地扩散开来。现在,首相办公室有一个装备精良、训练有素的工作小组来组织并监督这项政策,它们为不同的部门提供行动准则和帮助,它们也被授权对综合评价的质量进行审查。另外,欧盟委员会最近也提出了一个雄心勃勃的"事先影响评价办法"。

2. 计划

计划是战略性管理圈的一个组成部分,对此,政府有着最多的经验。关键的挑战包括:(1)为计划进程确定一个清晰的法律授权;(2)战略性地思考计划引领进程的制度并加以贯彻实施;(3)对已有的政策计划、方案和动议进行可靠的评估。我们的研究发现可概括如下:

确定一个清晰的法律授权:只有 5 个国家(加拿大、欧盟、韩国、墨西哥和瑞士)对战略进程有一个清晰的法律授权。可以从中学习的一个例子是,1995 年加拿大对审计法令的修订,这一法令确立了一个清晰的法律授权,由此 25 个联邦部委都被要求每三年向议会提交一次可持续发展战略。这一方式在过去几年中运转得非常好,至少对战略的递交而言是如此。另外,在建立《欧洲联盟条约》中已经被讨论的一些条款也加强了欧盟的许多实际行动。比如,欧盟的国家可持续发展战略的发展、促进环境政策一体化的卡迪夫进程或将可持续性关切融入到里斯本进程的更好规制之中,等等。在墨西哥,可持续性关切要融入到整体发展计划之中,这已被宪法规定。虽然可持续性关切的一体化并不能通过跨越所有的部门,就可以始终如一地实现,但它至少在许多部门获得了一定的成功,比如在能源或交通部门。

提升制度安排的有效性：在10个国家，战略进程的制度基础仅限于环境部，这种安排限制了对各个政府部门的影响程度。在9个国家，由首相办公室、总统或其他核心领导机构来承担责任（即喀麦隆、中国、欧盟、德国、菲律宾、波兰、英国、韩国、瑞士，也可能包括马达加斯加），而在其他一些国家，是一种权限共享的情况，没有强烈的核心协调部门（加拿大、哥斯达黎加和摩洛哥）。

协调的责任向政府内部的核心机构转移必须被视为一个决定性的重大革新，这标志着可持续性问题已经在政治议程中赢得了更高的地位。的确，在一些机构中欠缺的人事能力通常限制了战略进程的有效协调。但也必须承认的是，通过首相办公室进行的中央协调也要允许政策的其他支持者在幕后发挥更加积极的作用。例如，环境部不再被迫在立场相互矛盾的其他部门之间充当调解人，而是能够积极地向前推动。这种经验至少已经由德国、英国、瑞士等国或欧盟的情况所证实。在这一点上的另一个革新就是所谓的"绿色内阁"，可以由几个部长或高级部长组成，并得到几个由高级公务员组成的委员会支持。例如，在德国，由一个绿色内阁管理可持续发展进程。这个内阁由总理办公室进行协调，似乎已经成为一个在高级政治决策过程中进行辩论和利益协调的新场所。相似的经验也在英国、瑞士和菲律宾等国得到证实，尽管这些国家的制度设计有一些微小的不同。在英国的内阁层次上，可持续发展政策是由内阁环境委员会所协调的。另外，每一个部委派了一名绿色部长组成内阁绿色部长次级委员会（Cabinet Sub-Committee of Green Ministers）。每一个绿色部长都负责确保把环境和可持续发展考量融入他们所在部的战略和政策之中。瑞士也选择了一条相似的途径，但在一个更低的层次上：在那里，一个由联邦委员会建立的各部之间的主任层次上的委员会来协调国家可持续发展战略实施的进程。在菲律宾，一个由国家经济发展局（National Economic Development Authority）副主席担任主席的菲律宾可持续发展理事会负责各项事务。在中国，责任由各个部委分担，比如国家计划委员会、国家科学与技术委员会与中国21世纪议程管理中心合作。国家的《21世纪议程》被高度地整合到了中国经济发展的五年计划之中，但很少

融入部门计划和总体的国家环境计划之中。

计划及其实施中的这些革新证明了可持续性问题向政府决策核心部门移动的趋势。但是，我们再次强调，如果这种转移仍保持口惠而实不至，或者如果决策过程未能被有效影响的话，任何确定性结论还为时过早。

用一个综合性的方式评价具体的政策动议：尽管已经有了长期的讨论和许多实践经验，但战略性环境评价(SEA)并没有成为政府的一项标准措施。19个国家中，只有8个国家使用了战略性环境评价，而甚至更少的国家发展了更进一步促进战略性可持续评价的政策工具(如瑞士、欧盟)或者综合性政策评价(Integrated Policy Assessment)(如英国)。然而，自从欧盟通过了一项要求成员国实施战略性环境评价的指令之后，对这一工具的使用可能更加普遍了。对于一些计划和规划，它已经变成强制性的。借助联合国欧洲经济委员会的《埃斯波公约》(UNECE Espoo Convention)框架内的《战略性环境评价议定书》(SEA Protocol)(2003年)，我们可以预期，这些计划和规划会带来某些跨国性影响。

3. 实施

在2002年的世界可持续发展峰会上，"实施"是一个主要问题，并将继续引起广泛关注。联合国经社部(UN DESA)和经合组织发展援助委员会(OECD-DAC)的指导方针提供了一些与战略性管理圈的这个方面相关的建议。关键的挑战包括：(1)确定实施目标的责任和义务；(2)利用一个各种措施的组合实施战略目标；(3)利用一个混合多元的金融制度进行安排。我们的研究发现可概括如下：

确定责任和义务：可持续发展战略的实施，在所有的国家都是一个系统性的弱项。在我们的绝大多数案例中，通常所见的情况是，战略的制定直接或间接地通过一个协调委员会或可持续发展委员会或理事会来负责，并由环境部承担主要责任，却把实施的责任留给了各个部委。但这些部委并没有被授权对其他部委施加影响，这意味着这并不是一个合理的责任分配。因此，把责任向政府的核心部门(例如，首相或主席团办公室)转移——正如在一些国家所观察到的，对于成功的实施而言就非常重要，但也面临着使专业化的各部委责任和权限松散化的风险。

利用一个混合多元的金融制度安排：具体动议的金融支持通常受制于税收的匮乏。所有的国家都利用生态税或生态费，但几乎没有国家采取以下正式战略：系统利用这些税费以及发明，为解决可持续发展问题而设立基金储备这样的新金融机制。瑞典可能是我们所研究的样本国家中，在实施环境税方面有着最深刻经验的国家。瑞典的环境税转换试验开始于1991年，那时它增加了对碳和硫排放的税收，而削减了收入税。2001年，政府增加了柴油燃料、供热油和电力方面的税收，同时降低了收入税和社会安全保险金。现在，政府所有税收的6%已经得以转换。欧盟范围内排放交易制度的引入，也激发了其成员国为气候保护而作出进一步的努力。德国、瑞典和英国当前正在追求实施一种更加积极的气候保护政策。

组合具体的政策动议和措施：所有的国家都已经采取了一些政策措施的组合。然而，虽然已经实施了一些政策动议的组合，但经济手段似乎开发不足。其他一些在环境财政改革方面采取比较积极经济手段的国家是，德国、英国、哥斯达黎加、巴西和波兰。波兰发起并鼓励私人和市政投资，这成了为促进可持续发展提供资金政策措施的一个重要部分，作为一种吸纳资金的模式，这已经引起了人们的关注。在哥斯达黎加，21个项目为创设一种支付系统提供支持，这种支付系统用于支付农民和农场主所提供的环境服务。在马达加斯加，一个捐赠秘书处管理对环境的捐赠援助，这一制度不断地扩展到了对其他问题的解决，比如食物安全和乡村发展。这一机构现在作为一个多重捐赠秘书处(Multi-Donor Secretariat)，提供着有效的捐赠协调以及一些综合性项目的发展。

4. 监督、学习和适应

监督对于国家可持续发展战略而言是至关重要的。只有在取得的成就能够被测量的情况下，管理才成为可能。其面临的挑战包括：(1)实施过程监督的确定和整合；(2)对结果进行监督的确定和整合；(3)必须创建一套有助于学习和适应的制度。我们的研究发现可概括如下：

过程监督：在绝大多数国家，统计局监督经济、社会或环境的各个方面。但是，只有6个国家已经发展了一个综合性的指标，对可持续发展所有向度的相互连接和内在平衡进行系统分析。这些国家包括：哥斯达黎

加、德国、墨西哥、英国、瑞典、菲律宾、瑞士、摩洛哥以及欧盟。英国通过以下方法和工具，成为了这方面的一贯革新者：指标与报告、可持续发展审计委员会与支出审核、修订国家战略的专责工作小组（Task Force）以及可持续发展研究网络基金会。在英国，一个年度性绿色部长报告也提供了有关信息。在这个报告通过各部和有关主题来归整分析整体的表现，并对抵消整个政府标准和目标的情况进行评估。加拿大也设立了一个固定的环境和可持续发展委员，隶属于审计总署，对政府在环境和可持续发展方面的总体表现进行定期审计。该委员提供的报告由政府各部直接回应。喀麦隆和马达加斯加，也实行支出审核。

结果监督：从我们的研究中更难发现的是正式或非正式的结果监督路径。一些国家使用了一组指标，比如，在摩洛哥，国家委员会为可持续发展提供了65个指标。其他一些国家已经转变为一些聚合性标题指标（aggregated headline-indicators），比如英国、加拿大、德国和欧盟。聚合性指标促进了我们对总体进步和表现的理解和交流。但是，聚合性指标如果没有辅以一个更加详细的组成部分的指标清单，它也面临着信息失真的风险。这个方面令人感兴趣的例子是瑞典和韩国。因为它们率先应用一套简化了的综合性指标，从而建立了一套测量可持续发展进步的指标系统。英国和加拿大利用审计委员会或独立咨询机构已经达到了一种最精细的地步。然而，一方面，应该严肃认真地对待那些新创建的拥有自主权的独立机构；另一方面，这些机构所提出的相关建议也面临着来自政府各部抗拒的风险，因为这些部门会将其视为一种职能的重复和叠加。

学习和适应：从综合性监督中进行学习并随后作出决定性的和必要的调整，这一功能机制是最少见到的。战略进步报告就是其中一种学习的工具，我们能够在瑞典和德国这样的国家观察到这一学习工具。欧盟的可持续发展春季评估为长期的学习过程提供了一个广泛的基础：欧盟委员会每年春季向欧盟理事会提交进展报告，而国家可持续发展战略在每一届委员会的官方任期开始时也要进行评估。政府首脑负责监督并决定进一步发展的优先点。在加拿大，由负责可持续发展的委员所进行的对部门可持续发展战略的评估是一个具有重大影响的制度，因为这位委员是审计总署的一员，相对于政府而言拥有重大的独立性。在英国，由一个认真负责的议会委员会所组织的评价也是值得提及的。但我们并未发现，对可持续发展战略以及它们的实施情况进行独立综合评估成为一个系统性的特点。

### 三、对政府一体化行动的协调

为了促使可持续发展战略进程发挥作用，协调是一个核心性要求，因为它跨越了在我们的分析中所使用的战略性管理圈的所有方面。协调方面的不足非常显著地导致了前文所述的许多严重缺陷。我们的跨国比较分析表明，可持续性问题正不断向政府核心部门转移——至少在字面上是如此。这种趋势无论是在发展中国家还是在发达国家都显而易见：绿色内阁、首相或总统办公室内部的专门分工、总统委员会、部门间委员会、外部审计委员会或其他独立机构——有许多方式界定超出环境部的责任，它们在发展中和发达国家之中同样试验性地扩散。一方面，这反映了可持续发展问题越来越重要；另一方面，由于激励性制度的容纳力严重超负荷以及对可持续性这个含义宽泛的概念的不同理解，导致这个问题悬而未决，协调需求在绝大多数案例中并没有得到满足。

促进可持续发展所面临的挑战及其回应制度，对环境政策一体化(Environmental Policy Integration，EPI)的要求是极其相似的。努力把可持续性关切融入到整个决策之中的许多革新，根植于环境政策一体化的手段与战略之中。

在我们研究的所有国家中，可持续发展战略的内容与它对政府政策的实际影响之间存在着一个恒定的差距。关于战略实施责任的清晰信息是硬币的一面，而关于它们对政府政策制定实际影响的信息却是另一面。为了追踪国家层面上走向可持续发展协调行动的进展情况，我们集中分析协调所面临挑战的三个主要方面：(1)战略目标和动议与国家预算过程的协调；(2)与其他战略进程的协调；(3)与次国家和地方战略进程的协调。

除了那些或多或少呈现综合性特点的书面战略文件的设计，这三个行动领域正是使可持续发展从话语转为行动的地方。

1. 与国家预算过程的协调

预算是政府功能的核心部分:正是资源的获得及其花费揭示了可持续发展战略是否得到严格的执行。可持续性必须在公共开支和税收的来源中反映出来。如何创建激励结构,实施开支审核,转换税收并创造更高的透明度和更强的责任感,绿色预算是一个示范性的工具。

在我们研究的所有国家中,可持续发展战略进程创建的观念和目标对国家预算的公共开支和税收来源仍具有很小的影响。国家可持续发展战略仍局限在政府决策的边缘。我们所研究的绝大多数国家具有一些机制,基于此,政府各部阐明其建议开支的计划。然而,这些计划几乎很少与国家可持续发展战略保持一致,且不受可持续性影响评价的影响。从我们的研究中更难以发现的是,国家总的预算计划包含着关于国家在可持续发展方面总体花费的透明信息和提高这方面表现的手段。

然而,从我们的研究中也能观察到许多有趣的途径和革新。例如,在减贫战略计划中,对一些关键优先领域的实施,要求达到重债穷国(Heavily Indebted Poor Countries)债务减免的完成点,这引起了国家预算的关注(例如喀麦隆和马达加斯加)。然而,已经确认的折中方案是,减贫战略计划很少是国有的。而具有讽刺意味的是,国家可持续发展战略(它们更多是典型国有的)的实施却很少面临压力。

在开支审核方式中,英国作为一个革新者兴起,它要求所有各部都去制定一个可持续发展报告,概括它们所建议实施的与公共花费相关的政策、计划和规划对可持续发展的潜在影响。虽然各部似乎正在为这种要求所困,但政府已经制定了一些措施去辅助这一过程的实施。例如,加拿大要求25个政府部门每三年准备一个部门可持续发展战略。然而,以下状况还停滞不前,即提交给议会的年度部门发展计划仍是一个与部门可持续发展战略不同的文件。虽然一些部已经认识到这种内在的相似性并对两种文件进行了整合,但绝大部分部并没有这样做。

另一个值得注意的方式是引入一种税收转换。例如,在环境税占据政府税收很大部分的一些国家,可以说,这些国家已经使可持续发展战略更好地整合到了国家的预算之中。这方面最为突出的例子是瑞典(正如前文所描述的)。使可持续发展原则融合到现存的发展计划进程之中是另一种途径,如墨西哥的可持续发展战略途径。它把2001～2006年的国家发展计划转化成了一系列项目规划，作为长期政策的指导原则以及大多数公共花费的基础。虽然这种方式确实创造了更多与国家预算相联系的机会，但它的缺点在于，可持续发展战略及其所包括的目标并没有以一种综合性的方式发展，而是一种独立的可持续发展战略。

另外，菲律宾的《21 世纪议程》提供了一个把可持续发展关切融合到国家中长期发展计划之中的概念框架。菲律宾的《21 世纪议程》已经融入了菲律宾中期发展计划（1993～1998 年）之中，这一发展计划是菲律宾的一个主要发展计划。从最广泛的意义上讲，菲律宾 21 世纪国家发展计划（21 世纪计划）或菲律宾长期发展计划（2000～2025）也使用菲律宾 21 世纪议程作为其总的指导框架。结果，后来的菲律宾中期发展计划（1999～2004）也把可持续发展关切融入其中。

2. 与其他战略进程的协调

政府各部实施各种各样独立于可持续发展进程的战略行动，例如，一些行动计划或具体的目标性项目。由于国家可持续发展战略要求或被新战略所代替，这些战略重新被阐述，以表明总的国家可持续发展战略的协调杠杆作用。可持续发展战略与其他战略之间的协调对我们所有的案例国家而言都是一个挑战。由于其包罗万象的性质、综合的多向度，可持续发展战略趋向于展示出比部门和跨部门战略路径更多的协调性。例如，德国的国家可持续发展战略与财政联合战略、社会重建战略和提升可再生能源战略相关联。但是，这些战略却是独立于可持续发展战略而发展的。所以，虽然在德国的案例中，存在可持续发展战略与其他战略之间的协调，但可持续发展战略并没有提供一个包罗万象的行动框架，更多情况下，它是一个对现存战略的概括。这个案例突出了许多综合的多向度可持续发展战略——这里的可持续发展战略是在其早期使用的那种意义上——共同面临的一个挑战，即它更是一个现存行动的“后理性化”（post-rationalization），而不是对新行动战略的刺激。而英国的国家可持续发展战略似乎更多是在可持续发展战略这一谱系上与德国相对的另一端运作，因为英国的战略概括了可持续发展的根本目标，并承诺政府要建立新的决策机制、制度、措施、伙伴关系与沟通过程。

对于那些追求跨部门可持续发展战略或者部门可持续发展战略的国

家而言，战略之间的协调程度和范围是最小的。对于像喀麦隆和马达加斯加这样的发展中国家，减贫战略计划进程中关于环境或国家环境管理战略的争论程度是最低的。在加拿大，几乎不存在可观察的协调。加拿大已经承认这种困难，并发展了许多协调机制，包括一个副部长级别的可持续发展协调委员会和部委间可持续发展战略网络。然而，这些协调机制似乎仍然不能与经济、社会和环境可持续性之间内在相互依赖的复杂程度相匹配。

菲律宾的案例突出了一种在不同战略间进行协调的革新方式。国家经济和发展局（National Economic and Development Authority, NEDA）是菲律宾可持续发展理事会（PCSD）的主导性政府机构，菲律宾可持续发展理事会的秘书处设立于国家经济和发展局的事实，以及菲律宾国家计划具有多部门一体化的特征，促进了可持续发展理事会的工作。摩洛哥通过一个国家一体化工作组，把每一个部门工作组的关键建议整合起来，形成一个内在一致的综合性环境行动计划。然后，这个计划转而通过与摩洛哥的其他三个国家发展计划——即经济和社会发展计划（1999～2003年）、抗荒漠化计划以及土地管理计划——相连接，形成一个跨部门行动。

正如先前所提到的，德国的国家可持续发展战略设定了一个跨部门主题去指导各种措施。其他的例子，有减贫战略计划和国家环境战略，这些战略有助于弥补单一方式的不足（例如喀麦隆、马达加斯加和韩国）。许多国家已经阐发了跨问题领域的行动计划，比如气候变化行动计划、有机农业行动计划或土地利用减少计划。丹麦在这方面有着丰富的传统。在欧洲层面上，行动计划也是一个共同的工具，特别是在第六个环境行动计划框架下的行动，在这个计划中专题性的行动战略得以发展。

最后，绿色内阁也是一个有助于可持续发展战略同其他国家战略进行协调的工具（见前文所描述的）。德国和英国是这方面的例子，在这两个国家已经创建了协调总体战略行动发展的机构，即内阁委员会。

3. 与政府其他层次的协调

战略性和协调性行动在政府的所有层次上展开，从地方/社区到国家/省区，再到国际层面。在这些不同层次之间的协调对于激发关键协调性变化起着至关重要的作用。这样的协调在联邦国家中更加困难，因为这些国家的权力已经被分配到不同的政府层面上，例如德国和加拿大。然而，另一方面，联邦国家权力的分割和政府的多层架构也许也可以为某种革新的发明和扩散提供更大的可能性。

一些国家通过地方《21世纪议程》，协调了国家和地方层面上的可持续发展战略行动。关于这一点，我们的分析仅仅意味着可持续发展行动已经发生，而并不研究具体的可持续发展目标和行动在这两个层次上进行协调的程度。这些国家是丹麦、韩国、中国和哥斯达黎加。

例如，丹麦有这样一个计划，即绝大多数市政在一年之内都会发展一个地方战略和一套地方评价指标——70%的城市成功实行了这一计划。在韩国，249个地区政府单位中有213个制定了地方21世纪议程。一个最重要的原因是，1995年地区政府的改革给予了地方政府更大的规制权力——例如，在空气质量标准领域。韩国的《21世纪议程》的国家行动计划通过金融和能力支持促进了地方《21世纪议程》的发展。2000年6月，韩国政府帮助创建了地方21世纪议程理事会，更好地促进了对实施进程的协调。

我们所研究的许多国家也在国家可持续发展和国际可持续发展的优先领域之间建立了联系。减缓和适应气候变化的国家目标是这方面的一个例子。然而，瑞典的案例研究引入了一个连接政府运作与促进公平和可持续的全球发展目标的革新性方式。贸易、农业、安全、移民、环境和经济政策都促进全球发展。贫困和人权视角也渗透到了所有政策领域。在这种视野下，为了更有力地促进联合国目标的实现，政府已经重新阐述了它的政策。

### 四、管理参与和协商

另一种增强协调能力的可能性在于利用利益相关方的参与和协商。这也许不仅可以改善政府行动的信息基础，还有助于打破现存封闭的网络。那种缺乏从利益相关方获得反馈的战略进程是政府对可持续发展不很重视的一个标志。参与需要有效的管理，对于政府的决策者来讲，具有重要价值。它也需要各种利益相关方之间相互学习和对话，以建立信任。

这方面的挑战包括:(1)参与的制度化;(2)信任的建立。我们跨国比较研究的发现可概括如下:

参与的制度化:关于参与的制度化,19个国家实行了各种各样的途径和方式。我们区别为以下几种:国家可持续发展理事会、跨部门委员会、独立咨询机构和通过互联网进行的广泛磋商。

我们所研究的国家中,有5个国家——菲律宾、墨西哥、韩国、巴西和德国创建了常设性多利益相关方可持续发展理事会。这些理事会最为显著的作用是促进社会对话,支持各种动议以及促进它们与国家层面的联系。例如,菲律宾可持续发展理事会通过技术援助和训练,支持关于可持续发展地方理事会创建的地方创议。德国可持续发展理事会已经发布了关于长期目标以及可持续发展指标阐发与评价的专家意见,并在公众关于可持续发展的讨论中发挥核心性作用。

具有跨部门可持续发展战略的国家已经建立了或建议建立一种常设性参与机构。这包括喀麦隆的减贫战略或马达加斯加和韩国的国家环境战略进程。由于喀麦隆建议设立的国家减贫网络承担着范围广泛的责任,它是一个革新性例子。国家减贫网络作为一个集团间共享经验和交换数据的论坛,同时,也是一个对所有承担实施减贫战略的行动进行社会监督的框架。经过一个测试阶段之后,在联合国环境规划署(UNEP)的帮助下,国家减贫网络将对所有发展参与者开放,并将促进市民社会与政府之间伙伴关系的确立。

英国是一个设立独立咨询机构以便提供专家建议的有趣例子。英国可持续发展委员会作为一个独立咨询机构于2000年建立。它包括22个来自商业、非政府组织(NGOs)、地方与地区政府以及学术界的成员。这个委员会的作用是“倡导跨越英国所有部门的可持续发展,对它的进步进行评价,对需要开展的行动建立共识——如果要取得更大进步的话”[①]。加拿大、丹麦、摩洛哥、波兰、瑞典和瑞士使用了一种更加特别的方式。例如,加拿大25个部委的可持续发展战略,在战略发展的过程中,每一个部

① U.K. Government, “Sustainable Development Commission: About the Commission,” 2004. Available: http://www.sd-commission.gov.uk/commission/index.htm. Accessed on 3 February, 2004.

都咨询它的利益相关方，并单独记录它们所提供的意见和建议。在瑞典，可持续发展战略形成的过程中要召开一系列国家研讨会和地区咨询会议。

信任的建立：在挑选咨询机构的代表期间，对所有主要社会集团平等对待是一个必要的前提条件。这已经被菲律宾可持续发展理事会的经验所证实。由于多年的政治专制统治，该理事会开始于政府和市民社会成员之间互相怀疑甚至不信任的氛围之中——特别是对非政府组织代表的选择。从那以后，选择菲律宾可持续发展理事会代表的正式渠道在市民社会、社区得以发展。虽然对这个过程的不满仍然存在，但这个过程却有助于使它们之间的冲突和分裂达到最小化。墨西哥也经历了选举国家可持续发展咨询理事会及其成员的代表这样一个正式过程。该理事会最初创建于 1995 年，其成员是通过在报纸刊登招募广告以及在各种各样的公众和私人组织之中张贴海报和宣传小册子等方式寻找的。1998 年 9 月，为了在商业界、学术部门和非政府机构重新挑选 50%的代表，它们发布了一种新的宣传方式。

作为国家可持续发展战略进程中不可分割的一部分，谈判和冲突管理是另一条建立信任的重要途径。在巴西，贯穿整个巴西《21 世纪议程》的是，以一种直截了当的方式对冲突管理问题加以解决。巴西的《21 世纪议程》建议对短期和长期谈判进行引导，以便议程的目标与环境、经济和社会发展战略之间达到一个平衡。为了确保更加有效地实施《21 世纪议程》，这几种谈判成为咨询和发展进程的一部分。但是，这个进程必须注意的地方是，让所有的利益相关方团体都参与其中，否则，这个进程可能很容易显现权力差异并造成不信任。哥斯达黎加的案例证明了地方《21 世纪议程》的实践努力，要伴之以地方社区的建设以及地方层面上的谈判技巧。没有这样的能力，将存在出现不必要分裂的潜在危险。

## 五、结论

对于 19 个国家的研究证明，在过去的十年间，许多革新性的方式和工具已经得以发展和应用，这既表现在世界可持续发展峰会前，也表现在此次会议之后。可持续发展实施制度和工具的多样性持续不断地增加。

与十多年前可持续发展刚刚起步时相比，可持续发展的制度在其多样性方面更加丰富。这方面存在两种有趣的趋势：一种趋势是，不断朝向政府核心部门的转移——我们所研究的案例国家中，有将近一半具有制度化的中央协调机构，绝大多数设置于首相或总统办公室；另一趋势是，广泛的参与和利益相关方的咨询协商，已经成为政府的标准程序。

制度发展的趋同或差异问题也成了一个关键的讨论点。很自然，更加通常的假定是，发展中国家和发达国家之间在实现可持续发展的战略途径和能力方面存在十分显著的差异。虽然对于可持续发展的内容或实施而言，这也许是正确的。但是，对 19 个发展中和发达国家制度和程序的比较研究却揭示出以下方面的重大趋同：即领导、计划、实施、监督、协调和参与的基本制度化途径方面趋同。在我们的国家样本中，许多国家正在践行相同的基本制度革新，对特定问题寻求制度化或机制化回应的国家，它们依赖于其他国家实践经验所提供的综合性样本作为参照。这是通过国际论坛和网络——像可持续发展委员会年度会议——的基本功能实现信息交流的反映，尽管还存在诸多问题。

对于可持续发展战略的实施，我们能够看到一种相似的情形。能力建设的需要针对发展中和发达国家而言面临相似的问题，我们发现发展中和发达国家都很少有足够的政治承诺，当然，是在十分不同的层面上。更加常见的情形是，可持续发展战略并没有伴随着一个目的、目标和措施一体化的框架。新的部门、机构或委员会经常可见，却并没有合适的工作人员、资源和权力。中央预算在很大程度上仍然没有被触及。许多战略只是部分地充当了使一些政策动议混合体"后理性化"(post-rationalization)的工具，而这些政策动议都创建于现存的其他政治和制度进程。

然而，这并不是说重大的差异——既关于制度背景也关于其内容——不再继续存在。一种主导性的方式仍没有显现——这也并不是从一个地区视角来看，在可持续发展的战略性与协调性行动进程的制度化方面，国家之间相互学习的空间明显存在。

另外，国际组织对未来政策的支持能够从中吸取什么样的经验和教训呢？首先，国家战略本身并非只是一个解决问题的方案，它需要的不只是一个战略文件以及围绕其组织起来，为促进可持续发展而去真正改变政策的一个多重利益相关方参与的进程。战略行为——正如公共政策文献所需求的——显现了它在官僚利益谈判政治中的局限性。成功取决于一个国家的以下几种能力：确定影响可持续发展的杠杆支点；甄别不断出现的问题以及持续学习和适应变化的能力。使这一进程走上正确道路，对于中长期发展战略至关重要，然而，前提条件是更强烈的政治承诺和更好的协调。可持续发展战略性行动仍将在政府中处于边缘化的地位，只要它没有与实实在在的可见激励和制裁相连接——奖励积极行动或惩戒消极行动。战略进程需要更清晰的责权、承诺和各级政府之间更好的共同理解。

核心问题是，这种设想从何而来？在政府内部催生更清晰责权的一条途径是加强中央协调，也许最好的方式是通过首相或总统办公室分配有关的权限。而这必须与更加系统的综合性评价和指标的使用同时进行。然而，战略也需要管理。应该把实践的努力引向最为迫切的问题，公众参与进程应该量身定做，以便界定它们。通过对义务性的报告、外部审计和量身定做的咨询而得到的日益增加的透明度和责任感，能够赢得新的联盟。通过加强与预算的协调（例如，通过政府开支审查和年度绿色预算报告）以及加强各级政府之间的协调，促进一种有力的杠杆作用的实现。

从一个整体视角来看，制度结构仍然相当稀薄——尽管所有的个体制度都取得了进步。这进一步证实了来自公共政策文献的论述，即在绝大多数情况下，学习仅仅导致政策方面非常微小的变化。与我们在经济发展和合作领域所发现的丰富的制度化情形——从行为体、规则、制裁、系列行动和政治影响力等多个方面来看更加丰富——相比，这更好地展示了世界范围内，各国在创建一个可持续发展的完善制度过程中仍然面临着的挑战的规模和程度。

（阿克赛尔·沃尔凯利、达伦·斯万逊、克劳斯·雅各布、弗朗索伊斯·布里法、拉兹罗·宾特）

# 第十章　政府自我规制的制度与措施：跨国视角下的环境政策一体化

[内容提要] 在许多经合组织国家，把环境关切整合到非环境公共政策的决策领域是一个长期存在的挑战。我们可以区别“绿化”部门政策的两条途径：横向一体化的途径和纵向一体化的途径，前者主要把责任归于环境部，后者更强调部自身责任。由于横向一体化的途径迄今为止的表现相对欠佳，为使政策“绿化”，在一些文献中开始倡导更强烈的纵向一体化的途径。我们把这种途径归结为“政府自我规制”。由于它设法凭借政策学习去克服政策变化结构性僵化的弱点，因而具有不同于其他途径的特点。本章提供了评估政策工具使用的条件并构建了一个具有初步框架的政策工具箱。然后，我们通过对29个经合组织国家政策工具使用情况的评估，突出强调先驱国家并讨论其政策工具使用的缺陷，从而得出了本章的研究发现。我们的研究发现表明，在经合组织国家，迄今为止，纵向环境政策一体化的途径并未得到广泛应用。相反，它们对横向环境政策一体化这种政策工具仍然具有强烈的依赖性。对此最明显的解释是，政府的自我规制很难通过它自身的努力而成为一种战略性方法，因为政府的自我规制与政府官僚组织的内在逻辑（专业化、渐进主义以及消极的协调）相互矛盾。因此，相关政策工具扩散的速度相当慢。然而，最近，垂直环境政策一体化的政策工具比20世纪90年代中期有了更加集中的讨论，由于日益增加的知识积累和政策学习，这种扩散也许也会加快速度。

在过去的三十年中，经济合作与发展组织国家现代环境政策的建立，可以说是一次非常显著的成功，这既表现在环境政策发展的速度上，也表现在其发展的数量上。然而，在许多领域，环境状况仍旧在持续恶化。一方面，这种状况是由现存环境法令的执行赤字所引起的；另一方面，这也是由于对环境有害的能源、交通或农业政策难以改变的惯性。

把环境关切融入到非环境政策的决策程序之中，已经成为实现更好规制的一个长期性挑战。在20世纪90年代，许多经合组织国家已经给予环境政策一体化概念新的刺激。[①] 即由最初的横向方式占据主导地位，中央机构负责对其他部委政策领域的干预，转向一种更加分散的方法：只统一提出目标，把它们具体实施的决定权留给具体的执行部门。[②] 我们把这种方式归结为一种纵向方式，叫做“政府的自我规制”，它把整合目标和措施的责任转移到了单独的部委。许多学者已经强调，通过政策学习而不是加强对准则的严格遵守来实现环境政策一体化的途径有很大潜力。[③]

本章将考察经合组织国家对垂直环境政策一体化政策工具的采用，并分析哪一个国家最积极，最具有革新性。本章也将检测哪一种政策工具更容易扩散，而哪一种却不容易这样。由于引入某种政策的政治困难程度可以被视为评价某种开创政策变化的政策工具能力的粗略指标，这样的分析是非常有价值的。把它与通过对相关文献的回顾得到的发现相结合，奠定了一条对如下问题进行初步评估的道路，即政府的自我规制是不是环境政策一体化的合适途径？全章的结构安排如下：对环境政策一体化概念的含义及其所要求的政策变化进行一个简单的讨论之后，我们首先提出了一个评价政策一体化的框架，然后建立了一个工具箱。接下

---

① OECD, Sustainable Development, Critical Issues, Paris: OECD, 2002.

② 为了用一个独特的词并避免误解，本章我们将使用“部”(department)这个词，而不是总是转换不同国家描述该意思的那个正确的词汇。

③ German Advisory Council on the Environment (SRU), *Environmental Report 2004*, Baden-Baden: Nomos, 2004; OECD, Policies to enhance Sustainable Development, Paris: OECD, 2002; Martin Jänicke, et al., “*Governance for Sustainable Development in Germany: Institutions and Policy-Making*,” *in OECD (Ed.)*, *Governance for Sustainability: Five Case Studies*, Paris: OECD, 2002; William M. Lafferty, “Adapting Government Practice to the Goals of Sustainable Development,” Paper presented at the OECD/PUMA Seminar on Improving Governance for Sustainable Development, Paris, 2001-11-22; Andrea Lenschow (Ed.), *Environmental Policy Integration: Greening Sectoral Policies in Europe*, London: Earthscan, 2002.

来，我们研究经合组织国家对这些政策工具的使用情况，借此，我们聚焦于先驱国家，突出强调最优实践，也强调这些政策工具使用的缺陷，并描述运用这些政策工具的政治困难。最后，我们分析了如下研究发现，即遵守已经被确定为成功条件的那些措施会有什么样的结果。

## 一、环境政策一体化与政策变迁

为什么需要政策一体化？专业化能够提升效率，基于此种原因，现代政府都是以"部门"责任为基础而组织起来的，即有着界定清晰的政策领域的行政管理部门。但是，这种组织形式不但不能很好地应对跨部门问题——比如环境问题，反而成为跨部门问题出现的一个主要原因。农业、能源或交通政策与环境保护的努力相互抵消，它们通常纵容所代表的目标集团做出对环境有害的事情。为了实现可持续发展，环境战略需要解决污染部门的利益问题以及它们的权限与革新的潜能。[①] 为了使各种政策实现更好的协调，环境政策整合旨在引导单个政策能够更好地关注环境需求。

阿丹达尔(Underdahl)通过聚焦于政策结果指出："当一种政策的结果被认为是作出决定的前提条件，汇集了一种整体性的评价，包含所有的政策层次以及它实施过程中所涉及的所有政府机构时，这种政策就是**一体化的**(强调部分是本文作者所加)。"[②]但是，正如拉佛迪(Lafferty)所正确指出的，这只不过是任意一种好的政府实践的一个特征。[③] 另一种解释聚焦于不同政策措施的一体化——为了解决一个具体的问题，这可以描述成政策的**协调一致**(coherence)。约旦(Jordan)和列恩斯考(Lenschow)后来也论述到："当非环境部门政策制定者在承认他们的决策对环境的持

---

① Martin Jänicke, "Environmental plans: role and conditions for success," Presentation at the seminar of the Economic and Social Committee "Towards a sixth EU Environmental Action Programme: Viewpoints from the academic community", 2000. (Unpublished).

② 引自 Albert Weale and Andrea Williams, "Between economy and ecology? The single market and the integration of environmental policy," *Environmental Politics*, 1(4), 1992, p. 46.

③ William M. Lafferty, "Adapting Government Practice to the Goals of Sustainable Development," Paper presented at the OECD/PUMA Seminar on Improving Governance for Sustainable Development, Paris, 2001-11-22.

续影响，并且当这种影响有损于可持续发展时，以适当的程度调整它们”①，这种政策就可以理解为一种环境一体化的政策。欧洲环境署(EEA)把环境政策一体化理解为这样一个过程：改变政策的焦点，从关注环境问题本身转向关注导致它们的原因，从政府的“末端治理”部门转向“驱动力量”部门。②

拉佛迪以及耶内克区分了两种环境政策一体化的途径：一种是横向途径，一种是纵向途径。在横向途径之下，一个中央机构负责在所有的政策部门发展一种一体化的战略并协调包罗万象的政策领域，这个中央机构或者是内阁本身——专门设置的机构，或者是环境部——正如我们常见的那样。在纵向途径之下，受到影响的部门选择它们自己的发展战略，在它们的政策中包括环境目标，但必须适时汇报它们的行动。然而，它需要内阁或议会作出更高层次的承诺，需要一个清晰的现实性的目标、指标和基准，也需要监督政策实施满意程度和责任的规章制度。环境部的作用在这种背景下发生了变化：它的主要任务是促进部门战略的发展，例如，提供建议和指标(见图 10-1)。③

① Andrew Jordan and Andrea Lenschow, "'Greening' the European Union: What can be learned from the 'leaders' of EU environmental policy?" *European Environment*, 10(3), 2000, p. 111.

② European Environmental Agency (EEA), Europe's Environment: The third assessment. Environmental assessment report No. 10. Copenhagen: EEA, 2003. Quoted in Andrew Jordan and Andrea Lenschow, "'Greening' the European Union: What can be learned from the 'leaders' of EU environmental policy?" *European Environment*, 10(3), 2000, p. 111.

③ 对于“横向”和“纵向”一体化没有统一的理解。“横向”这个词也用来描述部门之间的一体化努力，而“纵向”这个词在本章的语境中用来描述跨越各级政府(国家、地区和地方)的政策一体化。然而，关于这些方式，我们坚持一种狭义的理解。

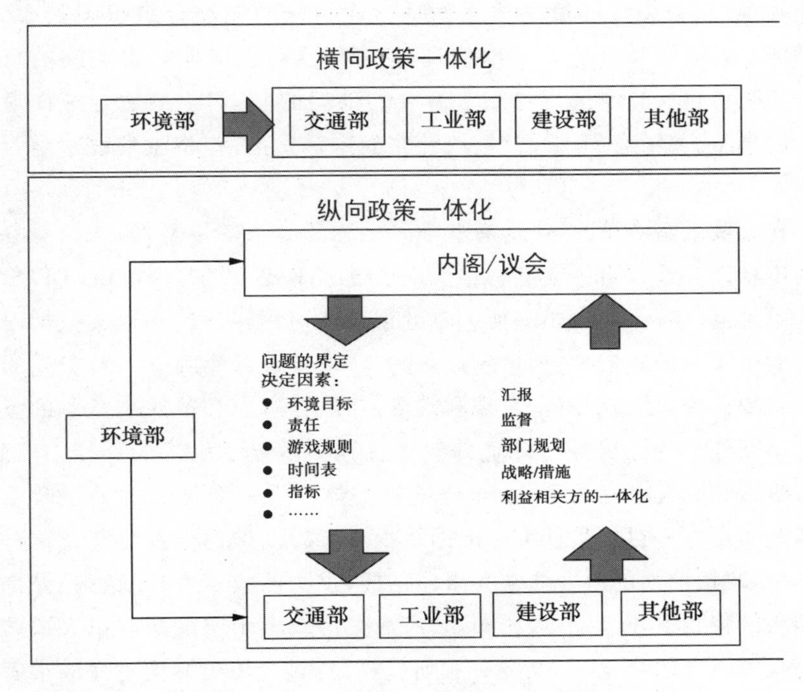


图 10-1　横向和纵向环境政策一体化机制

图 10-1 资料来源：Martin Jänicke，“Environmental plans: role and conditions for success,” Presentation at the seminar of the European Economic and Social Committee，*Towards a Sixth EU Environmental Action Programme*：*Viewpoints from the Academic Community*，Brussels：European Economic and Social Committee，2000.

就这两种途径的比较而言，在水平途径中，部门之间的冲突将会有着更高的频率，因为各个部门都设法保护它们目标集团的利益，竭力增加外部行为体的负担。而垂直途径具有较小的冲突强度，因为在部门的赢家和输家分配中，各个部门能够避免重大变化。然而，已经引入垂直措施——比如，为了达到整个政策的协调而实施的宪法条款、长期国家战略和计划以及专门的制度机构——的几个国家却具有更高的执行赤字，这主要可以归结为以下三种因素：受影响部门的强烈抵制；中央机构缺乏关于相关部门特定政策环境和政策内容的知识；缺乏加强合作和遵守的能力。这样，许多一体化行动由于政府部门之间的冲突而终结讨论或放弃。

在这种背景下，环境政策一体化的垂直途径开始在经合组织国家改进。这种转变背后的一个理论基础就是，把责任从行动转向负责实施的行为体。因为负责实施的部门是最了解它们部门的，它们也最适合选择最有效率的措施，如果有一个政治授权让它们这样做的话，将激发政策学习的进程。

在公共政策决策文献中，有些学者已强调学习的重要性，强调随着时间的推移而产生政策变迁。[①] 最为突出的是萨巴蒂尔(Sabatier)和詹金斯—史密斯(Jenkins-Smith)所创制的倡议联盟框架。这个框架把学习设想为一个重要的政策变迁的资源，把学习理解为一种适应不断变化的环境的必要条件，像新的科学发现和观念、与既存观念和范式相竞争的范式或是不断变化的社会经济环境的改进过程中所显示出来的那样。但是，政策学习和变迁存在局限：由于政策行为体具有一套持久的关于政策目标以及实现这些目标最佳方式的因果信念，因此，他们一般会坚持这些信念框架，政策层面的改变非常有限。这样，重大的政策变迁只有在外部强烈刺激的背景下才会发生，比如，政府的更迭或由于明显的政策失败而引发公众关注点的变化。[②] 从另一种研究视角出发，历史制度主义的学者也得出了一个相似的结论：制度的路径依赖只允许渐进的变迁，重大的变化依赖于不同寻常的外部影响资源。[③]

虽然重大的政策变迁也许是一个例外，但渐进地改变规则也可能随着时间的推移而积累起影响深远的变迁。从这一视角来看，环境政策一

---

① Geoffrey Dudley and Jeremy Richardson, *Why Does Policy Change? Lessons from British Transport Policy 1945-1995*, London: Routledge, 2001; Collin J. Bennett and Michael Howlett, "The lessons of learning: Reconciling theories of policy learning and policy change," *Policy Sciences*, 25, S. 1992, pp. 275-294.

② Paul A. Sabatier and Hank C. Jenkins-Smith. "The Advocacy-Coalition Framework: An Assessment," in Paul A. Sabatier (Ed.), *Theories of the Policy Process*, Boulder, Co.: Westview Press. 1999.

③ Paul Pierson and Theda Skocpol, "Historical Institutionalism in Contemporary Political Sciences," in Ira Katznelson and Helen Milner (Eds.), *Political Science: The State of the Discipline*, New York: Norton, 2002, pp. 693-721; Kathleen Thelen, "Historic institutionalism and comparative politics," *Annual Review of Political Science*, 2, Palo Alto: Annual Reviews, Inc., 1999; Peter Hall and Rosemary Taylor, "Political science and the three new institutionalisms," *Political Studies*, 44(5), 1996, pp. 936-957.

体化可以被归结为两种不同的概念：首先，它可以理解为一个部门环境效应的国际化。这里主要聚焦于政策的结果和影响。其次，它还可以聚焦于战略和政策手段（政策输出），这些战略和政策手段意味着改变政府的实践和程序。为了揭示经合组织国家为实施环境政策一体化而使用的战略和政策手段的工具箱，我们决定使用后一种视角。

## 二、环境政策一体化的政策工具箱

我们把研究集中于西方工业化国家建立和实施环境政策一体化的努力，并提炼出一个已经被一些国家所采取、旨在改进环境政策一体化的战略和政策手段的工具箱。这些工具可以根据它们的使用范围（包括战略以及与之相对的手段）以及它们的应用领域（集中化的以及与之相对的分散化的）进行区别。如果它的实际应用中涉及几个不同的政府部门，我们就把这种工具定性为集中化的；而分散化的工具则是应用于一个单一部门的责任领域。我们预期，分散化的手段和战略在纵向政策一体化的案例中将会更加经常地使用，因此，下面我们更加详细地分析分散化手段和战略。

这些政策手段能够在什么程度上改变政府的实践和日常规则？它们又能在什么程度上被有效地应用？接下来，我们首先提出一个理解政策工具特点的框架，特别是关于环境政策一体化的影响。我们预期，环境政策一体化的影响将根据以下几个指标的不同而变化，即政策工具能够在多大程度上：①改变现存行为体的相对力量；②有助于新行为体的塑造；③导致纳入环境行为体并且打开先前封闭的网络。我们将进一步根据它们能够达到以下几个指标的程度进行分类：①改善领导作用；②有助于新政策观念的传播；③改进知识的利用。最后，我们根据它们的潜力而评估这些工具：①有助于一个促进环境政策一体化的部门议程建立；②提高政策实施过程中环境政策一体化的考量。

引入这些政策工具的政治困难受到以下三个变量非常重要的影响：①行为体及其利益结构的构成；②整体规范和观念的框架；③制度的设计。

(1)行为体及其利益：如果政策工具在相关的政策子系统内影响了行

为体结构(即创造了新行为体)或者触及到了行为体的核心利益，引入这种工具的政治困难将会增加。引入的困难程度与规制能力的要求相关，而且还与实现与环境利益相关方的权势平衡的需要相关。最后不能忽视的是，补偿失利者或能够让行为体重构它们行动的能力也极端重要。

(2)观念：如果政策工具符合部门的整体“哲学”，它们的引入将会简单化。然而，如果它们挑战政策的规范、价值观和核心目标的有效框架，它们的引入将遭到质疑。

(3)制度：如果政策工具符合政策领域的既定结构和实践，并不改变常规，它们将易于应用。然而，如果它们要求实质上的制度变化，它们的实施将会非常困难。通常，为了打开制度变革的机会之窗，一个外部危机刺激非常必要。

这些向度的多重含义能够根据政策工具的政治可管理性(political manageability)和政治可推广性(political saleability)进行操作：政治可管理性描述重新操控政策的复杂程度，即涉及的不同利益的数量——这需要通过谈判来确定——以及问题本身的困难程度和复杂性；政治可推广性描述建立倡议联盟的可能性以及使潜在的消极影响达到最小化，从而提高目标集团之间潜在的积极影响。接下来，我们将详尽描述最近引入的纵向政策一体化工具，并应用上述框架对其进行评估。

**分散化的部门战略：**

部门战略设定了为实现环境政策一体化而采取的部门政策行动的整体框架。在一种理想状态下，它们包括量化的目标、时间表以及作为衡量政策措施成功基准的指标。这些战略应该融合部门和环境目标并描述包含环境关切的措施。各部委有责任对其战略的实施以及需要采取进一步行动的情况进行汇报。

我们预期，部门战略可以改善环境政策一体化的领导，并有助于新的、在各自的政策领域相互竞争的观念传播。如果在战略形成期间咨询了其他行为体，它们就可以重新塑造部门的议程设定并改善知识的运用。政治上的困难根据战略引入和有效实施的情况而变化。如果一种战略的引入事实上并不意味着行为体实力或指导性政策目标的重要变化，那么，这种引入也许将简单化。或者，在不影响主要利益相关方利益的前提下，

也能够制定这种战略。然而，如果应用一种严格的监督和评价方案，并且这种战略受到有力的政治授权的支持的话，可管理性将变得非常复杂，因为受影响的利益集团数量会非常多。例如，识别并积极动员可能从政策中获益的行为体的支持，有助于克服障碍。此外，部门失利者数量的增加，也可能使战略变得难以推广。

**战略性环境评价：**

战略性环境一体化评价是对决策圈——开始于政策的阐发（战略指导原则和目标的界定），然后经由规划（资源的分配），最后终结于方案的形成（项目的集合）——各个阶段评价的一个程序性机制。实践上的实施机制可以包括从简单的检查清单到一个精心设计的影响模型。战略性环境一体化评价可以归结为一种集权化的评价工具，因为评价的结果也可能是由其他部门作出的。然而，由于其集中于一个部门，并且通常是在一个部内实施——并非总是环境部，我们也可以把它视为一种分散化的工具。由于部门政策行为体几乎很少拥有所需要的知识，我们预期，战略性环境一体化评价可以导致在部门决策中纳入新的环境行为体。因此，它也有助于知识的运用。由于它聚焦于决策过程的最初起点，因此它是一个实施环境政策一体化原则的关键工具。政策领域各自的政策风格和网络化特征影响了战略引入的困难程度：如果一个政策领域是以一种自上而下的方式为特征，那么它会严重忽视对利益相关方的程序性咨询，并且是一种相当封闭的网络，引入的困难程度将会增加。一般而言，鉴于事先政策评估的复杂性以及政府官员相对贫乏的经验，而且他们几乎很少有充足的时间去学习应对这种工具，政治可管理性是困难的。

**政策动议的评价：**

政策动议评价（也叫做影响评价）工具旨在对政府当局本身所提出的立法建议的可能影响进行评价。这些机制与前文所叙述的战略性环境评价密切相关，并且，评价方法与更加正式的战略性环境一体化评价程序之间存在一种连续性。主要的差异在于，一般公众或其他部委对工具的实施并不参与。政策评价改善了各个部委的知识利用情况，并使相关部门在政策实施过程中对环境政策一体化给予了更多考虑。这些简单的政策工具是在一个部委的政策领域之内使用的，就此而言，引入这样工具的政治困难程度并不很高。然而，如果要引入综合评价工具——它不仅增加了概念上的困难，因为要充分考量经济、社会和生态等各个方面的影响，而且也可能会降低环境关切——这种政治困难程度也许会大大增加。

绿色预算：

一个深入的预算评价能够揭示出与环境目标相冲突的开支，也能够迫使各部委对它们各自开支的环境影响（作为它们总体开支程序的一个组成部分）进行核查。我们预期，绿色预算可以重塑各个部委的议程设定，并且能够使各部委在政策实施过程中对环境政策一体化原则作更多考虑。好通过凸显不利于环境的开支，并提供一种可供选择的替代政策——比如把资源转向更加环境友好的政策和项目——多支持新观念的扩散。我们认为这一政策工具的政治困难程度是很高的，因为政府开支的转向激发了政府内部和社会的抵制。

部门环境单元/环境联络员：

各部委环境部门的建立或在各部委设立专门的环境联络员是政府的一个标准程序，各部委的这些环境部门主要关注具有环境影响的政策问题（称作"镜式单元"，由于它们是为了回应环境部而设立的）。威尔金森(Wilkinson)以欧盟的政策评价为基础，提出了一系列这些环境单位可能的功能。[①] 它们对环境部规划的政策动议提供信息（间谍功能），传递关于环境立法的信息（邮递员功能），设法否决政府内部谈判的政策建议（警察功能），对评价方法提供指导（技术员功能），在部委单位与环境部之间进行协调谈判（调解人功能）以及设法修改环境部的政策以适应它们自己的偏好（大使功能）。这样，这一政策措施允许新行为体在它们各自的政策领域进行改造，也能够促进环境政策一体化原则的落实。它也许还能改善各个部委对知识的应用。我们预期，这种单元引入的困难程度是较低的，因为它发挥一些诸如提供信息、游说或否决的功能。也许，更困难的应该是在各部委日常的政策讨论中倡导对环境的关切。

---

① David Wilkinson, "Steps Towards Integrating the Environment into other EU Policy Sectors," in O'Riordan, Tim and Heather Voisey (Eds.), *The Transition to Sustainability: The Politics of Agenda 21 in Europe*. London: Earthscan, 1998.

汇报义务：

汇报义务是现代政府的另一个标准程序。负责金融或经济事务的部委在它们的年度报告中，经常对从生态税和政府的环境开支中获得的与环境相关的补贴和财政状况进行评估。当然，它也可以在自愿的基础上，在一个独立的评价管理部门的监督下，根据有关的法律条款，以制度化形式定期汇报。汇报可以促进观念的扩散以及对知识的更好利用。如果没有严格的汇报规则的话，引入这种工具的政治困难程度可以说是很低的。然而，如果各部委是被迫进行汇报，并且是对一些它们不情愿的指标进行汇报，且必须向一个独立的机构进行汇报，那么，汇报也能够成为一个强有力的政策工具。

表 10-1 概括了不同环境政策一体化工具对评价框架发展的预期影响。

**表 10-1　　纵向环境政策一体化工具的预期影响**

| | 改变现有行为体的相对力量 | 对新行为体塑造 | 环境行为体的纳入/网络的开放 | 领导作用的改善 | 观念的扩散 | 改进对知识的利用 | 议程设定 | 在政策实施过程中贯穿环境政策一体化 |
|---|---|---|---|---|---|---|---|---|
| 部门战略 | | | | √ | √ | 可能 | √ | |
| 绿色预算 | | | | | √ | | √ | √ |
| 部门间工作组 | | | | | | | | √ |
| 战略性环境评价 | | | √ | | | √ | | √ |
| 不同部门的环境单元/环境联络员 | | √ | | | | 可能 | | √ |
| 政策动议的评价 | | | | | | √ | | √ |

## 三、环境政策一体化工具在经合组织国家的应用

接下来，我们对垂直环境政策一体化工具在 29 个经合组织国家的使用情况作一个经验性分析。这些分析主要建立在以下基础上：经合组织在过去三年间所作的环境表现评价以及各国向在约翰内斯堡举行的世界可持续发展峰会所提交的文件。另外，我们也使用了描述和分析环境政策一体化工具在经合组织国家使用情况的二手文献。

1. 纵向环境政策一体化工具的使用

**分散化的部门战略：**

在 2004 年初，29 个经合组织国家中已有 8 个利用了部门战略（还有一个国家计划实施这样的战略），而它们在各自战略的具体范围、制度背景以及程序方面存在着很大的差异。这些国家是：加拿大、丹麦、芬兰、日本、墨西哥、挪威、瑞典和英国。在德国，政府已经宣布将引入这一战略，但仍无重大进展。加拿大是一个具有较高革新性的国家，通过 1995 年发布的一个所谓"走向绿色政府"的文件，数量众多的部委和机构承诺汇报它们的环境政策、发展部门战略，并且以三年为基础更新它们的战略。为了评价这些战略，设立了作为审计总署一部分的独立的"环境和可持续发展委员"①。在丹麦，几个部委或者通过它们自己的动议或者是应政府的要求，发展了部门战略。部门战略的制定由农业部首创，然后能源部和交通部紧随其后。最近，该国还制定了一个多向度的可持续发展战略。②

事实上，尽管欧盟不属于我们所调查的经合组织国家清单的一部分，但是，对欧盟层面上促进部门战略的努力进行更加详细的评估也是一件很有价值的事情。鉴于 20 世纪 90 年代中期所采取的整合措施表现不

---

① German Advisory Council on the Environment (SRU), Umweltgutachten 2000. Schritte ins nächste Jahrtausend, Stuttgart: Metzler-Poeschel, 2000; Environment Canada, A Guide to Green Government, 1995. Download from: http://www.sdinfo.gc.ca/reports/en/ggg/Default.cfm (February 15, 2004). Canadian Environmental Assessment Agency, Sustainable Development Strategy 2004-2006. Download from: http://www.ceaa-acee.gc.ca/017/0004/001/SDS2004_e.pdf (February 15, 2004). http://www.ceaa-acee.gc.ca/017/0004/001/SDS2004_e.pdf (February 15, 2004).

② Danish Government, *A Shared Future — Balanced Development. Denmark's National Strategy for Sustainable Development*, Kopenhagen: Danish Government, 2002.

佳，在1997年的卢森堡峰会上各国达成了对一体化工程进行改革的一致意见。对改革的领导权由欧盟委员会转向了欧盟理事会——由各国总统和首相所组成的欧盟最高政治决策机构。1998年6月的卡迪夫峰会上，所谓的“环境政策一体化卡迪夫进程”开始实施。要求所有相关的理事会不仅发展包括目标、时间表和任务分配在内的部门战略，而且要持续不断地监督改进并解决相关不足之处。农业、能源和交通理事会在1998年6月就开始了这一进程。它们参与了1998年12月举行的发展内部市场和工业理事会的第二轮会谈。通过总务理事会、经济和财政理事会以及渔业理事会的第三轮会谈，完成了这一进程。然而，1999年6月的赫尔辛基欧盟理事会对总体进程提供了一个相当令人失望的评价。绝大多数战略相当肤浅，没有包括具体的目标、时间表和措施，也没有确定任务的责任。两年以后，在哥特堡欧盟理事会上再次发现了相似的缺陷。到目前为止，仍没有令人满意的改进的迹象，相反，卡迪夫进程的未来是模糊不清的，这个战略的政治意义仍然不甚清晰。很显然，它们设计的雄心勃勃和影响深远的政府自我规制负载过重，并且在各自的理事会遭遇了强有力的制度性抵制。

**战略性环境评价：**

29个经合组织国家中已经有10个引入了战略性环境一体化评价工具。由于一个已经生效的欧盟指令，迫使所有的欧盟成员国引入战略性环境一体化评价工具，因此这个数字在接下来的两年内还将会显著增加。虽然这个指令的应用范围受到弱化，但迄今已经建立的战略性环境一体化评价有可能促进环境政策一体化的发展——因为它的约束性特征。环境评价的立法建议已经成为美国首先引入的四个环境政策工具之一。早在1970年该政策就被引入，但根据文献记载，就“主动使用”这一标准来看，它却很少被应用。此外，一些立法甚至缺乏实质性的行动目标。早在1973年，加拿大也引入了一个相似的“环境影响评价审查程序”，但这一指导原则仅仅被应用于几个政策部门。1990年，加拿大对这一程序进行了改革，使其第一次包含了正式的环境评价条款。这在所谓的1993年“蓝皮书”中作了明确规定，这个蓝皮书是对评价过程的官方指导。丹麦、荷兰、芬兰、挪威和欧盟自身已经制定了战略性环境一体化评价要求。当前的制度化状态存在着很大差别：战略性环境评价条款有的通过立法规定（如美国）、有的通过行政命令规定（如加拿大、丹麦），还有的通过建议性指导方针规定（如英国）。战略性环境评价中公众参与的形式和范围，各个国家也不尽相同：在丹麦和荷兰允许广大公众参与，评价结果也对公众开放；而在加拿大和英国，评价结果只严格限制在内阁范围之内。

**政策动议的评价：**

29个经合组织国家中仅有4个国家定期使用政策动议评价工具，它们是英国、荷兰、法国和韩国。早在1991年，英国就发展了一个政策评价系统，作为对国家公务人员的指导，称作"政策评价和环境"。这个评价系统最初很少用于管理，现在却经常使用。在荷兰，1989年的国家环境政策规划中确认了关于环境影响评价的新的立法需求。一个由首相任主席的部长委员会制定了一种独立的政策工具。这种所谓的环境测试（E-test）在1995年被最终引入。[①] 同时，另一个经济评价工具也被引入，就是所谓的商业影响测试（Business Effects Test, BET）。环境和经济部为了对这些工具的实施给予指导，建立了一个"规制草案联合支持中心（Joint Support Centre for Draft Regulations）"。

另外，欧盟委员会也可以被视为一个革新实验室。1993年，欧盟委员会环境总司发展了一个评价体系（所谓的"绿星"）去评价政策建议对环境的重大影响。操作程序手册列举了一步一步的行动过程。然而，由于缺乏一个合适的方法，这些评价体系从未得以实施。从那之后，委员会一直在不同的方向积极活动：近来，实施了一些部门评价，由一个范围广泛的评价工具所支持。最近的发展主要着眼于可持续发展向度，或者旨在整合不同的评价方法。

**绿色预算：**

绿色预算工具在29个经合组织国家中有6个国家在应用。这些国

① 环境测试（E-Test）被应用于所有类型的立法建议（包括草案和修正案）。它的程序包含四个阶段：（1）筛选/确定范围阶段：一个部委间工作组选择一个要进行的环境测试计划并列出应该评估的环境方面的清单；（2）采用阶段：部长理事会采纳计划与建议的清单；（3）形成文件/评估阶段：负责执行的部委处理选定的方面并受到有关方面的技术支持，结果都形成文件并增加为立法草案；（4）审查阶段：联合支持中心和司法部审查信息的质量并检查是否可以把立法草案提交给部长理事会。

家是加拿大、丹麦、挪威、荷兰、日本和英国。挪威率先推出了这一政策工具，在1988年第一次在国家的预算建议中增加了一个环境要求。通过确定更加详细的具有环境影响的开支种类，这种绿色预算形式在1992年和1996年得到了进一步的阐发。实施或考虑这一政策措施的其他国家是加拿大和荷兰。

预算争论是导致把环境目标融合到欧盟的地区和聚合基金中去的核心性问题，这被认为是环境政策一体化相对成功的例子。环境政策一体化已经受到改革后的欧盟宪法性法律的支持，并具有法律效力，这要求把环境影响的考量作为开支程序的一个组成部分。然而，它并没有与支持环境政策一体化的政府实践和程序相连接。

环境单元和联络员：

在所有的经合组织国家中，在其他部委建立镜式单元是一个标准程序。然而，最近的评价研究揭示了一个稍稍令人失望的结果：一般而言，环境单元不愿意或不能够影响它们各自所在部委的总体环境政策导向。失败的主要原因之一也许是，它对提供替代性政策选择的行政程序和规则缺乏决定权。当它们试图游说与其部委政策目标相抵触的环境政策建议时，有一种明显的迹象表明，这将会危及那些官员的自身地位，甚至是职业生涯。

汇报义务：

在经合组织国家中，另一个标准的政府程序是对环境问题进行汇报。因此，在我们的调查中，我们对汇报义务的调查主要着眼于具体的制度，像加拿大可持续发展委员会、环境部或内阁。20个国家中有9个拥有这样的汇报条款。这些国家是比利时、加拿大、德国、日本、挪威、波兰、葡萄牙、英国和美国。

表10-2概括了关于垂直环境政策一体化工具使用情况的研究发现。通过我们对垂直环境政策一体化工具使用情况的考察表明，尽管在学术文献中这些政策工具具有积极的含义，但这些政策工具在经合组织区域并没有得到广泛的应用。

表 10-2　　经合组织国家环境政策一体化的工具和战略

| | 政治战略 | | | | 行政手段 | | | | | | | |
|---|---|---|---|---|---|---|---|---|---|---|---|---|
| | 可持续性战略 | 国家环境规划 | 宪法规定 | EPI独立机构 | 部门战略 | 部门的合并 | 绿色预算 | 绿色内阁 | 部门间工作组 | 汇报义务（向环境部或政府） | 战略性环境评价 | 政策动议评价 |
| 澳大利亚 | √ | √ | | | | | | | | | | |
| 奥地利 | √ | √ | √ | √ | | | | √ | | | √ | |
| 比利时 | √ | √ | √ | √ | | | | | √ | √ | P | |
| 加拿大 | √ | √ | | √ | √ | | | | √ | √ | √ | |
| 捷克 | √ | √ | √ | √ | | | | | | | P | |
| 丹麦 | √ | √ | | | √ | | √ | | | | √ | |
| 芬兰 | √ | √ | √ | √ | √ | | | | | | √ | |
| 法国 | √ | √ | | | | | | | √ | | √ | √ |
| 德国 | √ | | √ | | P | | | √ | √ | √ | P | |
| 希腊 | √ | √ | √ | | | | | | √ | | P | |
| 匈牙利 | √ | √ | √ | √ | | | | | √ | | | |
| 冰岛 | √ | √ | | | | | | | | | | |
| 爱尔兰 | √ | √ | | | | | | | √ | | P | |
| 意大利 | √ | √ | | √ | | | | | | | P | |
| 日本 | √ | √ | | | √ | | √ | | √ | √ | | |
| 韩国 | √ | √ | √ | √ | | | | | √ | | | √ |
| 卢森堡 | √ | | | | | | | | | | P | |
| 墨西哥 | | | √ | | √ | | | | √ | | | |
| 荷兰 | √ | √ | √ | √ | | | √ | | √ | | √ | √ |
| 新西兰 | | √ | | | | | | | √ | | | |

续表

| | | | | | | | | | | | | |
|---|---|---|---|---|---|---|---|---|---|---|---|---|
| 挪威 | √ | | √ | √ | √ | | √ | √ | √ | √ | √ | |
| 波兰 | √ | √ | √ | √ | | | | | | √ | P | |
| 葡萄牙 | √ | √ | √ | | | √ | | | √ | √ | P | |
| 斯洛伐克 | √ | √ | √ | √ | | | | | | | √ | |
| 西班牙 | √ | | √ | | | | | | | | P | |
| 瑞典 | √ | √ | √ | | √ | | | | √ | | P | |
| 瑞士 | √ | | √ | √ | | | | | | | | |
| 土耳其 | | √ | √ | √ | | | | | | | | |
| 英国 | √ | √ | | √ | √ | √ | √ | √ | √ | √ | √ | √ |
| 美国 | | | | √ | | | | | √ | √ | √ | |

注:P:Pending(待定)

资料来源:向联合国世界可持续发展峰会准备的各种经合组织环境表现评价以及各国的文件,可参见:http://www.un.org/esa/sustdev/natlinfo/cp2002.htm

2. 横向途径——已经过时还是仍旧占据主导地位

我们的研究表明,很多经合组织国家仍然使用横向环境政策一体化工具。在大多数经合组织国家中,这种途径似乎仍然占据主导地位。例如,29个经合组织国家中有27个国家引入了可持续发展战略。此外,29个国家中有22个实施了国家环境政策规划。这可以归因于《21世纪议程》要求国家建立国家可持续发展规划和战略的条款。在20世纪80年代末,荷兰、加拿大、英国、丹麦、瑞典和挪威引入了首批战略规划。在20世纪90年代,这些机制和措施有了快速的扩散。然而,它们的范围和内容存在着很大的差异。[①]

29个经合组织国家中有18个已经采用了宪法性条款,例如,韩国基本法就规定,确保人们生活在一个清洁和健康的环境之中。欧盟的一些

① 绝大多数国家采用的战略和规划有着一些严重的缺点,例如,表述模糊的目标、没有约束性的实施要求。另外,整个制定计划过程的制度化较弱(也有一些例外),其他相关部委的决策者并没有充分考虑这些计划的目标。更加部门化的环境规划方法与可持续发展战略包罗万象的规划方法之间的关系还远未明朗:一种互相补充或一种互相竞争的关系都有可能。这种二元主义在实践中如何影响政策制定,仍然是一个重大挑战。

条约最为清晰地阐述了这些条款,《阿姆斯特丹条约》第6条规定,环境政策一体化是联盟的一个核心性原则,它使环境关切融入到其他政策的界定和实施之中,并成为欧盟制定政策的一个约束性要求。但目前还没有发现环境部有正式的权力去否决其他部所提出的立法建议。这样一个影响深远的政策工具,在哪一个经合组织国家都尚未制度化。赋予环境部在其他部委的责任领域发起政策动议的权力更加不大可能。没有证据表明,在哪一个经合组织国家中引入了这样的条款。

合并一些部委是增强环境部相对权力的另一种方式,这在两个经合组织国家已经得以实施,即葡萄牙和英国。丹麦曾有能源与环境的联合部,但这种合并被2002年新当选的保守政府撤销。在英国,交通部和环境部合并,并选举副首相约翰·普利斯科特(John Prescott)作为其领导,这被看作是对环境政策一体化的改进。

已有16个经合组织国家引入了独立的环境政策一体化制度,比如咨询机构或负责监督和评价的机构,加拿大的可持续发展专员即是此类机构。也有许多使环境部和其他一些部门的联合委员会实现制度化的努力。由几个国务秘书或部长所组成的所谓绿色内阁这样的制度在4个国家中实行,它们是奥地利、德国、挪威和英国。1989年,挪威建立了一个环境问题国务秘书委员会。英国在1990年建立了这样的委员会。更为常见的是,在高级国家公务人员工作组之间进行的部门间协调和谈判。当前,有17个经合组织国家已经使这样的部门间工作组成为了正式制度。

如表10-2所显示的,环境政策一体化的横向途径不仅仍被利用,而且更多的情况是,仍然占据主导地位。诸如国家可持续发展战略或国家环境规划这样的战略性方式现在是一种普遍的程序。然而,在经合组织区域没有发现环境部正式决策权力的扩展,而许多国家引入了诸如咨询机构、部门间工作组或汇报义务这样的独立制度。另一个明显的事实是:实施纵向环境政策一体化工具的国家是以一种补充性的方式引入它们,而不是当做横向环境政策一体化的替代性工具。

## 三、结论

对经合组织国家的调查得出了一个清晰但却有点令人惊奇的结果:

纵向环境政策一体化工具很少被采用。实施这种政策工具的国家频率各自在5～10个之间。较为例外的是像一些部门中环境镜式单元这样的标准程序。事实上，尽管纵向环境政策一体化途径已经受到学术界的热烈讨论，但在经合组织国家引入这些工具似乎有着相当大的困难。我们预期，评价工具和汇报义务引入的政治困难程度很低，然而，它们仍没有成为政府实践的标准程序。这些工具也许可以提高政府决策的透明度和责任感，这样的事实可以解释它们缓慢的扩散率。相反，并不十分令人惊奇的是，绿色预算工具并没有被广泛采用，这充分反映了转变政府开支重点的政治困难。迄今为止，战略性环境一体化评价并没有被广泛引入。然而，由于所有的欧盟成员国都需要实施战略性环境一体化评价，这些国家的数量将会增加。这突出了超国家规制对于政策革新扩散的重要价值。

我们对所调查国家表现纪录的比较表明，英国、挪威和荷兰是引入纵向环境政策一体化工具最为活跃的国家。特别是英国，可以被视为一个先驱者，这既表现在根据部门一体化战略而进行的政府实践的重构，也表现在对政策动议的评价方面。然而，大多数经合组织国家仍然停留在横向环境政策一体化途径的轨道上。我们的调查表明，几乎所有的国家都引入了诸如可持续发展战略或环境规划这样的一般性战略方式，大多数国家引入了宪法性条款、绿色内阁和独立的咨询与评价机构。

研究发现证实了我们的假设，即现代政府的部门化组织限制了政策制定一体化方式的实施。对这些发现最明显的解释是，政府的自我规制很少是一个能够独自运行的战略性方式，因为它与政府官僚组织的内在逻辑——专业化、渐进主义以及消极的协调——相互矛盾。因此，相关政策工具的扩散十分缓慢。跨部门问题仍被政府各部门重新提起和强化，这些政府部门或者代表无特别部门利益的机构，如中央督导机构，或者由于它们的责任而对一体化感兴趣，比如环境部。目标部门自身仍在为遵循新的政策制定方式而努力，而这些新的方式偏离了它们的传统政策制定路径。然而，我们也必须谨慎考量这些发现。正如关于政策变迁和政策学习的文献所正确指出的，这样的进程需要一定的时间，我们只有在一个较长的时间段之后才能对它们进行科学评估。由于纵向环境政策一体化工具在最近的20世纪90年代中期被更加广泛地讨论，它们的扩散进程也许由于知识的增进和政策学习的提升而加速。纵向环境政策一体化途径是否会在未来几年赢得更多的吸引力，对此我们不能作出一个固定的评价。要澄清这些初步的观察发现，需要进一步的比较研究。

本章所采用的主要着眼于政策一体化具体措施的方法，并不允许我们得出如下问题的结论：这些政策工具在什么程度上能够实际上导致政策制定发生变化。这些政策工具的潜力也许利用不足，特别是关于学习的效应。为了对环境政策一体化的结果和影响进行评估，找到揭示有关部门环境表现的额外指标是必要的。

（克劳斯·雅各布，阿克赛尔·沃尔凯利）

# 第四部分

# 能源政策的绿色整合

# 第十一章　目标趋同结果相异

## ——气候变化政策国家目标的制定与实现

［**内容提要**］20 世纪 90 年代初，几乎所有的工业国家都单方面地制定了减少温室气体排放的国家目标。值得关注的是，并没有任何国际条约迫使这些国家这样去做。本章将对 20 世纪 90 年代以来工业国家的温室气体减排目标以及温室气体的实际排放情况作一个综合性的分析。我们将深入分析所选案例国家中的自愿减排目标的政策制定过程以及国家内部对此的争论。基于这些实证案例，首先，我们要探讨制定自愿性国家温室气体减排目标背后的推动力量是什么；其次，我们要讨论在应对全球气候问题上国家目标的有效性，并解释为什么虽然各个国家雄心勃勃的减排目标日益趋同，但最后的执行结果却如此相异；最后，本章旨在为将来国家减排目标的设立过程提供一些有益的经验及教训。

20 世纪 90 年代初，几乎所有的工业国家都单方面地制定了减少温室气体排放的国家目标。这一现象之所以值得关注有如下两方面原因：第一，并没有什么国际条约迫使这些国家这样去做；第二，人们会质疑这种单方面目标的有效性，因为全球变暖问题不能通过单方面的行动得以解决。

本章将对 20 世纪 90 年代以来工业国家自愿制定的温室气体减排目标和温室气体排放的实际情况作出综合性的分析。不过不幸的是，几乎所有目标都没有按照预期计划得以实现。

对于所选择的案例国家，我们将深入分析其自愿性减排目标的政策制定过程以及国家内部对此的争论。基于这些实证案例，我们试图回答以下问题：

(1)自愿性国家温室气体减排目标制定背后的推动力量是什么？某一国家目标的发展会受到其他国家发展以及国际层面争论的影响，因此国家的减排目标制定是否也会因此在国际范围内得以扩散？

(2)在应对全球气候变化问题上，国家目标的有效性如何？虽然各个国家雄心勃勃的减排目标日益趋同，但为什么最后的执行结果如此相异？

(3)这些案例对将来国家减排目标的设立过程可以提供怎样的经验及教训？

在本章中，我们会分别交替使用如下几个术语"目标"(targets)、"目的"( goals)以及"目标对象"( objectives)。总体而言，目标和目的特别指改变的方向所期望的最终状态和(或)应该实现或者保持的规范。本章重点讨论的是国家减少温室气体排放或者二氧化碳排放的目标。

本章结构如下：

首先，讨论国家的目标如何解决全球性问题，并为这一目标的有效性设定相关的指标。自愿性国家目标的特征主要是指在任何的国际条约制定之前，国家所接纳并制定的目标。这表明，最初减排目标的设立遵循着政策扩散的模式①，从一种宏观视角来看，即国际刺激因素与具体国家政策回应之间的相互影响。

其次，本章将会提供更多的关于所选择案例国家中政策制定者动机的详细信息，从而进一步证明在解决日益严重的环境问题方面，除了各个国家单边推进国际合作之外，日益显现的全球规范和国家回应之间的相互影响(从国际上的从众效应[bandwagon]到国内政党之间的竞争)也应该被考虑在内，特别是考虑到 20 世纪 90 年代早期大量的国家接纳并制定了定量的温室气体减排目标。在这一部分，本章通过对 20 世纪末各国减排水平的比较进而对比各国雄心勃勃的减排目标以及目标本身的变化。

---

① Kerstin Tews and Martin Jänicke (Eds.), *Die Diffusion umweltpolitischer Innovationen im internationalen System*, Wiesbaden: VS Verlag für Sozialwissenschaften, 2005.

最后，本章阐述了环境目标的治理功能和保证其执行质量的特殊要求之间的关系，这些不同的要求取决于不同的发展阶段的需要。不同于早期的气候变化政策发展阶段，今天国家层面单纯地宣布雄心勃勃的减排目标可能并不会成为政策扩散的一个充分条件，即激励其他的政府也设立相似的国家目标并且加强在温室气体减排上的努力，除非它们可以证明这些新的目标比老的目标更有可能实现。只有通过实际的成绩，国家减排目标才能重新获得它们所失去的可信性，它们仍然有机会在国家层面以及国际领域成为解决环境问题的有效政策工具。

## 一、温室气体排放目标及发展

### 1. 应对全球问题的国家目标

乍一看，很明显的是，国家目标似乎不能充分地解决气候变化这一全球性问题。但另一方面，"解决问题"对于评定这样的政策目标而言又过于简单化了，因为同很多全球性问题一样，全球气候变暖本身非常复杂，不可能一劳永逸地迅速得以解决。[①] 因此，为了评估国家目标是否可以成为减少二氧化碳排放的有效政策工具，这一研究视角需要进一步拓展。马克·利维(Marc Levy)等学者建议："目标和战略的优点可以根据他们如何推进更加有效地管理这一向度来作出较为公平地判断，其进展同即将发生的问题紧密相关。"[②]

当然，环境有效性(environmental effectiveness)似乎成为评估环境目标的最终标准：温室气体减排目标的环境有效性"从根本上来说就是全球

---

① Marc A. Levy, Jeannine Cavender-Bares, William C. Clark, Gerda Dinkelmann, Elena Nikitina, Ruud Pleune and Heather Smith, "Goal and Strategy Formulation in the Management of Global Environmental Risks," in The Social Learning Group (Hg.), *Learning to Manage Global Risks. Volume II. A Functional Analysis of Social Responses to Climate Change, Ozone Depletion, and Acid Rain*, Cambridge: MIT Press, 2001, p. 88.

② Marc A. Levy, Jeannine Cavender-Bares, William C. Clark, Gerda Dinkelmann, Elena Nikitina, Ruud Pleune and Heather Smith, "Goal and Strategy Formulation in the Management of Global Environmental Risks," in The Social Learning Group (Hg.), *Learning to Manage Global Risks. Volume II. A Functional Analysis of Social Responses to Climate Change, Ozone Depletion, and Acid Rain*, Cambridge: MIT Press, 2001, p. 88.

温室气体的大规模减排"[①]。但对于我们要评估的国家目标，这一个最终指标过于严格，我们不能简单地将实现这一目标作为评判环境有效性的唯一标准，比如在国家所宣布的目标和所实现的国内减排水平之间存在很多的差异性。

当然，这一指标同时还过分简单化了目标影响政策进程的途径。马克·利维等学者为了评估全球风险管理中目标制定的有效性，提出了更为宽泛的指标。[②] 在此，我们对这些指标作出一定的修改，并将其运用到评估国家温室气体排放目标的有效性检测上。

(1)在国际层面上，是否能够激励其他国家的追随效仿——比如扩大积极参与风险管理的行为者和国家的范围(政策扩散机制的形成)，最终带动其他的国家减少温室气体的排放。

(2)在国内层面上，能否鼓励并且引导政策反映和政策工具的发展(如政策评估以及新的政策工具)，并激励非政府行为体的参与合作，最终实现国内二氧化碳的减排。[③]

从这一视角而言，德国环境顾问委员会(German Environmental Advisory Council)认为，目标设定过程本身就是一项资产，因为即使这些目的或目标不能立刻带动相关政策措施的制定，它也可以确保相关的政治支持，诱导或者强化相关行为者的问题意识，将环境政策整合入相互竞争的政策领域。[④] 但比起单一层面的目标实现，在这些方面目标有效性的评

---

① Cédric Philibert & Jonathan Pershing, "Considering the Options: Climate Targets for All Countries," *Climate Policy*, 2001 (1), p. 2.

② Marc A. Levy, Jeannine Cavender-Bares, William C. Clark, Gerda Dinkelmann, Elena Nikitina, Ruud Pleune and Heather Smith, "Goal and Strategy Formulation in the Management of Global Environmental Risks," in The Social Learning Group (Hg.), *Learning to Manage Global Risks. Volume II. A Functional Analysis of Social Responses to Climate Change, Ozone Depletion, and Acid Rain*, Cambridge: MIT Press, 2001, pp. 88-89.

③ 这些指标都经过了细微的修改。参见：Marc A. Levy, Jeannine Cavender-Bares, William C. Clark, Gerda Dinkelmann, Elena Nikitina, Ruud Pleune and Heather Smith, "Goal and Strategy Formulation in the Management of Global Environmental Risks," in The Social Learning Group (Hg.), *Learning to Manage Global Risks. Volume II. A Functional Analysis of Social Responses to Climate Change, Ozone Depletion, and Acid Rain*, Cambridge: MIT Press, 2001, pp. 87-113.

④ SRU, Umweltgutachten 1998: Umweltschutz: Erreichtes sichern-neue Wege gehen, Stuttgart: Metzler-Poeschel, 1998.

估更加困难，事实上，简化目标实现层面的评估是将量化型目标置于首位的主要原因。

2. 自愿性国家目标及其特征

在1997年12月《京都议定书》签署之前，很多政府已经设立了减少温室气体排放的自愿性国家目标。早期国家目标设立的主要特点是其目标的流线性。几乎所有的工业国家都已经宣示了它们的意图：

(1)到2000年稳定二氧化碳的排放水平，大多数国家以1990年作为基线。1990年10月底，欧盟委员会的决议中也接纳了这一目标，而且自1990年日内瓦第二次世界气候大会之后，欧盟推动了这一目标在国际层面的扩散[①]，并在1992年的《气候变化框架公约》(FCCC)的第四条款中有所体现。

(2)或者到2005年温室气体排放减少20%，在很多文献中这一目标被称为"多伦多目标"[②]。因为，这一目标类似于1988年多伦多会议上最为重要的一项建议，即到2005年之前按这一速率来减少二氧化碳的排放。[③]

(3)以上两种目标的综合。

一些国家已经制定了相似的减排目标：1989年荷兰宣布其目标，即基于1989年的水平，到1995年时稳定二氧化碳的排放，接着又提出2000年之后的更为雄心勃勃的目标(1990年的目标是到2000年时减少二氧化碳排放的3%～5%，1991年设立的目标变为到2000年以后减少二氧化碳排放的20%～25%)；1990年德国设立其目标，即以1987年为基线，到

---

① Jens Becker, Dorothea M. Hartmann, Susanne Huth and Marion Möhle, *Diffusion und Globalisierung: Migration, Klimawandel und Aids-empirische Befunde*, Wiesbaden: Westdeutscher Verlag, 2001.

② 一些国家明确提到了把多伦多目标作为自己的国家目标。比如，奥地利政府甚至将其1990年采纳的"能源报告2000"命名为"我们的多伦多目标"，与此相似，斯洛伐克共和国在1992年也提出自身的"2005年能源战略与政策"，这意味着，在其成为独立的国家之前(1993年1月)，该政策就已经出台。

③ 多伦多会议所达成的最后解决措施中还包括如下建议：到2050年时减少二氧化碳以及其他温室气体排放的50%，并且到2005年时提高能源效率的10%。但这里需要注意的是，实际上如果工业国家不能达到更多的温室气体减排份额的话，多伦多的排减目标是不可能实现的，因为发展中国家并没有强制性的减排义务。

2005年时减少25%的二氧化碳排放；比利时的减排目标设立于1991年，基于1990年的标准，到2000年时减少5%的二氧化碳排放；目前英国的目标设立于1997年，即到2010年时减少20%的温室气体排放。

只有那些经济快速增长或者比较贫穷的欧洲国家才采取完全不同于上述两种目标(即到2000年稳定二氧化碳的排放水平或者到2005年时减少20%的二氧化碳排放)的排放标准(所有的国家都是从1990年到2000年时段)：西班牙1992年提出其目标，起初是增排二氧化碳25%然后调整为增排15%；爱尔兰1993年提出其目标，二氧化碳增排20%；希腊1995年提出其目标，二氧化碳增排15%；葡萄牙1996年提出其目标，二氧化碳增排40%。在《气候变化框架公约》中的附件二国家中，只有意大利和土耳其没有设定任何的国家排放目标(土耳其甚至没有签署《气候变化框架公约》)。

因此，比较公正地说，在《京都议定书》签订之前，自愿设定国家排放目标的进程几乎主要集中在上述两种选择，除了比较贫穷的国家之外，其他国家的减排目标的差异性较小。但要注意的是，不同于这些较为相似的目标，各个工业化国家在温室气体减排的实际执行方面存在很大的差异，只有少数的国家实现了它们自愿设定的目标或者在不久的将来可以实现其目标(参见本节第四部分)。

3. 自愿性国家目标的扩散

国家气候变化政策的制定过程往往受到国际层面政策发展的强烈影响，考虑到气候变化是全球性的危机，这也就不足为奇了。但以下国家自愿性采纳减排目标的扩散模式显示了国家对这些国际驱动力的不同反应。从图11-1我们可以看出，在国际规范的扩散以及关于温室气体减排的国家目标制定上有三个明显的阶段。

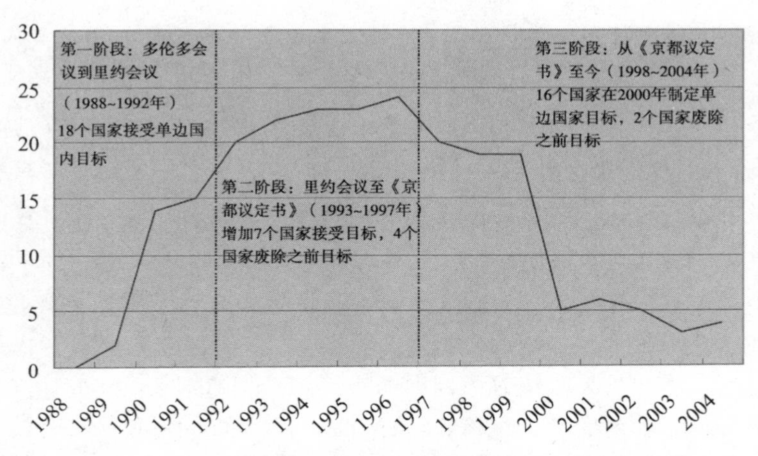


图 11-1　国家自愿性减少温室气体排放目标的制定与发展

第一阶段从多伦多会议(1988 年)到里约会议(1992 年)：值得注意的是，绝大多数的工业化国家在国际规范建立的早期阶段就制定了温室气体减排的目标，是范例设立者和早期的规范接受者。大多数的早期行动者都明确阐释了自己的雄心，即在国际气候变化机制建立过程中起到领跑者或先驱者的作用。它们单边自愿地制定国家减排目标，并为后来的追随国家设立相关的标准。特别是荷兰和挪威，它们首先在这一国际进程中起到了示范领导的作用，为国家气候政策的发展提供了可以借鉴的标准。这一转变过程中主要行为者的特点如下：最初，科学家以及非政府组织网络至少花费了十年时间来推动这一议题受到关注。然后各国逐渐开始为这一日益显现的“谈判游戏”制定规则。随着国际和国内层面关注的日益增多，国内的各种利益团体开始在这一议题上“觉醒”，并影响着规则的制定。这一阶段，为了应对气候变化的挑战，一系列国际会议相继召开并且设立了相关的国际政治议程和框架。具有里程碑意义的事件是 1988 年 6 月的多伦多会议、1990 年 10 月/11 月日内瓦的第二次世界气候大会以及 1992 年 6 月的里约环境大会(在此次会议上，154 个国家签署了《联合国气候变化框架公约》)。仅在 1990 年，就有 12 个国家单边自愿性地设立了国家减排目标，此时制定国内减排目标的国家总数量增加到 14 个(加上 1989 年的挪威和荷兰)。到 1992 年时，一共有 18 个国家宣布了自愿减排目标。

第二个阶段从里约会议(1992 年)至《京都议定书》(1997 年)：这一阶段几乎所有的其他工业化国家都接纳了国家自愿减排目标。当然，大部分国家是因为签署了《联合国气候变化框架公约》并且要遵循自己的承诺，是后来的规范接受者(late norm adopters)，尽管这一公约是不具有法律约束力的。这一时期的特点是相应的国际谈判逐步开始，旨在建立一个具有法律约束力的目标并为应对气候变化而制定时间表。

第三个阶段从 1997 年至今：这一阶段的特点是一些国家废除了最初设立的国家减排目标，和(或)通过《京都议定书》谈判中的承诺来代替之前的国家目标。在所选择的案例国家中，只有零星的国家依然单边性地采纳更为雄心勃勃的国家目标，是新的推动者(new pushers)和新的范例设立者(new example setters)。

**表 11-1　　各个国家温室气体减排目标的发展**

**(不包括《京都议定书》承诺以及欧盟的责任共担承诺)**

| 国家 | 制定年份 | 国家减排目标 | 后续的修正 | |
|---|---|---|---|---|
| 挪威 | 1989 年 | 稳定 $CO_2$ 排放(1989～2000 年) | 1995 年 | 目标废除 |
| 荷兰 | 1989 年 | 稳定 $CO_2$ 排放(1989～2000 年) | 1990 年 | 排放稳定(1989～1995 年)；减少 3%～5%(1989/1990～2000 年) |
| | | | 1991 年 | 减少 20%～25%的温室气体排放(1989/1990～2000 年) |
| 丹麦 | 1990 年 | 减少 20%的 $CO_2$ 排放 (1988～2005 年) | 2002 年 | 目标废除 |
| 德国 | 1990 年 | 减少 25%～30%的 $CO_2$ 排放 (1987～2005 年) | 2003 年 | 年目标废除 |

**续表**

| | | | | |
|---|---|---|---|---|
| 法国 | 1990 年 | 稳定 $CO_2$ 排放(1990～2000 年) | | |
| 日本 | 1990 年 | 稳定 $CO_2$ 排放(1990～2000 年) | | |
| 加拿大 | 1990 年 | 稳定温室气体排放(1990～2000 年) | | |
| 奥地利 | 1990 年 | 减少 20%的 $CO_2$ 排放(1988～2005 年) | 1997 年 | 目标废除 |
| 瑞士 | 1990 年 | 稳定 $CO_2$ 排放 (1990～2000 年) | | |
| 澳大利亚 | 1990 年 | 稳定温室气体排放(1988～2000 年);减少 20%的温室气体排放 (1988～2005 年) | 1995～1997 年 | 默许目标废除 |
| 卢森堡 | 1990 年 | 稳定 $CO_2$ 排放(1990～2000 年);减少 20%的 $CO_2$ 排放(1990～2005 年) | | |
| 新西兰 | 1990 年 | 减少 20%的 $CO_2$ 排放(1990～2005 年) | 1993 年<br>1994～1999 年 | 稳定 $CO_2$ 排放(1990～2000 年);根据各种条件确定减排 20%作为最终目标<br>默许目标废除 |
| 波兰 | 1990 年 | 稳定 $CO_2$ 排放(1988/1989～2000 年) | | |
| 英国 | 1990 年 | 稳定 $CO_2$ 排放(1990～2005 年) | 1995 年<br>1997 年 | 减少 4%～8%的 $CO_2$ 排放(1990～2000 年)<br>减少 20%的 $CO_2$ 排放(1990～2010 年) |

续表

| | | | | |
|---|---|---|---|---|
| 比利时 | 1991年 | 减少5%的$CO_2$排放(1990～2000年) | | |
| 西班牙 | 1992年 | $CO_2$增排25%(后来根据新规划改为增排15%)(1990～2000年) | | |
| 匈牙利 | 1992年 | 稳定$CO_2$排放(1985/1987～2000年) | | |
| 斯洛伐克 | 1992年 | 增加20%的$CO_2$排放(1988～2005年) | 2003年 | 没有再被提及 |
| 爱尔兰 | 1993年 | 增加20%的$CO_2$排放(1990～2000年) | | |
| 瑞典 | 1993年 | 稳定$CO_2$排放(1990～2000年) | 2000年<br>2001年 | 减少2%的温室气体排放（1990～2010年）<br>减少4%的温室气体排放(1990～2010年) |
| 美国 | 1993年 | 稳定温室气体排放(1990～2000年) | | |
| 芬兰 | 1993年 | 稳定$CO_2$排放(2000年) | | |
| 冰岛 | 1994年 | 稳定温室气体排放(1990～2000年) | | |
| 希腊 | 1995年 | 增加15%的$CO_2$排放(1990～2000年) | | |
| 葡萄牙 | 1996年 | 增加40%的$CO_2$排放(1990～2000年) | | |
| 捷克 | 2004年 | 减少30%的$CO_2$排放（1990～2000/2020年） | | |

4. 共识、竞争和从众行动——单边性制定温室气体减排目标的动力来源

在这一部分，我们将诠释所选案例国家的国家减排目标的设定过程，并比较其所宣布的目标与20世纪末它们实际所达到的减排水平之间的差距。[①] 基于此，我们进一步分析，除了为应对严峻的气候变化问题而单方面推动国际合作之外，国际层面的从众行动(international bandwagon)以及国内政党竞争都成为这些国家单方面自愿性制定温室气体减排目标的原因。

荷兰：

1989年，荷兰在其第一个国家环境政策计划(NEPP)中提出了自愿性减排目标，即到2000年稳定二氧化碳气体的排放。一年之后，荷兰政府继续扩大了这一目标，宣布在1995年就要实现二氧化碳的排放稳定，并且以1989年为基线，到2000年时减少3%～5%的二氧化碳排放(NEPP-Plus)。类似于挪威和加拿大，荷兰在组织相关的科学和政治会议上非常积极，力争将气候变化议题纳入国际政治议程。比如1989年，荷兰政府(同挪威政府和法国政府一起)组织了上述的海牙会议以及之后在荷兰诺德维克(Noordwijk)召开的部长会议。这两个会议都将如何把气候变化纳入国际议程建设作为重要的议题。[②] 在为国际听众所准备的文件中，荷兰很乐意宣称，在1992年《气候变化框架公约》签署之前，荷兰就拥有了自己的"气候变化政策"。

根据国际能源署(IEA)的数据，荷兰曾制定过一个更为雄心勃勃的目标，即"在1991年9月由居住、自然规划和环境部(VROM)部长起草并提交议会的气候变化政策白皮书中，提出了一个附加目标：以1988/1989年为基础，在2000年减少20%～25%的二氧化碳排放"[③]。但这一目标后来就没有再被提起过。

---

① 本章所采用的这些数据来源于《联合国气候变化公约》温室气体排放数据库[(GHG Inventory Data of the UN-FCCC)：http://ghg. unfccc. int/]。

② Steinar Andresen, Hans H. Kolshus and Asbjørn Torvanger, "The feasibility of ambitious climate agreements. Norway as an early test case," CICERO Working Paper 2002:03, Oslo. Center for International Climate and Environmental Research, 2002.

③ IEA, "Climate Change Policy Initiatives," 1994 Update. Volume I. OECD Countries. Paris. OECD/IEA, 1994, p. 17.

相比之下，荷兰“国家环境政策计划＋”(NEPP-Plus)所提出的国家减排目标多次被提及，如1993年第二个国家环境政策计划中就重申了“国家环境政策计划＋”所提出的目标。然而，自1995年起荷兰就开始淡化这一关于二氧化碳减排的雄心勃勃的目标。在由居住、自然规划和环境部提交给议会的所谓“二氧化碳的信”($CO_2$-letter)中，2000年二氧化碳的减排目标降到减少3%。同年，在接下来发布的关于气候变化的政策文件中，这一目标略作调整，在2000年实现二氧化碳稳定之后，以1990年为基线，减少3%的二氧化碳排放。1999年，国内减排目标最终被欧盟责任共担承诺(the EU-burden-sharing Commitment)所取代，即以1990年为基线，2008～2012年荷兰的温室气体排放减少6%。[①] 另外，这一目标的一半由国内的减排实现，剩下的部分利用京都机制在国外实现。

事实上，在20世纪90年代初，荷兰的温室气体排放非常不稳定，并且一直处于上升状态，后来也没有像所预期的那样趋于下降(如图11-2)。自1996年起，温室气体排放开始有所下降，但这并不是因为二氧化碳的排放下降，而是因为甲烷和一氧化氮的排放下降了。在2002年，VROM公开声称，虽然降低了国内的减排目标，但这一目标还是未能实现：二氧化碳的排放比1990年的水平提高了10%，主要原因是因为相对于其他的欧盟邻国，荷兰的经济增长速度是最快的，同时这也意味着荷兰气候政策的一种失败。

**挪威：**

挪威和荷兰是1989年最早制定单边自愿性二氧化碳减排目标的两个国家，这样做很明显是为了提高挪威的国家信誉，以有利于进一步推动国际层面的多边环境条约的签署。自从20世纪80年代中期以来，挪威在国际环境保护舞台上具有很高的声誉。挪威前首相格罗·哈莱姆·布伦特兰夫人(Gro Harlem Brundtland)同时也是世界环境与发展委员会的主席，在她的领导下，著名的“布伦特兰报告”得以颁布，这标志着气候变化作为一个重要的环境问题受到越来越多的关注；并且她还亲自参加了

---

① M. E. Minnesma, “Dutch climate policy: A victim of economic growth?” *Climate Policy*, 3(1), 2003, pp. 45-56.

多伦多会议，除了加拿大东道主国以外，她是参加这一会议的唯一国家元首。她甚至在海牙会议上呼吁建立一个具有一致决策能力的新型国际组织来应对气候变化这一全球性威胁，并认为，这是有效管理全球风险的唯一手段。1990 年挪威同联合国欧洲经济委员会(UNECE)一起合作召开了卑尔根会议。

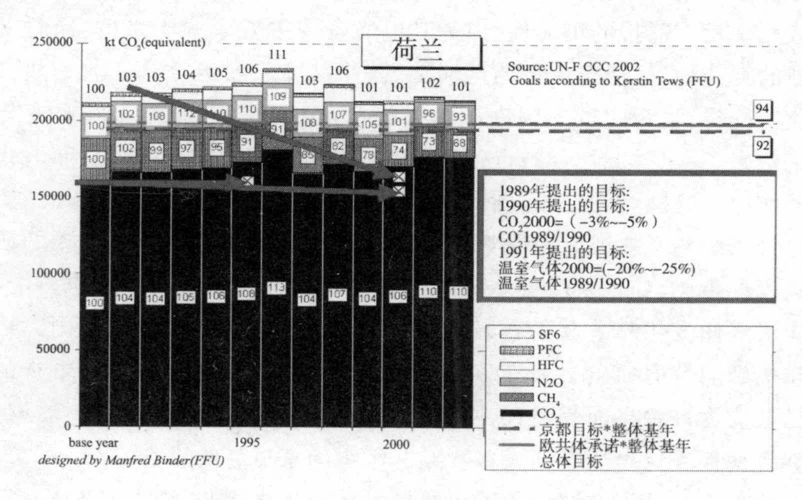


图 11-2　荷兰温室气体排放及减排目标

1991 年秋，挪威的立场发生了突然的转变。挪威政府虽然在国内层面依然主张国内减排行动是非常必要的，但在国际层面上宣布，在没有联合执行条款的限制下，挪威将不愿签署任何国际协议——这使国际谈判从一开始就充斥着一种紧张氛围。[①] 挪威立场的突变主要归因于新的国内行为体进入了政治领域。[②] 在宣布雄心勃勃目标的最初阶段，潜在的经济成本还没有被讨论。而且，在 1989 年的大选中，环境问题作为重要的政治议题之一而出现：各政党争相抛出自己的国家减排目标从而提高自

---

① Steinar Andresen and Siri Hals Butenschøn, "Norwegian Climate Policy: From Pusher to Laggard," *International Environmental Agreements: Politics, Law and Economics*, 1(3), 2001, pp. 337-356.

② Steinar Andresen and Siri Hals Butenschøn, "Norwegian Climate Policy: From Pusher to Laggard," *International Environmental Agreements: Politics, Law and Economics*, 1(3), 2001, pp. 337-356.

身的支持率。所以说，挪威早期气候政策还处于一种"幻想阶段"，这一阶段的特点就是将气候变化这一全球性问题界定为国际层面和国内层面的严峻政治挑战。当然，这里并没有强调各种国内因素的潜在作用。

然而，在国家减排目标设立后不久，工业联盟、研究机构以及政治家便开始质疑这一目标。针对挪威处境形成的新认识是，在能源工业方面，挪威几乎没有减排的可能性，因为其电力资源主要来源于水电，同时由于挪威的特殊地形，需要大量的运输工具，并且国家已经对其征收了较高的税收。据说，最为廉价的国内减排措施已经启用。工业界为气候变化的争论带来了一种"天然气观点"，即向其他的国家出售天然气，从而取代煤炭的使用。这被认为是"比国内减排行动更为有效的保护环境的措施"①。这一观点得到了执政的保守党及其继任者工党的积极回应。主要的研究机构同样指出，如果采取更多的国内减排措施将耗费很高的成本，并且赞成应对气候变化时采取联合履约以及交易配额政策。② 在侧重国际层面减排措施的政府白皮书颁布五年之后，这种对国内路径不予以重视的观点已经成为一种显而易见的主流官方态度，因为依靠国内层面减排二氧化碳将使挪威付出比其他大多数经合组织国家更高的成本。

这种逐渐分裂和弱化的国家减排目标反映了挪威实际的排放发展情况（如图 11-3）：在 20 世纪 90 年代前期，挪威的温室气体排放增长很快，到 90 年代的后期这种趋势也未能逆转，在过去的十年中，挪威的二氧化碳排放增长了 18%。在相对较早的时候——1995 年——挪威的国家排放稳定目标就已经公开废除，因为"不可能制定出相应的政策来确保到 2000 年二氧化碳排放总值达到稳定状态，不再继续增长"③。

---

① Steinar Andresen and Siri Hals Butenschøn, "Norwegian Climate Policy: From Pusher to Laggard," *International Environmental Agreements: Politics, Law and Economics*, 1(3), 2001, pp. 337-356.

② Steinar Andresen and Siri Hals Butenschøn, "Norwegian Climate Policy: From Pusher to Laggard," *International Environmental Agreements: Politics, Law and Economics*, 1(3), 2001, pp. 337-356.

③ Government Report to the Storting Stortingsmelding No. 41, quoted in Steinar Andresen and Siri Hals Butenschøn, "Norwegian Climate Policy: From Pusher to Laggard," *International Environmental Agreements: Politics, Law and Economics*, 1(3), 2001, p. 340.

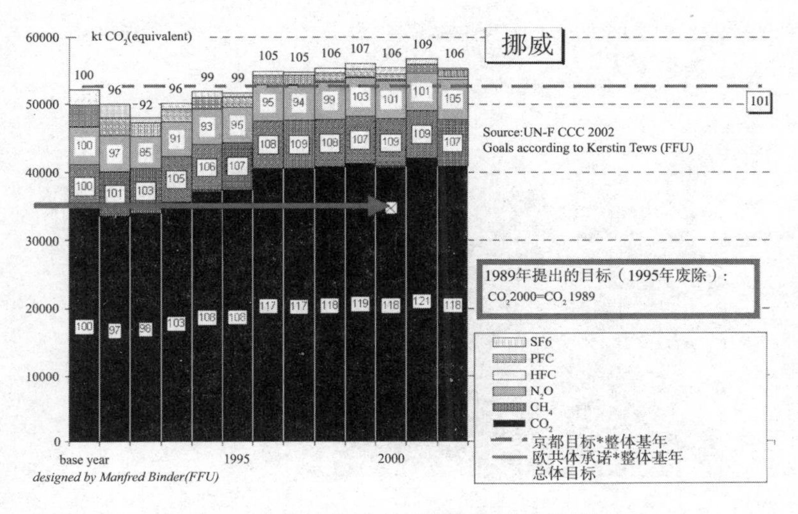


图 11-3　挪威的温室气体排放及减排目标

丹麦：

"布伦特兰报告"和多伦多会议激发了丹麦议会中对可持续发展议题的讨论。议会和政府决定为可持续发展制定部门战略。1990 年，丹麦政府制定了交通和能源方面的国家行动方案，具体的目标是在能源部门减少 28％的二氧化碳排放，在交通部门实现二氧化碳排放的稳定化，这一目标的综合效果和时间框架都是与多伦多目标相呼应的，即 1988～2005 年，减少二氧化碳排放的 20％。这一国家目标得到议会的批准，但直到 2001 年 11 月新政府上任，这一目标才正式生效。丹麦主要的气候政策都是在"绿色多数"议会（1987～1993 年）和社会民主党执政时期（1993～2001 年）制定的。

丹麦是唯一一个成功扭转不断增长的温室气体排放趋势的工业化国家（如图 11-4）。所以最终看来，多伦多目标是可以实现的。然而，丹麦的气候变化和环境政策在 2001 年新自由主义政府执政以来发生了巨大的转变，甚至议会也不能平衡这一变化，因为"绿色多数"已经不存在。新政府放弃了之前的减排目标，即以 1988 年为基线，到 2005 年减少二氧化碳排放的 20％。另外，新政府还削减了大部分支持可再生能源发展的财政支持，并且减少了商业部门的能源税等等。[①]

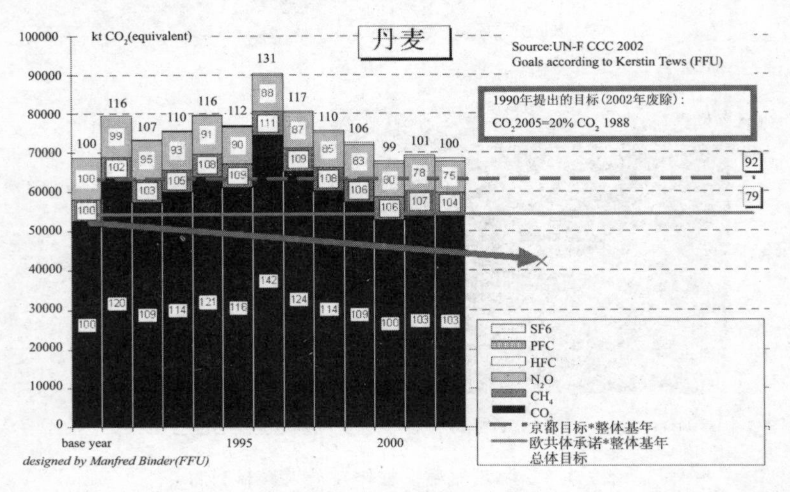


图 11-4 丹麦的温室气体排放及减排目标

目前，丹麦力争实现在欧盟责任共担机制下承诺的京都目标（减少21%的温室气体排放），并且越来越倾向于通过灵活机制在海外购买排放信用（emission credits）来实现这一目标。它将气候政策中的这一新趋势与之前所坚持的先驱型政策及早期行动相结合："最近的统计表明，只有相对较少的国家政策和措施具有巨大的潜力，可以不超出 120 丹麦克朗/每吨二氧化碳当量[②]，并且可以与灵活机制的价格相竞争。"从丹麦的案例可以看出，自 20 世纪 90 年代以来，丹麦在国家层面已经作出了很大的努力来减少温室气体的排放，而在其他的国家中，具体的政策潜能还未被充分利用。

**德国：**

德国在 1987 年就已建立了相应的议会调研委员会来制定"保护地球大气预防措施"（Vorsorge zum Schutz der Erdatmosphäre）。该委员会将

① Gunnar Boye Olesen, "Case Study 31: Integration of environmental and sustainability policy in the Danish energy sector," in European ECO Forum & EEB (Hg.), *Environmental Policy Integration: Theory and Practice in the UNECE Region*, Brussels: EEB, 2003, pp. 155-161.

② 丹麦政府提出的用于计算成本效益比的国家测量的经济基准。

多伦多目标作为一个合理的起点来评估德国国家减排目标的可行性以及所产生的影响。[①] 基于委员会建议，1990 年 6 月 3 日，在基民盟政府执政期间，内阁通过了制定国家减排目标的决议。这一目标以 1987 年的水平为基线，老的联邦州[②]到 2005 年时减少 25%～30%的二氧化碳排放。[③]紧接其后，德国政府成立了一个跨部门的“二氧化碳减排”工作组，并在 1990 年 11 月 7 日制定了第一个二氧化碳减排项目(这是跨部门“二氧化碳减排”工作组的第一份报告)作为德国气候变化战略的核心。

至此，德国制定了最为雄心勃勃的国家减排目标。一方面，在国际层面上，科尔政府希望同其他的领导国家在气候变化进程上保持同步；另一方面，在国内层面上，气候议题以及德国先驱型角色的确立在选举中被认为是非常有前途的议题，因为气候变化所造成的威胁已经受到了广大民众的关注。然而在德国，25%的减排目标依然不能得到全体一致的支持。尽管环境部推动了这一政治目标的出台以及制定了促进其实现的相关措施，但经济部却质疑这一有约束力的减排配额，并强调这一政策的执行会为国家竞争力及经济的增长带来巨大的成本投入和各种预期损失。据 1990 年 11 月部门间工作组调查，对于减排目标的争论冲突造成了第一个二氧化碳排减项目的执行不力。而且，具体措施的执行过程也未能遵循调查委员会所建议的行动项目来完成。[④] 最终由于这些冲突争论，德国政府降低了原本雄心勃勃的目标的等级。早在 1991 年 12 月的一个内阁决议中德国就确定了减排目标，但没有涉及德国所有的地区，目前的目标包

---

① Marc A. Levy, Jeannine Cavender-Bares, William C. Clark, Gerda Dinkelmann, Elena Nikitina, Ruud Pleune and Heather Smith, “Goal and Strategy Formulation in the Management of Global Environmental Risks,” in The Social Learning Group (Hg.), *Learning to Manage Global Risks. Volume II. A Functional Analysis of Social Responses to Climate Change, Ozone Depletion, and Acid Rain*, Cambridge: MIT Press, 2001, pp. 87-113.

② 德国共由 16 个州组成。其中 11 个州属原西德，现称为“老联邦州”。1990 年 10 月 3 日德国统一时，原民主德国的 5 个州(即勃兰登堡、梅克伦堡—前波莫瑞、萨克森、萨克森—安哈特及图林根州)加入联邦德国，被称为“新联邦州”。

③ 这里针对老联邦州。

④ Joachim Wille, „Das Klima will Bonn schützen, aber das Wachstum nicht bremsen,“ Bundesregierung spielt Vorreiter bei der $CO_2$-Verminderung und schiebt konkrete Maßnahmen auf die lange Bank. Frankfurter Rundschau, 10. 12. 1990.

括了老联邦州及新联邦州，如前东德地区各州。。[①] 德国的案例表明，由于目标冲突和争论，之前所提出的雄心勃勃的国内政策目标并没有得到相应地有力执行。很明显，如果某些政策议题在国际层面居于非常显著的位置的话，那些倡导更加雄心勃勃的政策目标的倡导者就更有优势在国内层面推动实施它们。然而，那些国际激励因素的推动功能似乎只是限于政策目标的制定过程中，而具体政策决议的制定更多是要受到国内利益集团架构的限定。不过，鉴于科尔总理及其内阁非常明确地推行雄心勃勃的减排目标，所以除了荷兰和丹麦这些先驱国家以外，德国内阁自1990年6月制定国内目标以来一直为温室气体的减排作出着巨大的努力和贡献，并且成为了积极推动欧盟理事会在1990年10月底制定欧盟共同排放稳定目标（即到2000年欧盟二氧化碳的排放稳定在1990年的水平上）的核心推动力量之一。[②]

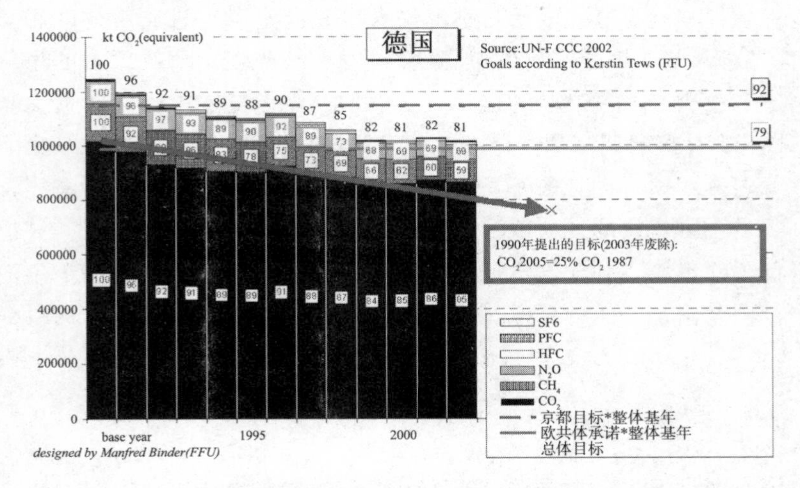


图 11-5　德国的温室气体排放及减排目标

当然，乍一看德国的目标是可行的，因为2000年（也就是距2005年

① Reinhard Loske, *Klimapolitik: Im Spannungsverhältnis von Kurzzeitinteressen und Langzeiterfordernissen*, Marburg: Metropolis Verlag, 1996, p. 285.

② Reinhard Loske, *Klimapolitik: Im Spannungsverhältnis von Kurzzeitinteressen und Langzeiterfordernissen*, Marburg: Metropolis Verlag, 1996, p. 285.

时间过去了三分之二之后）与 1990 年相比，德国的排放已经减少了 15%（如图 11-5）。然而在德国统一之后的第一个三年执行期结束后，减排速率明显减慢下来，因为最初德国的二氧化碳平衡主要得益于东德社会主义体系崩塌之后所引起的新联邦州的经济结构变化。调研委员会在计算合理的国家减排目标时甚至没有将这一情况纳入分析范围。

2003 年 10 月，德国政府放弃了先前的国家二氧化碳减排目标。议会通过“少数建议”（“Kleine Anfrage”[Drs. 15/1542]）的方式反对先前的目标，在此压力下，红绿联盟政府正式宣布废除 25% 的减排目标。早在 2003 年 6 月，基民盟/基社盟（CDU/CSU）为多数的议会就批评红绿联盟政府悄然放弃了国家的二氧化碳减排目标，而选择了欧盟责任共担机制下不太激进的目标义务。然而，红绿联盟政府其实一直在强调 1990 年由科尔政府所制定的这一目标，不仅在 1998 年和 2002 年的联盟协议中加以声明，而且在 2000 年的国家气候变化项目中也予以强调。

这一国家减排目标的废除在民众中并没到得到太多的关注。只有很少一部分左翼的报纸对此作出了批评性评论，如《法兰克福评论报》（*Frankfurter Rundschau*）、《德国日报》（*TAZ*）以及《新德意志报》（*Neues Deutschland*）。相比之下，有关科学家已经警告过，德国政府迄今所采取的措施远远不能实现先前的国家目标。[①]

英国：

相对于其他绝大多数国家，英国不断提升自己的国家减排指标。早在 1990 年 5 月，前首相撒切尔夫人就宣布，英国到 2005 年实现二氧化碳排放稳定于 1990 年水平上的目标。[②] 在 1992 年 4 月里约会议之前，英国政府提出了自己的国家目标，即到 2000 年时，二氧化碳的排放水平恢复到 1990 年，这为其他国家采取相似的减排行动提供了参照。[③]

---

① Hans-Joachim Ziesing, „$CO_2$-Emissionen im Jahre 2001: Vom Einsparziel 2005 noch weit entfernt," *DIW-Wochenbericht* (8/02), 2002.

② Axel Michaelowa, „Klimapolitik in Großbritannien: Zufall oder gezieltes Handeln?" *Zeitschrift für Umweltpolitik und Umweltrecht*, 23 (3), 2003, pp. 441-460, Hamburg: HWWA-Insitut für Wirtschaftsforschung. http://www.hwwa.de/Projekte/Forsch_Schwerpunkte/FS/Klimapolitik/PDFDokumente/Michaelowa(2000g).pdf.

③ IEA, Climate Change Policy Initiatives, Paris: OECD/IEA, 1992, p. 112.

1995 年英国新的减排项目的实施为提出更加严格的减排目标奠定了基础，即到 2000 年，二氧化碳的排放减少 4%～8%，而这实际上仍然是一个二氧化碳的排放稳定目标，现在是针对 1990～2000 年这个十年期的第二个五年。1997 年新首相布莱尔又宣布了一项新的国家二氧化碳减排目标，即到 2010 年，在 1990 年的基础上减少 20%的二氧化碳排放，这反映了五年之前所开始的减排进程有种下降的趋势(如图 11-6)。然而，在《京都议定书》中所接受的目标(92%)和几年之后的欧盟责任共担机制所制定的目标(87.5%)都比英国所提出的自愿性国家目标要谨慎小心得多，并且英国在两年之后就实现了这些目标。英国政府声称，单边自愿性国内目标远远超出了按照正常的经济发展速度可以实现的减排目标，这一目标更反映了英国在减排方面的一种雄心勃勃的态度，旨在取得比预期减排更为显著的成就，也就是英国政府在其《国家分配计划草案》中提出的到 2010 年预估减排 15.3%。[①]

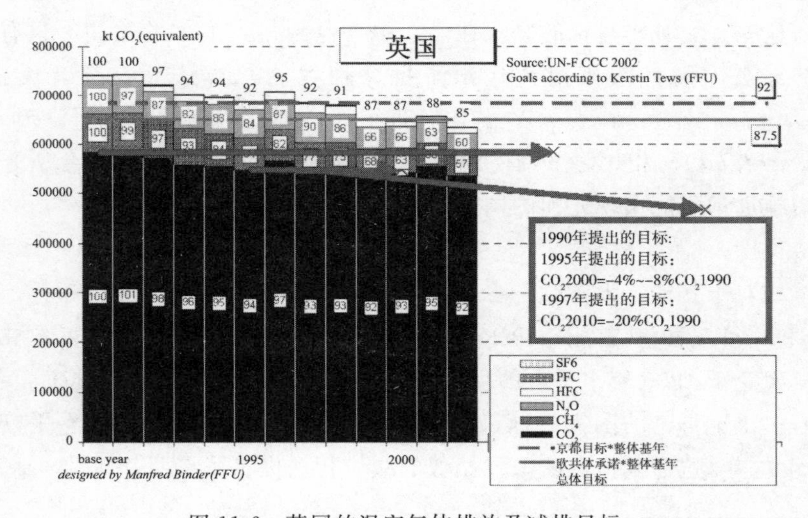


图 11-6 英国的温室气体排放及减排目标

① 最近临时性的英国二氧化碳减排方案提议(provisional projections of UK $CO_2$ emissions)：要将正在执行中的英国气候变化项目(UK Climate Change Programme)以及已经就位的公司计划(the 'with CCP' projections)在实施过程中所产生的影响也考虑在内，2010 年英国的二氧化碳排放总量约达到 512.4 Mt(139.75 MtC)，这是在 1990 年的基础上已经减少 15.3%的二氧化碳排放的计算量(资料来源：UK Draft National Allocation Plan for 2005-2007, January 2004, p.4)。

但迄今为止，英国实现减排的主要动力仍在于“大力发展天然气”计划，如电力生产方面，从使用煤炭转为使用更为清洁的天然气作为燃料。当然，这不是雄心勃勃的气候变化政策实施的结果，相反，这主要得益于英国的能源工业的私有化和去规制化——而且这些政策主要是由于其他原因而实施——以及从北海很容易获得大量低廉天然气的结果。

**瑞典：**

在 2001 年颁布的《瑞典气候战略政府议案》(Government Bill on the Swedish Climate Strategy)中，瑞典政府声称：“瑞典在气候政策领域是一位先驱倡导者，早在 1991 年的时候，瑞典的能源和气候政策决议中就制订定了相关的气候战略。在同年，瑞典引入了世界上第一个真正有效的碳税政策”[①]。然而直到 1993 年国会批准了《气候变化框架公约》，瑞典才制定了关于抑制气候变化行动的政府议案，其中瑞典政府提出了一个国家二氧化碳稳定目标(1990～2000 年)。不同于其他绝大多数国家，国家减排目标颁布之前瑞典的碳税政策就已经实施。

在第一个关于《联合国气候变化公约框架》的国家磋商会议上，瑞典主要着眼于通过采取国际措施来实现相应的减排目标：“相对于大多数其他的 OECD 国家，瑞典进一步减排二氧化碳的边际成本很高。作为我们国家项目的一部分，我们已经在波罗的海国家以及东欧等国家提出了相关的倡议，即在发展可再生能源、能源管理以及某些支持性措施上给予这些国家资金支持。联合履约或者其他相似措施实施的可能性对于瑞典而言至关重要。”为了实现《京都议定书》的承诺，在欧盟的责任共担机制中瑞典承诺控制二氧化碳的排放，使排放量不超过 1990 年水平的 4%。1998 年 5 月，在瑞典政府的推动下，建立了应对气候变化的议会委员会，并在 2000 年制定了明确的温室气体减排目标，即到 2010 年减少 2%的温室气体排放量。这一目标主要通过国内的减排实现，如通过增加能源税等措施。另外一个议会委员会也同时成立，主要负责探讨京都机制在瑞典潜在的应用。不过，这一委员会最后得出了与之前减排计划相悖的结

---

① 1989 年芬兰成为第一个引入碳税的国家，挪威和瑞典同时在 1991 年也采纳了能源/碳税政策(资料来源：Summary Gov. Bill 2001/02:55, p. 16)。

论，建议“瑞典政府建立包括其他国家在内的排放交易机制……从而彻底代替现行的碳税体制”①。

作为相对较晚的排放稳定目标的制定者，瑞典（如图 11-7）宣布以 1990 年为基准，到 2000 年减少 6%的二氧化碳排放。2001 年 11 月，基于气候变化委员会的建议，瑞典政府出台了《瑞典气候战略政府议案》，其目标是在 1990 年的水平上，到 2010 年减少 4%的温室气体排放。与前几届瑞典政府所提出的目标声明以及灵活机制议会委员会所提出的建议相比，这一议案最引人注目的地方在于，该议案声明：“这一减排目标不是通过森林碳汇的补偿机制或者采用《京都议定书》的灵活机制得以实现的。”②为了证明这一“单边自愿性承诺”的合法性，瑞典政府指出：“其他国家同样也出台了比《京都议定书》以及欧盟责任共担机制中有法律约束力的减排标准更为严格的目标。”③瑞典对减排目标的执行进度在 2004 年进行了评估，并且根据需要加以调整，包括对灵活机制的采用。

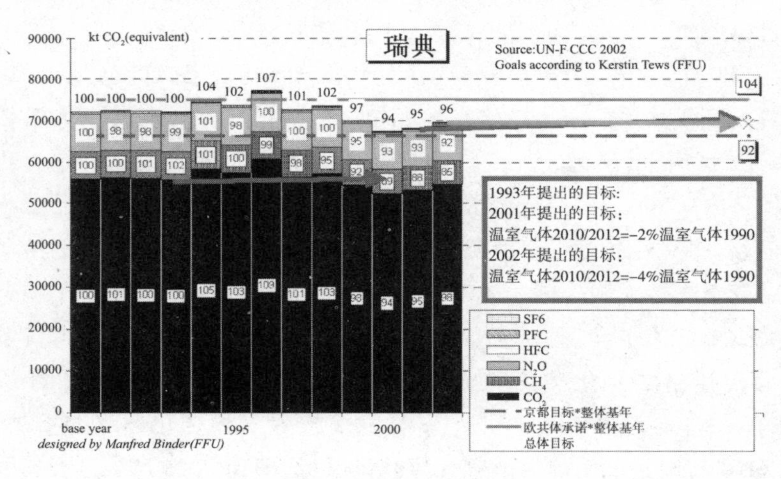


图 11-7　瑞典温室气体排放及减排目标

① 更多信息参见：Glenn S. Hodes and Francis X Johnson, “Towards a next-generation Swedish climate policy,” in Frank Biermann, Rainer Brohm and Klaus Dingwerth (Hg.), *Proceedings of the 2001 Berlin Conference on the Human Dimension of Global Environmental Change “Global Environmental Change and the Nation State”*, Potsdam: Potsdam Institute for Climate Impact Research, 2002, pp. 53-64.

② Summary Gov. Bill 2001/02:55, p. 2.

③ Summary Gov. Bill 2001/02:55, p. 2.

对瑞典国家减排目标的批评者们认为，这一"依赖于政治驱动力的国内议程路径"是"短视的，而且似乎不可能实现一种可持续性的发展或者取得令人满意的效果"。他们强调，只采用国内减排措施来实现目标将非常困难而且成本高昂。[①] 其他人还补充道，瑞典的单边主义承诺不仅成本很高而且是无效的。因为，对于这样一个小国家而言，如果想通过制定相关倡议以及履行单边自愿性目标来开拓"政治空间"，从而激励其他国家的效仿并实现各自在《京都议定书》中减少一定量的二氧化碳排放的承诺是不可能的。[②]

值得一提的是，在早期的工业国家集团中，虽然没有任何国际义务的推动，但这些国家却单边自愿性地制定了国内减排目标和承诺，甚至有些国家在接下来的机制制定阶段强烈反对欧盟所推行的国内减排路径，而是一直坚持自己的道路。但是，在最终导致《京都议定书》签署的国际谈判期间，一些国家非常积极地支持联合履约措施的使用以及其他灵活机制的运用，并去购买国外的排放信用以及引入森林碳汇，例如挪威、澳大利亚、加拿大、日本、新西兰以及所有在美国领导下的伞形国家集团的成员。

加拿大：

加拿大是气候变化议题多边治理的较早推动者，虽然加拿大在大气方面的科学研究，包括全球变暖的研究早在20世纪50年代就已经迅速发展，但科学界的警告和建议在20世纪70年代末之前只得到国内公众和政治界的较少关注。相比之下，在国际层面上，加拿大科学家或者受过科学培训的官员非常积极地参与到世界气象组织（WMO）所组织的活动中，从而提升了国际社会对气候变化议题的关注度，比如他们是世界气象组织1979年在日内瓦召开的第一次世界气候大会的组织者以及接下来

---

① Glenn S. Hodes and Francis X Johnson, "Towards a next-generation Swedish climate policy," in Frank Biermann, Rainer Brohm and Klaus Dingwerth (Hg.), *Proceedings of the 2001 Berlin Conference on the Human Dimension of Global Environmental Change "Global Environmental Change and the Nation State"*, Potsdam: Potsdam Institute for Climate Impact Research, 2002, p. 62.

② 这一争论反映了典型的关于单边行动如何解决公共物品的问题的讨论，即单边行动会减少其他行为者的边际收益，换句话说，会引发"搭便车"行为。

1980 年菲拉赫会议(Villach Conference)的主席方。加拿大政府同样也为应对气候变化作出了一些努力，比如，大气环境服务组织(the Atmospheric Environment Service, AES)作为环境部的一部分，由助理副部长带领负责所有关于大气议题的研究。在 AES 的建议下，20 世纪 80 年代中期加拿大环境部长宣布举办一场关于全球大气变化的会议。1988 年 6 月，多伦多会议召开，这一会议最初倾向于讨论大气变化等议题，但最后被气候变化问题所主导，这主要归因于同年夏天北美洲大陆遭遇到的极端干旱和热浪侵袭这样的情势性因素。尽管这不是一场正式的官方国际会议，但很多科学家、非政府组织以及一些国家官员代表都参加了这一会议。最后，会议宣言中所建议的目标起到了信号灯式的效果(the signal effect)，引导着后来各国的减排行动，这在前文已经讨论过了。在加拿大，这一会议的召开标志着气候变化问题开始越来越受到政治界的关注。1988 年末，能源部长组织了一个特别行动小组来研究多伦多目标，并且评估实现这一目标所需的成本。这一研究的草案认为，只要节约，多伦多目标就可以实现，但不久一个修订后的官方研究却提出，实现这一目标的成本过高。[①] 鉴于后来的研究中所估算的巨额成本，加拿大政府推迟了制定国家减排目标的时间。几个月之后，在 1990 年 5 月的卑尔根会议上，加拿大环境部长宣布了国家减排目标，即基于 1990 年的水平，到 2000 年加拿大实现二氧化碳排放稳定的目标。

一些评论家认为，这一目标的制定是为了揭穿如下传言，即加拿大会支持美国反对欧盟制定温室气体减排的固定目标和时间表的做法。[②] 在随后激烈而有带有冲突性的协商中，加拿大环境部长不得不采取了一种

---

① Edward A. Parson, Rodney Dobell, Adam Fenech, Don Munton and Heather Smith, "Leading while keeping in step: Management of global atmospheric issues in Canada," in The Social Learning Group (Hg.), *Learning to Manage Global Risks. Volume II. A Functional Analysis of Social Responses to Climate Change, Ozone Depletion, and Acid Rain*, Cambridge: MIT Press, 2001, p. 242.

② Edward A. Parson, Rodney Dobell, Adam Fenech, Don Munton and Heather Smith, "Leading while keeping in step: Management of global atmospheric issues in Canada," in The Social Learning Group (Hg.), *Learning to Manage Global Risks. Volume II. A Functional Analysis of Social Responses to Climate Change, Ozone Depletion, and Acid Rain*, Cambridge: MIT Press, 2001, p. 246.

更为精明世故的立场。为了第二届日内瓦世界气候大会的召开，加拿大环境内阁于1990年11月发表了《应对全球变暖国家行动战略》草案。在这一会议上，加拿大环境部长承诺，基于1988年的水平，到2000年时实现温室气体排放稳定的目标。在行动计划草稿中，这一稳定目标被添加了四条原则来指导进一步的温室气体排放承诺，其中包括：加拿大不能采取单边行动，必须是涉及所有温室气体和碳汇的综合性承诺。1990年12月，加拿大的官方综合环境战略，即"绿色计划"出台，重申了温室气体排放稳定的目标以及明确提出减排是指净减排，包括碳汇效果（effects of sinks）。根据推测，这一净减排目标会使加拿大的实际减排量接近于零。这些在卑尔根会议上所作出的对最初减排目标的修改，体现了加拿大比美国在气候变化议题上更加积极的立场，但同时也展示了与美国政府所青睐的所谓综合性解决路径的相似性。[①] 然而，后来加拿大的发展很大程度上偏离了自己所提出的碳排放稳定目标，而且如图11-8所示，没有任何扭转的迹象。

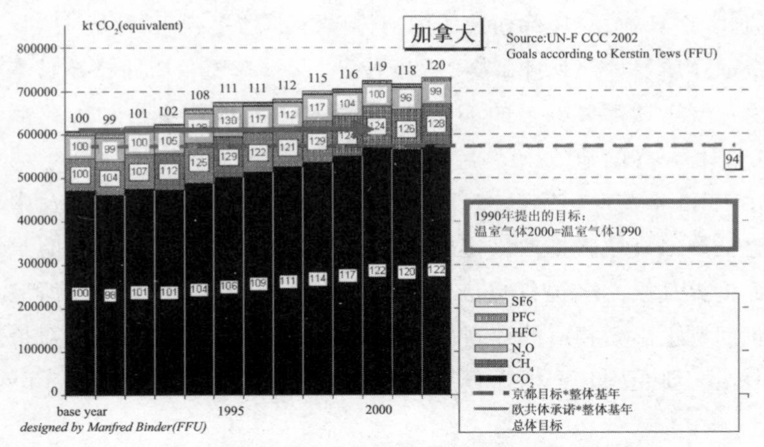


图11-8　加拿大的温室气体排放及减排目标

① Karen Fisher-Vanden, "International policy instrument prominence in the climate change debate: A case study of the United States," ENPR Discussion Paper E-97-06, Kennedy School of Government, Harvard University, 1997.

日本：

日本在处理全球性环境风险议题上是后来者，但令人惊奇的是，日本在执行空气污染控制措施和提高能源效率方面目前已经成为世界上最为成功的国家之一。[①] 从历史上看，直到20世纪80年代末，气候变化这一全球性风险议题才得到日本科学家、非政府团体和政治界的广泛关注。在大多数其他国家，像科学家和非政府组织这样的非国家行为体是推动对日益增强的气候变化威胁进行政治回应的主要行为体。但是，在日本却不是这样。这种情况部分可以归因于20世纪70～80年代日本政府在环境保护和提高环境质量方面所取得的极为显著的成绩，而这是市民组织和地方政府不断施加压力的结果。这种跨界环境问题的全球化扩展趋势进一步鼓舞了日本的环境运动，并且激发政治家作出回应——不仅是出于环境的原因。另外，日本政治家的"绿化"还受以下政治考虑的推动，即全球环境问题也许可以成为一个让日本在国际舞台上发挥更为积极作用的合适领域。[②]

因此，在日本，与环保相关的国内体系逐步建立：1989年5月，日本建立了全球环境保护部长理事会；1989年7月，日本环境局局长被日本首相任命为负责全球环境事务的部长，从而拥有了与国际贸易和工业部长以及外交部长相等的地位。

在1989年荷兰诺德惠克部长会议上，日本还同美国、苏联及中国站在一起抵制二氧化碳排放稳定的国际目标，并为1990年10月的第二次日内瓦世界气候大会提供自己的计划。很显然，日本需要在如何应对气候变化问题上出台相应的计划。日本国内关于气候变化问题应对措施选择的争论主要受到日本国际贸易和工业省（MITI）与环境局（the Environ-

---

① Miranda A. Schreurs, "Shifting priorities and internationalization of environmental risk managment in Japan," in The Social Learning Group (Hg.), *Learning to Manage Global Risks. Volume II. A Functional Analysis of Social Responses to Climate Change, Ozone Depletion, and Acid Rain*, Cambridge: MIT Press, 2001, pp. 191-212.

② Miranda A. Schreurs, "Shifting priorities and internationalization of environmental risk managment in Japan," in The Social Learning Group (Hg.), *Learning to Manage Global Risks. Volume II. A Functional Analysis of Social Responses to Climate Change, Ozone Depletion, and Acid Rain*, Cambridge: MIT Press, 2001, p. 201.

ment Agency)的塑造。后者支持欧盟提出的二氧化碳排放稳定的目标(这是欧盟所需要的),但前者反对这种固定性短期目标,这主要是出于经济发展的考虑,而且欧盟和美国之间关于这种稳定目标的立场处于严重分歧状态,作为美国的盟国,日本不得不慎重作出选择。然而,日本政府在这种分歧性立场之间达成某种妥协还是可能的,因为环境局还受到其他一些重要部门的支持,如外交部和执政党。自由民主党非常热衷于制定二氧化碳稳定目标并将其带到日内瓦会议上去。[1] 因此,在日内瓦会议的前一周,1990 年 10 月 23 日,日本部长理事会制定了《阻止全球变暖的行动计划》。这一计划将在固定性目标上相分歧的两种立场结合在一起,提出了两个目标:第一,基于 1990 年的水平,到 2000 年实现人均二氧化碳排放稳定(MITI 的立场);第二,通过不懈努力,到 2000 年大体实现二氧化碳排放总量稳定于 1990 年的水平上(环境局的立场)。[2]

虽然日本在 20 世纪 90 年代初期就已经青睐联合履约措施,但那时日本仍然倾向于将注意力放在国内减排措施上:“日本……在目前的承诺下,并不打算将联合履约行动上所实现的减排计算在总的温室气体排放之内。”[3]

20 世纪 70 年代,日本的空气污染防治政策取得了巨大的成功,这使日本成为世界上能源效率最高的国家,并成为污染控制技术上的领导型生产者。延续这一成功的轨迹,日本政府将应对气候变化挑战作为主要的技术发展方向之一。在国际层面上,日本开始展示成为解决全球变暖的技术发展上的领导者的迫切意愿。然而,非常明显的是,即使日本具有

---

① Miranda A. Schreurs, “Shifting priorities and internationalization of environmental risk managment in Japan,” in The Social Learning Group (Hg.), *Learning to Manage Global Risks. Volume II. A Functional Analysis of Social Responses to Climate Change, Ozone Depletion, and Acid Rain*, Cambridge: MIT Press, 2001, p. 203.

② Miranda A. Schreurs, “Shifting priorities and internationalization of environmental risk managment in Japan,” in The Social Learning Group (Hg.), *Learning to Manage Global Risks. Volume II. A Functional Analysis of Social Responses to Climate Change, Ozone Depletion, and Acid Rain*, Cambridge: MIT Press, 2001, p. 203; IEA, Climate Change Policy Initiatives, Paris: OECD/IEA, 1992, p. 78.

③ IEA, Climate Change Policy Initiatives, 1994 Update. Volume I. OECD Countries. Paris. OECD/IEA, p. 108.

日益强大的应对温室气体排放的技术实力，其要实现国内稳定的目标依然非常困难。因此，在其关于《联合国气候变化框架公约》的第一个国家磋商文件中，日本环境局提出国内减排目标的第二部分——实现二氧化碳排放总量稳定的目标——还需要更多的附加措施。在其第一个磋商文件的评论中，日本甚至提出实现第一个目标——人均二氧化碳排放稳定的目标都存在问题。不过，无论如何，虽然日本反复提到在实现其减排目标上存在困难，并且日本的温室气体排放还在继续增长（如图 11-9），但日本官方并没有公开声称放弃其目标。

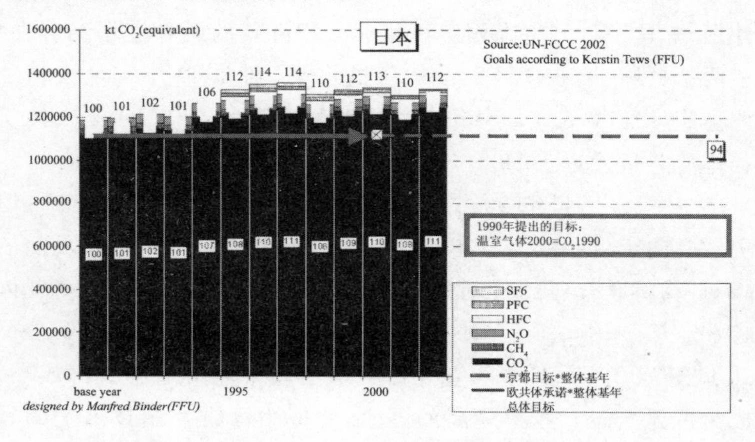


图 11-9　日本的温室气体排放及减排目标

澳大利亚：

在第二次世界气候大会前夕，澳大利亚于 1990 年 10 月 11 日制定了国家减排过渡计划目标。这一目标承诺，澳大利亚政府将会基于 1988 年的水平，在 2000 年实现温室气体排放稳定的目标，并到 2005 年降低 20％的温室气体排放。然而，这一目标后来又附加了一项特殊条款，即认为对国家竞争力有负面影响的减排措施将不予接纳。[①] 这一政策限制很明显地反映了当时澳大利亚相互矛盾的政策目标。在 20 世纪 80 年代早期，澳大利亚的科学家在对气候变化的危机警告上赢得了更多的公众支持和

① IEA, Climate Change Policy Initiatives, Paris: OECD/IEA, 1992, p. 37.

政治关注，与此议题相关的机构在州以及联邦政府层面逐步建立，但之后不久，为了促进铝的生产和出口（电解铝的过程需要耗费大量的电），州政府对大型煤电厂的投资增加了四倍[①]，不可避免地增加了温室气体的排放。

澳大利亚的经济是一种高能耗经济，它是世界上最大的煤炭出口国和第三大铝出口国，似乎很难成为能够提出雄心勃勃的国家减排目标的早期先行者。然而，在国际层面的推动力下，加上国内科学界以及非政府团体所表达的对气候变化忧虑的不断增长，澳大利亚政府的确较早提出了自己的国家减排目标。[②] 不过，在1992年国家温室气体回应战略中，澳大利亚政府未能就执行措施作出长远展望。1994年，澳大利亚明确表示不打算践行其在公开场合作出的任何国内或国际承诺。[③] 因此，澳大利亚联邦政府在国际气候谈判中采取了尤为犹豫和谨慎的态度，并且同美国领导的伞形集团结盟，反对进一步的国内减排承诺。[④] 在国内层面上，1996年新政府上台，然后迅速"支持或废除了几个已经非常式微的旨在减少温室气体排放的联邦项目"[⑤]。在少数几个曾经制定国家减排目标的国家中，澳大利亚（如图11-10）在执行目标过程中的表现是最令人失望的。

---

① Andrew J. Hoerner and Frank Muller, "Carbon taxes for climate protection in a competitive world," Paper prepared for the Swiss Federal Office for Foreign Economic Affairs, Environmental Tax Program of the Center for Global Change, University of Maryland College Park, 1996.

② Harriet Bulkeley, "The formation of Australian climate change policy: 1985-1995," in Alexander Gillespie and C. G. Burns William (Hg.), *Climate Change in the South Pacific: Impacts and Responses in Australia, New Zealand, and Small Island States*, Dordrecht/Boston/London: Kluwer Academic Publishers, 2000, p. 38.

③ 对于政策失败的批判性讨论参见：Clive Hamilton, "Climate change policies in Australia," in Alexander Gillespie and William C. G. Burns (Hg.), *Climate Change in the South Pacific: Impacts and Responses in Australia, New Zealand, and Small Island State*, Dordrecht/Boston/London: Kluwer Academic Publishers, 2000, pp. 51-77.

④ R. Taplin and X. Yu, "Climate change policy formation in Australia: 1995-1998," in Alexander Gillespie and William C. G. Burns (Hg.), *Climate Change in the South Pacific: Impacts and Responses in Australia, New Zealand, and Small Island State*, Dordrecht/Boston/London: Kluwer Academic Publishers, 2000, pp. 95-112.

⑤ Clive Hamilton, "Climate change policies in Australia," in Alexander Gillespie and William C. G. Burns (Hg.), *Climate Change in the South Pacific: Impacts and Responses in Australia, New Zealand, and Small Island State*, Dordrecht/Boston/London: Kluwer Academic Publishers, 2000, pp. 51-77.

其二氧化碳排放以惊人的速度增加，十年之后澳大利亚的温室气体排放增加了 19%，二氧化碳排放增加了 26%。另外，澳大利亚在《京都议定书》中所接受的排放目标（即以 1990 年为基准增加 8%）是一种稳定目标，然而目前澳大利亚的温室气体排放远远超出了 8%的增长，目前只能将 1997 年《京都议定书》签署的年份作为其基准年。

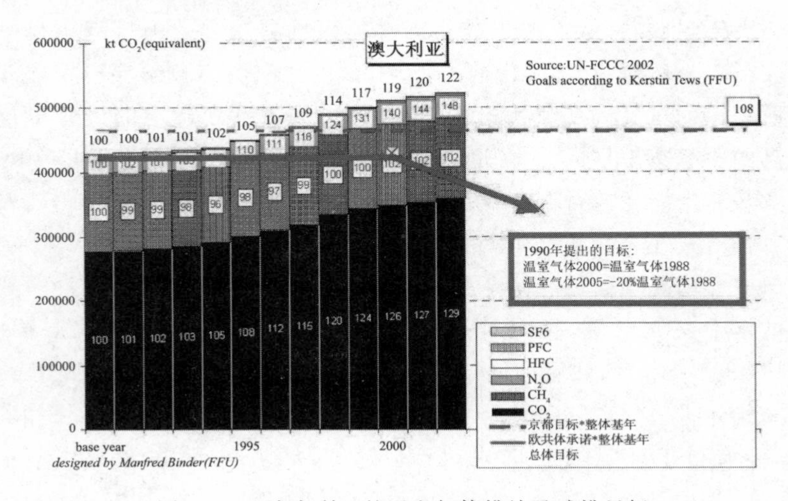


图 11-10 澳大利亚的温室气体排放及减排目标

新西兰：

新西兰气候政策的形成过程始于 1988 年新西兰气候变化项目的建立。这是一个由环境部长杰弗里·帕尔默(Geoffrey Palmer)领导并协调的包括四个专家工作组在内的综合治理框架（主要关注气候变化及其影响、相应的政策反应以及对土著民毛利人的保护）。民众的气候意识的形成主要得益于新西兰科学团体的推动，这些科学团体同澳大利亚的科学家团体有着紧密的合作。[①] 另一方面，气候变化跃居为极其重要的全球性议题，为国内相关意愿的表达提供了一个契机，特别是面对国际规范的压

① Reid E. Basher, "The impact of climate change on New Zealand," in Alexander Gillespie and William C. G. Burns (Hg.), *Climate Change in the South Pacific: Impacts and Responses in Australia, New Zealand, and Small Island State*, Dordrecht/Boston/London: Kluwer Academic Publishers, 2000, pp. 121-142.

力，国内层面产生了强烈的回应。同日本和澳大利亚相似，在1990年第二次世界气候大会之前不久，执政党工党以及反对党国家党就新西兰减排目标达成一致，公布了新西兰的国家目标。1990年10月政府选举之前，国家党甚至受环境主义者所迫去跟随执政党工党制定了一个目标。他们认为："政府官员应该参加部长层次的国际会议……（选举之后的两天开始）如果工党不制定气候政策，那么就应该由国家党上台执政。相应地，新西兰也接纳了20%的减排目标……"[①]因此，国内科学研究的进步、公众关注度的日益增强和国际推动力以及国内政党竞争，共同推动了新西兰一致国家减排目标的形成，即到2005年减少20%的二氧化碳排放。

在经合组织国家中，新西兰是较为罕见的能源强度在20世纪80年代和90年代初期快速增长并且拥有着极为有利的生产可再生能源条件的国家之一。很多科学家和环境保护论者都认为，这一减排目标是可以实现的，甚至还不够积极，特别是考虑到在提高能源效率上的政策可行性。然而，在1991年，新西兰政府就提出了对实现这一减排目标政府意愿的第一次质疑。在1992年7月新西兰颁布的二氧化碳减排计划中只包括了很少的具体行动。从各部门之间的通信联系中透露出如下信息，即财政部停止进一步向气候变化措施提供资金支持。[②] 1992年的能源危机促使新西兰的能源消费者不得不减少相关的能源消费，这导致主要的国有能源企业向政府部门抱怨能源危机对公司收入所产生的负面效果。[③] 议会的环境委员经过全面调查，建议进行能源结构重组以及提升能源效率，但这份报告被能源部长所忽视。1994年在一揽子气候变化措施中，新西兰政府提出了一个"低水平的碳

---

① Kirsty Hamilton, "New Zealand climate policy between 1990 and 1996: A greenpeace perspective," in Alexander Gillespie and William C. G. Burns (Hg.), *Climate Change in the South Pacific: Impacts and Responses in Australia, New Zealand, and Small Island State*, Dordrecht/Boston/London: Kluwer Academic Publishers, 2000, p. 147.

② Kirsty Hamilton, "New Zealand climate policy between 1990 and 1996: A greenpeace Perspective," in Alexander Gillespie and William C. G. Burns (Hg.), *Climate Change in the South Pacific: Impacts and Responses in Australia, New Zealand, and Small Island State*, Dordrecht/Boston/London: Kluwer Academic Publishers, 2000, p. 153.

③ Kirsty Hamilton, "New Zealand climate policy between 1990 and 1996: A greenpeace perspective," in Alexander Gillespie and William C. G. Burns (Hg.), *Climate Change in the South Pacific: Impacts and Responses in Australia, New Zealand, and Small Island State*, Dordrecht/Boston/London: Kluwer Academic Publishers, 2000, p. 153.

费计划”。但是，这一提议最终流产，其失败的原因不仅来自于工业部门的抵制，同时还来自于政府内部的强烈反对。除了在一切正常情形下预计的增长，建立新气电厂的政策决定估计也会增加温室气体的排放，但通过利用净排放方法——意味着包含碳汇，这些政策决定得以合法化，而这种净排放方法将实现稳定排放的目标。

在关于《京都议定书》的谈判中，新西兰强烈反对任何不包括碳汇在内的有约束力的减排承诺，这最终被认为是一个零减排目标。目前，新西兰政府对气候变化政策的主导意识形态源自1994年所提出的“市场影响最小限度推论”(minimal inference in the market)，即只有耗费的社会总成本最低时，新西兰才会采取减排行动。①

在那些努力争取实现多伦多目标(到2005年减少20%的二氧化碳排放)的国家中，新西兰(如图11-11)在2000年时二氧化碳排放增长了22%，并且没有逆转的趋势。限制二氧化碳排放的目标对于新西兰而言并没有起到任何的作用，因为新西兰是唯一一个二氧化碳的排放量少于温室气体总排放量一半的国家，这意味着，新西兰对其他较为容易控制的温室气体排放也未实施过有力的控制措施。

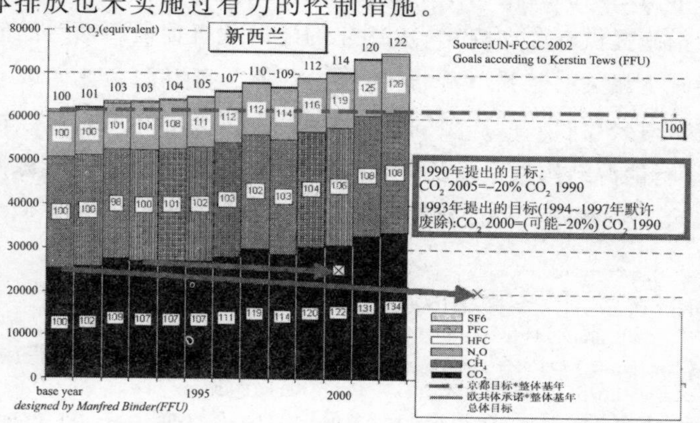


图11-11　新西兰的温室气体排放及减排目标

① Alexander Gillespie, “New Zealand and the climate change debate: 1995-1998,” in Alexander Gillespie and William C. G. Burns (Hg.), *Climate Change in the South Pacific: Impacts and Responses in Australia, New Zealand, and Small Island State*, Dordrecht/Boston/London: Kluwer Academic Publishers, 2000, pp. 165-187.

如科学家所述，这里的核心问题之一可归结于"对于提高能源效率和发展可再生能源技术的可选性回应……一直被整体的价格体系所限制，以至于新西兰几乎所有的能源都相对低廉"[①]，并且新西兰政府缺乏相应的政治意愿来加强对市场的干预，同时环境保护主义者也未能在1992年能源危机的时候利用好"政策机会之窗"，在社会上有效地动员应对气候变化的民众支持。目前尚不明确的是，新西兰政府是否正式废除了国内减排目标。然而，在1993年，新西兰内阁接受了一个更保守的稳定目标，并重新确定了到2005年实现二氧化碳排放减少20%的最终目标，当然，这一目标还要受到各种条件的限制。但在《京都议定书》的最后协商讨论中，这一目标还是被新西兰政府悄然放弃了。

美国：

尽管美国在气候变化研究和评估中作出了早期的努力，并且一直居于领先地位，但在采取政治行动方面美国却一直相对犹豫不决。早在20世纪70年代，在卡特政府带领下，美国就已经开始了协调国家气候研究的努力，并促进了1978年《国家气候规划法案》的出台。这一法案提高了研究经费的资助水平，并组建了国家气候规划办公室来负责组织所有由联邦资助的气候研究项目。[②] 在里根政府时期形势发生了变化，先前联邦政府在研究经费上的投入被认为过多。气候政策趋于保守化，并且这一保守化的国内趋势一直存在，主要包括降低政府的管理程度并对工业实施去规制化的要求。[③] 关键是美国的政治家认为，科学界未能就气候变化问题及其影响作出准确评估（他们一度质疑气候变化问题的真实存在性），还不足以将这一议题进一步推向深入并且发展成为相关的政策选项。而此时臭氧空洞的发现，在一定程度上增强了国际政策对全球大气

---

① Alexander Gillespie, "New Zealand and the climate change debate: 1995-1998," in Alexander Gillespie and William C. G. Burns (Hg.), *Climate Change in the South Pacific: Impacts and Responses in Australia, New Zealand, and Small Island State*, Dordrecht/Boston/London: Kluwer Academic Publishers, 2000, p. 185.

② Karen Fisher-Vanden, "International policy instrument prominence in the climate change debate: A case study of the United States," ENPR Discussion Paper E-97-06, Kennedy School of Government, Harvard University, 1997.

③ Karen Fisher-Vanden, "International policy instrument prominence in the climate change debate: A case study of the United States," ENPR Discussion Paper E-97-06, Kennedy School of Government, Harvard University, 1997.

风险的反应，加之1988年夏天严重的干旱和热浪不但使美国民众警醒，还引起了美国政府的重视。总统候选人乔治·布什在全国大选时许诺，将带来一种“白宫效应”，从而掀起美国国内应对全球变暖的行动。作为总统的他宣称，要召开限制温室气体排放的国际会议，共同努力构建国际气候变化框架公约。[①]

这些声明最终引起了工业和商业利益集团的关注，它们曾一度忽视这一议题。他们组成协会来阻止“不经济的气候变化立法”（uneconomic climate legislation）的出台，质疑并批评人为因素导致气候变化的科学根基。最终，它们在白宫找到了倾听者：当时布什政府正在探索相关减排路径，并要求司法部就具体的气候变化政策类型提供可行性建议。1991年司法部提交了《对于应对气候变化潜在威胁的综合路径的研究》。这一路径研究的最显著特点是：首先，没有提出具体政策和行动建议，而作为替代提出了一种自下而上的“无悔措施”（ no regret measures），这一措施同其他大多数国家所选择的自上而下的路径是相冲突的（自上而下的方式更有利于目标和时间表的制定）；其次，在作出政策决策时，所有的温室气体、资源以及碳汇都应该考虑在内；最后，还要依靠政府的推动来建立一个可交易的许可证市场，从而降低减排的成本。美国的这一自下而上的路径本身就拒绝了对任何特定目标和时间表的承诺，并且这已经成为气候框架协议谈判中美国官方的主要立场。

尽管考虑到了相关的政治以及经济成本，克林顿政府在国内的温室气体减排上还是比较雄心勃勃的。在上台执政不久，他就提议出台能源税（BTU-tax）政策，力图使减少政府赤字的政策目标与副总统戈尔（Gore）的环境议程达成协调，并谋求一种协同行动。这也被认为是对美国民众气候行动意愿的测试。[②] 根据相关调查，这一政策行动最终失败了，主要原因是因为，对商业集团的反对他们过早地作出了让步，但这一

① William C. Clark and Nancy M. Dickson, “Civic science: America's encounter with global environmental risks,” in The Social Learning Group (Hg.), *Learning to Manage Global Risks. Volume II. A Functional Analysis of Social Responses to Climate Change, Ozone Depletion, and Acid Rain*, Cambridge: MIT Press, 2001, pp. 259-294.

② Karen Fisher-Vanden, “International policy instrument prominence in the climate change debate: A case study of the United States,” ENPR Discussion Paper E-97-06, Kennedy School of Government, Harvard University, 1997.

让步并没有软化对接纳能源税的政治方面的抵制，相反，这导致商业游说团体的要求更加苛刻并且更具攻击性。而且，在动员相关的环境支持行为体联盟（一个支持环境保护的议员和环境非政府组织之间形成的联盟）上也存在政策性失误，这同样导致了最终的提议失败。[①] 进一步来说，气候变化政策最后演变成为公众对政府干预税收的仇恨，并认为总体而言能源税妨碍了相关财政措施的实施。[②]

1993 年，克林顿政府制定了气候变化行动计划并且在《联合国气候变化框架公约》（第四条）的要求下提交给秘书处。其中主要包括对现存的项目进行扩展以及在美国商业中推动相关自愿性措施的施行。这一计划的目标是到 2000 年实现温室气体排放稳定于 1990 年的水平上，而且美国宣称："只通过国内措施就可以在 2000 年实现这一目标，但不排除一种可能性：如果后来有迹象显示目标将不能实现的时候，可能要考虑一些联合履约项目来实现国内的承诺。"[③]然而，后来气候变化议题很快就在美国的政治议题领域消失了。在建立气候变化机制的过程中，欧盟提议签署一个具有法律约束力的协议时（《京都议定书》），气候变化议题再次在美国受到关注。欧盟作出了主要的让步，即将 6 种温室气体（代替之前的 3 种温室气体）纳入到减排目标之内，将碳汇容纳其中并采用了多年目标取代了单年目标，同时还引入了灵活机制并且放弃了对其使用的限制。这些让步措施使美国转变了先前对有约束力的目标和时间表的强烈反对态度，促使美国签署了《京都议定书》并承诺 7％的温室气体减排目标。美国被认为是塑造《京都议定书》过程中最为关键的行为体。然而，2000 年 9 月胜出大选的小布什政府打算在环境政策上继续打击其对手戈尔，2001 年他宣布，对于二氧化碳的控制只通过所提议的自愿措施，从而拒绝批准《京都议定书》，布什明确表示，不会接受任何有损国家经济和工人福利的

---

① Andrew J. Hoerner and Frank Muller, "Carbon taxes for climate protection in a competitive world," Paper prepared for the Swiss Federal Office for Foreign Economic Affairs, Environmental Tax Program of the Center for Global Change, University of Maryland College Park, 1996.

② Karen Fisher-Vanden, "International policy instrument prominence in the climate change debate: A case study of the United States," ENPR Discussion Paper E-97-06, Kennedy School of Government, Harvard University, 1997.

③ IEA, Oil Crisis & Climate Challenges: 30 Years of Energy Use in IEA Countries, Paris: OECD/IEA, 2004, p. 175.

有约束力的国际协议。[1] 20世纪90年代，美国的温室气体排放不断上升（如图11-12），截至2002年，温室气体上升了13%，二氧化碳上升了16%。如果美国现在批准《京都议定书》，并且设法只通过国内措施来实现其减排目标，那么在剩下的时间中，美国必须在其目前的水平上减少20%左右的排放。

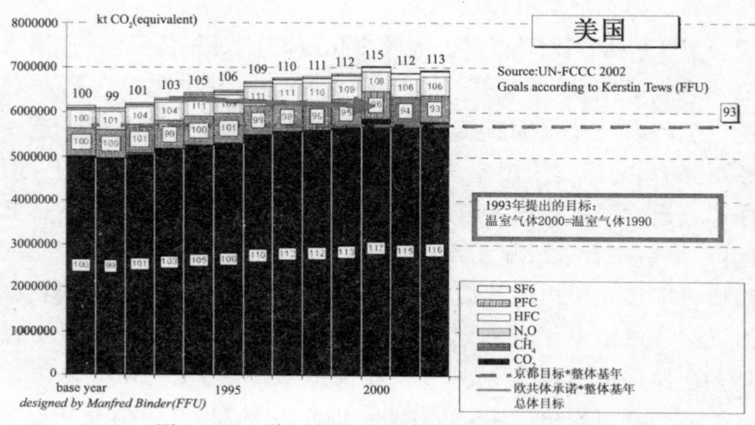


图 11-12　美国的温室气体排放及减排目标

## 二、结论

气候变化政策的第一轮中期目标很多都是自愿性的，且内容全面：几乎所有的工业国家都在20世纪90年代前半期制定了一个或者多个国家二氧化碳或温室气体在2000～2005年排放水平的减排目标。但是，第一

① 关于美国气候政策演变的更为详细的分析参见：Shardul Agrawala & Steinar Andresen, "US climate policy: Evolution and future prospect," *Energy & Environment*, 12(2-3), 2001, pp. 117-138; Karen Fisher-Vanden, "International policy instrument prominence in the climate change debate: A case study of the United States," ENPR Discussion Paper E-97-06, Kennedy School of Government, Harvard University, 1997; William C. Clark & Nancy M. Dickson, "Civic science: America's encounter with global environmental risks," The Social Learning Group (Hg.), *Learning to Manage Global Risks. Volume II. A Functional Analysis of Social Responses to Climate Change, Ozone Depletion, and Acid Rain*, Cambridge: MIT Press, 2001, pp. 259-294.

轮目标多以失败而告终[①]，虽然目标包括的范围很广，但只有少数的措施取得成功，并且这种成功也有很大的机会主义成分在里面：几乎没有一个国家可以证明其在排放上的变化趋势似乎是由于其成功的气候变化政策。在很多国家，排放增长趋势比之前基于一切照常情况下（business-as-usual scenarios）所预想的还要糟糕。尽管20世纪80年代的石油危机以及一些国家开始推进核能的使用都使温室气体排放的强度降低了（单位GDP的排放），但在20世纪90年代这一趋势明显减缓了。[②]

从效果角度来说，如何解释这种自我强加的排减目标在实施上的总体性失败呢？将来的目标设定过程应从中吸取怎样的经验教训呢？

目标的使用在公众话语中可以起到截然不同的作用。首先，目标的制定等于设立了一种信号。这些信号既可以是工具性的也可以是象征性的。一方面，目标是唤醒公众意识的一种工具，促进对政策的学习并且引导政策发展从而更好地应对目前的问题。另一方面，目标又是一种象征，使接受目标的行为体获得一种与众不同的资源，即一种软资源，特别是在竞争性的境况下，这种软资源具有决定性的意义。对于目标的宣告经常既是为了在国内社会中赢得更多的政治合法性，也是为了在国际社会上获得更好的声誉。

考虑到目标设定作为环境治理的一种政策工具，我们量定了目标有效性或者功能性的三个标准：一是在目标实现意义上的环境有效性，二是在国际以及国内层面对于其他行为体的激励作用，三是诱导针对问题解决的进一步的政策回应。然而，这三个标准又引发了如下问题：

(1)根据环境议题在不同阶段的发展进程和程度，是否存在一个环境目标，其独特的规制功能可以根据不同阶段的发展作出适当的变化调整？

(2)根据环境议题在不同阶段的演进，为了使其更加有效，目标的质量以及有效性的发挥是否必须适应议题演进不同阶段所施加的不同挑战？

---

① 第二轮的中期目标已经在《京都议定书》以及欧盟责任共担机制中讨论过了，但整个制定过程并不顺利：美国和澳大利亚已经正式放弃之前所提出的减排目标并且拒绝批准《京都议定书》，另外很多国家计划通过所谓的灵活机制来履行自身的京都承诺，比如通过帮助或者补偿其他国家的碳排放来实现减排任务，而非在自己的国家领土上实现国家减排目标。

② IEA, Oil Crisis & Climate Challenges: 30 Years of Energy Use in IEA Countries, Paris: OECD/IEA, 2004.

总之，我们可以假定，由于目标为议题的演进过程设立了一个框架，议题演进框架的不同阶段也框定了何种目标可以选择。

在政治路径解决气候变化议题的最初阶段，各个国家对减少温室气体排放的自愿性承诺是为了表达一种国家责任和意愿，从而为其他的追随国家作出示范和(或)对日益显现的新的国际规范作出相关回应。这些目标设定过程主要是由科学界和非政府组织网络所推动的。曾在国际以及国内层面起到主导作用的国内政治行为体是各国的环境部长。这些最初提议的目的就是将更多的新的行为体和国家纳入到风险认知和管理之中。但一旦进入了政策议程，这些国内政策目标就会日益受到那些国内行为体和利益集团的挑战，而这些行为体并没有参与最初的目标设定。因此，所有国家的目标设定过程都会引起一系列的学习进程，即在新增的行为体之间形成一种共识，并且对所面临的问题进行部分新的定义，这些问题主要源自对气候减缓措施的政治可行性的长期争论。然而，当一个问题是新的的时候，为了吸引民众关注以及吸纳更多的行为体，所制定的目标信号也许具有相关针对性，但议题不断发展变化的时候，这一固定目标是否还能胜任？

危机管理需要不断地发展，如果将目标的质量指标作为一项政策工具的话，那么这一目标就应该指导或者改变社会行动。随着议题的演进发展，后期的目标必须更加的复杂巧妙并具有更高的水平，因为对于目标的认可必须基于更为广泛的社会共识，即明确需要什么(生态有效性)，在短期、中期和长期目标上的可实现性(政治可行性)以及主要行为体可以接受的相关成本(成本有效性)。只有做到了上述这些，这个目标才能成为一种可行的规划工具。

早期减排接纳者的国家目标设定是比较有效的，因为这些目标起到了较好的信号效果，促使其他国家争相追随这一发展趋势。因此，很多国家顺着这一路径率先宣布了单边自愿性国家减排目标，从而影响了其他国家对于什么目标可以实现以及我们需要什么样的目标的早期认知，所以总体而言，在议题演进的早期阶段，目标战略还是比较成功的。这种目标战略发挥着一种领导作用，但它不同于那些直接指向国际层面的领导

类型[①]，因为这种目标战略由一种示范性国家领跑政策构成。相对于强烈依赖于非对称权力关系的结构型领导（structural leadership），这种领导形式并不依赖于对其他的行为体施加一定的压力，与此相对的是，软因素起了重要的作用，如声誉、信用等。在有些文献中会提到"环境型领导"（environmental leadership）[②]或"方向型领导"（directional leadership）[③]或国家先驱政策（national pioneer policy）。[④] 在目前的气候变化议题发展阶段，需要一种来自领导先驱国家的新型推动力来应对新的形势变化，即《京都议定书》在其生效过程中遭遇到一定程度的失败威胁以及对后京都时代的国家减排承诺和（或）新的政策选择进行必要的谈判，因此那些想成为领导者的国家需要增强应对新形势的能力。然而，比起早期阶段，如今被接受为一个先驱领导者已经变得更为困难。目前不仅要有雄心勃勃的目标，同时在减排方面的成功表现对于取得这种领导地位的合法性而言也越来越重要和不可缺少。20世纪90年代早期我们所观察到的那种先驱行为的扩散作用，对于今天而言则需要更多的支持条件来推动。国家内部行动成功的水平限制着其对其他国家号召力的可信性以及权威性——例如转型国家或者发展中国家。如果想号召这些国家在国际气候变化机制中更加积极地参与并且作出承诺，就要先驱国家首先作出表率，展示成功的行动表现。因此，单纯是国内雄心勃勃的减排目标不足以鼓励其他的国家追随其后，此时国内减排目标还必须要证明其环境效力才行。

---

① 奥兰·R. 扬（Oran R. Young）区别了结构型的领导（structural leadership）、倡导型的领导（entrepreneurial leadership）和智慧型的领导（intellectual leadership），这三种领导模式都同国际机制的形成过程相关，但基于不同的资源：结构性领导依靠结构性的权力，倡导型领导依靠自身做为中间协调人的外交技巧，而智慧型领导依赖于对于创新性知识观念的创立和运用。

② Magnus Andersson and Arthur P. J. Mol, "The Netherlands in the UNFCCC process—Leadership between ambition and reality," *International Environmental Agreements: Politics, Law and Economics*, 2, 2002, pp. 49-68

③ Joyeeta Gupta and Lasse Ringius, "The EU's climate leadership: Reconsiling ambition and reality," *International Environmental Agreements: Politics, Law and Economics*, 1, 2001, pp. 281-299.

④ 这些术语都接近于我们所谈的国家先驱政策的理念。从一般意义上来理解，先驱者是指那些奠定了道路并且鼓励其它行为者进而追随的。因此，"先驱"概念具有两个重要的支柱：a. 有能力创立创新型的政策用于应对目标的问题；b. 有能力去激励其他行为者追随自己。Kerstin Tews, Lessons from Diffusion Research or towards a New Research Program: Pioneering in Environmental Policy Making, unpublished manuscript/work in progress, 2004.

因此，根据对20世纪末排放情况的实证分析，这种目标就其环境效果而言是无效的，因为几乎没有一个国家实现了其国内目标。然而，这一点显然没有引起人们的太多关注，相反，作为一种政策工具，这些目标的可行性及可信性由于以下事实引起了人们的质疑：即在议题演进的过程中，只有极少数国家在实践行动中能够履行其20世纪90年代初期所制定的目标，而大部分的国家曾经制定的目标已经远远脱离了现实。像成本有效性这样的议题开始进入到人们对气候变化政策的公共争论中来，并主导了对政策可行性评估的讨论，但是，在这些争论中，对目标的设立仍然没有被触及，在某种程度上也并没有被考虑。绝大多数的国家已经心照不宣地以不那么雄心勃勃的《京都议定书》目标取代了它们的国家减排目标。只有少数国家对在预期上或者事实上没有实现的目标作出公开回应，如日本、荷兰等。对目标的坚持是学习理论所反映的一种著名经验性现象，但是，对于政策目标的坚持可能会严重威胁到这些政策工具的形象以及那些采纳这些工具的国家的形象。如果目标不根据新的知识变化作出调整的话，那么它们就不再有助于一种更好的风险管理的实现，特别是当新的行为体开始对问题进行重新定义（这是有效评估的标准之一）的时候，这种情况就有可能发生。正如马丁·耶内克所指出的，"以目标为指向的政策路径允许目标的偏离，但这需要揭示目标偏离的原因"[①]。然而，忘记先前自己设立的目标也释放出了某种新的信号，这种信号无疑会威胁环境目标作为一项政策工具的整体信誉。

总之，国内排放目标在具有全球向度的议题领域确实发挥着不可忽视的作用。它们在激励国家紧跟议题发展方面的效果还是比较明显的，至少可以激励其他的国家设立本国的国家排放目标。然而，在目前气候变化问题的演进阶段，也许只有当一定程度上的环境有效性能够证明雄心勃勃的国内减排目标的可信性时，国家内部目标才能进一步激励其他行为体——既指国家管辖权之内的行为体，也包括国家管辖权之外的行为体——的追随（学习和效仿）。（克斯汀·图思，曼夫雷德·宾德尔）

---

① Martin Jänicke, „Abschied von der Vorreiterrolle: Beim Thema Klimaschutz breitet sich bei einem Teil der Bundesregierung plötzlich Lustlosigkeit aus," *Frankfurter Rundschau*, 18. 11. 03 2003.

# 第十二章　生态税改革:国际比较视角下的环境政策革新

[**内容提要**] 生态税改革这一术语已被广泛运用到从个人绿色税费到财政中立性税收改革等很多不同的概念之中。自 20 世纪 90 年代初期,在欧盟委员会所提出的引入覆盖整个联盟范围的二氧化碳(能源)税倡议失败之后,丹麦和荷兰就紧跟在瑞典之后开始实施自己的国家生态税改革。1999 年德国也紧随其后,开始进行国家生态税改革。本章首先概述了通过生态税费改革将外部成本内部化的争论进程。然后,通过参考瑞典、丹麦和荷兰生态税改革的概念及发展模式,追溯了第一个生态税改革概念的起源,并描述了生态税改革的不同模式。在结论部分,本章对生态税改革过程中的制度性和工具性创新以及生态税改革的构成性因素作了总体性评论。

自 20 世纪 70 年代末开始,生态税改革(ecological tax reform, ETR)这一术语已被运用到各种不同的概念中,并且在内涵上存在很大的差异。从个人绿色税费到财政中立性税收改革,绿色税收都被用来冲抵其他的税收。

自 1999 年 4 月 1 日起,德国生态税改革的第一阶段开始实施。这标志着长达 20 年的关于绿色税收理论的争论终结,生态税改革的实践阶段正式开始。随着德国生态税改革的不断深入和完善,德国开始跻身于施行生态税收改革的欧盟国家集团之列。

20 世纪 90 年代初期，欧盟委员会提出引入覆盖整个联盟范围的二氧化碳(能源)税未能达成一致之后，丹麦和荷兰就紧跟在瑞典之后开始独立地通过了各自的国家生态税改革议案，生效之后进入实施阶段。因此，1999 年德国的生态税改革并不是一件新奇的事情，相反，这一改革是内嵌于国际背景之中的。这为分析和评估德国生态税改革的实施过程提供了良好的机会。

在生态税改革的比较研究中，如果从政治学的视角切入可以发现，生态税改革的一些方面尤为令人感兴趣。其一，生态税改革是一种筹集公共财政支出资金并且减轻工业社会的就业难题的适当的替代性方案；其二，生态税改革通过显著减少环境方面的消费及对稀缺资源的使用，从而增强现代工业社会的未来生存能力是一种有潜力的措施，进一步而言，国际比较有助于探讨生态税改革的构成性因素、制度性和工具性创新的范围及角色以及规制复合体(regulatory complexes)及其执行过程本身在多大程度上可以被理解为一种制度安排。

本章阐述了生态税争论的过程，这一争论主要由环境经济学家推动，内容围绕能否通过生态税费改革将外部成本内部化。本章还追溯了生态税概念的起源，接下来通过参考瑞典、丹麦和荷兰生态税改革的概念及发展模式，描述了生态税改革的不同模式。德国的生态税改革用了大约二十年的时间完成。通过对参与其中的各种党派团体所发挥作用的评析，本章对这一过程及其发展阶段进行了分析和评估。本章最后总结了生态税改革过程中的制度性及工具性创新以及生态税改革的构成性因素。

## 一、环境破坏以及外部成本内部化

随着工业化国家对稀缺资源消费的不断增长及环境破坏的日益加剧，各国开始实施不同形式的生态税改革。迄今为止，公共物品的使用在很大程度上还是免费的，且缺乏相应的监督，这与“谁破坏谁负责的原则”是相悖的，总体而言，环境破坏成本并没有由引起破坏的一方承担。自从亚瑟·庇古(Arthur Pigou)于 1920 年在《福利经济学》一书中研究探讨了这一问题后，很多经济学家都曾经追求过“外部成本内部化”这一理念，即通过税收的手段将环境消费纳入到价格之中，从生态的角度让价格“更加

诚实”。

瑞士经济学家宾斯万格(Binswanger)、盖斯伯格(Geissberger)和金斯伯格(Ginsburg)[①]在20世纪70年代率先提出了生态税改革的概念,他们一方面建议通过税收使环境消费变得更加昂贵,另一方面也认为可以借此增加国家收入并创造更多的就业机会。

自20世纪60年代起,虽然原料和资源成本是下降的,但所有的工业国家都经历了劳动力成本的持续上涨过程,包括与就业相关的税收。这导致了各个企业在劳工雇佣领域更加谨慎及理性,寻求通过技术进步来实现在原材料和资源上的成本节省。20世纪80年代中期,可持续发展的进程在国际范围内得以推动和扩展,出现了一种通过能源和绿色环境税收来支持与资助环境保护的新范式。即使在1985年国际油价开始下降之后,能源部门的垄断结构还是很难为节约能源提供相应的激励机制,因此很多国家开始考虑生态税改革的可行性。

生态税改革这一概念从根本上挑战了经济发展与环境保护相抵触的两难困境。对资源和能源使用的税费征收以及对其他生态破坏性生产和消费的生态税引入是分阶段实行的。增加的这部分国家税收首次被用于降低社会安全支出或者减少所得税。从这一角度而言,将环境保护和就业激励政策联系起来可以使两个方面同时都受益于税制的改革,这一现象可以被称为“双重获利”(a double dividend)。进行生态税改革的先驱国家将这一理论转化成了现实的实践。

## 二、瑞典、丹麦和荷兰的生态税改革

瑞典、丹麦和荷兰是第一批推行生态税改革的国家。通过这一改革,它们改变了国家税收的结构,即生态税的比重上升而所得税的比重下降。随着所得税比重的下降,失业人口的比率迅速降低,这些国家的劳工政策进入了所谓的“就业奇迹”时期。下面我们将分别分析三个国家的生态税改革引入和施行的最为重要的基本条件以及相关经验。

---

① Hans Ch. Binswanger, Werner Geissberger and Theo Ginsburg, „Wege aus der Wohlstandsfalle-der NAWU-Report: Strategien gegen Arbeitslosigkeit und Umweltzerstörung," Frankfurt am Main: Binswanger, 1979.

1. 瑞典的生态税改革

瑞典是第一个施行生态税改革的国家，旨在将附加在劳工身上的税收部分转移到能源和环境消费上。1991 年，全面的税收改革展开，随着新能源税的引入，所得税降低了 30％～50％。此后，所有的能源和资源被征以标准附加值税率（normal value added tax rate），即二氧化碳（能源）税和二氧化硫税。自 1992 年起，为了防止有害气体的排放，开始加征氮氧化物税（NOx tax）。第一阶段的税收改革主要将税收部分地从劳工身上转移到生态能源上，总计相当于国内生产总值的 4％。

起初，二氧化碳（能源）税同等地被应用于普通家庭和工业生产上。第一年设定的税率为每公吨二氧化碳 250 瑞典克朗（28.12 欧元）。生产能源的燃料耗费以及生物燃料都可以豁免此税。热电联产系统（Combined heat and power，CHP）享有优惠的税收条件，每千瓦时电力依据总体的能源税率加以征税。另外，对 112 个高能耗的企业，瑞典政府还出台了特殊的管理规定。

值得注意的是，受国家经济衰退以及欧盟未能按计划成功引入二氧化碳（能源）税的影响，1993 年，瑞典从总体上大幅度削减了工业能源税。然而，针对于普通家庭的生态税则上涨到每公吨二氧化碳 320 瑞典克朗（35.79 欧元）。自 1995 年起，二氧化碳的税率与通货膨胀率相捆绑。瑞典的生态税收从 1991 年的 81 亿瑞典克朗上升为 1995 年的 110 亿瑞典克朗（12.3 亿欧元）。瑞典政府和绿色税收委员会倾向于再次大幅度提高工业生态税，这样可以每年增加 5 亿瑞典克朗（5624 万欧元）的税收。1998 年达成相关协议，即在将来提高二氧化碳（能源）税，使其增长速度快于通货膨胀率。

1996 年，来自生态税的国家税收总计 528 亿瑞典克朗（59.3 亿欧元）。其中，能源税总计 460 亿瑞典克朗（51.6 亿欧元），占了生态税总收入的 87％。在矿物油部门，总共有 260 家企业缴纳了二氧化硫税，这一税收项每年可带来 2 亿瑞典克朗的收入（2250 万欧元）。仅仅两年内，燃料中的含硫量下降了约 40％，1989～1995 年的二氧化硫排放几乎降低了 30％。

燃烧化石燃料的发电厂需要支付氧化一氮税，这一税收将根据这些

公司氧化一氮占总体电力生产的份额来征收。在这一税收引入的前两年，特殊氮氧化物(NOx)的排放从每兆焦(耳)159毫克减少到103毫克。到1997年，氮氧化物的排放已经下降了50%。

在其他环境税收方面，瑞典同样居于先驱国家的地位。这包括汽车报废费、生态友好机动车辆税、国内航班绿色税、水污染税、砂砾及垃圾分类收集税、饮料与其他产品的包装和捆扎押金及税收。瑞典生态税改革的实施过程中遇到了相对较小的阻力，这得益于新的二氧化碳(能源)税被整合到综合的税收改革之中。这种"一揽子解决方案"可以防止改革的反对者从一些特殊向度来阻碍二氧化碳(能源)税的推进。特别是二氧化硫和氮氧化物税取得了显著的成效。1998年，瑞典内阁通过了新的整合环境法，自1999年1月1日起该法案开始生效，瑞典的环境保护规制框架通过20条新的法律条款得以显著扩展，比如作为财政工具的补充，关于二氧化硫和氮氧化物的空气质量标准通过新法令的形式得以确立。

瑞典生态税改革的一揽子解决方案可以被视为一种工具性创新。瑞典通过生态税费征收来大幅度降低比如二氧化硫和氮氧化物的排放量，更值得关注的是，瑞典政府又通过后续的法令条约进一步巩固了这一胜利。

2. 丹麦的生态税改革

早在1978年，丹麦就引入了针对于电力和轻重质(民用)燃料油的能源税，主要是出于国家预算的原因。之后，针对于其他能源的税收相继引入：1979年对瓶装液化气和民用煤气开始征税；1982年对煤炭征税以及1996年对天然气征税。1985年，为了稳定投资者的能源政策条件，能源税大幅度地提高。否则，世界市场上石油价格的下降就会使已经规划或者已经执行的节约能源投资陷入进退两难的境地。以保守派为主导的政府在"绿色"议会多数的压力下出台了这一措施，同时，这一措施还可以从经济向度推动热电联产系统的扩张。如今，丹麦5%的电力生产来自于热电厂。

1992年，为了更加有效地实现丹麦的能源计划及二氧化碳减排义务，以保守派为主导的丹麦政府引入二氧化碳附加税，这一环境税的引入标志着一个新阶段的开始。自从引入二氧化碳税之后，能源税整体上有所修正，从最初只对普通家庭征收能源税到后来于1993年将这一税收同时施加到工业上。按照最初欧盟委员会的建议，丹麦将税率设定为每公吨二氧化碳100丹麦克朗(13.29欧元)。不过，通过退税的方式，工业又收回大部分的税收。

1993年，丹麦政府从以保守党为主的少数派政府转变为社会民主党领导下的多数派政府，真正意义上的生态税改革得以通过。在5年之内，绿色税收在总的国家税收中的比例从10%提高到15%，同时所得税相应降低。1998年，征收的环境税总计达235亿丹麦克朗(31.2亿欧元)。能源税逐步被调整，1998～2002年，能源税进一步提高了25%。2009年，对天然气征收能源税的议案也在法律中得以确立，其税率与(民用)燃料油相同。

1996年1月1日，对工业所征收的二氧化碳税有所调整。工业能源消费被分为三个领域：

(1)低热生产过程，如空间加热和热水生产；

(2)低耗能生产过程；

(3)高耗能生产过程。

直到2000年，这三大领域的税率都呈上升趋势。自1998年起，对于普通家庭，每公吨二氧化碳的排放征收600丹麦克朗(79.76欧元)。不过，只要丹麦的公司和丹麦能源当局达成税率降低的协议，低税率就能在这种能源生产过程领域产生效果。比如，高耗能生产过程的税率可以降低到每公吨二氧化碳3丹麦克朗(0.40欧元)这样一个象征性的水平。来自于低热领域的税收可以降低工业的附加工资成本(the additional wage costs)，而来自能源过程领域的税收通过投资津贴的形式又返回到企业之中。2000年，这一津贴补助项目期满，此后，二氧化碳的税收专门被用来降低工业的附加工资成本。二氧化碳税收从1992年的15亿丹麦克朗(2亿欧元)上升为2000年的470亿丹麦克朗(6.2亿欧元)。

进一步的津贴规制主要是为地区取暖、分散的热电联产企业、生物能源以及节约能源项目提供补助。节约能源和信息行动进一步补充了能源税。比如1994～1997年，得益于生态商标的引入、对销售人员的持续培训、地区能源节约等行动以及对旧家电的报废费的征收，总体上使节能型

电冰箱的市场份额从42%上升到90%。[①]

丹麦生态税的成功实施不仅取决于政治行政体系积极超前的行动方式，同时也得益于在能源管理和储备方向上工业利益的灵活转向。

随着最终能源消费和普通家庭电力使用量的下降、热电联产系统的发展以及天然气对煤炭的逐步替代，这些措施使丹麦的生态收益变得更加显而易见。另外，在基本能源消耗和电力生产上，可再生能源的比重不断上升。[②] 在空间取暖上相对较高的能源税极大地刺激了这一领域针对于节能项目的投资。值得注意的是，在能源密集型生产过程中，分期偿还周期的显著缩短对导致税率降低以及为能源储备方面的投资提供财政激励措施协议的达成发挥了重要的作用。从这一角度来说，企业和政府当局之间的合作成为生态税改革成功的重要条件。通过建立相应的国家能源部门"丹麦能源局"，国家能力得以迅速增强。

丹麦的生态税改革作为一个实例，向我们表明：在实施生态税改革的过程中，除了像在瑞典所进行的那种政策工具创新之外，制度创新也发挥了重要作用，与有关工业的协商谈判也对创新的产生起到了激励作用。

3. 荷兰的生态税改革

1994～1998年，荷兰在环境领域总共出台或者修改了27个税收和财政政策措施。相应地，荷兰的绿色税收从160亿荷兰盾(72.1亿欧元)上升到240亿荷兰盾(108.4亿欧元)，这占了总税收的14%。能源和二氧化碳税主要征收方式如下：

(1)对燃料征收的生态税；

(2)对电力、天然气和燃料油征收的规制能源税。

荷兰1988年引入生态税，从而取代了之前各种针对于排放、润滑油以及化学垃圾等所征收的燃料税。新的绿色税同样应用于二氧化碳排放以及燃料能耗量上，并且不断提高。特别是1992年，荷兰进行绿色税收

---

① Martin Jänicke, Lutz Mez, Pernille Bechsgaard and Børge Klemmensen, Innovationswirkungen branchenbezogener Regulierungsmuster am Beispiel energiesparender Kühlschränke in Dänemark, FFU rep 3-98, Berlin: Environmental Policy Research Centre, 1998.

② Gesa Clasen, *A Framework for Innovation: Corporative Responses to Applied Energy/$CO_2$ Taxes in Denmark*, Erasmus University Rotterdam, February 1998.

改革，税率大幅度提高并且征税项目的范围进一步扩大，涵盖了固体垃圾、地下水以及铀燃料等。相关的国家税收从1988年的2亿荷兰盾上升为1994年的21亿荷兰盾(9.5亿欧元)。

基于将会在欧盟范围内征收二氧化碳(能源)税的预期，荷兰在1996年引入了规制能源税，逐步提高对天然气、电力和燃料油所征收的能源税，当然，在这一税收执行初期，小型用户和大型工业用户可免征此能源税，只对每年电力使用在800～50000千瓦/时，以及每年的天然气消耗在800～170000立方米的用户征以此税。自1999年起，对大型的能源用户象征性地征收能源税，直到2001年，小型用户才被完全囊括入征税范围。在2000年，每公吨二氧化碳的税率是66荷兰盾(约30.68欧元)。可再生能源企业的所有者可以获得退税。地区供热以及用于发电的天然气同样排除在能源税征收的范围之外。由于这些特殊的条款，只有40%的固定能源使用被征税。另外，工业部门达成了相关的自愿节能协议。

能源税的一个明确目标就是促使消费行为的改变。能源税收通过减少所得税征收的方式返还给普通家庭，通过更低的国家保险缴款的形式返还给企业。

除了能源税，荷兰政府还对铀燃料、地下水处理以及固体废物征税。自1991年起，用于延长被缩短的折旧年限的生态投资符合免征条件。比如1997年，大约有超过10亿荷兰盾的生态税款被立即注销。荷兰绿色税收委员会进一步提出了包括土地使用税在内的新生态税。[①]

在荷兰《第三个国家环境政策计划》(NEPP3)中，政府采纳了绿色税收委员会的建议，提出建立一个更加有利于生态的税收系统：

(1)自1999年1月1日起，所有的能源税同通货膨胀率相绑定。

(2)规制能源税将被提高到34亿荷兰盾(15.3亿欧元)。在这笔税收中，将有5亿荷兰盾(2.2548亿欧元)用于可再生能源发展的激励项目以及能源节约项目，剩余的资金将用于减少其他的税收。

荷兰的生态税改革值得关注的一点就是为气候政策中的关键行为体

---

① Dutch Green Tax Commission, *A Summary of Its Three Reports 1995-1997*, March, 1998, p. 15.

所设立的相关要求，借此，政府的规制主要依赖于一种共识机制。另外，我们还需关注的是一系列其他的特殊条件，这些特殊条件一方面由社会政策所推动，另一方面由工业政策所推动。尽管如此，荷兰的生态收益还是相当可观的。比如除了国家环境规划之外，荷兰还出台了“二氧化碳减排计划”（于1997年4月由经济部长和议会提交）和所谓的“工业环境行动计划”。工业的环境政策目标进一步在各商业协会的协议（盟约）中得以确立。当然，这些协议需要得到政府批准，但不容置疑的是，它们已经促进相当多的政策创新的产生，比如在能源部门的政策创新。

生态税的竞争中立形式、它的税收中立性，以及生态税改革与一个更为广阔的社会政策议程的连接，所有这些都促进了荷兰民众对生态税的接纳并减弱了工业部门的抵制。专业性的过程协助以及政府同工业部门的长期协商传统都促进了荷兰生态税改革的施行。鉴于荷兰的国家规模，该国对可再生能源以及节能项目的大力支持是非常引人关注的。

### 三、德国的生态税改革

德国的生态税改革经历了相当长的一段时期。接下来，基于扬格约翰（Jungjohann）1999年的毕业论文，本章将简要介绍一下在不同发展阶段，德国为生态税改革所做的准备工作以及参与其中的不同政党的态度。

第一阶段从1979年至1987年，这一阶段主要集中于个人绿色税收的征收创议。这一税收将被用于环境保护设施建设以及投资于生态重建。

德国社会民主党和绿党同其他的环境主义者以及经济学家一起参加了这一议题的争论。工会、各工业和环境协会作为局外人没有加入争论。这一时期，环境协会主张“命令和控制”（command and control）的立场，坚持运用环境政策的规制手段。相比之下，工业协会则主张采用自由市场工具以及合作解决方案。

第二阶段是从1988年到1993年，该阶段可以被称为“概念化阶段”。1988年4月，海德堡环境预测研究所（the Heidelberg Umwelt-und Prognoseinstitut）公布了一项研究，其中提出了35种个人绿色税收项目，预计可以获得2100亿德国马克的税收收入。[1] 这项研究首次在德国提出了综合性税收改革的概念，并且第一次将详细的税收计算包括在内。后来，恩斯特·乌尔里希·冯·魏茨泽克(Ernst Ulrich von Weizsäcker)(1988年)以及经济学家伯格曼(Bergmann)和艾瑞格曼(Ewringmann)(1989年)进一步发展了这一概念。德国工会联合会(DGB)以及其他一些个人协会虽然要求十项特殊税收，但各方对生态税改革这一理念的回应态度却是从非常谨慎到直接拒绝不一而足。1988年，社会民主党(SPD)正式宣布，为了环境和工业政策的利益，该党将对财政和税收系统进行彻底检查和全面改革。1989年，除了基督教社会联盟(CSU)之外，所有的德国政党都发布了关于生态税改革的立场文件或者提出了自己的改革模式。1991年1月，德国总理赫尔穆特·科尔(Helmut Kohl)在其就职演说中，宣布德国将引入二氧化碳税。随后的几个月，环境部起草了一份法案。然而，后来德国的统一进程使关于生态税(环境保护的政策工具)的争论暂时中断。

第三阶段从1994年到1996年，这一阶段的争论主要由德国经济研究所(DIW)发布的报告《生态税：死胡同还是康庄大道?》所引起。[2] 这一报告提出一种中立性税收的路径，即主要对化石燃料和电力征收能源税。这一税收预计每年提高7%的税率，在十年内将使税收翻倍。税收主要通过减少附加工资成本的方式直接返还给企业，通过“生态红利”(eco-bonus)的方式返还给普通家庭。根据德国经济研究所的报告设计，这一税收最后可以创造50万个就业机会。1994年11月，德国绿色预算(Green Budget Germany)提出了自己的概念，回应了德国经济研究所的模式，但不赞同其所提出的对能源密集工业减免税收的建议。1995年，德国两个最大的环境协会，即德国环境与自然保护联盟(BUND)和德国自然保护联盟(NABU)，发表了关于生态税改革的立场文件，同年5月，议会中的

---

① UPI, *Ökosteuern als marktwirtschaftliches Instrument — Vorschläge für eine ökologische Steuerreform*, UPI-Bericht Nr. 9, Heidelberg: Umwelt-und Prognose-Institut, 1988.

② Greenpeace und Deutschen Instituts für Wirtschaftsforschung(DIW), Ökosteuer: Sackgasse oder Königsweg? Ein Gutachten des Deutschen Instituts für Wirtschaftsforschung im Auftrag von Greenpeace, Hamburg: Greenpeace, 1994.

绿党提出了一个能源税的法律草案。

工业界对此反应迅速。德国经济研究所在其提供的模式中已经计算出生态税改革的宏观经济影响，这种影响将决定哪些工业部门是赢家，哪些是输家。各种各样的工业协会，首先是德国工业联盟，然后是德国化学工业协会、德国钢铁联盟以及德国电力协会，都发表了自己的立场文件反对绿色税收的出台，声称单边性生态税改革会损害德国企业在国际市场的竞争力。

1995年4月，大多数的工业协会在减少特殊性二氧化碳排放上达成协议。接下来的一年，在12个工业协会要求绝对减少二氧化碳排放的呼声下，该协议进行了修改。基于德国工业的自愿承诺，这些协会进一步宣传和促进了改革进程，为新环境政策的出台开辟了道路。作为回报，它们希望联邦政府不要将之前计划的热力使用法令付诸实施，因为工业界担心，这一法令会对工业的能源使用产生负面效果，如果这样的话，生态税改革就无法真正加以执行。工业联盟的狭隘政策观点只强调在将来制订自愿性协议，而非真正推进生态税的实施或者在其实施过程中加入强制性规定。

1995年，工业界代表汉高(Henkel)和施特胡伯(Strube)成功地说服科尔总理撤销联邦政府引入国家二氧化碳(能源)税的计划。

1996年4月，北莱威州的经济研究所(RWI)发表了一项研究，声称在北莱威州实施能源税并不能为就业带来“必要的积极效果”。[①]自此之后，媒体和生态税改革的反对者抓着北莱威州经济研究所提出的这一点不放，即生态税会使能源密集部门丧失掉高达40万个工作机会，它们坚持把北莱威州经济研究所的研究当作反对德国经济研究所模式的一个对抗性建议。

直到1998年德国议会大选之时，经过环境协会的共同努力才将生态税改革重新引入公众的争论之中，并将其纳入到选举、竞选的议题之中。

---

① RWI, *Regionalwirtschaftliche Wirkungen von Steuern und Abgaben auf den Verbrauch von Energie*. Kurzfassung. Das Beispiel Nordrhein-Westfalen. Untersuchung des RWI im Auftrag des Ministeriums für Wirtschaft, Mittelstand, Technologie und Verkehr des Landes Nordrhein-Westfalen, Essen, 1996.

同时也是在这一阶段，绿党在其马格德堡大会上，就每升汽油价格提高5马克的提议达成一致意见。但是，保守党—自由党联盟政府反对引入二氧化碳(能源)税或提高能源税。然而，基民盟/基社盟一派却同意实现一种国际协作的、统一的、竞争性的税收中立性能源税目标。对于绿党而言，除了逐步淘汰核电站之外，实施一种有利于生态和社会的绿色税收改革是其主要的竞选议题。虽然社会民主党在其竞选纲领中承认生态税改革的目标，但该党对这一议题的支持性陈述有所保留。

1998年10月20日，社会民主党和绿党的"红绿联盟"协定一致同意进行生态税改革，并且通过三个步骤加以施行。首先，对燃料油和天然气所征收的矿物油税将经过一系列的步骤逐步提高，并且引入电力税。所有的绿色税收将被用来减少附加工资成本。另外，电力和能源密集产业的可再生能源部分可以免征生态税，直到欧洲范围内的协同政策生效之前，这一政策都未受到影响。

大选之后，生态税的反对者改变了他们的战略。当他们认识到生态税改革势不可挡的现实之后，将重点移向了延迟改革进程以及影响生态税改革的形式及其执行方式。经过两轮议会财政委员会的听证会，德国的上、下两院通过了第一阶段的执行方案，并于1999年4月1日正式生效。这一方案规定对于燃料油征收每升6芬尼(3.07欧分)矿物油税，对轻质燃料油每升征收4芬尼(2.05欧分)，对于每千瓦时天然气征收0.32芬尼(0.16欧分)，同时还引入了每千瓦时2芬尼(1.02欧分)的电力税。预计到1999年，会有83亿马克(42.4亿欧元)的税收收入，这些税收几乎完全被用来减少养老金缴款(占养老金的0.8%)。由于各种不同的特殊条款的存在，第一阶段的生态税改革遭到了来自各方面的批评。在起始阶段，人们甚至预计国家会制定出更多的特殊条款。通过市场激励项目来鼓励可再生能源的发展是这一阶段的主要环境收益。自1999年9月1日起，德国开始施行新的计划，预计每年征收2亿马克的税收(1.2026亿欧元)。2003年，这一计划提供了总计10亿德国马克(5.1亿欧元)的财政资金，以补贴和贷款的形式来支持太阳能集光器、生物能源企业、小型水电站、热力泵，以及老建筑的能源节约改造与其他项目的发展。

在1999年夏，第二阶段的生态税征收计划公之于众。从2000年到

2003年，每年的1月1日，每升汽油的生态税都会上升6芬尼(3.07欧分)，每千瓦时电力也会加征0.5芬尼(0.26欧分)。改革特殊条款包括：对以天然气和蒸汽为主的发电厂以及热电联产系统免收矿物油税(后来改为临时条款)，同时减少地方公共交通所使用的柴油矿物油征税。来自可再生能源的电力生产将免征生态税，这在第三个阶段一开始就预期会生效。自2005年起，欧盟所需的低硫燃料也受到额外的补助。2001年11月，低硫燃料比传统燃料的税率要低，即每升可以节省1.53欧分，从2003年1月起，这也应用于无硫燃料。不同的税率报价会提前予以通知，这样各地区可以及时得到新燃料评分(new fuel grades)的信息。基于此，欧盟2005年的标准在2001年就得以实现，到2003年已经明显超过这一标准。

## 四、评估与展望

推动德国施行生态税改革的决定性因素并不是生态难题所施加的压力，而是来自于环境政策领导者的倡导以及它们在政策舞台上形成的不同阵线，这些因素与联邦政府的政策风格一起共同影响了生态税改革的路径。有两次生态税改革在马上付诸实施之前就夭折了。政府部门的更替改变了行动的条件，而社会民主党和绿党之间的"红绿联盟"协定为生态税改革打开了一扇机会之窗，这是向预防性和综合性环境政策迈进的关键一步。

虽然德国的生态税改革进入政治领域的时间晚于瑞典、丹麦、荷兰这些环境政策变革先驱国家，甚至稍晚于芬兰和挪威，但在更为广阔的欧洲范围内，德国成为了推动生态税改革的发动机，为这一政策在欧洲层面的进一步拓展提供了推动力。其他的欧盟成员国大国，如意大利、法国和英国所宣布的税收改革倡议中也同样包含了生态保护的成分。很多国家参照德国的生态税改革模式，以此来推动生态税改革在本国的展开。

德国的生态税改革更为重要的意义在于，这一改革同样影响到了居于领导地位的工业国家日本和美国，它们各自的能源价格与能源税之间有着特殊的关系。对日本而言，由于资源贫乏，日本的工业及私人家庭在过去的十年内在电力和能源上已经付出了比其他同等工业国家高出许多的费用，而目前日本需要认真审视生态税的引入对国内能源市场的影响。对美国而言，克林顿政府被迫在引入能源税的努力方面一再作出让步。但就世界范围而言，对生态税改革的回应以及进一步扩散取决于这三个国际经济领导力量中是否有一方真正参与其中。尽管对德国生态税改革的具体措施还存在很多批评，但必须承认，德国生态税改革的引入对推进国际和全球层面的环境政策变革起到了不可低估的作用。

## 五、结论

通过分析迄今为止各种不同的生态税改革，可以发现以下几个构成性因素：

(1)生态税改革的目标是通过对稀缺资源征税的方式来进一步提高环境保护的质量。

(2)生态税改革是税收中性(征收的全部生态税费征之于民用之于民，用于减少所得税以及增加社会福利开支，不留有盈余)，不属于增加国家额外收入的税源。

(3)绿色税收入首先是用于减缓劳动力方面的问题。

(4)生态税不能进行单独的税收评估，如二氧化碳(能源)税是综合性一揽子政策中的一部分，进行综合性评估时还要包括其他的排放附加税、资源或者废物税以及一系列其他的措施。

(5)改革是一个综合性的过程，需要分阶段逐步实施，这就是为什么不同的生态税税率提高过程往往经历多个立法时期。

(6)环境破坏的社会成本由污染者负责承担。各种不同的目标群体之间的差异应该加以考虑。

(7)能够使消费者和企业在金融意义上感受到他们的活动和行为对环境所造成的影响，并不把普通家庭当作“摇钱树”来对待，使之成为政府增加收入的对象，而是在更高的成本压力下转变其自身行为。这里要注意的是，鉴于私人普通家庭对生态安全产品的需求具有极其重要的影响，它们发挥着一种绿色消费增效器的功能。

(8)不同的工业部门要区别对待，生态税改革通过一系列的步骤将各个部门日益整合到更为综合的政策组合之中，特别是那些在生态税交纳

上存在争议的部门可以在最初阶段予以免税或者只交纳象征性的税收。

(9)生态税改革导致了新的制度性和工具性创新,这些创新对政策改革进程中的政策启动、转向以及控制整个改革进程的速度都发挥着重要作用。

在政治科学的背景下,制度安排的标准非常适合于分析生态税改革的实施过程。一项生态税改革的形成基于不同国家的基本政治条件,其设计目的是为了解决生态和就业问题。特别是斯堪的纳维亚半岛诸国以及荷兰,其政府在引入和实施生态税改革过程中都发挥了非常突出的作用。尽管只有在荷兰,普通家庭在生态税上的待遇会有所不同,但本章所比较的所有生态税改革都提供了广泛的税收抵免政策,并且在政府和企业及企业协会之间作出了相互合理的安排。

生态税改革的先驱国家在它们的政策搭配和"政策一揽子计划"中都利用了各种经过精心计算的不同政策措施组合。它们在执行过程中推动了相关的信息和教育行动的展开。依赖于既定的主导性政策风格,政策组合搭配包括整个政策执行过程中的(自愿性)安排、协议及学术支持,财政激励计划以及投资许可。在以上分析的实例中,甚至是那些很大程度上属于象征性的税费也会产生一定的引导作用。同样还需要注意的是,环境政策能否取得成功还与财政政策工具的相对扩展速度紧密相关,这通常也成为综合性环境政策修订的标准之一。

通过创新性的组合措施,本章中所分析的各种生态税改革模式都有利于提高普通家庭、企业和相关服务业的环境意识。同时,生态税改革还促使人们更加有效地利用稀有资源,并在环境质量改善方面取得了令人瞩目的成就。环境和能源管理团队对其创新性节能目标的执行和监督拓展了企业的分析和后勤管理能力。环境税改革同时也拓展了政府的相关行动能力,为了促进生态税实施过程的专业化,各种创新性安排、新的管理权能,以及一些新的部门和制度随之得以创建。

**表 12-1　　四国生态税改革比较**

| 瑞典 | 丹麦 | 荷兰 | 德国 |
|---|---|---|---|
| 开始执行的日期 | | | |
| 1991 年 | 1993 年通过 | 1988 年<br>出台绿色税收 | 1999 年 4 月 |
| 阶段数目 | | | |
| 多个 | 多个 | 多个 | 3～5 个阶段 |
| 单独引入还是作为一揽子政策 | | | |
| 综合税费改革中的一揽子政策 | 一揽子政策 | 分阶段引入 | 单独引入 |
| 征税基础 | | | |
| $CO_2$以及 $SO_2$ 作为能源税的基础；自 1992 年起引入 NOx 税 | 电力和民用燃料油（1978 年）；罐装液化气和民用煤气（1979 年）；煤（1982 年）；部分 $CO_2$ 排放（1992 年）；天然气（1996 年） | 燃料绿色税收；电力、天然气及民用燃料油的能源税；铀燃料 | 矿物油；轻燃料油；天然气；电力 |
| 起征税率 | | | |
| 每吨 $CO_2$ 征收 250 瑞典克朗（28.12 欧元）；自 1993 年起征收 320 瑞典克朗（35.79 欧元） | 自 1998 年起用于取暖的每吨 $CO_2$ 征收 600 丹麦克朗（79.76 欧元） | 自 1999 年起每吨 $CO_2$ 征收 66 荷兰盾（30.68 欧元） | 每升汽油征收 3.07 欧分；每升轻质燃料油征收 2.05 欧分；每千瓦时天然气征收 0.16 欧分；每千瓦时电征收 1.02 欧分 |

续表

| 税率的发展(按计划) | | | |
|---|---|---|---|
| 自1995年起同通货膨胀率绑定;自1998年起税率快于通货膨胀率 | 为了投资安全,1985年快速增长;1998～2002年能源税增长25% | 自1999年起所有的绿色税收同通货膨胀率绑定;能源税按计划增长 | 汽油税每年每升增长3.07欧分;电力税每千瓦时0.26欧分;对以天然气和蒸汽为主的发电厂及热电联产系统免收矿物油税;减少地方公共交通中柴油矿物油税收;新能源电力生产免于征税 |
| 所占总体税收或者在GDP中的比率 | | | |
| 占第一阶段GDP的4% | 占1998年总税收的10%,或占GDP的4.89% | 占1998年总税收的14% | 1999～2003年,1115亿马克(570亿欧元) |
| 享有特权/免于征税的燃料 | | | |
| 电力生产;生物燃料;对热电联产系统的优惠 | 对热电联产系统的优惠;天然气和可再生能源 | 地区供热;用于电力生产的天然气;可再生能源的退税 | 煤炭;生产效率高于70%的热电联产系统;对天然气驱动的交通工具减税(2009年前) |
| 普通家庭同工业的征税比较 | | | |
| 1993年前同等待遇,后来普通家庭税率上涨;工业的激励性减税,然后按计划回涨 | 同等待遇 | 同等待遇,但使用电力低于800千瓦时以及使用天气低于800立方米的小型私有消费者免税 | 不同待遇 |
| 经济部门的例外 | | | |
| 高耗能部门有特殊条款 | 低能耗和高能耗部门分类;丹麦能源管理局有权作出重要减税决议 | 大型工业高耗能者(超过1000万千瓦时电力及100万立方米天然气) | 每年耗能超过50000千瓦时的工业、农业以及林业减税20% |

续表

| 支持性措施 | | | |
|---|---|---|---|
| 进一步的绿色税收，1999年整合环境法 | 节能与信息运动；补贴规制 | 缩短环境投资的分期偿还时期；激励可再生能源发展和节能项目 | 可再生能源的市场激励项目 |
| 额外收入的使用 | | | |
| 降低所得税30%～50% | 降低工业的额外工资成本及投资补助；2000年后只有前者 | 降低普通家庭和工业的额外工资成本；降低其他的税收 | 降低0.8%的养老金供款率，在接下来的阶段降低0.6%～1.0% |
| 对就业的预期效果 | | | |
| 积极 | 积极 | 积极 | 积极 |
| 制度创新 | | | |
| 一揽子解决方式；建立绿色税收委员会 | 国家能力的重要扩展；政府同企业的合作 | 1995年绿色税收委员会 | |
| 环境效果 | | | |
| 1989～1995年减少了30%的 $SO_2$ 排放；1997年 $NO_x$ 排放减半 | 减少了最终能源消费和个人电力使用；电力生产的热电联产扩张50%；天然气和可再生能源逐步替代煤炭 | 实现中期和长期的预期 | |

（卢茨·梅兹）

# 第十三章　德国核电的逐步退出：政策、行为体与议题

[**内容提要**]自1998年10月“红绿联盟”政府上台执政以来，德国的核能逐步退出问题成为政府的优先议题之一。尽管存在持续的及基于广泛基础的公众批评，但直到1998年联邦政府的核电政策还同亲核电联盟站在同一立场上，并通过一系列的税收优惠和规制特权政策来支持核电的发展，因此逐步退出核电的最终决定标志着德国对过去核电政策指导方针的根本性修改。在经过工业和政府之间长达一年半的谈判之后，一系列的争论在此过程中得以解决。2000年6月14日，它们最终在逐步退出核能使用议题上达成一致。本章主要评述不同行为体的政策，并分析谈判过程中的各种议题与非议题。起初，在联邦政府内部有很多不同的立场，并且旨在要求政府逐步退出核能使用的反核运动减少相应的支持，这些都有利于核能工业进一步强化自身立场。如果探析一下德国核电站运行的有利经济条件，则不难解释，核能工业为何采取这一过分自信的立场。本章认为，“红绿联盟”条约中所勾画的核能逐步退出战略并没有完全转化为实际的政策措施。相反，核能工业在很多重要的议题上取得了胜利，最为重要的是，最后协议事实上从政治角度保证了若干年之内核电站的运行不受外界干扰。

德国的核能利用投资最早可以追溯到20世纪50年代中期，联邦研发项目一共投入了300亿德国马克(153亿欧元)。第一个商业用途的核能反应堆诞生于美国，十年之后，德国生产者也追赶上了世界市场的水

平，在1968年至1989年间生产了超过24000兆瓦的核能。然而，这与1974年官方扩张计划中所提出的50000兆瓦核电容量的目标还存在相当大的差距。仅一年之后，即1975年，德国政府宣布了最后一批新核电站的建设清单，因为此后全球的核能发展进入了停滞时期。

在德国核电工业建立之后不久，由于电力需求的几乎停滞以及公众对核能利用的持续反对，加上其他的相关因素，德国核电工业的发展陷入停滞状态。

## 一、德国核能工业的现状

目前，德国在14个不同的地点运行有19个核电站（如表13-1）。另外的一个核反应堆——密尔海姆—凯尔利希（Mülheim-Kärlich）核电厂已于1988年9月9日在法院指令下关闭。2000年，这19个核电厂的总容量达22203兆瓦，且可以生产169.6太千瓦时的电（占德国电力总产量的30.1%）。迄今为止，16个装机总容量达4000兆瓦的核电站已经退役。这些关闭的反应堆主要是早期用于核能开发的小反应堆，但也有西德境内的两个商用规模的反应堆以及东德境内的6组水冷却慢化反应堆（VVER）予以关闭。这些退役的鲁普敏水冷却慢化反应堆核电站中，有6个核反应堆已经关闭，关闭这些核电站仍需耗费60亿德国马克（31亿欧元）来处理核废料等。[①] 使现在运行的反应堆退役所需耗费的费用估计为240亿德国马克（123亿欧元），而建设最终的核废料处理设备（根据已经建立的处理设备来估算）将需要40亿德国马克（21亿欧元），外加每年8000万德国马克的运行维护费用。[②]

---

① L. Jordan, „Wie der Ausstieg in Greifswald längst praktiziert wird," *Frankfurter Rundschau*, June 14, 2000.

② A. Piening, "Nuclear Energy in Germany," in M. Binder, Martin Jänicke and U. Petschow (Eds.) *Green Industrial Restructuring: International Case Studies and Theoretical Interpretations*, Berlin etc.: Springer, 2001, pp. 403-434.

表 13-1　　　　　　　　2000 年德国的核电站状况

| 核电站的名称 | 运营者 | 容量（MW Gross） | 开始运行时间 | 截至 1999 年的总发电量 | 运行年份 |
|---|---|---|---|---|---|
| Obrigheim | EnBW（100%） | 357 | 1968.10 | 76.0 | 32 |
| Stade | E.ON（66.67%），HEW（33.33%） | 672 | 1972.1 | 134.0 | 28 |
| Biblis A | RWE（100%） | 1225 | 1974.8 | 179.5 | 25 |
| Biblis B | RWE（100%） | 1300 | 1976.4 | 177.5 | 23 |
| Brunsbüttel | HEW（66.67%），E.ON（33.33%） | 806 | 1976.6 | 87.6 | 24 |
| Neckarwes-theim-1 | NWS（70%），DB（18%），EnBW（9%），ZEAG（3%） | 840 | 1976.6 | 137.5 | 21 |
| Isar-1 | E.ON（100%） | 907 | 1977.12 | 127.2 | 21 |
| Unterweser | E.ON（100%） | 1350 | 1978.10 | 193.3 | 21 |
| Philippsburg-1 | EnBW（100%） | 926 | 1979.5 | 119.3 | 20 |
| Grafenrheinfeld | E.ON（100%） | 1345 | 1981.12 | 174.4 | 18 |
| Krümmel | HEW（50%），E.ON（50%） | 1316 | 1983.9 | 137.8 | 13 |
| Gundremmin-gen B | RWE（75%），E.ON（25%） | 1344 | 1984.3 | 142.9 | 16 |
| Grohnde | E.ON（50%），Interargem（50%） | 1430 | 1984.9 | 168.4 | 15 |
| Gundremmin-gen C | RWE（75%），E.ON（25%） | 1344 | 1984.11 | 134.1 | 15 |
| Philippsburg-2 | EnBW（100%） | 1424 | 1984.12 | 159.7 | 15 |
| Mülheim-Kärlich | RWE（100%） | 1302 | 1986.3 | 11.3 | 2 |
| Brokdorf | E.ON（80%）HEW（20%） | 1440 | 1986.10 | 137.3 | 14 |
| Isar-2 | E.ON（75%），Stadtwerke München（25%） | 1455 | 1988.1 | 125.7 | 12 |

续表

| | | | | | |
|---|---|---|---|---|---|
| Emsland | RWE(88%)，<br>Elektromark(12%) | 1363 | 1988.4 | 128.3 | 12 |
| Neckarwes-<br>theim-2 | NWS (70%)，DB (18%)，<br>EnBW (9%)，ZEAG (3%) | 1365 | 1989.1 | 118.5 | 11 |
| 总计 | | 23511 | | 2670.3 | |

同大多数国家的环境立法相比，德国的核电运行许可证没有时间限制。但据科学估计，核电站的技术运行寿命一般为20～40年，具体时间取决于特殊部件的服务年限。如果把这一情况考虑在内，德国目前的核电站中已有9个需要进行花费昂贵的重建或者在今后的5年内关闭——也就是那些已经运转了20年或更长时间的核电站，还有7个核电站要在10年或者15年内关闭(如表13-1)。从经济的向度考虑，德国核电站的投资一般需要18～20年才能收回成本。如果将投入产出的收益考虑在内，一个核电站在20年之后才能盈利，最多可以盈利27年。[①] 不同于其他的电力供应资源，核能发电不需要征收燃料税，而且对于其责任的强制性保险也仅有5亿德国马克(2.557亿欧元)。

在德国没有一个管理核电的中心规制机构。对于核电站的批准和安全性检查依照《原子能法案》(AtG)，由不同的州政府来具体负责实施。而各州又受联邦环境、自然保护和核能安全部(BMU)的直接监督和管理。这些规制机构还受到相关的技术安全机构的协助，如反应堆安全和辐射保护委员会(RSRPC)、联邦辐射保护办公室(BfS)、核电站和反应堆安全委员会(GRS)以及其他独立的专家协助。德国核电站(以及其他核设备)的管理规章规定了核能如何使用、核建筑的遮盖物、核设施运行、核电站的维修更新以及核电退役等各方面的问题。[②]

虽然迄今为止联邦政府的政策及各种指令总体上支持核能的发展，

---

① P. Hennicke et al.，„Kernkraftwerksanalyse im Rahmen des Projekts：Bewertung eines Ausstiegs aus der Kernenergie aus klimapolitischer und volkswirtschaftlicher Sicht，“ *Zusatzauftrag：Kraftwerks-und unternehmensscharfe Analyse*，Wuppertal Institut für Klima，Umwelt und Energie，Öko-Institut，January 27，2000.

② BMU，Convention on Nuclear Safety-First Review Meeting，April 1999，Bonn. http://www.bmu.de/english/nuclear/index.htm.

但有一些州政府对核能许可条款的诠释有很强的限制性，这导致德国的核能政策呈现出不连贯性以及规制上的不确定性。因此，经过多年的协商和利益协调，核电运营商才同政府就核能政策达成一致意见，从而恢复了德国整体的核电规制，这也有利于进行相关成本的计算。

尽管受到持续的、范围广泛的公众批评，联邦政府的核政策直到1998年还依然同亲核电联盟站在同一立场上，并通过一系列的税收优惠和规制特权政策来支持核电的发展。官方立场的第一次转变始于1998年联邦大选之后，新组建的“红绿联盟”政府宣布，德国将要实施核能逐步退出政策。社会民主党和绿党之间的联盟条约中专门有一章关于核能退出的议题。经过工业界和政府之间长达一年半的谈判之后，一系列争论的问题得以解决，它们最终于2000年6月14日在核电逐步退出议题上达成一致。

## 二、政策目标

1998年，德国政府正式决定逐步退出核能，这标志着对过去核能政策指导方针的根本性修改。这一决定主要基于一直以来对安全的考虑，并且最近的科学研究证明，日本广岛的核爆炸以及切尔诺贝利的核电站爆炸事故所产生的核辐射微尘会造成长期的有害影响，这些都导致德国对核危机的可接受性进行彻底性的重新评估。另外，德国在永久性核废料贮存设备的研究上一直未取得重大进展，这进一步增加了长期性核风险议题的敏感性并耗费了大量的公共预算，这些都是将来不得不面临的问题。

联盟政府所选择的核能逐步退出路径主要基于以下的政治传统，即在主要的(能源)政策制定领域，使联盟各方能够达成共识并以社团主义(corporatist)的方式进行合作，也就是说，经过努力首先在利益相关者之间就主要的问题达成一致，然后再对重要的法律进行修改并颁布实施。因此，立法阶段的第一年主要用于谈判协商，这一所谓的共识对话主要在德国总理、主管经济事务和环境保护的各部部长，以及运行核电站的公共事业代表之间进行。进行协商的主要目的就是将对话的结果加以确认，并最终将其纳入到对《核能源法案》的修改之中。然而，在谈判各方不能达成共识或统一性协议的情况下，政府将会在工业界未同意的情况下实施单独行动。当然最为重要的是，需要一部法律来强制性规定核电运营许可证的时间限制。在这里关键性的法律先例就是，德国政府在20世纪80年代收回了化石燃料火电厂的无时间限制的运行许可，对其运营时限进行了规制，并由联邦宪法法院批准。一般而言，这一做法同样也可适用于限制核电站的运行许可时间。

另外，这一议案还应该包括以下几个方面：

(1)结束对核能的支持；(2)引入强制性安全检查；(3)放弃核废料的回收，并且对核废料的直接最终储存管理进行相关限制；(4)提高核电站的保险金额，以应对核事故出现后的巨大风险，即从目前的5亿马克(2.557亿欧元)提高到50亿德国马克(25.6亿欧元)。

依照联盟协议，上述的很多议题将最早在1999年1月起纳入到法律修改程序之内。然而，来自核工业的强烈抗议以及政府内部的矛盾，特别是对于核废料管理以及相关责任等问题难以达成一致，这导致核能法律的修改不断被推后，直至核能逐步退出法案的出台了。为了补充核能逐步退出的法案，一个支持新能源政策的倡议出台。这一倡议就未来的煤炭政策(最迟于2003年进行审视)、能源效率以及可再生能源的发展达成协议。该协议下产生的早期的主要活动包括引入绿色税收(引入新的电力税并且增加矿物油的税收)以及在2000年4月颁布可再生能源法案，这些政策促进了新能源产品的发展。

联邦政府同时也开始着手旨在推动太阳能光电发展的项目，即10万千瓦时太阳能光电屋顶项目，这是一个历时5年的市场转化项目，每年耗资2亿德国马克(1.023亿欧元)，财政支持主要来自于部分绿色税收。德国的《电网回购法》作为一项保证优先购买可再生能源电力的法案(可再生能源法案)，在其生效9年后于2000年4月进行了重审和内容更新。这一法案的目的就是在2010年之前，使可再生能源在总能源消费中的比重翻倍。这一法律中的关键规制因素就是强制电网的所有者，基于历年电力生产的总量来购买可再生能源产生的电力，并保证其占所售出电力总量的比例。

## 三、历届共识对话的简要分析

政府和工业界之间的第一轮谈判开始于 1999 年 1 月 26 日的非正式探试性对话。各方寻求共识的过程正式被限定为核电站运营公司和政府代表之间的对话。这里值得注意的是，这一谈判限定为两组人员，而其他的利益相关者，特别是相关的工会联盟被排除在外。工会联盟曾经在 1998 年 9 月动员核电站的员工进行抗议活动。本次参加谈判的核能工业代表团，其代表仅限于来自拥有核电的德国最大的四个能源公司，即 RWE、EnBW、VEBA 和 VIAG(现在的 E. ON)。对话的过程以及妥协的底线显示，尽管德国政府已经对其官方要求作出较多的修改，但相比而言，核能工业集团的立场依然非常强硬。为了解释这一现象，下面进一步分析谈判过程中的各个行为体。

谈判过程中所面临的一个主要困难源自于这样的一个谈判前提，即规制性的核能逐步退出政策不应该对任何核电工业予以财政补偿(即不允许核电企业提出财政补偿要求)，政府的这一要求增强了核电工业的谈判筹码。如果政府同核能企业没有协商好，政府单方面作出核能逐步退出的决定，而核能企业又提出相关的财政补偿要求的话，便会引发一系列的诉讼并且会阻碍在当前的立法时期内关闭核反应堆的实施机会。最后，在核能退出政策上的失利甚至还可能威胁到联盟政府的连任机会，因为核能议题是绿党的核心政治议题。

由于对话受到媒体、环境组织和受影响工会的紧密监督，所以在一定程度上谈判的有关信息也同时泄露给了公众。核能的支持者和反对者都组织动员了大规模的公众抗议活动，分别取得了不同程度的成功。在抗议活动中，反核能运动在公众中的影响度以及参与成员的积极性似乎呈下降的趋势。相比而言，核电工业同其他的电力部门的工人一起动员了声势更为浩大的运动，特别是当核电工业拒绝保证为他们提供新的工作机会的时候，出现了大量支持核能的示威者。

早期谈判中的第一个主要议题涉及对核废料管理政策的重新审定。德国政府要求永久性结束核废料的回收，而直到 1994 年这还是唯一在法律上被允许的核废料处理途径。

根据2000年1月初的一项立法计划，到2000年1月所有的核废料回收再处理合同已经终止。经过政府同核能工业在第一个共识对话期间的激烈争论，它们达成以下意见：在所允许的通知期限以内，政府的立法计划告停，而进一步的细节协商由相关的工作组来代理，并针对每一个核反应堆制定具体的计划。这一争论引起了国内和国际公众的广泛关注，他们抗议德国政府在谈判路径上的分歧以及对核能工业的妥协态度。

在核电工业和政府之间另外一个具有争议的议题就是对积聚的专用储备金(accrued special-purpose reserves)的征税问题。这一议题在1999年3月9日讨论新税法影响的会议上已被纳入政策议程。新税法于1999年6月生效之后，改变了核能储备金的很多条件和时间限制。双方代表组成的一个专家组专门对财政负担问题进行了调查。

1999年6月17日，政府经过同德国最大的四个能源公司董事会主席的谈判，最后达成了一个谈判协议草案，在该草案中，经济事务部长将关于核能运行许可期限——此次对话的核心议题——的第一个建议公之于众。这一协议包括26条，其中提出所有核电站最多拥有35年的运营时限，然后予以关闭。当初环境部长在绿党的支持下，力求将核电站的运营时限减少到25年，而不采纳将核电站实际能够有效运行的时间作为关闭时限。所以当协议草案出台后，不仅环境部长非常吃惊，而且还引起了不同利益相关方以及政府内部的广泛批评。这一反应说明了在核能核心议题上存在着大量相互矛盾的立法意见，同时说明政府内部对于这些谈判缺乏协调一致的立场。

因此，1999年7月，政府设立了一个包括环境部、经济部、内务部以及司法部各部副秘书长在内的工作组，负责根据国内法及国际法来调研核能逐步退出过程中的一些特殊问题。工作组着重调研了如下方面：德国政府在规定核能运行许可证时间期限上的法律能力、法律性禁止核废料回收再处理的执行情况、暂停将戈莱本(Gorleben)作为核废料最终储存地点的勘察，以及终止将沙赫特(Schacht)、康拉德(Konrad)作为核废料最终储存地点的许可证办理程序。1999年9月，工作组完成了一份报告，为政府在今后谈判中的立场设立奠定了基础。2000年2月，绿党党代会之后，政府同核工业部门代表的谈判继续开始，并在核设施的运行期限上

双方最终达成了妥协，即最多为30年。根据政府的建议，核工业可以将核反应堆的运行时间折算成所产生的电量，并且这种折算的电量是可以转移的（从一个核反应堆转移到另一个反应堆），这就意味着，少数较老的反应堆会在短期内提前关闭，而剩余出来的发电量权限可以转移给其他的反应堆，致使其他的反应堆可能会一直运行到2025年。共识性对话于2000年5月得出一致性的结论，即将谈判的最后关键细节留待2000年6月14日所举行的政府与核工业领导层之间的会议上去解决。

## 四、协议

2000年6月14日，德国四大能源公司RWE、EnBW、VEBA和VIAG（现在的E.ON）同德国联邦政府就其下属核电站的运行时间签署了正式的协议。

这一协议的主要目的就是决定核电站的运行寿命，并确保它们的运行及对核废料的处置不受其他规制行动的干扰。每个核电站的运行寿命主要受所规定的发电量大小的限制，运行时间可以折算成一定的发电量。核电站的总发电量基本上是可以转移的。在协议中，德国所有核电站的可生产电量总计26233亿千瓦时（kWh）。这相当于核电站在32年的服务期内最高效产量的总和。RWE集团同意让密尔海姆—凯尔利希核电站退役，并收回对莱法州（Rhineland-Palatinate）政府提出的赔偿金要求。与此同时，RWE集团得到了1072.5亿千瓦时的配额，可以将其转移到本集团下属的其他核电站生产上。核废料的运输不会间断，从而保证核废料的妥善处理，直到本地的临时性核废料贮存设施建成。依据法律，核废料回收再处理政策可一直延续到2005年7月1日。在戈莱本和康拉德两地的最终核废料贮存设施建设项目将继续保留。目前，在康拉德的最终核废料贮存设施将得到官方批准，但立即强制执行的申请被收回。另外，联邦政府对建立在戈莱本的最终核废料贮存设施的探索性研究将推迟3～10年。

2002年1月，该协议成为《原子能源法案》（Atomic Energy Act）的修正案中的条款并予以执行。在内阁通过该法律之前，协商各方基于政府的几个草案就此协议进行了大量的磋商。在其通过联邦众议院和联邦参议院的多重立法程序的时候，该修正案并没有被修改，这在德国议会体系中是不同寻常的。实际上，该修正案的立法过程只经过了较少数人，包括内阁成员、政府部门代表以及工业倡议者，其批准也只通过了有限的立法机构。

为了保护其投资，能源公司不能容忍用任何替代性方案来代替这一协议，虽然相关的替代性方案更有利于一个综合性能源共识的形成。但是经过最后分析，该协议并不能修补德国两大党在能源问题上的分歧。基督教民主党——作为最坚定的核能支持者——已经宣布其意图，就是在再次当选之时废除该法律。德国的核能集团，尽管事实上他们接受了这一协议，但它们还是坚持认为，出于促进经济发展和环境保护的目的，核能应保持为能源组合中的主要组成部分。之前的反核能运动虽然强调要加速核能的退出，但这一运动在民众中的关注度在不断降低。基于这些分裂，统一的能源战略至今没有形成。

## 五、行为体

正如我们所提到的，在争取达成核能退出共识的过程中，相关行为体被限定为核能运营公司和政府的代表，并且即使是核工业的代表，关键的谈判者也是主要来自拥有核电站的四个最大的能源公司。对行为体的进一步详细分析，也许将有助于解释核工业为什么有如此强硬的态度。

### 1. 工业界

德国核电站的运营集团由 7 家不同的电力供应公司组成，其中核电所占它们各自发电总量的比重从 20.4%到 80.6%不等（见表 13-2）。同时不同公司核反应堆的运行时间有很大的差异，但这并没有影响它们在公众面前呈现为一个团结一致的集团形象——当然，不能忽视的事实是，它们在共同的代言人选取上往往很难达成一致。

**表 13-2　1998 年德国核电站运营商的核电生产占总电力销售的份额**

| 核电站运营商 | 总的电力销售（TWh） | 核能生产（TWh） | 核能比例（%） |
| --- | --- | --- | --- |
| NWS | 13.508 | 11.594 | 80.6 |
| HEW AG | 13.781 | 8.738 | 61.0 |
| EnBW Group | 51.300 | 27.000 | 52.6 |
| Bayernwerk Group | 72.643 | 28.200 | 38.8 |
| PreussenElektra Group | 106.150 | 33.000 | 29.7 |
| VEW Energie AG | 34.801 | 8.096 | 23.2 |
| RWE Energie AG * | 135.500 | 28.522 | 20.4 |
| 总计 | 427.683 | 145.150 | 33.9 |

* 统计年份 1998/1999 年。

资料来源：柏林自由大学环境政策研究中心的年度报告。

原则上，核能工业一方出于政治原因的考虑接受了核能逐渐退出的目标。但是，由于官方谈判的基础就是避免核工业的赔偿要求，且政府的目标就是尽快达成一个说得过去的谈判结果，因此核工业在谈判时处于一个比较有利的位置。它们的主要目标就是在谈判中尽可能延长核反应堆运行许可证的时间，并尽可能少地受到规制的干涉。这将保证核工业集团可以保留附加积累的专项资金（additional accruals），并确保核反应堆退役费用的到期支付日期被推迟到遥远的未来。据一些资料显示，1998 年核工业的积聚负债估计达到 720 亿德国马克（368 亿欧元）（如表 13-3）。[①] 特别是考虑到自由化经济参数的变化，这一领域成本的降低以及额外资金的可获得性，都为核工业的发展带来了明显的优势。

① P. Hennicke et al.，„Kernkraftwerksanalyse im Rahmen des Projekts：Bewertung eines Ausstiegs aus der Kernenergie aus klimapolitischer und volkswirtschaftlicher Sicht，“ *Zusatzauftrag：Kraftwerks-und unternehmensscharfe Analyse*，Wuppertal Institut für Klima，Umwelt und Energie，Öko-Institut，January 27，2000.

表 13-3 核能运营商在核废料处理以及核能退役上的专项储备额(单位:百万 DM)

| 核电站运营商 | 1996 | 1997 | 1998 |
| --- | --- | --- | --- |
| RWE Energie | 15.029.0 | 16.595.0 | 16.139.5 |
| VEBA/PreussenElektra | 10.478.0 | 10.869.0 | 11.288.0 |
| Bayernwerk Group | 8.827.2 | 11.372.6 | 11.879.6 |
| EnBW | 7.462.6 | 8.050.7 | 8.220.9 |
| VEW | 3.145.0 | 3.656.0 | 3.867.0 |
| HEW Group | 4.756.7 | 4.742.4 | 4.750.0 |
| NWS Group | 1.730.0 | 4.085.0 | 4.209.1 |
| Stadtwerke München | 673.3 | 690.0 | 719.6 |
| 总计 | 52.101.8 | 60.060.7 | 61.073.7 |

资料来源:柏林自由大学环境政策研究中心的年度数据报告。

2. 政府

来自社会民主党的总理加上来自绿党的环境部长，以及作为社会民主党政府的独立成员的经济事务部长，正式介入到同德国的核工业代表进行的谈判。经过 16 年保守政党的领导之后，1998 年秋天德国经济进入了一个衰退期，而对于此时上台执政的这些政府成员来讲，很显然，这些共识对话的结果仅仅在很小的程度上反映了政府总体上的政治成功。而相比之下，在核能逐步退出谈判上所取得的成功对于绿党的政治生命而言却具有极端重要的价值和意义。绿党兴起于 20 世纪 70～80 年代的反核能抗议运动之中，所以绿党必须向其选民证明自己在执政后在核政策的决策上确实施加了积极的影响。

谈判中的困难显而易见，就核能的运行期限进行争论的过程中，一些绿党的创始人已经离开了该党。政党之间的观点差异一定程度上解释了政府内部的分裂:经济事务部长和总理站在同一立场上，而环境事务部长则持另外一种观点。但是，这一分裂局面的形成还有一些潜在的原因:经济和科技部长维尔纳·穆勒(Werner Müller)曾经是 VEBA 能源集团的

常务董事，仅凭这一点，人们便会怀疑他会在一定程度上支持核工业，而且在双方谅解草案中他也的确表达了这样的支持倾向。[①] 进一步而言，社会民主党作为联盟利益的代表以及曾经的核能支持者，向来在能源政策领域持摇摆不定并且有时是自相矛盾的立场。鉴于能源政策的决定对就业以及煤炭部门的发展等高度敏感的议题领域的影响，大型能源公司的决策和战略仍是社会民主党在政府决策过程中必须要部分推迟作出决策的一个重要影响因素。只有部分的社会民主党成员全力支持新的能源政策，即从化石燃料和核能源为主的能源模式逐步向可再生能源模式转变，然而大部分的领导者都极力避开这一争论和矛盾，并且，政府非常害怕核工业可能就核能退出的赔偿金问题进行法律诉讼，这会极大地加重纳税人的财政负担。所以在核能退出协议的制定过程中，这一态度反映在政府在力图避免对核工业进行赔偿的前提下尽快达成协议。这同时也可以解释为什么在很多核工业的要求上政府都作出了让步和妥协。

反对党基民盟/基社盟和自由民主党(FDP)并没有直接介入到谈判过程之中，但作为州政府的成员，它们不断寻求施加其影响力的时机。实际上，作为前一任联邦政府的执政党，它们当时就已开始了对核能政策的缓慢重新界定。然而，现在作为反对党，它们却成了核能发展的强烈支持者。尤其是在黑森和巴伐利亚州的州政府层面，核能支持者希望通过法院的重新判决来抵制核能逐步退出法案。但在2002年2月，联邦宪法法院拒绝了这两个州的法律行动。

## 六、议程

核能政策的变化无疑为德国政府设置了一个雄心勃勃的目标，因为德国联邦政府在过去的45年中对核能发展一直都持强有力的支持态度，并形成了坚定的支持者联盟以及相关的规制架构来推动核能的发展。然而，这些因素本身并不能对以下事实提供一个令人满意的解释，即为什么

① W. Müller, Entwurf einer Verständigung über Eckpunkte zur Beendigung der Nutzung der vorhandenen Kernkraftwerke in Deutschland zwischen der Bundesregierung und den Eigentümern/Betreibern der in Deutschland errichteten Kernkraftwerkskapazitäten vom 17, Juni 1999.

在共识对话的议程范围内，遗留了很多没有触及的议题领域，特别是那些与目前及将来核工业状况有着密切关系的议题。

1. 核废料的回收再处理

自20世纪70年代初以来，完善能源循环就是德国核能政策的一个重要组成部分，核废料的回收是废料管理的强制性步骤。然而，到20世纪80年代，很明显这一选择成为处理核废料最为昂贵的方式。考虑到公众对建立核废料回收处理厂——先是在戈莱本，后来在瓦克斯多夫(Wackersdorf)——持续的强烈反对态度，以及这一项目高昂的经济和政治成本，在1989年电力供应公司撤销了在德国建立核废料回收再处理站的计划。作为替代，它们同法国拉海牙(La Hague)的康戈玛(Cogema)公司以及英国塞拉菲尔德(Sellafield)的BNFL公司签订了长期的核废料回收再处理服务合同。

从政治上说，这并没有从根本上解决冲突。对于修建核废料回收处理厂的抗议进而转向抗议将核废料以及钚制成的放射性物质储存及运输桶运回到德国。结果，每一次负责护送核废料跨国运输的警力部署开支就高达1.5亿德国马克(7.67千万欧元)。1998年5月，由于放射性物质储存及运输桶被证实也是存在污染的，因此之后的核废料运输都被叫停。基于不断上升的政治成本、对于安全性的持续担忧以及对回收和长途运输核废料的总体经济成本考虑，新政府决定禁止进一步的核废料回收再处理。

最初在1999年1月份，德国政府欲将这一禁令纳入到核能法案的修正案之中。如上所述，这在共识对话中引起了部分核能运营商的强烈反对。他们指出，由于已经签署了长期的核废料回收再处理合同，它们的偿付成本将直线上升。然而，根据相关的法律专家分析，在这一情况下，终止同英国塞拉菲尔德以及法国拉海牙的合同可以不用赔偿。其他地方的一些公司(如比利时的一些公司)已经减轻了它们义务，而并没有产生金融补偿的后果。1999年6月，经济与科技部长起草了一份妥协协议，即提议设立一个5年的过渡期，这一提议后来出现在最终协定之中。

2. 核废料的贮存

同核废料回收再处理政策的变化直接相关的是核废料的临时性储存

能力问题。目前，德国北部的戈莱本和阿豪斯(Ahaus)两个地点都提供核废料的贮存服务。然而，地点问题引发了严重的争论，比如引起了州政府之间的矛盾，北部州政府拒绝为所有来自德国南部各州的核废料提供长期的贮存服务。不仅如此，放射性物质储存及运输桶事件又引发了一系列新的安全问题，并且这些问题很难得到快速解决，一些核反应堆由于“核废料堵塞”问题而不得不临时性关闭。由于核废料贮存的安全问题始终得不到解决，民众的抗议之声一直持续不断。这些安全顾虑使临时性的核废料贮存设施得以建造，这对核能工业和政府部门都有一定的吸引力。对于前者而言，这一临时性设施至少可以缓和核工业同普通民众日益紧张的关系，并且可以在核废料政策上获得新的弹性；对于后者而言，可以争取更多的时间来解决核废料的最终贮存问题，同时还可以降低高昂的核废料运输护送费用。另外，临时性核废料贮存设施可以在短期内提供一个相对低成本的解决方案。

因此，这成为共识性对话中双方一致认同的议题目标，即临时性核废料贮存设备的建造既合法又能满足临时存储的物质条件。在法律上，临时性的核废料贮存需要相关的证据来证明它是安全的废料处理方式。为了抵消物质能力的缺乏，相关人员提议在核电站的附近进一步建造临时贮存设施。1999 年末，紧跟着核废料处理政策的这一变化，德国 13 个核电站的运营商都开始申请建造临时贮存设施的许可。虽然相关的政府部门保证会及时批复这些建设许可申请，但是联邦辐射保护办公室拒绝接受所提出的贮存能力容量。根据联邦辐射保护办公室的初步计算，这些贮存能力申请已经远远超过了核能逐步退出过程中所产生的核废料量。[①]位于施塔德的核电站后来撤销了自己的申请。这样，剩余的 12 家核电站被允许建设总量为 14500 吨的临时核废料贮存设施，使用期限是 40 年。另外，德国政府还允许 5 个地点可以建设 6～8 年的短期的核废料贮存设施。联邦辐射保护办公室必须检查所有贮存设施的安全性，特别要考虑到“9·11”恐怖袭击以来的影响，确保这些贮存设施能够抵御如撞机之类的恐怖威胁。强制性召开的听证会于 2001 年底完成。

---

① K. Wittmann, “Sankt Florian lässt grüßen,” *Die Zeit*, 11(3), 2000.

关于核废料的处理问题，还有几个主要的技术性问题没有得到解决。特别是在将戈莱本选为核废料贮存地的地质适合性上还存在着长达几十年的争议，并且最近一位官方的专家刚刚提出了对这一地点选择的反对。如同在其他国家，早期所提出的永久性核废料贮存概念一直饱受争议，并且与30年之前的预期恰恰相反，没有一个解决方案是可以接受的。1999年，“最终核废料处置工作组”(AKEnd)创建，该工作组开始研发关于核废料处理合适地点选择的可让人接受的程序。

目前总体上可让人接受的意见是，核废料的中间处理过程需要大约30年的时间。因此，核工业需要从2030年开始就要研发最终的核废料处理方式，根据它们的计划，需要在50年之后才能完成这一项目。

3. 核电站的最终运行期限

最具有争议的议题往往留到共识性谈判的最后一天，这主要涉及核反应堆的运行许可时间。核工业的代表们非常担心核能逐步退出的协议是基于特定的年份，因为这样的政策会施加更多的限制。因此，他们更倾向于协议的签署基于核电站的运行时间。然而，这样会降低对核电运营者的激励和监督作用，使其不能在许诺日期之前尽快关闭核电站。1999年10月和12月，政府中的绿党部长提出了一个可能的折中协议，即建议协议的签署基于对每一个核电站的运行许可时限，如果有的核电站较早关闭的话，可以将剩余时间转给其他的核电站。核工业的谈判者原则上同意这一点，但后来他们又极力对此进行修正，即将运行时间转化成允许生产的具体电量。制定这一路径的原则细节耗费了很多谈判时间，特别是将影响每年发电能力的因素都纳入进来，包括基线的制定(如70%、80%还是90%)、运行时间的可转移性范围(转移到新的还是旧的反应堆)以及最终的关闭期限。

绿党党代会的出发点是尽快地关闭所有的核电站，联合政府中的绿党成员一致同意，核反应堆的总共运行期限不超过25年。在这一点上，他们可以同大部分的社会民主党成员达成一致意见(在1986年的纽伦堡社会民主党大会上甚至提出至多10年的过渡期)。在共识对话期间，这一时间限制被视为谈判最大的障碍，1999年11月，绿党成员通过投票将最终期限上升到30年，从而不至于威胁到整个核能逐步退出谈判并挽救

整个联盟政府。相比之下，核工业在经济和科技部长的支持下坚持将35年作为最低的时限，并于1999年6月将这一时限纳入到所达成的协议中（尽管核工业代表最初的目标是争取总共40年的运行时间）。

2000年6月14日所达成的最后协议最终允许核电站的运行时间为32年，并将这些时间转化为每个核反应堆的总的发电量（千瓦时），这一计算的根据是在1990～1999年10年之间选取5个最高的生产年份并取其平均数。最终，截至最后关闭，德国的核电站的被许可的产电总量为2623太千瓦时（TWH）。

4. 专项储备的税收问题

另一个有争议的问题是专项储备资金的税收问题，这是核能运营公司为了处理反应堆退役和核废料存储所预留出来的资金。目前，这些资金没有被征税或者纳入国家资金，而是保留在核能运营商的决算表中。据估计，1998年的专项储备资金高达720亿德国马克（368亿欧元），到2018年将升至820亿德国马克（419亿欧元）。[①] 核电运营商将这一特殊目的的储备金投资于其他部门以获益，如电信部门、（非核能）废物处理部门，或者物流行业以及电力部门，尽管它们保证过在核能退役以及核废料处理的相关成本上升时，这笔资金是随时可以启用的。

人们普遍承认，用于特定目的的核电站储备金是有利可图的，并且经常是这类运营商的唯一利润来源。根据一个详细调查研究，在目前的市场条件下，19个核电站中有10个都存在此类情况。[②] 核电站运营的时间越长，所积累的储备金额就越大，但核电站的关闭就意味着储备金也要同时终结。

据估计，核电站退役及最后核废料的处理所需总成本为320亿德国

---

① P. Hennicke et al., „Kernkraftwerksanalyse im Rahmen des Projekts: Bewertung eines Ausstiegs aus der Kernenergie aus klimapolitischer und volkswirtschaftlicher Sicht," *Zusatzauftrag: Kraftwerks-und unternehmensscharfe Analyse*, Wuppertal Institut für Klima, Umwelt und Energie, Öko-Institut, January 27, 2000.

② P. Hennicke et al., „Kernkraftwerksanalyse im Rahmen des Projekts: Bewertung eines Ausstiegs aus der Kernenergie aus klimapolitischer und volkswirtschaftlicher Sicht," *Zusatzauftrag: Kraftwerks-und unternehmensscharfe Analyse*, Wuppertal Institut für Klima, Umwelt und Energie, Öko-Institut, January 27, 2000.

马克（163.6 亿欧元），引入了新税法后，将免除大约 300 亿德国马克（153.4 亿欧元 ）的用于特定目的的应计储备金税收。这将使国家收入在未来的 10 年内以税收的形式增加 150 亿德国马克（76.7 亿欧元）。

5. 能源政策

基于联盟条约，核能逐步退出是新能源政策的重点（是区别于旧政策的重要拐点）。这一政策旨在促进德国电力供应系统的现代化，既要有利于环境保护，又要促进社会和经济发展，并创造更多的就业机会。这一战略的其他要素还包括提高能源供应效率和能源终端使用的效率，同时促进可再生能源的发展。如上所述，迄今为止，为了实现这些目标而推行的措施包括第一阶段的提高绿色税收以及推进可再生能源项目。关于可再生能源的短期目标，即到 2010 年将其在总电力供应中的份额从目前的 5%提高到 10%，长期的目标是到 2050 年将其份额提高到 50%。长期目标就其与能源效率项目相一致而言是非常积极的，但从技术和经济角度而言却是不太现实的。

此外，热电联产厂所占的份额在 1999 年 12%的基础上还可以有较大幅度的提升（相比较而言，其他欧盟国家的份额一般是 25%～50%）。在新的“红绿联盟”政府上台的第一年，大部分的热电联产厂都承受着巨大的经济压力，因为德国电力市场自由化以来存在激烈的削价竞争。

经过政府、社会民主党、绿党以及工业界之间的长期谈判，自 2002 年 4 月 1 日起，新的热电联产法正式生效，以保证热电联产的公共供应以及为这些电厂的现代化改造提供激励措施。该法案还为小规模的热电联产厂和燃料电池生产提供了进一步的支持。到 2010 年，这项支持性费用将总计达 45 亿欧元。此项法案在环境方面的收益显著，将减少 1.1 千万吨的二氧化碳排放。工业化的热电联产厂基本不受新法律的影响。为了与欧盟的政策相协调，德国政府还进一步激励提高终端效率的项目措施。《能源节省法令》（Energy Saving Ordinance）作为第一批主要措施之一在 2002 年 2 月 1 日正式生效。这一法令规定：新的建筑物所需的总能耗要比目前的能耗水平低 30%，并且要改进旧建筑的隔温设置，根据需要替换相关的供热系统。

6. 谈判中未涉及的议题

德国电力规制系统的自由化进程自1998年4月开始，并在1999年底发生了巨大变化，但在核能逐步退出的谈判中似乎没有提及这些变化。甚至都没有像其他国家那样探讨在电力市场自由化过程中核电所面临的搁置成本问题。比如在美国，据专家研究，美国大约40%的核电站在它们的运行许可证期满(也就是说，40年的运行期之后)之前就会关闭，而这纯粹是由于经济原因。[①]

虽然与促进不景气的热电联产电厂相关的立法被延误之后，搁置成本问题确实进入了德国电力市场自由化的议程之中，但是，关于核能工业的投资中多少可以被认为是搁置成本的讨论也没有进入核能退出谈判议程。通过对德国所有的核电站进行具体的财务分析可以看出，只有9个新建的核电站的运营商可望回收成本；[②]换句话说，在竞争日益激烈的情况下，有10个核电厂将由于经济原因无论如何在近几年就会被关闭。德国电力市场的自由化导致了电力收益和电力生产规模的萎缩，只要市场上存在着不能被及时吸纳掉的剩余电量，那么电力的价格就会持续下降。正如我们所提到的，唯一可以推迟核电企业作出退出决定的因素就是从专项储备金中继续获利，即在核电运营和资本投资费用上的损失有望通过储备金的投资来收回。因此，为了促进核能的退出，目前关于专项储备金的规制本质上可以理解为通过其他经济部门来对核能工业提供隐藏财政补贴的一种手段。

目前的这种规制体制很难使这些核电站变得没有经济竞争力(也就是说，核电站的运营始终有利可图)。迄今为止可能的措施就是，进一步讨论如何重新规制将要退役的核电站的财务制度，并限制核能公司对专项储备金的使用。总之，未能将这一议题纳入到谈判议程中，是政府对一

---

① C. Higley, "Statement on the future of nuclear energy," before the Center for Clean Air Policy's Conference on Promoting Clean Power in a Competitive Market, Washington DC: Public Citizen's Critical Mass Energy Project, 1999, December 2.

② P. Hennicke et al., "Kernkraftwerksanalyse im Rahmen des Projekts: Bewertung eines Ausstiegs aus der Kernenergie aus klimapolitischer und volkswirtschaftlicher Sicht," *Zusatzauftrag: Kraftwerks-und unternehmensscharfe Analyse*, Wuppertal Institut für Klima, Umwelt und Energie, Öko-Institut, January 27, 2000.

项重要谈判权利的放弃。

然而，在谈判中也间接地谈到了搁置成本的议题。在谈判中引入了一种政策工具，这一工具同运用于热电联产市场的政策非常相似，就是额外的2623太千瓦时的核电生产量保证了电力生产，基本上规定了核电在德国电力市场上的配额。这将允许相应的核能企业继续从累积的专项储备金中获利，并且推迟支付核电站退役过程中的高成本，还允许核电企业至少在十年内排斥其他的电力技术及投资者进入市场。

德国和欧盟的电力部门，对技术的现代化有很大需求。这对于发展势头强劲的美国市场以及在全球市场中处在弱势地位的德国电力设备生产商而言都显得非常重要。在这一问题上取得任何进展的关键都是减少产能过剩，在欧洲中部和北部过剩的产能达92000兆瓦，或者说占最大电力生产量的21.6%。[①] 在德国，装机容量和最大负荷之间的差值在1998年时是30200兆瓦。正如人们所普遍预期的那样，在2010年前尽快关闭核电站有助于市场重新赢得动力，并且为新技术的发展开辟道路——这样可以为技术发展、就业以及环境都带来积极影响。

## 七、运行核电站的政治和技术条件

德国核电站的运行主要基于其承载能力，因此，与其装机容量相比，核电对德国的电力供应作出了相对较大的贡献(如表13-4和图13-1)。在德国的能源结构中，核能所占份额仅次于煤炭居于第二位，而煤炭大约占了全部供应量的一半。褐煤和硬煤(无烟煤)几乎占了相同的份额，尽管褐煤主要作为供电的基础负荷燃料，而硬煤则作为中等负荷燃料。

**表13-4　　德国总的电力生产(1997～2000年)**

| | 1997 | | 1998 | | 1999 | | 2000 | |
|---|---|---|---|---|---|---|---|---|
| | TWh | % | TWh | % | TWh | % | TWh | % |
| 核能 | 170.3 | 30.9 | 161.6 | 29.1 | 170.0 | 30.6 | 169.7 | 30.1 |

① W. Schröppel and M. Urban, "IT-Systeme für den Stromhandel," *Power Engineering*, Proceedings A, Maribor, 2000, pp. 151-158.

续表

| 硬煤 | 143.1 | 26.0 | 153.4 | 27.6 | 143.1 | 25.8 | 143.0 | 25.4 |
|---|---|---|---|---|---|---|---|---|
| 褐煤 | 141.7 | 25.7 | 139.4 | 25.1 | 136.0 | 24.5 | 146.0 | 25.9 |
| 天然气 | 48.0 | 8.7 | 50.8 | 9.1 | 51.7 | 9.3 | 48.0 | 8.5 |
| 水能 | 20.9 | 3.8 | 21.2 | 3.8 | 23.3 | 4.2 | 24.5 | 4.3 |
| 其他 | 24.2 | 4.4 | 25.0 | 4.5 | 25.3 | 4.6 | 23.6 | 4.2 |
| 风能 | 3.0 | 0.5 | 4.5 | 0.8 | 5.5 | 1.0 | 9.2 | 1.6 |
| 总计 | 551.2 | 100.0 | 555.9 | 100.0 | 554.9 | 100.0 | 564.0 | 100.0 |

资料来源：BMWI，*Energiedaten* 2000，Bonn，p. 26；DIW 2002.

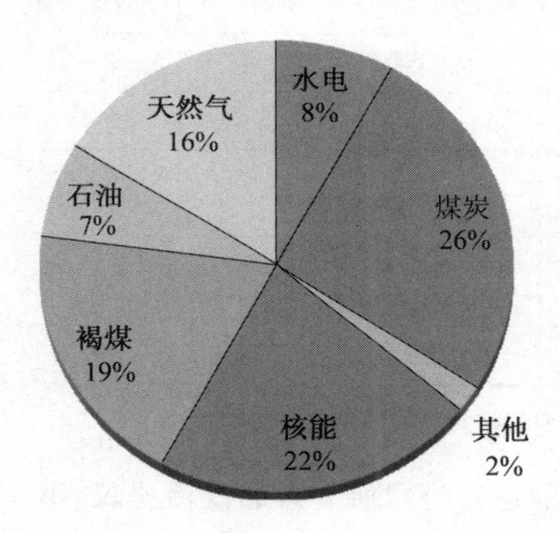


图 13-1　1998 年德国总电力生产能力(106.4GW)

资料来源：BMWI，*Energiedaten* 2000，Bonn，p. 26.

从历史角度来说，在垄断的条件下，几乎所有参与核能部门的行为体都获得了较高的收益。受益者主要是核电厂运营商，当然，核电厂的雇员薪金也高于平均的工资水平。相比较而言，核电产业的设备生产商的利润就会低很多，如 AEG 公司在运营早期承担着相当大的亏损。然而，如今只有少数的公司仍能够从核能领域获利，即使核电的增长远远超出了之前的预期。[①]

核电运营公司的大部分收益来自于为核电站退役以及核废料处理所预留出的专项储备金(表 13-3 和表 13-5),公司可以将这一税金多样性地投资在不同的工业部门,特别是垃圾处理和电信部门。在当前非能源商业领域的整合和销售趋势下,出售电信公司尤其可以赚取高额的利润,比如 E. ON 公司提供 300 亿～500 亿欧元用于并购此类公司。[②]

**表 13-5　　部分核能运营商的财政指标(1997～1999 年)**

| | 计算单位 | 1997 | 1998 | 1999 |
|---|---|---|---|---|
| 核燃料储量 | 百万 DM | 1246.1 | 1368.8 | 846.3 |
| 专项储备 | 百万 DM | 50001.3 | 62867.0 | 50484.7 |
| 电力销售 | 十亿 DM | 32.1 | 29.9 | 27.0 |
| 雇员人数 | | 48172 | 46264 | 42858 |
| 电力销售占总销售的份额 | % | 90.6 | 86.9 | 85.5 |
| 自生产品占总销售中的份额(电力) | % | 81.4 | 81.9 | 80.5 |
| 具体收益(电力) | Pf[③]/kWh | 11.9 | 12.6 | 11.7 |

资料来源:DaViD 2001, own calculations FFU.

德国政府和核能运营公司所签署的政治协议,不是通过将运营许可证限制到某一特定的年份或者限制总体运营时间的方式来限制核电厂的运行寿命,而是通过规定每个核电厂所允许生产的电力总量来限制。通过电流输出总量来计算,德国的核电站所被允许的运营时间为 32 年(见表 13-6)。

① A. Piening and Lutz Mez, "Die Ausstiegsdebatte-mehr Schein als Sein?" *Die Mitbestimmung*, 3, 2000, pp. 34-37.

② Frankfurter Rundschau, "EON will Powergen als Sprungbrett in die USA nutzen," April 10, 2001.

③ Pf:芬尼,德国货币单位。1DM=100Pf。——译者注。

**表 13-6　根据核电逐步退出计划核电厂的核电生产以及总共的运行时间**

| 核电站 | 生产能力(MW) | 商业运行起始时间 | 运行时间 | 结束运行时间 | 自 2000 年 1 月 1 日起产量(TWh net) |
|---|---|---|---|---|---|
| Obrigheim | 357 | 1969 年 4 月 1 日 | 31 | 2002 年 12 月 31 日 | 8.70 |
| Stade | 672 | 1972 年 5 月 19 日 | 28 | 2004 年 5 月 19 日 | 23.18 |
| Biblis A | 1.225 | 1975 年 2 月 26 日 | 25 | 2007 年 2 月 26 日 | 62.00 |
| Neckarwestheim 1 | 840 | 1976 年 12 月 1 日 | 24 | 2008 年 12 月 1 日 | 57.35 |
| Biblis B | 1.300 | 1977 年 1 月 31 日 | 23 | 2009 年 1 月 31 日 | 81.46 |
| Brunsbüttel | 806 | 1977 年 2 月 9 日 | 23 | 2009 年 2 月 9 日 | 47.67 |
| Isar 1 | 907 | 1979 年 3 月 21 日 | 21 | 2011 年 3 月 21 日 | 78.35 |
| Unterweser | 1.350 | 1979 年 9 月 6 日 | 21 | 2011 年 9 月 6 日 | 117.98 |
| Philippsburg 1 | 926 | 1980 年 3 月 26 日 | 20 | 2012 年 3 月 26 日 | 87.14 |
| Grafenrheinfeld | 1.345 | 1982 年 6 月 17 日 | 18 | 2014 年 6 月 17 日 | 150.03 |
| Krümmel | 1.316 | 1984 年 3 月 28 日 | 16 | 2016 年 3 月 28 日 | 158.22 |
| Gundremmingen B | 1.344 | 1984 年 7 月 19 日 | 16 | 2016 年 7 月 19 日 | 160.92 |
| Philippsburg 2 | 1.424 | 1985 年 4 月 18 日 | 15 | 2017 年 4 月 18 日 | 198.61 |
| Grohnde | 1.430 | 1985 年 2 月 1 日 | 15 | 2017 年 2 月 1 日 | 200.90 |
| Gundremmingen C | 1.344 | 1985 年 1 月 18 日 | 15 | 2017 年 1 月 19 日 | 168.35 |
| Brokdorf | 1.440 | 1986 年 12 月 22 日 | 14 | 2018 年 12 月 22 日 | 217.88 |
| Isar 2 | 1.455 | 1988 年 4 月 9 日 | 12 | 2020 年 4 月 9 日 | 231.21 |
| Emsland | 1.363 | 1988 年 6 月 20 日 | 12 | 2020 年 6 月 20 日 | 230.07 |
| Neckarwestheim 2 | 1.365 | 1989 年 4 月 15 日 | 11 | 2021 年 4 月 15 日 | 236.04 |
| Mülheim-Kärlich | 1.302 | | | | 107.25 |
| 总计 | 23.511 | | | | 2 623.31 |

备注：根据法庭的决定，密尔海姆一凯尔利希于 1988 年 9 月 9 日关闭。

另外，如果一个核电站关闭较早，那么所剩的发电许可份额可以转给其他的核电站。所以，单单通过这一协议不可能准确预测出核电站何时关闭，以及不同核电站在不同时间所被允许的具体核电产量到底是多少。然而，目前一项近似的计算已经显示出这一协议发挥效力的时间以及如何具体影响不同的核电站。

表13-6的数据表明，关于核电运行生产量的核电逐步退出协议将在2006年开始发挥较为显著的作用，到2010年核电厂的关闭将会加速。德国三大能源集团RWE、E.ON和EnBW的领导地位将会保持。E.ON和EnBW在核能领域将继续扮演重要的利益相关者角色，而RWE的核能生产将大幅度减少，基于目前的销售数量，其他电力资源的供给将在RWE中占有越来越重要的地位。再来看HEW，到2014年，该集团的核能生产份额将减少到不及目前份额的十分之一，这使核能在德国北部公司中的重要性显著下降（在新的Vattenfall Europe持有HEW/Bewag/VEAG公司的过程中，核能比重就已经相应被减少）。

在过去的十年中，德国每年的电力总需求一直停滞不前，大约为450太千瓦时，可以看出，已经确定的核电生产量与德国停滞的电力总需求存在明显的相关性。在营业额方面，涉及了巨大的金额。就目前的电价水平而言，1999年的平均收益为16.9 Pf/kWh，这一协议保证了运营商的收益大约在4430亿德国马克（2265亿欧元）。如果电力价格在未来的几年不断上涨，运营商的收益也许很容易就上升到5000亿德国马克（2556.5亿欧元）。

要获得德国核电厂比较精确的运行成本、全部成本以及边际成本数据是非常困难的，因为核电运营商通常不会全部透露他们的数据。德国生态研究所（Öko-Institut）和乌珀塔尔（Wuppertal）气候、环境、能源研究所[①]经过详细分析给我们提供了一个大体的估计。在1988～1998年期间，核电生产的全部成本在平均8.4～14.4Pf/kWh之间变动，而且不同核电站之间的成本差距较大（见表13-7）。

---

① P. Hennicke et al., „Kernkraftwerksanalyse im Rahmen des Projekts: Bewertung eines Ausstiegs aus der Kernenergie aus klimapolitischer und volkswirtschaftlicher Sicht," *Zusatzauftrag: Kraftwerks-und unternehmensscharfe Analyse*, Wuppertal Institut für Klima, Umwelt und Energie, Öko-Institut, January 27, 2000.

**表 13-7　　　所选德国核电厂 1987～1998 年的所有成本**　　（单位：Pf/kWh）

| Pf/kWh | 1987 | 1988 | 1989 | 1990 | 1991 | 1992 | 1993 | 1994 | 1995 | 1996 | 1997 | 1998 |
|---|---|---|---|---|---|---|---|---|---|---|---|---|
| Stade | 8.8 | 10.1 | 12.8 | 10.9 | 26.1 | 13.5 | 9.0 | 6.7 | 16.2 | 10.3 | 9.3 | 7.8 |
| Obrigheim | 9.4 | 9.9 | 15.5 | 30.8 | 35.2 | 18.4 | 15.5 | 17.3 | 16.4 | 12.7 | 13.6 | 8.7 |
| Brunsbüttel | 9.7 | 11.9 | 13.2 | 11.8 | 15.0 | 17.2 | | | 22.3 | 17.1 | 6.3 | 10.3 |
| Emsland | | 11.0 | 10.8 | 9.8 | 9.6 | 10.2 | 8.8 | 9.0 | 8.7 | 9.4 | 11.6 | 8.4 |
| Krümmel | | 7.5 | 8.9 | 7.8 | 8.9 | 8.9 | 12.1 | 31.1 | 8.1 | 13.1 | 7.0 | 12.4 |
| Brokdorf | 10.5 | 10.3 | 10.1 | 8.6 | 7.8 | 6.9 | 8.4 | 6.8 | 6.9 | 7.7 | 6.0 | 6.5 |
| 加权平均值 | | 10.0 | 11.0 | 10.7 | 13.1 | 10.9 | 10.0 | 14.4 | 11.3 | 11.2 | 8.4 | 9.1 |

表 13-7 资料来源：P. Hennicke et al.，„Kernkraftwerksanalyse im Rahmen des Projekts: Bewertung eines Ausstiegs aus der Kernenergie aus klimapolitischer und volkswirtschaftlicher Sicht," *Zusatzauftrag: Kraftwerks-und unternehmensscharfe Analyse*, Wuppertal Institut für Klima, Umwelt und Energie, Öko-Institut, January 27, 2000, p. 5.

生产成本的构成来源于多种类型，每一种类型又取决于多种因素。其中一些因素是核电生产领域独有的，另外一些因素由基本的市场条件构成。由于这些因素分别的权重在不久的将来可能发生变化，所以预计将来的成本将呈现一种下降的趋势。

（1）一个具体核电站的总体表现是一个重要的影响因素。一些较老的核电站由于技术问题而被证实为具有高度不可靠性，这就使其可用性值在某些情况下下降至 60%以下。比较而言，在最新的核电站中，其可用性值高于 90%。然而，实际使用率还要取决于很多外部因素，如由于出乎意料的低电力需求，电网运营商要求减少核电的传输；或者，由于在炎热的天气情况下冷却水的可用性降低而需要减少核电的生产量。

（2）正常运行、维护和定期检查的成本费用占全部生产成本的三分之一，其中包括所需专业人员的费用。此外还有设备更新的成本，经大体估算占总成本的十分之一。然而，鉴于无法预料的技术问题以及设备元件更换的需要，由经济原因导致的关闭单个核电厂的最终决定也许会出人意料且很迅速地作出。

（3）另外一个重要的因素就是核废料处理的费用。在 1995 年之前，核废料的回收再处理是唯一法律批准的核废料处理方式，但核废料回收再处理的费用比直接进行临时或者永久性废料贮存的费用高很多，大约高出2.5～3倍。到2005年，经过协商，各方同意终止核废料的回收再处理，这一核废料处理成本的下降使总成本潜在地减少了约1.5 Pf/kWh。同时，为最后的核废料处理而预留出来的专项储备税金的数额也随之减少。

(4)今天核电站建设的资金和折旧成本只影响到最新的核电站。在2000年，这一成本总计8亿德国马克(4.09亿欧元)，到2007年可以全部还清。

以上的成本核算分析了促使核电生产总体成本大幅度下降的不同影响因素，即从1995年的平均9.2 Pf/kWh下降为2000年的6.7 Pf/kWh(在5.8～8.5 Pf/kWh的范围内变动)。那些将要下线退役的最老核电站，平均成本在2015年将下降到5.0 Pf/kWh的谷底，然后成本会略有上升(见表13-8)。

**表13-8　德国核电厂的生产成本变化趋势(Pf/kWh)**

| | 1995 | 2000 | 2005 | 2010 | 2015 | 2020 |
|---|---|---|---|---|---|---|
| Stade | 9.0 | 7.5 | | | | |
| Obrigheim | 11.9 | 8.0 | | | | |
| Biblis A | 7.8 | 6.6 | 5.3 | | | |
| Biblis B | 7.8 | 5.9 | 5.1 | | | |
| Neckarwestheim 1 | 8.6 | 8.1 | 5.7 | | | |
| Neckarwestheim 2 | 10.9 | 6.0 | 5.8 | 5.3 | 4.6 | 4.9 |
| Isar 1 | 10.1 | 8.5 | 5.6 | | | |
| Isar 2 | 9.9 | 6.7 | 6.0 | 5.6 | 4.9 | 5.3 |
| Unterweser | 8.6 | 7.0 | 5.0 | 5.3 | | |
| Grohnde | 8.0 | 6.2 | 5.2 | 4.7 | 5.0 | |
| Emsland | 10.4 | 6.2 | 6.2 | 5.7 | 5.1 | 5.4 |
| Grafenrheinfeld | 8.1 | 5.8 | 5.6 | 4.9 | 5.3 | |
| Philippsburg 1 | 9.5 | 8.0 | 5.5 | | | |
| Philippsburg 2 | 8.0 | 6.1 | 5.0 | 4.5 | 4.9 | |
| Brokdorf | 8.6 | 6.3 | 5.8 | 5.7 | 5.0 | 5.3 |
| Brunsbüttel | 12.5 | 8.5 | 6.9 | | | |
| Krümmel | 9.8 | 8.2 | 6.5 | 5.6 | | |
| Gundremmingen B | 8.9 | 5.8. | 5.7 | 4.9 | 5.2 | |

续表

| Gundremmingen C | 9.4 | 6.0 | 5.8 | 5.0 | 5.4 | |
|---|---|---|---|---|---|---|
| 加权平均值 | 9.2 | 6.7 | 5.7 | 5.2 | 5.0 | 5.2 |

续表资料来源：P. Hennicke et al.，„Kernkraftwerksanalyse im Rahmen des Projekts：Bewertung eines Ausstiegs aus der Kernenergie aus klimapolitischer und volkswirtschaftlicher Sicht,“ *Zusatzauftrag：Kraftwerks-und unternehmensscharfe Analyse*，Wuppertal Institut für Klima, Umwelt und Energie，Öko-Institut，January 27，2000，p. 40.

另外一个可能对核电站运营的经济状况施加压力的就是未来电力价格的走势。如果电力价格持续下降，那么在某些情况下核电站的运营将面临新的压力。然而，最近的电力价格上涨以及将来发电站的更替需要都表明，电力市场的价格很可能不会继续下降。相反，它们可能随着德国电力生产市场替代需求的上升而在2007～2010年不断上涨，这将进一步强化德国核电站的竞争地位。

考虑到所有的因素，德国核电厂的总体经济处境并不会导致其关闭的加速。但当考察单个核电站时，并不是所有的核电站都有一个明朗的经济前景。如德国生态研究所和乌珀塔尔气候、环境、能源研究所[①]的详细分析显示，考虑到目前的市场价格，核电厂的高运行成本和过低利润将导致10个核电站没有经济效益。然而，由于它们有能力在资产负债表中预留出专项税款储备，因此绝大多数核电站的继续运营仍具有非常明显的优势。只有两个核电厂——Stade 和 Brunsbüttel，在2000年时专项储备税金这一先决条件已经不能平衡运行的亏损，所以它们的运营是高度不经济的。如果阻止核电厂通过应计储备税金来获取私利的话，那么德国核电站的重要作用和地位——核电在德国仍旧发挥着重要作用——也许将会终止。

① P. Hennicke et al.，„Kernkraftwerksanalyse im Rahmen des Projekts：Bewertung eines Ausstiegs aus der Kernenergie aus klimapolitischer und volkswirtschaftlicher Sicht,“ *Zusatzauftrag：Kraftwerks-und unternehmensscharfe Analyse*，Wuppertal Institut für Klima，Umwelt und Energie，Öko-Institut，January 27，2000. pp. 72-79.

## 八、结论

德国核能新政策的出台标志着德国在核能政策上的根本转向。对于禁止在将来继续建设核电站的基本决定已经铭刻在核能法中，并且现存的核能运行许可也受到了审查和限制。促成核能修正法案的立法过程具有以下特征：政府极力同核能部门的利益相关者达成共识，并极力避免在法庭前的法律争执。鉴于核能部门既得利益集团在经济上和政治上的强势地位，在谈判中核能的反对者不得不面对一定的阻碍和挫折。

最为明显的是，迄今为止的共识性谈判都没有能够促成核电站实质性的加速关闭。相反，协约保证核电厂在今后的运行过程中不受政治上的干扰。在过去的几十年中，在核电站的准许过程及核废料的处理等问题上，原来常见的与联邦或州层面上的监管当局发生的争执，在即将到来的几年中将不再出现。

此外，尽管已经签署了核能逐步退出协议，尽管一些核电站面临着经济困难，但核能依然在德国电力供应市场上占有重要的地位。至少到2005年，核能还将持续提供德国所需电量的30%，它连同褐煤火电站一起将满足德国电力的基本需要。到2010年，由于老核电站的逐步关闭，核电生产总量会下降三分之一，同时，平均成本也会下降三分之一。最有可能出现的情况是，额外增加的(廉价的)褐煤火力发电会满足基本负荷能力的需要，除非气候变化政策减少褐煤的使用。考虑到所有的情况，可以预计，剩余核电站的竞争力随着时间的推移将会逐渐上升，至少在当下十年中它在德国的电力供应市场上仍然占据重要的地位。

进一步说，核能运营商被允许在超出其经济回报期之后还能继续运行核电站，并且继续获得丰厚的利润。这些利润主要源于用于特殊目的的专项储存金，这在接下来政府放松对核电管制的期间，允许核电运营商在电力市场出售低于边际成本的核电，从而加强了它们与独立的电力生产商和市政公司相对的市场竞争力和地位。因此，同美国的状况相比，德国避免了关于搁置核能投资的争论，并且德国核电站的财务状况在很大程度上缺乏透明性。

在核能逐步退出协议达成后的六年中，这一政策似乎一直贯彻在政

治实践中。最早的三个核电站(Mülheim-Kärlich、Obrigheim 和 Stade)已被关闭。在 2005 年底,剩余的核电厂也同意接受 16591 亿千瓦时的核电总产量,并且自 2005 年 7 月起,所有核废料的运输回收再处理都被禁止。

部分保守派反对势力还企图重新开启核能谈判。在 2005 年的大选过程中,一些政客制定相关计划旨在延长核能的运行许可时间并利用核能企业的额外利润建立一项基金用来降低德国工业的电价。这些计划并没有得到电力供应企业的回应,而且这些企业都公开重申了对核能逐步退出计划的支持。结果,在新的基民盟/基社盟和社会民主党政府的联盟协议中,虽然提到了在核电问题上的分歧立场,但明确表示遵守核能逐步退出法案。然而,工业政策制定者和电力行业运营商企图将未来几年可预期的电价上涨与核能的强迫性退出相联系,以此来影响公众的意见。因此,在新一轮电力价格上涨的时候,公众意见发生转向,将其归咎为所谓错误的核政策。

新政府同时宣布了放射性核废料的最终贮存方案,该方案将通过立法机构获得批准。在 2006 年 3 月,经过高级行政法庭的最终决定,位于康拉德的废弃铁矿石场极有可能作为低度放射性核废料的贮存地点。对于高辐射核废料的永久性贮存地点还没有选好,虽然将戈莱本作为永久性贮存地点的方案饱受争议,但在过去的五年里并没有出台任何替代性方案,也没有任何的地点遴选程序得以认可。鉴于核能逐步退出协议中并没有规定核废料的最终处置问题,在这一至关重要的议题上还缺乏共识,因此这一问题不得不再一次提上议事日程。

(卢茨·梅兹,安妮特·皮恩宁)

# 第五部分

# 国际环境管治

# 第十四章　管理机构真的重要吗

## ——对全球环境政治中政府间条约秘书处的考察

[**内容提要**] 虽然一些学者已经认可世界政治中一些政府间官僚机构的重要性，但在国际关系研究中，对于它们在国际舞台上的影响仍然缺乏理论研究和经验性考察。在本章中，笔者考察了全球环境政治中作为权威官僚机构的政府间条约秘书处的作用。笔者使用了组织化理论和社会制度主义理论作为定性比较案例研究的理论基础，考察两个环境条约秘书处——《维也纳公约》和《蒙特利尔议定书》秘书处（"臭氧层秘书处"）与《联合国防治荒漠化公约》秘书处（"荒漠化秘书处"）——所发挥的作用及其变化。虽然这两个秘书处的组织设计是相似的，但它们的制度历史和结果却具有非常显著的差异。为了寻求对这些差异的可能性解释，笔者主要着眼于这两个秘书处的活动，以及它们如何把自身享有的权利与其服务的对象连接起来。

政治家和实际工作人员就国际舞台上的组织改革一直是争论不休，可奇怪的是，并没有获得关于国际组织怎样促进或阻碍世界规制能力这一问题的可靠答案。这提出了一种需求，即分析国际组织的活动及其在世界政治中的影响，并对这样一个问题进行实质性的系统研究。本章着眼于政府间条约秘书处，把它作为一种特别的国际组织类型，试图去考察这些国际组织是怎样有助于塑造全球环境政治的。这样，就把秘书处概念化为一种能够并应该在国际关系学中加以分析的政治行为体。

笔者认为，条约秘书处的活动不仅值得国际组织学者特别关注，而且对于更全面地理解政府间的政治进程也至关重要。正如在全球环境政治学领域所显示的，条约秘书处的活动及其随后的影响各不相同。当然，其中的许多差异需要归因于组织之外的各种因素。所以，对全球环境政治详尽的经验性分析，应该有助于揭示条约秘书处态度和行为方面的变化怎样导致了一个国际环境协定进一步发展或实施方式的差异。依此，本章将首先详尽阐述政府间条约秘书处作为全球环境政治中的一种官僚组织行为体拥有哪些权威的理论假定；其次，将通过对两个秘书处的考察去评价这些假定是否有道理，是不是最终的理论解释，以及这些官僚组织行为体在全球环境政治中是否真正重要；最后得出经验性发现。

在本章的第一部分，笔者将对以下问题作一个简短的背景性讨论：国际关系理论对政府间组织的论述，以及为什么把它们作为行为体而不是作为世界政治中一种静止不变的结构来加以分析。接下来，笔者从官僚化行为体的角度，提供一个更加具体的概念与阐释，并从理论上讨论它们怎样成为权威的承担者。关于后者，笔者将特别抽象出一个由米歇尔·巴纳特(Michael Barnett)与玛莎·芬尼莫尔(Martha Finnemore)所提供的关于国际组织的"权力及其机理"的概念。[①] 第二部分开始是一个对权威概念的简短讨论，然后对全球环境政治舞台上的两个案例进行经验性分析。以《维也纳公约》以及《蒙特利尔议定书》秘书处("臭氧层秘书处")和《联合国防治荒漠化公约》秘书处("荒漠化秘书处")为例，笔者考察了这些秘书处在范围更大的机制之内——它们是这些机制的一部分——的官僚化权威，以及这两个组织的权威是否会有所不同。[②] 笔者将展示，这两个秘书处确实拥有官僚化权威，而且它们的权威(及其使用)也

---

① Michael N. Barnett and Martha Finnemore, "The politics, power, and pathologies of international organizations," *International Organization*, 53(4), 1999, pp. 699-732; Michael N. Barnett and Martha Finnemore, *Rules for the World: International Organizations in Global Politics*, Ithaca, NY: Cornell University Press, 2004.

② 这些秘书处所服务的条约全称如下：(1)《保护臭氧层维也纳公约》以及《关于消耗臭氧层物质的蒙特利尔议定书》(The Vienna Convention for the Protection of the Ozone Layer and the Montreal Protocol on Substances that Deplete the Ozone Layer)；(2)《联合国在那些经历严重干旱和(或)荒漠化的国家，特别是在非洲，防治荒漠化的公约》(United Nations Convention to Combat Desertification in Those Countries Experiencing Serious Drought and/or Desertification, Particularly in Africa)。

存在差异。仅仅对两个秘书处进行描述性分析当然不能得出条约秘书处官僚化权威确凿的普遍特征，不过，在本章的最后部分，笔者将试图对官僚化权威与国际关系中的政府间秘书处的活动之间潜在的因果关系提出理论假设。最后，笔者将分析可能产生差异的地方，推测它们与环境规制中政府间条约秘书处的总体有效性在怎样的情况下可能存在相关性，以及从这一观点来看，怎样为进一步的研究概括出更具有一般意义的合理理论假设。

## 一、理论视野中的政府间组织：一个简要评论

虽然国际关系学者越来越同意，世界政治比"国家间政治"有着更深层的内容，但是，他们不一定注意到以下事实，即正是这些对当前诸多全球性挑战负有直接责任的国家政府之间缺乏政治意愿。这个相当普通的论断既不意味着屈从于现实主义的观点，即在缺乏世界政府的情况下世界存在于完全的无政府状态中，也并不是对国际以及实实在在的跨国合作——凭借社会科学方法能够证明并进行分析——成就的极度轻视。如果我们认为多行为体很重要，那么接下来的问题就是：在世界政治中，那些行为体正在做什么，它们怎样做，具有什么影响？这在很大程度上仍然存在于政府间组织之间——尽管在大量的研究中有一些例外，这些例外多以实践家的叙述、外交史和一些机构的法律为基础。

宽泛地讲，在国际关系学中存在两组学者，他们都把政府间组织作为世界政治中的一个既定存在物。然而，二者都没有对这些政府间组织实际上做什么、怎样做以及它们为什么具有一定的影响等问题给予更加详尽的考察。一个逐渐壮大的研究集团——自由制度主义——通过把非国家行为体与公共—私人行为体以及私人—私人行为体网络融入他们的研究议程，从而大大超越了国际关系的传统视域。另一组学者——新现实主义——仍然把目光集中于国家以及政府，把它们视为国际政治中最重要的行为体。所以，后者对于把国际制度视为可能有助于促进国家互动的手段以及认为非国家行为体现象具有积极作用的观点，表示强烈的质疑。与这些主要的观点相反，笔者把对政府间组织的广泛忽视看作学术文献中的一个重大缺陷。确实，国际关系学研究中的这个严重缺陷已经

受到一再的批评。[①] 在进一步阐述之前，笔者就这两大学派关于政府间组织的普遍看法，进行集中探讨。

非常清楚的是，新现实主义者不赞成这样的观点，即政府间组织可以做任何有意义的事情——并不是它们的成员国“主人”所明确要求的但确实是这些成员国所需求的事情，这些成员国从不介意这些组织以它们自己的名义行动。在新现实主义者的思维定式中，政府间机制和组织是主权国家政府之间互动的一种附带现象。如果这些机制或组织不能作为其成员国的工具并在其掌控下进行运作的话，它们将走向解体或一开始就不会产生。这样，政府间制度被认为是世界政治系统中的结构——像其他任何附带现象一样，在分析国家间政治进程的时候它们可以被视为一种既定存在物。

而另一方面，制度主义的研究已经极大地超越了我们对国际环境合作的理解，并通过大量的案例研究加深了我们的经验性知识。这对于著述甚丰的机制分析研究分支更是如此。尽管如此，制度主义者已经取得的这些成就对于进一步加深我们对于国际组织——由多边政府机制正式控制但由自信的国际公务人员具体操作的政府间官僚组织——在国际环境规制中所发挥作用的理解，仍然没有多少帮助。确实，国际机制的研究者倾向于把诸如条约秘书处这样的组织看作是偶然出现的机制，只不过有着一个更加宽泛的制度背景特征，它们也许被视为一个干预变量，在某种程度上会影响国际机制的结果，但更为常见的是，它们根本就不被真正

① 除了一些其他论述之外，还可参见：Martin J. Rochester, “The rise and fall of international organizations as a field of study,” *International Organization*, 40(4), 1986, pp. 777-813; Pierre De Senarclens, “Regime theory and the study of international organisations,” *International Social Science Journal*, 45(138), 1993, pp. 453-462; Madhu Malik, “Do we need a new theory of international organizations?” in Robert V. Bartlett, Priya A. Kurian and Madhu Malik (Eds.), *International Organizations and Environmental Policy*, Westport, CN: Greenwood Press, 1995, pp. 223-237; Bertjaan Verbeek, “International organizations: The ugly duckling of international relations theory?” in Bob Reinalda and Bertjaan Verbeek (Eds.), *Autonomous Policy Making by International Organizations*, London: Routledge, 1998, pp. 11-26; Kelly-Kate S. Pease, *International Organizations: Perspectives on Governance in the Twenty-First Century*, Englewood-Cliffs, NJ: Prentice Hall, 2000; Bob Reinalda and Bertjaan Verbeek, “The issue of decision making within international organizations,” in Bob Reinalda and Bertjaan Verbeek (Eds.), *Decision Making Within International Organizations*, London: Routledge, 2004, pp. 9-41.

重视。

有两个重要的原因可以解释在环境政策争论中对政府间组织的忽视。首先，对政府间组织以及它们对全球环境政治的影响非常有限的理解，可能误导了对国际环境规制状况的判断，比如，在一定程度上对主权国家作用不合时宜的强调，即国际制度只不过是由这些主权国家创建的一些工具性组织。其次，评估国际组织在世界政治中已经产生或还没有产生的影响，将会导致关于国际规制特有结构的持续性政策争论。事实上，尽管只有非常有限的学术回应，关于联合国及其一些专业化机构的"有效性"问题在公共政策领域是一个持续激烈争论的主题——不仅仅是在环境领域。[①]

就把政府间组织作为一种分析主题而言，新自由制度主义和新现实主义有着共同的根本缺陷。巴纳特与芬尼莫尔一针见血地指出，这两种研究方法都没能把政府间组织作为一种行为体来探讨，因为从理论的本体论而言，它们的理论是关于国家的理论。[②] 受到国际关系研究"建构主义转向"的强烈鼓舞，许多学者开始挑战这种以国家为中心的本体论，并发展了一个制度主义分支，即把社会学方法引入到了对组织的分析之中，它们已经被称为"社会制度主义"[③]

为了克服新自由制度主义的本体论缺陷，社会制度主义的学者旨在超越"理性的局限"，正是这种局限对功利主义的制度分析方法产生了深

---

① 关于更加详细和进一步的讨论可参考：Steffen Bauer and Frank Biermann, "The debate on a world environment organization: An introduction," in Frank Biermann and Steffen Bauer (Eds.), *A World Environment Organization: Solution or Threat for Effective International Environmental Governance?* Aldershot, UK: Ashgate, 2005, pp. 1-23. Frank Biermann and Steffen Bauer, "Conclusion," in Frank Biermann and Steffen Bauer (Eds.), *A World Environment Organization: Solution or Threat for Effective International Environmental Governance?* Aldershot, UK: Ashgate, 2005, pp. 257-269.

② Michael N. Barnett and Martha Finnemore, "The politics, power, and pathologies of international organizations," *International Organization*, 53(4), 1999, p. 706.

③ 尤其是参见：Walter W. Powell and Paul J. DiMaggio, (Eds.), *The New Institutionalism in Organizational Analysis*, Chicago, IL: Chicago University Press, 1991；马奇(March)和奥尔森(Olsen)对社会制度主义概念基础的讨论，参见：James G. March and Johan P. Olsen, *Rediscovering Institutions: The Organizational Basics of Politics*, New York, NY: Free Press, 1989. 也可参见：Martha Finnemore, "Norms, culture, and world politics: Insights from sociology's institutionalism," *International Organization*, 50(2), 1996, pp. 325-347.

远的限制性影响。[1] 为此，他们寻求把"引导人类互动的意义框架"——即象征性系统、认知文本以及道德模型——融合在一个扩展了的具有制度特征的框架之中，这种制度框架传统上只局限于对规范（norms）、规则（rules）和程序（procedures）的讨论。[2] 此外，机制分析的认知主义分支极大地促进了一种特别的社会制度主义方法的兴起，这种方法把知识和观念视为国际合作的驱动因素，这极大地丰富了这一学科。结果，认知变量现在与理性主义学者长期坚持的解释性变量即权力和利益相竞争。

新自由制度主义方法的支持者也已经质疑他们所坚持的国家中心主义本体论的合适性，并进行了大量的案例研究，开始接受多种行为体的存在，并将其视为全球化现象中一个独特的经验性表现。[3] 然而，在他们把诸如跨国公司和市民社会组织这样的行为体融入他们的分析框架的努力中，他们也并没有给予政府间行为体更密切的关注，虽然这可能是他们的注意力更多被私人行为体占据而不经意间导致的一个负效应。

总之，正是社会学方法对制度主义的特别激励，才促使我们把政府间组织作为一个世界政治组织中的行为体来进行分析。然而，这并不是最终目的，最终目的是要把社会制度主义方法作为一种合适的分析工具，去解决政府间组织是一种行为体的本体论假定产生的问题，即这些行为体做什么，它们怎样做，产生了什么样的影响。那么，这些行为体真正重要吗？

因此，接下来我们将考察政府间条约秘书处是否能够影响多边（环境）协定的实施，因为去为这些协定的实施而服务的正是建立这些秘书处的目的。为此，笔者将描述由社会制度主义所提供的理论基础，并特别着眼于政府间官僚机构被赋予的权威。

---

① James G. March and Johan P. Olsen, "Institutional perspectives on political institutions," *Governance: An International Journal of Policy and Administration*, 1996, 9(3), p. 251.

② Peter A. Hall and Rosemary C. R. Taylor, "Political Science and the Three New Institutionalisms," *Political Studies*, 44(5), 1996, p. 947.

③ Klaus Dingwerth and Philipp Pattberg, "Global governance as a perspective on world politics," 12, *Global Governance*, April, 2006, pp. 185-203.

**作为公共非国家行为体的政府间条约秘书处：**

政府间条约秘书处是一个具体的国际组织类型。安德里森（Andresen）和乔恩·伯格·斯卡加尔斯（Jon Birger Skjaerseth）把这样的秘书处界定为"由相关的缔约方创建旨在帮助其实现条约目标的国际组织"，并特别强调它们"能够在更宽泛的结构或网络中被当作一种行为体"[①]。笔者进一步把政府间条约秘书处概括为一种具体问题领域的官僚化组织，最好把它们理解为一种公共的非国家行为体。更精确一点讲，以一个具体条约缔约方的名义去管理这些条约的官僚化组织确实代表着这些缔约方的集体利益——当然，这些缔约方是国家。这个代表集体政府的功能使它们成为一种公共行为体。同时，它们是非国家行为体——一个普遍应用于私人行为体的标签，非常简单，就因为它们不是国家。总之，对于一个政治实体而言，公共的与非国家的并不是相互排斥的。

制度主义研究的一个特别分支已经开始关注政府间条约秘书处，这种研究方法试图解释国际环境机制的有效性。例如，乔尔根·万特斯塔达（Jorgen Wettestad）就把条约秘书处视为有助于解释这种环境机制有效性的六种关键行为体之一。[②] 相似地，孔拉德·冯·莫尔特克（Konrad von Moltke）与奥兰·扬（Oran Young）认为，条约秘书处的有效性是各种机制的有效性的一个必要条件。[③] 但关于这些秘书处在世界政治中所扮演的角色（发挥的作用），国际关系学文献并没有告诉我们太多。

鉴于这些秘书处不仅在数量上不断增多，而且它们的功能和特征的多样性也在增强，上述情况更加引人注目，在环境领域更是如此。在这一领域，旨在改善跨越边界的以及全球性的环境问题而制定的政府间条约

---

① Steinar Andresen and Jon Birger Skjaerseth, "Can international environmental secretariats promote effective co-operation?" Paper read at United Nations University's International Conference on Synergies and Co-ordination between Multilateral Environmental Agreements, 14-16 July 1999, at Tokyo, Japan.

② Jorgen Wettestad, "Designing effective environmental regimes: The conditional keys," *Global Governance*, 7(3), 2001, pp. 317-341.

③ Von Moltke and Young, cited in Steinar Andresen and Jon Birger Skjaerseth, "Can international environmental secretariats promote effective co-operation?" Paper read at United Nations University's International Conference on Synergies and Co-ordination between Multilateral Environmental Agreements, 14-16 July 1999, at Tokyo, Japan.

激增，这使得我们必须设立一些新的秘书处以便管理它们。罗斯玛丽·桑福特(Rosemary Sandford)填补了学术文献的一个重大空白，提出了环境条约秘书处的三个演化步骤。1972年，联合国人类环境大会催生了早期条约的组织化形式，这成为环境条约秘书处的起点，这些组织后来演化为20世纪80年代在联合国环境规划署(UNEP)帮助下创建的那些秘书处，然后，它们进一步演化为一些附属于所谓的"里约公约"——于1992年联合国环境与发展大会的影响下制定——的特别官僚化机构。[①]

**官僚化人格(Bureaucratic personalities)的权威性：**

鉴于上面的论述，我们可能会进一步追问：哪些特征使政府间官僚化机构能够算作世界政治中的行为体？在某种意义上，它是秘书处所雇用的国际公务人员的"东家"——通过层级制结构组织并配以集体资源，而这使它转化为一个行为体。在政治实践中，这种行为体集中于一个或几个高级主管——像代表联合国秘书处这个行为体的联合国秘书长。一般而言，笔者倾向于把这种集体行为体的特征称之为一个组织的"官僚化人格"——与组织的法律人格相对，这种法律人格普遍产生于像国际环境条约这样的国际法文件。一个既定的国际公务人员集体的首要目的是为其组织的目标服务，而并非完全代表该组织缔约方的局部利益，而这些缔约方由于其国家性格各自附属于它们所代表的国家。[②] 这个假定得到了来自于对三个联合国机构——本章所讨论的两个秘书处加上联合国环境规划署秘书处——实地考察结果的支持，以及一个更加广泛的实证性研究的支持——该研究涵盖了五个条约秘书处。这些研究证实，"对条约目标所支撑的价值观作出的职业性的和个人的承诺是决定工作满意度以及工

① Rosemary Sandford, "International environmental treaty secretariats: Stage-hands or actors?" in Helge Ole Bergesen and Georg Parmann (Eds.), *Green Globe Yearbook of International Co-operation on Environment and Development 1994*, Oxford: Oxford University Press, 1994, p. 19.

② 但是维斯(Weiss)在一个冷战的背景下来看有一个不同的视角(Thomas G. Weiss, "International bureaucracy: The myth and reality of the international civil service," *International Affairs*, 58(2), 1982, pp. 287-306)。

作人员去留的重要因素，尽管有着不确定的工作条件"[①]。官僚化人格的观点并不质疑以下一般性共识：一个政府间官僚机构的行动自由受到它的国家委托人——也就是国家政府——的限制。然而，国际公务人员有意愿也能够察觉并利用它们的委托人准予他们的行动灵活性和余地。

仍然存在的问题是，根据它们在其各自的机制内部所产生的政治影响，是什么因素使得这些官僚化人格成为有意义的行为体？笔者认为，正是官僚化权威(bureaucratic authority)使环境条约秘书处成为全球环境政治中的行为体。在传统意义上，政府间秘书处并不拥有主权或权力。然而，正如建构主义者和社会制度主义者告诉我们的，权力和主权并非构成和塑造政治进程的仅有因素。但是，一个人怎样构建出一个公共非国家行为体所拥有的与国家和政府所拥有的物质性"硬"权力相对的权威呢？

**权威和行动，政府间条约秘书处的微妙平衡：**

权威是政治思想的关键概念之一。与绝大多数其他政治概念一样，有两种主要的方式去理解权威：或者对它们所概括的现象的兴起寻求科学解释，或者试图从一个规范的角度去理解这些现象的存在及其概念化的含义。[②]

笔者把权威理解为一种功能，这种功能能够让一个主体不使用制裁惩罚手段而去有效地贯彻它的意志，因为它所指向的对象自愿地服从它。因此，它与权力有着清晰的差别：权力并不要求它所指向的对象具有自愿性。权力是国家的一个核心性特征，它使国家具有了一种强迫的能力，而

---

① Rosemary Sandford, "International environmental treaty secretariats: Stage-hands or actors?" in Helge Ole Bergesen and Georg Parmann (Eds.), *Green Globe Yearbook of International Co-operation on Environment and Development 1994*, Oxford: Oxford University Press, 1994, p. 25. 值得注意的是，所有这些例子都是从环境领域抽取的。虽然这些例子值得关注，但是要求我们只有经过一个更加系统的研究才能确定这一点是否可以推广到整个政策领域。

② 参见：Joseph Raz, "Introduction," in Joseph Raz (Ed.), *Authority*, Oxford: Basil Blackwell, 1990, p. 1. 这里，笔者不是讨论权威的含义，而是把它作为一个概念，目的在于帮助我们理解政府间秘书处在全球治理舞台上怎样与其他博弈者互动。

这一点并不为政府间条约秘书处所拥有。[①] 因此，在缺乏权力的情况下，一个政府间组织有目的地干预国际政治进程的潜力唯有依赖于它的权威。[②] 它也不同于其他国内公共当局和公共机构，比如地方政府能够使用第三方力量，例如利用警察或军队去打击其他方的权力。

克莱尔·库特勒(Claire Cutler)及其同事试图去概括一种全球管治领域中的"私人权威"，这一定义强调权威的相似方面。根据他们的论述，权威"涉及个体判断力的放弃，对权威命令的接受。这种接受并不是基于任何自身有值得称道之处的特别声明，而是基于一种对权威本身正当性认可的信念"[③]。这种对权威的理解与汉娜·阿伦特(Hannah Arendt)的经典概念——笔者在前文已经叙述的概括权威概念的方法——产生了强烈的契合。

为了理解是什么因素决定了政府间秘书处(不是界定为私人机构的)的官僚化权威以及这种权威是怎样产生的，转向马克斯·韦伯(Max Weber)关于官僚的经典分析具有重要的价值。[④] 当然，关于官僚组织的古典

---

① 也有人争论说，一些较大的政府间组织也拥有施加权力的手段，例如世界银行通过扣缴政府的贷款而向政府施加压力。但从一个政治哲学的高度来看，这样的权力工具并不是真正的权力，对于环境条约秘书处的案例，无论是真正的权力还是间接的权力工具的使用，都能够确定无疑地被排除在外。

② 但是巴纳特和芬尼莫尔对权力有一个更加宽泛的理解。参见：Michael N. Barnett and Martha Finnemore, "The power of liberal international organizations," in Michael N. Barnett and Raymond Duvall (Eds.), *Power in Global Governance*, Cambridge, UK: Cambridge University Press, 2005, pp. 161-184.

③ Claire A. Cutler, Virginia Haufler and Tony Porter, "The contours and significance of private authority in international affairs," in Claire A. Cutler, Virginia Haufler and Tony Porter (Eds.), *Private Authority and International Affairs*, Albany, NY: State University of New York Press, 1999, p. 334. 也可参见帕特伯格(Pattberg)关于权威在环境治理中不断变化的本质的讨论，Philipp Pattberg, "The institutionalization of private governance: How business and non-profits agree on transnational rules," *Governance: An International Journal of Policy, Administration and Institutions*, 18(4), 2005, pp. 589-610.

④ See Michael N. Barnett and Martha Finnemore, "The politics, power, and pathologies of international organizations," *International Organization*, 53(4), 1999, pp. 707-710; Max Weber, *Wirtschaft und Gesellschaft: Grundriss der verstehenden Soziologie*, Johannes Winckelmann (Ed.), 5., revidierte Auflage, Studienausgabe, Tübingen: Mohr Siebeck, 1980[1921]; Alfred Kieser, „Max Webers Analyse der Bürokratie," in Alfred Kieser (Ed.), Organisationstheorien, 3., *überarbeitete und erweiterte Auflage*, Stuttgart: Kohlhammer, 1999, pp. 39-64; Michael N. Barnett and Martha Finnemore, *Rules for the World*: International Organizations in Global Politics, Ithaca, NY: Cornell University Press, 2004.

社会学是基于国家内部层面的观察，因此我们在使用时需小心谨慎。国际关系研究者要谨记的是，来自于国家内部舞台的经验教训不能被简单地转移至国际领域。关于权威，非常值得指出的一点是，在国家内部层面，在政府与民众之间典型的理想化关系之中，民众一般是愿意服从于政府官僚组织的"理性—法律权威"的。然而，在政府间层面，国家一般是勉强（如果不是不愿意的话）服从于一个政府间秘书处权威的（这就是为什么后者是没有权力的并且没有实施强制力手段的重要原因）。不过，决定国家内部层面"理性—法律权威"的绝大多数特征也都可以应用于政府间官僚机构。例如，环境条约秘书处包含着机制的制度化。具体而言，它们拥有各种类型的专家知识，而所有这些都与机制的动力密切相关。它们拥有关于政策问题的技术和科学知识、管理和程序知识——在很大程度上，它们都会自我再造，也拥有规范和外交方面的知识，这些知识与应对国际机构复杂的关联网络相关，正是这些关联网络使国际机制成为一种典型的国际机构。此外，至少在一定程度上，它们控制各种机制组成部分之间的信息流，并且发展它们自己的组织文化。不仅如此，娴熟运用的、具有感召力的领导力——支持马克斯·韦伯社会学的另一个概念，也可以有效地增强一个官僚机构的权威。但这暗含着，官僚化权威概念可以超越对一种狭窄的韦伯式的"理性—法律权威"的单纯技术性理解，从而使权威政治化。所有这些因素导致了官僚组织权威的产生，在接下来的经验性论述部分，将会论证这些因素中的一部分。总之，权威的获得"邀请——有时是要求——官僚机构塑造政策，而不仅仅是去执行它们"①。那么，最终，这种权威把官僚化人格转化成了公共非国家行为体。

一些学者的理念已经远远超越了这种观点，即把国际组织对知识和

① Michael N. Barnett and Martha Finnemore, "The politics, power, and pathologies of international organizations," *International Organization*, 53(4), 1999, p. 708.

专业技能的控制视为一种权力的宣示。[①] 然而，权威(authority)不仅仅是一个与权力(power)不同的概念，而且它的经验性宣示也更加微妙。那么，保持这两种概念的差别就非常重要，至少从分析的视角来看是如此。我们所发现的赋予国际组织权威的这种微妙性与它们作为一种非国家行为体的态度和行为有着非常密切的关系。从一个官僚机构的个性特征来看，其权威的大小不仅依赖于它本身的行动，而且也依赖于它组织实施这些行动的方式和手段。

这就是官僚化权威概念与秘书处行动问题的相关之处。一个公共非国家行为体的权威依赖于它的组织者(特别是一个条约的缔约方——在条约秘书处的例子中)怎样去理解它，而这种理解在很大程度上又依赖于官僚化人格行动的方式。巴纳特与芬尼莫尔指出，具有讽刺意味的是，权威性国际组织的一个典型特点就是拥有一个非政治化的表象。[②] 由于官僚化权威是一种微妙的事物，甚至一个并不重要的条约秘书处——或者被它的缔约方认为如此——能够严重地削弱国家的权威并最终导致其权威的完全丧失。而这也是秘书处能同时减弱或丧失积极干预它周围的政治进程的潜力之所在。关于机制的有效性问题，有人认为，如果一个条约的秘书处拥有极少权威或没有权威，它仍旧可以相当有效地发挥作用。但从一个官僚化人格的视角来看，它有效追求自己目标的潜力从根本上讲依赖于它的权威。

探讨秘书处行动及其表现变化的那些人从分析的视角出发，普遍把

① See Ernst B. Haas, *Where Knowledge is Power: Three Models of Change in International Organizations*, Berkeley, CA: University of California Press, 1990; Michael N. Barnett and Martha Finnemore, "The politics, power, and pathologies of international organizations," *International Organization*, 53(4), 1999, pp. 707-710; Michael N. Barnett and Martha Finnemore, *Rules for the World: International Organizations in Global Politics*, Ithaca, NY: Cornell University Press, 2004.

② Michael N. Barnett and Martha Finnemore, "The politics, power, and pathologies of international organizations," *International Organization*, 53(4), 1999, p. 708.

秘书处区分为消极的和积极的两种。[①] 在这种区分背后的一般性假定是，积极的秘书处对条约的制定和执行都能施加重大影响，而消极的秘书处在决定一个机制动力的过程中无足轻重。[②] 虽然这种区分在理想—典型化意义上是非常有用的，但是，笔者认为并不存在消极的秘书处。虽然，一些秘书处比其他秘书处更加积极，但是，那些自认为消极的秘书处，也不会消极到不去干预与它们所服务的条约相关的政治进程。事实上，正如我们将会从臭氧层秘书处的案例中所看到的，一个情愿把自己描述为一个它的缔约方消极工具的秘书处，在幕后也可能非常积极。但是，秘书处的行动通常是在幕后——确实是在会场的走廊和宾馆的吧台后面——发生，这并不意味着它们对于机制的动力无关紧要。这样，正如安德里森和斯卡加尔斯在它们对国际捕鲸委员会的分析中所指出的，秘书处偏好谨言慎为，而不是消极。[③] 对于那些希望以正在实施"它们的"条约的方式而有所作为的秘书处而言，这种谨慎通常是一个积极行动的合适的前提条件，因为这直接关系到它们将会享有的权威(与政府和其他行为体相比)。就本质而言，谨慎和老练——成功外交家最重要的技巧——反映了

---

① Rosemary Sandford, "Secretariats and international environmental negotiations: Two new models," in Lawrence E. Susskind, Eric J. Dolin and J. William Breslin (Eds.), *International environmental treaty Making*, Cambridge, MA: Harvard Law School, 1992, pp. 27-51; Rosemary Sandford, "International environmental treaty secretariats: Stage-hands or actors?" in Helge Ole Bergesen and Georg Parmann (Eds.), *Green Globe Yearbook of International Co-operation on Environment and Development* 1994, Oxford: Oxford University Press, 1994; Steinar Andresen and Jon Birger Skjaerseth, "Can international environmental secretariats promote effective co-operation?" Paper read at United Nations University's International Conference on Synergies and Co-ordination between Multilateral Environmental Agreements, 14-16 July 1999, at Tokyo, Japan.

② Rosemary Sandford, "Secretariats and international environmental negotiations: Two new models," in Lawrence E. Susskind, Eric J. Dolin and J. William Breslin (Eds.), *International Environmental Treaty Making*, Cambridge, MA: Harvard Law School, 1992, p. 27; Oran R. Young, *The Intermediaries: Third Parties in International Crisis*, New York, NY: Princeton University Press, 1967.

③ Steinar Andresen and Jon Birger Skjaerseth, "Can international environmental secretariats promote effective co-operation?" Paper read at United Nations University's International Conference on Synergies and Co-ordination between Multilateral Environmental Agreements, 14-16 July 1999, at Tokyo, Japan, p. 12.

某种“微妙的平衡”[①]，即在积极的行动主义(要想有所作为而必需的)与某种风险——被视为质疑甚至挑战个别条约缔约方的利益——之间维持“微妙的平衡”。

正如我们将要从下面的分析中看到的，臭氧层秘书处和荒漠化秘书处两者都拥有官僚化权威，并且都是它们各自机制当中积极的行为体。通过追踪它们的行动以及它们怎样影响条约的实施进程，我们能够发现，在维持行动与权威之间的平衡方面，它们具有明显的差异。在重新回到这个方面之前，应该指出，为了减少文章论述的复杂性，笔者故意忽略了官僚化组织的一个特征，那就是它们的官僚作风——通常指的就是那些“繁文缛节”。在这里，只要能够合理地假定，严重的繁文缛节与相应的低效率并不是官僚化权威的一种资源，并且会严重地损害一个秘书处的声誉。这自然联系到一个政府间管理机构的机动性，这些因素将会根据它的规模而有所不同，也就是说，一个管理机构工作人员越多将会越不灵活，它要求管理自身的等级制程度越高，它越不灵活，等等。然而，就规模较小的环境条约秘书处的官僚作风而言，这些差异是微不足道的，特别是对于在联合国的总体管理系统中运作的那些秘书处。而这是绝大多数环境条约秘书处的情况——根据安德里森和斯卡加尔斯的估算，大概超过三分之二[②]，也包括本章论述的两个案例。

## 二、全球环境政治中的政府间条约秘书处:实例分析

接下来，笔者将考察是什么因素创造了两个政府间环境条约秘书处——臭氧层秘书处和荒漠化秘书处——的官僚化权威。通过这两个经验性案例的研究，笔者将证明这两个秘书处都拥有自己的权威，并且这种

① Steinar Andresen and Jon Birger Skjaerseth, “Can international environmental secretariats promote effective co-operation?” Paper read at United Nations University's International Conference on Synergies and Co-ordination between Multilateral Environmental Agreements, 14-16 July 1999, at Tokyo, Japan, p. 7.

② Steinar Andresen and Jon Birger Skjaerseth, “Can international environmental secretariats promote effective co-operation?” Paper read at United Nations University's International Conference on Synergies and Co-ordination between Multilateral Environmental Agreements, 14-16 July 1999, at Tokyo, Japan, p. 14.

权威(及其使用)存在着差异。

1. 修补空洞?《蒙特利尔议定书》及臭氧层秘书处的作用

保护平流层臭氧的国际机制建立在一个多边环境协议的基础上,这是20世纪80年代国际环境政治的一个典型事件。由于它被普遍认为是国际环境谈判中的一个成功案例,因此关于该机制产生、实施和有效性的文献非常丰富。然而,几乎没有学者系统地关注负责管理《维也纳公约》与《蒙特利尔议定书》的政府间组织——内罗毕的臭氧层秘书处——的作用,只有乔尔根·万特斯塔达所作的一个关于《蒙特利尔议定书》有效性的案例研究有一简短介绍。还有就是珀涅罗珀·坎南(Penelope Canan)与南希·莱赫曼(Nancy Reichman)所编撰的一本书有少许参考价值,他们从一种社会学视角探讨臭氧层谈判的成功。此外,在桑福特的研究中,臭氧层秘书处是他研究的五个案例之一。[①]

与许多其他环境问题相反,尽管各国在臭氧层损耗问题上的脆弱性具有明显的差别,但该问题是一个真正的全球性公共问题,它使每一个人都受到不利影响。当然,这种情状并不必然意味着国际政治中共识和迅速合作的达成。除了这个问题所产生的环境威胁的范围和复杂程度具有不确定性,有两个因素造成了国际政治舞台上对臭氧层问题的争论:氟氯化碳(CFCs)和其他消耗臭氧物质的经济重要性,还有就是沿着南北分裂的鸿沟而产生的关于因果问题的严重失衡。虽然在这个机制形成期间前者已经有了重大改观,但后者仍然是争论的核心问题,它阻碍了保护臭氧层机制的总体成功。确实,它似乎是"彻底解决问题"的一个主要障碍,否则,这将是一个非常有效的机制。尽管具有这些缺陷,臭氧层机制仍然非常成功,这既表现在建设性国际谈判方面,也表现在一个对全球性环境问

---

① Jorgen Wettestad, "The Vienna Convention and Montreal Protocol on Ozone-Layer Depletion," in Edward L. Miles, Arild Underdal et al., (Eds.), *Explaining Regime Effectiveness: Confronting Theory with Evidence*, Cambridge, MA: MIT Press, 2002, pp. 149-170; Penelope Canan and Nancy Reichman, *Ozone Connections: Expert Networks in Global Environmental Governance*. Sheffield, UK: Greenleaf, 2002; Rosemary Sandford, "International environmental treaty secretariats: Stage-hands or actors?" in Helge Ole Bergesen and Georg Parmann (Eds.), *Green Globe Yearbook of International Co-operation on Environment and Development 1994*, Oxford: Oxford University Press, 1994.

题具有重要意义的解决问题的承诺。对于这个成功事例的主要解释有：强调科学技术的重要意义，强大的商业利益连同可获得技术性解决途径，工业化国家的公众关注，以及并非不重要的、某些乐于献身的关键人物的个人权威。最为突出的是莫斯塔法·K·托尔巴（Mostafa K. Tolba）——在臭氧层谈判的最关键时期担任联合国环境规划署（UNEP）的执行主任，是一个充满感召力的人物。[①] 但迄今为止，臭氧层秘书处——自从 1987 年它就开始管理臭氧机制的执行——的作用几乎没有受到关注。

《维也纳公约》和《蒙特利尔议定书》非常明确地规定了秘书处管理该机制的工作职责，即"组织将来的会议，准备和传递报告，以及履行由将来的任何议定书分配给它的职责"[②]。当然，所谓的臭氧层秘书处只不过是总体的臭氧层机制（它自从 20 世纪 70 年代中期就开始发展）的一个组成部分，包括《维也纳公约》、《蒙特利尔议定书》，再加上它的伦敦、哥本哈根、曼谷和维也纳修正案，一个缔约方开放工作组，各种各样的专家小组以及实施《蒙特利尔议定书》的多边基金。

《维也纳公约》规定创建臭氧层秘书处，并由联合国环境规划署主管，由向缔约方大会负责的不同机构组成。臭氧层秘书处位于联合国环境规划署的内罗毕总部，依靠联合国环境规划署提供会议服务和管理辅助。通过联合国环境规划署以及与缔约方的磋商，它向联合国大会提交正式的报告，它的出版物正式列在联合国环境规划署的名下。确实，联合国环境规划署的官员似乎热衷于强调，臭氧层秘书处是由规划署的环境秘书

---

① Peter M. Haas, "Banning chlorofluorcarbons: Epistemic community efforts to protect stratospheric ozone," *International Organization*, 46(1), 1992, pp. 187-224; Karen T. Litfin, *Ozone Discourses: Science and Politics in Global Environmental Cooperation*, New York: Columbia University Press, 1994; Penelope Canan and Nancy Reichman, *Ozone Connections: Expert Networks in Global Environmental Governance*, Sheffield, UK: Greenleaf, 2002; 皮尔逊(Parson)强调知识共同体和科学的作用，参见：Edward A. Parson, *Protecting the Ozone Layer: Science and Strategy*, New York, NY: Oxford University Press, 2003; Richard E. Benedick, *Ozone Diplomacy: New Directions in Safeguarding the Planet (enlarged edition)*, Cambridge, MA: Harvard University Press, 1998; 更一般的论述参见：Stephen O. Andersen and K. Madhava Sarma, *Protecting the Ozone Layer: the United Nations History*, London: Earthscan, 2002.

② David Leonard Downie, "UNEP and the Montreal Protocol," in *International Organizations and Environmental Policy*, edited by Robert V. Bartlett, Priya. A. Kurian and Madhu Malik, Westport, Conn.: Greenwood Press, 1995, p. 179.

处管理。根据臭氧层世界行动计划，在 1977 年，联合国环境规划署就创建了自己的臭氧层协调委员会。这个委员会实际上构成了臭氧层秘书处的前身。尽管具有这些特别的制度背景，臭氧层秘书处作为一个非常不同的机构，由它自己的执行秘书所代表，从分析的视角来看，它自己能够被看作一个具有自身权利的政府间条约秘书处。

2004 年，这个小小的秘书处由执行秘书[自从 2002 年这个职位就由马科·冈萨雷斯(Marco Gonzalez)担任]与他的副手以及六个专门官员与八个支持性工作组组成。秘书处用来管理《维也纳公约》的预算达到 130 万美元(1999 年)，另外还有每年平均 300 万美元用来负担自己与《蒙特利尔议定书》有关的活动。利用这些资源——一定不要与那个在蒙特利尔分开管理的数百万美元的多边基金相混淆，臭氧层秘书处管理正式的会议和缔约方大会以及一些非正式的咨询会议，为条约和修正案提供草案，召集审查委员会，协调各种报告会以及遵约问题。

臭氧层秘书处如此之小，但发挥了一个机制的全部功能，人们认为它“也许已经超越了所预想的机制初创阶段”[①]。接下来，笔者将探讨在一个总的臭氧层机制框架内，臭氧层秘书处的行动在何地、以何种方式和程度关联到它的官僚化权威。当然，鉴于臭氧层机制不计其数的条约、制度性安排以及所涉行为体特别复杂的构成方式，这种尝试是相当复杂的。[②]

臭氧层秘书处随着时间的推移所获得的权威的决定性因素，是与它的某一核心功能的成功实现直接关联的。作为总体臭氧机制的枢纽，通过 110 个国家臭氧单元(National Ozone Units)所组成的网络(随着《蒙特利尔议定书》的批准而创建的)，秘书处与全球范围内的缔约方顺利合作，从而赢得了信誉。这个网络提供了负责《蒙特利尔议定书》最终实施的国

---

① Jorgen Wettestad, “The Vienna Convention and Montreal Protocol on Ozone-Layer Depletion,” in Edward L. Miles, Arild Underdal et al., (Eds.), *Explaining Regime Effectiveness: Confronting Theory with Evidence*, Cambridge, MA: MIT Press, 2002, p. 162；也可参见：Stephen O. Andersen and K. Madhava Sarma, *Protecting the Ozone Layer: the United Nations History*, London: Earthscan, 2002.

② 接下来的论述在很大程度上是基于作者 2003 年 9 月和 10 月对内罗毕的臭氧层秘书处有关人员的采访以及对 2004 年 3 月在蒙特利尔举行的《蒙特利尔议定书》缔约方第一次特别会议的观察。秘书处的受访者包括执行秘书、副执行秘书以及三名项目官员。

家当局与臭氧机制的总枢纽(也就是臭氧层秘书处)之间高效率的信息沟通流。

发现它们自己面对着议定书及其各种各样修正案非常复杂的要求，负责《蒙特利尔议定书》实施的国家机构普遍从秘书处征询建议，也非常感激由内罗毕“臭氧官员”所提供的服务。自然，这对于来自发展中国家缔约方的管理者而言特别重要，因为他们贯彻议定书实施要求的国家内部能力(包括定期的报告)是相当有限的。作为机制的最终制度性形象以及作为主要提供者提供一般信息和技术与程序方面的个人建议，臭氧层秘书处的官员对于遵约问题如何在国家层面得以解决有着直接的影响。虽然这些官员一致强调他们的作用是提供服务，并且其建议总是专门服务于缔约方所同意的条约，但这并没有使他们的建议变得无关紧要。确实，在韦伯式的传统官僚理论的意义上，它构成了一个理性—合法性权威。

但正如前面所讨论的，单纯的理性—合法性权威的性格倾向并不能证实一个官僚化人格所要求的影响深远的权威假定。在臭氧层秘书处的案例中，理性—合法性权威由于秘书处官员所树立的信誉而得以增强，他们在秘书处行动中所表现出来的中立、职业化以及透明度甚至受到高度的赞扬。根据一个项目官员的叙述，与各缔约方相对的秘书处的常设委员会的声望，以及所有官员正在尽最大努力在他们的“顾客”中间维持对其工作的满意程度，这是秘书处最珍贵的资产。说起他们与缔约方(既与北方的缔约方也与南方的缔约方)和谐、顺畅的关系，在臭氧层秘书处中有一种自豪感。这与其他国际机构在这方面所面临的困难形成强烈对比。在普遍裁减政府间官僚机构工作人员的时期，缔约方大会批准臭氧层秘书处另外增加两个官员，这甚至被理解为是对该组织所表现出来的持续中立和透明度的奖励。

关于臭氧层秘书处的一个更加敏感的问题是塑造《蒙特利尔议定书》进一步发展和实施的方式，这就是向缔约方大会提交的报告草案，以及更为重要的被缔约方大会所采纳的决议。自然，执行秘书强调草案只是根据国际法条款的最终正式决定而制定，并淡化秘书处在这方面的作用。但是，这些草案最终被缔约方大会所采纳。环境规划署的官员虽然谨慎，

但也表示凭借他们优于绝大多数缔约方代表的专业技能、制度技巧以及技术知识,这些草案与管理机构最后通过的具有法律约束力的决议的相关性也不可低估。十分清楚,凭借秘书处的法律和科学知识,向缔约方提供的草案被普遍认为具有权威性。在这方面,进一步调查来自臭氧层秘书处的官员在专家小组中的贡献也具有重要意义,这些专家小组作为臭氧机制的咨询顾问,最为突出的是技术与经济评估小组。[①]

有人争论说,臭氧层秘书处的权威最重要的表现需要归功于它的高级管理人员和他们的外交技巧。在臭氧层问题的案例中,这些能够被追溯到常设性臭氧层秘书处实际建立之前,直到秘书处的功能取代了联合国环境规划署的秘书处。虽然在将个体领导者的突出作用连接到其他解释变量当中的方式上,很多学者有不同的见解,但他们对莫斯塔法·托尔巴对于促进一个实质性的臭氧机制的形成所作出的决定性贡献,看法却显著一致。[②] 相似地,臭氧层秘书处的专业职员以及很早就涉足臭氧政治中的国家和政府间官员都热情地称赞曼德哈瓦·萨玛(Madhava Sarma),他从 1987 年开始作为常设性臭氧层秘书处的第一任执行秘书,非常有效地填补了托尔巴的位置。像他的前任一样,人们把他描述为一个充满魅力的娴熟外交家,工业化国家和发展中国家都同样将他奉为一个权威的协调者。特别是他在各种缔约方大会上通过个人干预而为打破谈判僵局所作出的贡献,这些对于达成《蒙特利尔议定书》具有积极影响的修正案具有决定性作用。至于秘书处新任执行秘书马科·冈萨雷斯,给予一个有分量的评价现在还为时尚早。这就是说,对于解决逐步淘汰甲基溴化物这个已经被高度政治化的问题,对秘书处的作用进行分析可以进一步

---

① Karen T. Litfin, *Ozone Discourses. Science and Politics in Global Environmental Cooperation*. New York: Columbia University Press, 1994. 在她关于"臭氧话语"的深入分析中,已经揭示科学知识与政府间合作的结合在塑造臭氧机制方面是多么至关重要。如果进行一个挑战性努力去具体追踪在臭氧层秘书处进程中知识和专长是如何与此相关将是一件非常有趣的事情。

② 例如,参见:Peter M. Haas, "Banning chlorofluorcarbons: Epistemic community efforts to protect stratospheric ozone," *International Organization*, 46(1), 1992, pp. 187-224; Richard E. Benedick, *Ozone Diplomacy: New Directions in Safeguarding the Planet (enlarged edition)*, Cambridge, MA: Harvard University Press, 1998; 特别是 Penelope Canan and Nancy Reichman, *Ozone Connections: Expert Networks in Global Environmental Governance*, Sheffield, UK: Greenleaf, 2002.

促进对此的理解。

最后，臭氧层秘书处作用的一个具体方面是它的正式身份，也就是它与联合国环境规划署在管理上的连接。虽然这种组织特性在理论上应该与秘书处的权威相关，但是，在经验上它却能够以任何一种方式发挥作用。在条约缔约方眼中，臭氧层秘书处也许被视为联合国环境规划署的一个附属机构而不是一个独立组织，这一事实可能会降低它的权威性。然而，与此同时，假定在一个更大的联合国机构和联合国环境规划署执行主任常设委员会的支持下，在众多的国际环境规制论坛中——特别是与联合国秘书长和联合国大会相比，秘书处更能够赢得权威，这也似乎是有道理的。

2. 抑制沙尘？《联合国防治荒漠化公约》(UNCCD)及其秘书处的作用

荒漠化秘书处服务于联合国在那些经历干旱和(或)荒漠化的国家，特别是在非洲，防治荒漠化的公约。从政治—历史的视角来看，臭氧层秘书处服务的条约与荒漠化秘书处服务的条约两者之间最明显的差别在于，后者附属于所谓的“里约公约”(虽然在里约地球峰会两年之后才同意，在1996年12月之前才生效)，并且像《联合国气候变化框架公约》一样被赋予联合国公约的身份。这意味着，荒漠化秘书处在联合国体系中的正式排名要比臭氧层秘书处(它正式隶属于联合国环境规划署)高很多。2003年，荒漠化秘书处有大约70个工作人员，其中大约一半是管理层人员和职业化官员。该秘书处固定的预算达到了1700万美元(2004～2005年两年)。然而，正如我们将会看到的，正式地位与规模的差异与这里描述的两个秘书处以及它们各自发挥的作用存在着非常有限的相关性。《联合国防治荒漠化公约》与“后里约”产物相关的一个更加突出的影响就是，它已经被框定为一个可持续发展条约，而不是一个狭义上的环境条约，而来自于发展中国家的缔约方和荒漠化秘书处的官员一再地强调这一点。[①]

尽管条约所要解决的问题和条约秘书处的授权有着政治—历史背景方面的差异,我们仍然可以对这两个组织进行比较。最为突出的是,20世纪70年代兴起的议程设定阶段以及随后关于如何界定所要解决的环境问题的话语。此外,考虑到发展中国家和发达国家之间的政治关系,对于所界定问题的假定原因以及所预期的解决办法而言,这些都是非常突出的问题。正式建立两个秘书处主要是管理条约缔约方之间的持续谈判进程,以及帮助有关国家执行它们已经批准的协议。

现在转向荒漠化问题本身,这种现象主要被界定为一种人为导致的土地严重退化,而且发生在从气候上来看不应该出现此类现象的地区,这种科学共识几十年来已经很好地建立。与21世纪议程一致,《联合国防治荒漠化公约》缔约方把这种现象界定为"在干旱、半干旱以及干燥的半湿润地区,由于各种各样的因素,包括气候变化和人类活动所导致的土地退化"过程。[②] 然而,这个定义由于它与更宽泛的气候变化问题相关联而具有高度的政治色彩。它偏离了较早时期的评估,那时荒漠化首要的是被视为人类无计划性的干扰土地发展的一个直接后果。[③] 把"气候变化"作为荒漠化的一个直接根源,潜在地引发了向那些被认为对气候变化负有责任的国家提出赔偿的诉求,这事实上把荒漠化问题转化成了一个富有争议的南北对立问题。

把荒漠化问题最后引入国际议程的诱发性事件是20世纪60年代后期和70年代早期对撒哈拉地区造成沉重打击的严重干旱以及随之而来

---

① 更加详细的和进一步的讨论请参考:Steffen Bauer, "The United Nations and the fight against Desertification: What role for the UNCCD secretariat?" in Pierre M. Johnson, Karel Mayrand and Marc Paquin (Eds.), *Governing Global Desertification: Linking Environmental Degradation, Poverty and Participation*, Aldershot, UK: Ashgate, 2006, pp. 73-87.

② UNCCD, Desertification Secretariat, Down to Earth: A Simplified Guide to the Convention to Combat Desertification, Why It Is Necessary and What Is Important and Different about It, Bonn: UNCCD, 1995, p. 12.

③ 参见科瑞尔(Corell)关于荒漠化现象定义转变的一个概述。Elisabeth Corell, *The Negotiable Desert: Expert Knowledge in the Negotiations of the Convention to Combat Desertification*, Volume 191. *Linköping Studies in Arts and Sciences*, Linköping: Linköping University, 1999, pp. 53-62.

的饥荒。这促使联合国创建联合国苏丹—撒哈拉办公室，为解决旱灾造成的严重后果提供帮助。另外，正是联合国环境规划署，通过呼吁召开1977年的联合国荒漠化大会，把这个问题推升到了一个更大的政府间舞台之上。尽管防治荒漠化行动计划作为会议的一个主要结果是一个重大的失败，但是，以一种后见之明来看，它把荒漠化确定为一个通过政府间谈判来解决的环境问题。正是在这种背景下，作为里约会议的一个结果，应对荒漠化的全球公约最终成型。荒漠化机制这种复杂的制度背景，涉及一些联合国机构、地区性制度以及各种银行和基金组织，这在其他地方已经有了更为详尽的描述。[①] 现在，笔者将讨论的是，在一个总的联合国防治荒漠化公约的进程之内，常设性公约秘书处的作用和活动怎样以及在什么程度上与它的官僚化权威相关。[②]

笔者试图在文献中寻找一些资料，却发现荒漠化秘书处所能找到的直接参考资料比臭氧层秘书处的资料还要匮乏。考虑到以下事实，这几乎并不令人惊讶：《联合国防治荒漠化公约》常设性秘书处的创建决定是1997年在罗马举行的第一届缔约方会议上作出的，随着1999年1月从它在日内瓦的临时办公地点搬迁到了波恩才算真正完成。此外，有必要指出的是，直到现在，作为2003年9月在哈瓦那召开的第六届缔约方大会的一个结果，公约事实上才进入了它的实施阶段。虽然，关于最终导致反荒漠化公约达成的谈判进程的实质性文献越来越多，但仍没有类似于对其他绝大多数主要环境公约进行仔细考察的案例研究，特别是缺乏以一种与这些研究相匹配的方式对秘书处的成就进行的评估。

在一种应被称作"荒漠化话语"的语境中，秘书处官员的作用非常有趣，这不仅仅是因为他们中的许多人——包括现任执行秘书哈玛·阿巴·迪亚洛(Hama A. Diallo)——已经积极参与到了最终导致公约达成的谈判进程之中，而且因为"荒漠化"而不是"土地退化"的特别框架突出

---

① Pamela S. Chasek and Elisabeth Corell, "Addressing desertification at the international level: The institutional system," in J. F. Reynolds and D. M. S. Smith (Eds.), *Global Desertification: Do Humans Cause Deserts?* Berlin: Dahlem University Press, 2002, pp. 275-294.

② 接下来的论述在很大程度上是基于作者2003年11月和12月对波恩的荒漠化秘书处有关人员的采访以及与一些国家代表和学术专家的个人通信。秘书处的受访者包括执行秘书、副执行秘书以及三名高级官员。

了公约的制度化进程,对于公约的实施具有强烈的影响。虽然科学家们认为,对于政策制定者实际上所指向的环境现象——干旱陆地的退化,"荒漠化"是一个具有相当误导性的词汇,但是荒漠化秘书处有意地坚持使用前者。它的执行秘书提供的解释直截了当,"荒漠化有一个政治诉求,而土地退化并没有"①。确实,在《联合国防治荒漠化公约》这一框架下合作的绝大多数政府间机构,特别是联合国粮农组织(FAO)、联合国发展规划署(UNDP)以及全球环境基金(GEF),在其公文中都避免使用"荒漠化"这个词,而明确偏爱"土地退化"的表达,这一点非常惹人注意。联合国环境规划署,由于它把荒漠化"神话"引入到国际政治议程中,并实际上对其加以利用的行为(例如,通过出版广受欢迎的《世界荒漠化地图册》)或是被指责或是被称赞,现在也在转换它的专业术语,与土地退化更加一致。不过,荒漠化秘书处高度有效地阻止了它的荒漠化"商标"沉没于遗忘的角落。公约的标题确保了它的安全,凭借世界防治荒漠化日(自从1994年公约被批准,每年的6月17日都举行纪念活动),秘书处确保了对它的不断使用——如果不是扩散的话。

以一种相似的风格,秘书处极大地促进了荒漠化话语的逐步转换,从一个在世界范围内都可观察到的地区性问题转化成了一个全球性的公共问题。折中话语意义上的转换是"话语权"的一个突出例证,因为它也具有深远的实质性影响。荒漠化成为一个全球性问题,与实施防治荒漠化公约有关的项目在2003年最终有资格接受来自实力雄厚的全球环境基金的资助——尽管是在土地退化的名下。这是捐赠共同体的一个让步,特别是非洲国家自从全球环境基金创建以来就竭力推动的结果。虽然很难测定荒漠化秘书处在实现这个让步过程中的具体影响,但是,它已经发挥了部分作用去把荒漠化问题保持在全球环境基金的议程之中,并持续地支持发展中国家自身的努力。确实,由于对这种结果有所贡献,荒漠化秘书处非常欣然地接受赞扬。此外,荒漠化秘书处的官员也表达了这种观点:进入全球环境基金是早该完成的一步,以便去补偿《联合国防治荒

① Hama A. Diallo, cited in Elisabeth Corell, *The Negotiable Desert. Expert Knowledge in the Negotiations of the Convention to Combat Desertification*. Volume 191. *Linköping Studies in Arts and Sciences*. Linköping: Linköping University, 1999, p. 65.

漠化公约》体系下真正资金机制的缺乏。这种看法与关于"全球机制"的争论有关，也就是公约的一个特别的制度性条款，规定要像一个票据交换所一样行动，以便帮助缔约方从那些适合其需要的资源处吸纳资金，但是，它本身并不是一个资金机制。①

另外，与公民社会组织密切联系以及与受影响地区（这些地区由秘书处各自的非洲、亚洲和拉丁美洲地区行动协调员作出规定）密切合作，也有助于增强荒漠化秘书处的权威。强调地区合作和非政府利益相关者的参与，这些都由秘书处提供了清晰的授权，也就是通过与当地居民以及非政府组织的合作促进地区行动计划的发展。秘书处充分利用了关于维持与受影响地区非政府利益相关者接触和联系的规定。这是公约之前谈判过程的一个遗产。在这一进程中，非政府组织的参与已经产生了相当大的影响，据称达到了一种前所未有的程度，正是在这种基础上秘书处才得以建立。在加强地区合作方面，荒漠化秘书处积极寻求增强地区协作单元的力量，并对受影响地区的国家提供积极支持以促进地区合作。然而，主要捐赠国家对于这种制度复制持怀疑态度。在2005年的第七届缔约方大会上，它们把秘书处的倡议搁置审议，未涉及这个话题的谈判。

另外，两个计划很好地展示了荒漠化秘书处的一种能力，即塑造公约的动态制度化以及缔约方大会议程的能力。第一，公约实施评估委员会(CRIC)的建立表明秘书处能够促使另外一个制度的创建，尽管起初这因为涉及强大缔约方的利益而备受争议，但现在该委员会已经转变成了荒漠化机制的一个有益补充。也就是说，作为缔约方大会附属机构的公约实施评估委员会的建立，是荒漠化秘书处在2001年日内瓦召开的第五届缔约方大会上的一个倡议，尽管主要捐赠国和欧盟对其表现出毫无掩饰的质疑和最初的极不情愿，然而，2002年11月，公约实施评估委员会在罗马召开的第一次会议上被普遍称赞为是一个具有高度建设性的会议，是

① 与《联合国防治荒漠化公约》(UNCCD)资金机制有关的详细讨论参见：Francois Falloux, Susan Tressler and Karel Mayrand, "The global mechanism and UNCCD financing: Constraints and opportunities," in Pierre M. Johnson, Karel Mayrand and Marc Paquin (Eds.), *Governing Global Desertification: Linking Environmental Degradation, Poverty and Participation*, Aldershot, UK: Ashgate, 2006, pp. 131-145.

一个进一步促进公约实施的合理措施。虽然人们认为紧随第六届缔约方大会在哈瓦那举行的公约实施评估委员会第二次会议没有发挥更多的建设作用，但是，甚至它的批评者也不得不承认，这主要是哈瓦那会议的高度政治化氛围所致。事实上，这联系起了第二个例子，就是第六届缔约方大会增加了一个所谓高级别会议部分(High Level Segment)，这说明了一个条约秘书处的行动加入了政府间外交阶段。在第六届缔约方大会即将召开之际，一个特别的高级别会议部分以及包括一个国家和政府首脑的圆桌会议的想法，实际上被荒漠化秘书处推上了会议的议程，秘书处这样做的明显意图就是把它提升到一个更具有权威性和更被公众承认的水平。执行秘书恰当地把这解释为，这是促使公约从制度化阶段向实施阶段穿越的适当一步。然而，对于圆桌会议，参加会议的12个国家和政府首脑包括一些来自南方的受到争议的领导人[比如东道主国家古巴的菲德尔·卡斯特罗(Fidel Castro)、委内瑞拉的乌戈·查韦斯(Hugo Chávez)与津巴布韦的罗伯特·穆加贝(Robert Mugabe)]，但没有一个来自捐赠国的领导人。最终，高级别会议部分加上《国家和政府首脑哈瓦那宣言》，引起了发达国家对来自南方部分领导人的公开对抗。这样，秘书处的这个筹划在政治上的策略演变成了一场闹剧，它引发了严重批评，而这不仅仅是来自于发达国家缔约方。

以下事实也对荒漠化秘书处的权威造成了不利影响：它被不断批评在其运作过程中缺乏透明度，而这与臭氧层秘书处形成了鲜明的对比。在哈瓦那会议期间就提出了关于公约实施评估委员会官员选举的不正当行为，以及据称秘书处给予亲自挑选的非政府组织金融支持的具体指控。[①] 虽然秘书处的主管官员为哈瓦那会议上出现的争论进行了解释，并断然否认对不透明的指控，但这已经对秘书处的权威带来了有害影响。荒漠化秘书处的权威已经受到了打击，这在欧盟的一个正式行动方针中以及在加拿大发布的一个声明中有明确的表达，它们威胁要从联合国防治荒漠化公约进程中撤出，还有就是缔约方会议通过一个决定，让秘书处

① International Institute for Sustainable Development (IISD), Summary of the Sixth Conference of the Parties to the Convention to Combat Desertification: 25 August-6 September 2003, *Earth Negotiations Bulletin*, 8 September 2003, p. 14.

接受一个联合国联合巡察小组的全面检查。

具有权威性但充满挑衅的领导在秘书处的倡议中崭露头角，比如坚持召开高级别会议部分的行动似乎就是从秘书处的一种自我认知观念中产生的，这就是它把自己视为代表整个南方阵营的一个国际认可的倡议组织。事实上，所有接受采访的秘书处官员都强调（尽管有一些轻微的措辞变化），秘书处“服务于缔约方的大多数成员”。这种声明就以下事实而言也是正确的，那就是秘书处的态度与绝大多数发展中国家缔约方的愿望基本一致，还有就是从公约文本的可持续发展基础上来看，这也是有道理的。然而，它却并没有承认，国际协议的实施是在联合国普遍依赖的共识性决策（至少在政治实践中是如此）框架下进行的。这样，疏远几个势力强大的国家并不有助于一个秘书处追求可能实现的任何目标，正如它并不能蔑视一些势力较小的发展中国家的利益一样。从进一步促进公约的目标这一点而言，这种以秘书处的名义采取行动的轻率之举意味着对中立态度的一种无形束缚，而这降低了它的官僚化人格的权威性，也使缔约方对秘书处将来的行动留下了怀疑的种子。此外，这种权威的损伤并没有局限于常设委员会与发达国家缔约方的对立这一方面，它也影响了发展中国家缔约方，后者宁愿这样一个疏远捐赠国的政府间条约秘书处不存在，因为它们也许最终还得转而去支持这个经过艰苦卓绝的努力才达成的具有积极意义的公约。

## 三、结论

本章论证了政府间条约秘书处确实拥有官僚化权威，并揭示了这种官僚化权威是如何依赖于这些秘书处的实行行动。臭氧层秘书处和荒漠化秘书处的案例表明，官僚化权威赖以产生的资源方面存在着明显的差异，而官僚化权威产生的影响方面的差异甚至更大。

臭氧层秘书处有效地利用它的官僚化权威促进了《蒙特利尔议定书》的积极发展以及它的实施。特别是臭氧层秘书处成功地保持了作为一个积极的幕后行动者与从一个政府视角所感知到的一个中立的和“消极的”的工具之间的平衡。这种品质是它官僚化权威的一个重要资源，而这自从《蒙特利尔议定书》达成以来就已经受到了来自北方和南方国家政府的

欣赏。它的执行秘书的外交技巧和个人权威已经成为这方面的典范。这个案例表明,对于作为一种权威性的官僚化行为体的一个政府间条约秘书处而言,一个中立的表象不仅是它的重要优点,而且也是对它的一个要求。与此同时,"臭氧层官员"的例子还表明,这并不会限制条约秘书处和它们的工作人员,从而使他们过一种消极的技术专家的生活,而是要求他们在追求实现其自己制定的计划的时候,需要谨慎和小心地行动。

与之相反,荒漠化秘书处由于推动微妙的南北问题而倾覆了这种平衡。虽然这些问题与秘书处的授权相关,它们也在《联合国防治荒漠化公约》的涵盖范围之内,但是,秘书处的运作方式被认为是超越了这个授权。更为重要的是,它们被认为是冒犯了势力强大的缔约方的利益。这已经对秘书处的权威造成了严重影响,现在,秘书处发现,它自己需要为重新赢得发达国家缔约方的信任而拼命努力。它积极参与总体荒漠化机制进程的自由度已经降低,缔约方由于对秘书处的行动变得更加警惕,因此对秘书处接下来提出的建议和计划已经表示了一些不太情愿。所以,秘书处塑造公约实施方式的潜力已经受到严重限制。然而,虽然执行秘书一定会去改善秘书处与发达国家缔约方的关系,但这将是一种短视行为,人们将指责这种行动仅仅是在进行一种凭借经验性的和高超技巧的外交。但笔者认为,秘书处的行为反映了秘书处实际创建之前《联合国防治荒漠化公约》的演化。公约的独特发展背景以及今天《联合国防治荒漠化公约》的许多高级官员在其中发挥个人作用,这些都对塑造荒漠化秘书处的官僚化人格产生了重大的影响。尤其是,它特别的组织文化也许可以被理解为,在南北双方经过二十年的艰苦谈判之后最终达成了这个反荒漠化公约的持续驱动力量的一种表现。在这方面,把当前形势的部分责任归咎于发达国家的伪善是唯一可以接受的。在口头上,发达国家已经接受荒漠化为一种全球性问题,但在政治上,它们继续把这看作是一个对南方利益的让步,而不将其置于自己议事日程的优先位置。如果情况确实是这样,荒漠化秘书处的努力似乎将是一个艰难的拼搏过程。

总之,应该再次指出的是,国际条约秘书处只不过是有效环境规制的因素之一,自然,国际政治的结果首先是由条约秘书处以及这些秘书处所雇佣的政府间公务人员之外的因素所决定。正是基于这个原因,较大部分国际关系学制度主义研究文献并不把政府间条约秘书处看作一种自身拥有权力的行为体，只有很少的研究关注除了促进政府互动以及为国家间谈判提供辅助之外它们所发挥的其他作用。确实，秘书处对于一个既定国际环境体制总体有效性的潜在影响是有限的，因为这受到许多已超出它掌控范围之外的因素的影响。尤其是，国家仍然是一个既定体制的正式主人。尽管如此，正如本章所展示的，权威性的政府间官僚机构对国家已经产生了影响。虽然这些政府间机构对于贫乏的体制有效性几乎不承担责任，但由于它们对于改善一个体制具体结果所作的贡献，偶尔也需要受到公开地赞扬。当它们能够精心设计一个条约并为它的管理提供方案的时候，这些经常是缔约方所不曾预期的结果。这样，官僚化权威能够对政府间条约进一步发展或实施的方式产生具有重要意义的影响。

条约秘书处在总的机制背景下越被接受为一个权威性的博弈者，它在这方面的表现就会越有效。要想在全球环境政治中产生有意义的影响，这些秘书处要依赖于它们的官僚化权威，而这种权威是在与运行在各自机制中的其他行为体相比所激发出来的。只有条约秘书处成功地形成了这样的官僚化权威，才能够预期它们影响其他利益相关方的行为。一个表现贫乏或被人们认为存在某种“不端行为”的秘书处反而会削弱它自己的权威，并限制它塑造周围政治进程的方式。

简言之，甚至一个较小条约秘书处的影响也不能被低估。一个秘书处获得的官僚化权威越大，它就会越有效。这样，系统地探讨政府间条约秘书处对于有效环境规制能够作出的贡献，也就成为全面分析全球环境政治的一个重要组成部分。

（斯蒂芬·鲍威尔）

# 第十五章　私人管治的制度化：营利性和非营利性组织如何达成跨国性规则

[**内容提要**] 本章旨在评估最近在一些相互对立的私人行为体之间出现的合作趋势，这引发了具体议题领域的跨国规范和规则的创制和实施，以及随后的从公共规制形式向私人管治形式的转移。许多政治学者同意，权威也存在于正式的政治结构之外。越来越多的私人行为体开始制定它们自己的规则和标准，而这些规则和标准获得了超越国际体系的权威。基于观察，这主要是指相对于公共或者国际规制而言的私人跨国规制。虽然私人管治的概念在学术争论中已经崭露头角，但我们既不清楚私人管治在全球范围内如何被建构和维持，也不清楚什么样的具体或一般条件对于私人管治的兴起而言是必要的。通过对一般性理论观点的回顾，本章构建了一个综合模型，沿着这个模型能够评估和理解私人管治兴起的必要条件。由于迄今为止绝大多数研究都着眼于商业行为体之间的制度化合作（自我规制），因此本章对那些加强营利性和非营利性行为体之间的合作（共同规制）的跨国规则系统进行一个更加详尽的考察。

在当代学术话语中，世界政治的私人化是一个充满争论的问题。但是，由私人行为体（像军工企业或债券评级机构）所提供的服务供给以及国际协议的实施和监督长期处于争论的中心，而与之并行发展的私人行为体所提供的合作性规则制定——既来自于营利性组织也来自于非营利性组织——却没有受到同样的关注。

就规范和规则而言，在国际关系学研究中，特别是在一般性的和全球环境政治研究中，主要着眼于国际机制和政府间组织，而设置这些的主要目的是用于解决跨边界问题。三十多年来，非国家行为体显著地出现在政治学者的研究议程之中，学者们已经详尽地研究了它们在国际协议的议程设定、游说政府以及执行国际协议过程中的作用和功能。然而，关于私人管治(往往是在互相对立的行为体之间所进行的)的制度化问题却几乎没有人涉足。既有的研究或者着眼于全球政治体系中作为一种私人权威资源的公司之间的相互合作，或者探讨来自于社会各个部门(一般包括商业、公民社会和政府)不同行为体之间的伙伴关系。

因此，关于非国家行为体以及它们在规制中新型作用的争论，主要限于公私伙伴关系以及全球性公共政策网络。在很大程度上，人们忽视了那些没有涉足政府、政府机构或者政府间组织的私人行为体之间具有深远影响的制度化问题。本章的一个根本假定就是，范围广泛的各种各样的营利性及非营利性行为体之间当前的制度化进程意味着，这不能仅仅被理解为一种基于理性利益的工业"绿化"过程。相反，我们还见证了源自于全球层面上各种各样的规范体系以及规则体系的跨国组织的兴起——从汇报体系到认证制度与环境管理标准，而这些大多存在于主要国际关系背景之外。因此，私人行为体对世界政治的影响也在发生变化。它们已经从国际体系的一种干预变量发展成为主要存在于国际体系之外的既存规则。

但是，哪些因素可以解释当前的这种转型呢？笔者认为，对私人管治兴起的条件可以沿着两条相互连接的论证路线对其进行评估，即主要着眼于宏观层面上的条件(包括全球经济转型以及国际层面上的一些背景性因素)与微观层面上的条件(包括问题的具体结构以及所涉行为体可获得的组织化资源)。这两个层面上的条件可以构成一个私人制度兴起的一体化综合模型。因此，突出一个以进程为导向的方式(而不是通常所展示的单一行为体叙述)的条件之间的实际连接是可能的。本章理论性和分析性的重要意义在于回答如下问题：第一，我们如何能够把世界政治中的私人管治这种新奇现象概念化？第二，我们如何解释它的存在？第三，鉴于已有的关于制度形成问题的丰富文献资料，哪一种分析模型最适合

我们作以上分析?

因此,本章通过三个分析步骤进行论述:第一,本章分析从公共规制向私人管治的转化,以及相应的不同私人跨国行为体之间合作的制度化。第二,本章力求建立一个普通的分析框架,以便理解私人制度兴起的条件,而在关于(私人)机制和私人合作问题的研究文献中所发现的共同观点构成了这些条件的基础。第三,本章引入了两个经验性案例以便进一步证实前几部分所提出的理论观点。第一个是森林管理委员会(the Forest Stewardship Council, FSC),它提供了一个森林部门的跨国性共同规制例证;与可持续森林计划或泛欧森林认证体系(这个体系起初受到工业和公共行为体的影响,直到最近才向一种更加组织化的独立机构发展)相反,森林管理委员会从其一开始就是由营利性和非营利性行为体之间一种真正的协作性努力构成。环境负责的经济联盟(the Coalition for Environmentally Responsible Economies, CERES)是本章提供的第二个案例,它展示了一种不同的私人管治组织形式。在这个案例中,规制规则并不局限于一个非常具体的问题领域,其目标在于一般性的企业日常运行。作为世界政治中的新兴现象之一,对私人规则制定更好的理解和把握将不仅拓宽我们对全球管治的理论认识,而且将有助于促进有效的可持续发展所亟须的制度建设。

## 一、从公共管治到私人管治:私人规制的制度化

有学者把20世纪的最后十年称为一个"伙伴关系的时代"。在一系列不同的组织背景和问题领域,可以观察到许多创新性的协作形式。公司可能参与与供应商和竞争对手组成的战略性联盟,发展非正式的工业规范和实践,或者甚至发展正式的私营体制,规范范围广泛的——从保险公司到矿物质管理和采矿业的一系列部门——行业行为。国际组织寻求为企业提供帮助,帮助企业实施普遍的社会和环境规范(联合国全球契约),或者参与到与商业行为体和非政府组织(NGOs)的伙伴关系中来,以便引进一种全球适用的可持续企业汇报体系(全球汇报倡议组织)。比如,为了建立一个大型水坝规划和运行的可持续框架,公民社会代表参加涉及企业、政府和国际组织的谈判(世界水坝委员会)。

这些例子表明，世界政治至少发生了以下三个实质性转型：第一，能够提供问题解决方法的权威不再仅仅来自于政府以及它们所组成的国际组织。在许多不同的背景中，权威确实已发生了转移，这些权威背景涉及公私关系以及纯粹的私人行为体构型。第二，公司、政府和公民社会之间主导性的对抗关系已经被它们之间的伙伴关系（作为一种可能的互动模式）所补充。[①] 第三，合作变得越来越制度化，这使得在具体议题领域出现了规制更加有效的社会实践。“私人管治”这个词把这些转型概括在了一个概念框架之中。它强调私人行为体（既包括营利性的，也包括非营利性的）在具体议题领域的跨国规则体系创建和维系过程中的作用——与私人议程设定、游说或者国际规则制定相对。因此，私人管治能够被理解为一种与涉及国家和政府间制度的全球管治公共形式功能相当的管治形式。

普遍认为，全球管治包括人类活动不同层面上的不同体系规则，作为一种组织化的社会原则，其超越了等级制的和民族国家的主权权威。正如詹姆斯·罗西瑙（James Rosenau）指出的：“全球管治是对不计其数的（数百万的）由不同历史、目标、结构和进程所驱动的控制机制的概括。”[②] 因此，这种现象包括“政府的活动，但也包括‘控制命令’以目标框定、指令发布和政策追求的形式流转的许多渠道”[③]。

这些可能的渠道之一就是私人管治的范围。对这种现象一个更密切的考察显示，私人管治至少由三个分析向度构成：首先是管治的程序向度，强调跨国私人行为体的活动；其次，管治的结构（structure）向度，强调

① 朱迪斯·里赫特（Judith Richter）已经指出以下事实：“伙伴关系”这一词汇代表了一种政策范式，它建立在信任、共有利益以及一个根本的双赢形势这些假定之上，而回避了所涉及到的行为体根本不同的目标和权力资源（Judith Richter, *Holding Corporations Accountable. Corporate Conduct, International Codes, and Citizen Action*, London/New York: Zed Books, 2001）。本文把“伙伴关系”概念作为一个价值中立的词汇使用，等同于合作。

② James N. Rosenau, “Global environmental governance: Delicate balances, subtle nuances, and multiple challenges,” in Mats Rolen, Helen Sjöberg, and Uno Svedin (Eds.), *International Governance on Environmental Issues*, Dordrecht: Kluwer Academic Publishing, 1997, p. 27.

③ James N. Rosenau, “Governance in the Twenty-First Century,” *Global Governance*, 1(1), 1995, p. 14.

规制安排的独特“构造”(architecture)，包括规范和规则、网络和行为体构型，以及与其他规制领域正式或非正式的连接；再次，管治的功能向度，着眼于私人管治安排(作为一种与国家或国际公共规制形式功能相当的规制形式)的物质性和理念性结果。私人管治的这三层向度反映在法尔克纳(Falkner)的以下假定之中：私人管治“在全球层面上兴起，私人行为体之间的互动……导致了相应的制度性安排对具体议题领域中的行为体的行为进行组织和引导”①。

因此，私人管治的当前趋势已经超越了世界政治的私人化现象。在很大程度上，它已经被当作一种由私人行为体所提供的服务供给和规则实施现象而加以分析。另外，私人管治还包括新兴的行为体构型以及范围广泛的行为体之间罕见的联盟(已经超越了协作或合作范畴)。罗伯特·基欧汉(Robert Keohane)把合作界定为向着相互目标前进的一种行为调整，对所有参与者而言包含着一定程度上的义务与责任，这样，他把合作延伸到了未来。② 相反，

> 管治……兴起于一种制度化的更具有永久性本质的互动背景之外。在一个管治体系中，个体行为体并不通过对它们的利益持续不断地算计而决定接受制度性规范的约束，而是在对管治体系的合法性认知之外调整它们的行为。③

因此，合作和私人管治的形式也根据具体行为体构型中涉及的权威不同而有所不同：

> 合作主要源自于国家对直接的报偿结果进行估算，以及在一种特别的战略形势中调整一个行为体的行为，这样的合作可以不涉及权威。权威要求一个建立在信任基础之上，而不是即时利益的估算，因此，合作必须涉及习惯、规范、规则和共享期望的发展——合作必

---

① Robert Falkner, “Private environmental governance and international relations: Exploring the Links,” *Global Environmental Politics*, 3(2), 2003, pp. 72-73.

② Robert O. Keohane, *After Hegemony*: *Cooperation and Discord in the World Political Economy*, Princeton: Princeton University Press, 1984.

③ Robert Falkner, “Private environmental governance and international relations: Exploring the Links,” *Global Environmental Politics*, 3(2), 2003, p. 73.

须要制度化。[①]

随着相互对抗的私人行为体之间合作的强化，新兴私人制度正在兴起，我们可以把这种制度理解为一种“由一些容易识别的角色加之一系列规制这些角色之间关系的规则或惯例所构成的社会实践”[②]。从功能主义的视角来看，通过管理各种行为体行为的规制的发展及其随后的实施，私人制度管理了一个独特的议题领域。因此，可以把它们看成私人的规制制度。这些规制规则从管理标准到行为准则以及一些详尽的全球认证系统，有着不同的形式。

除了建立规制规则，普遍认为，私人制度在私人管治的背景下还可以实现其他功能：通过为谈判和冲突的解决提供一个论坛，通过生产和扩散重要的知识和信息，通过为组织化学习提供机会，以及通过确定独立的遵守规范的核查制度，私人制度为交织在一起的环境、社会与经济问题的解决提供了一种有效的制度化应对办法。正是通过这些独特的功能，私人制度在一个特定的问题领域之内施加权威。这些论述与以下假定是一致的，即私人制度在功能上相当于国际规制。与国家创建的机制相类似，私人制度也许可以提供公共物品，减少交易成本，并可以降低不确定性。

总之，私人管治制度对许多问题领域——从劳工权利与平等贸易，到森林政治与生物多样性保护——中的私人管治塑造发挥了重要作用。除了协作和规则实施的私人规范之外，国际关系学者对私人行为体制定规则的现象也非常重视。但是，对这些私人机制的研究几乎无一例外地集中在公司和商业协会的制度化上面，而忽视了昔日是竞争对手关系的行为体——比如环境和社会非政府组织、投资者、跨国公司以及各种各样的地方或地区商业行为体——之间影响深远的制度化发展。相应的问题就是，来自于跨国社会不同部门的、遵循不同的组织和功能逻辑的私人行为体为什么、怎样以及在什么样的条件下参与到那些产生超越国际政治体

① Claire A. Cutler, Virginia Haufler and Tony Porter, “The contours and significance of private authority in international affairs,” in Claire A. Cutler, Virginia Haufler and Tony Porter (Eds.), *Private Authority and International Affairs*, Albany: State University of New York Press, 1999, pp. 334-335.

② Oran R. Young, *International Cooperation*, Ithaca/London: Cornell University Press, 1989, p. 32.

系的跨国规制的密切合作之中。

## 二、阐释私人制度在全球管治中的兴起：观点评述

这部分讨论三种理论文献，它们都与私人管治制度化问题相关，却代表了三种不同的理论背景：第一，建立在一般的机制文献基础上的公司间私人机制的概念；第二，关于在全球层面上不同行为体之间的伙伴关系和协作的著述；第三，关于全球化背景下的宏观转型的争论。

除了其他问题之外，体制文献对于解释“建立在一套连续的相互连接规则基础上的”、“规范性制度”的形成十分感兴趣。体制分析的对象是“由国家和其他国际行为体创建的自愿达成的、具体议题领域的规范性制度，把这些规范性制度当作在国际关系中通过自我规制而建立国际社会秩序的支柱进行研究”[①]。因此，正如豪夫勒(Haufler)所指出的，“无论是关于‘体制’的共同定义，还是关于体制的基本假定，都不能表明不存在作为纯粹私人体制这样的事情”[②]。所以，体制文献只是一个把关于私人管治制度兴起的可能原因和条件进行理论化的重要起点。

对于体制形成疑问的考察，学者们基本沿着三条争论线进行，这三条线并不相互排斥，而是相互协同产生影响。基于权力的解释突出强调了权力资源(既是金融意义上的也是非金融意义上的)对于合作达成的重要性，其基本观点是，制度是由一个既定社会体系中的权力分配所决定并反映这样的权力分配，无论这样的制度是国际制度、公共制度还是跨国制度与私人制度。以利益为基础的解释主要着眼于追逐自我利益的各种行为体的互动，这些行为体协调它们的行为以便获得联合收益，其基本观点是，为了达成合作必须要有一个达成协议或契约的区间，一个能让所有参与者都能获得联合收益的可能范围。第三种观点是以知识为基础，围绕理念、观点以及社会认同等核心要素。其基本观点是，决定达成一个协议

① Peter Mayer, Volker Rittberger, and Michael Zürn, “Regime theory: State of the art and perspectives,” in Volker Rittberger (Ed.), *Regime Theory and International Relations*, Oxford: Clarendon Press, 1993, p. 393.

② Virginia Haufler, “Crossing the boundary between public and private: International regimes and non-state actors,” in Volker Rittberger (Ed.), *Regime Theory and International Relations*, Oxford: Clarendon Press, 1993, p. 96.

的具体区间的不同利益并不是外在的、既定的，而是认知过程发展的结果，其中包括像科学信息以及对于某些问题的认知趋同或一般性构想这样的认知过程。

最近关于私人权威的案例研究——基于经典的体制文献——已经揭示出，对于公司间私人合作兴起的三种可能解释，发现背景性因素和体系的变化对于私人管治的制度化有着重要影响。例如，豪夫勒认为，经济活动的全球化导致了“市场与政治之间的错位”[①]，因此，“对于商业管理规则的需求导致了各种各样供应资源的产生，其中最重要的资源之一……就是私营部门本身”[②]。但是，越来越多的私营规则制定的制度化不仅仅根据宏观体系的转型这一点加以解释(这在当前世界范围内解决跨边界问题的政府规制失灵现象中已经有所反映)，而且可以运用把追求效用最大化的行为体作为基本探讨单元的理性主义方法加以解释。效率收益方法根据可能的交易成本降低来分析合作及其随后的制度化。根据这种观点，公司间的体制可以降低提供信息和不确定性所导致的成本，可以降低与谈判和达成共识相关的成本，也可以降低执行规制所产生的成本。理性主义解释方法的第二种类型着眼于权力因素。从这一视角来看，制度的创建主要地是因为它们加强了在一个特定的竞争领域一些行为体向其他行为体施加权力的能力。这些思想似乎证实了在国际体制框架下所讨论的那些观点。然而，虽然理性主义和背景因素的解释在私人制度的案例中似乎有一些优点，但是，甚至该领域的一些主导性学者也认为，在实践中却很难把它们区分开来。[③] 因此，一种解释私人管治制度兴起的综合方法也许要好于单因素解释方法。

---

① Virginia Haufler, "Private sector international regimes," in Richard A. Higgott, Geoffrey R. D. Underhill, and Andreas Bieler (Eds.), *Non-State Actors and Authority in the Global System*, London/New York: Routledge, 2000, p. 122.

② Virginia Haufler, "Private sector international regimes," in Richard A. Higgott, Geoffrey R. D. Underhill, and Andreas Bieler (Eds.), *Non-State Actors and Authority in the Global System*, London/New York: Routledge, 2000, p. 121.

③ Claire A. Cutler, Virginia Haufler and Tony Porter, "The contours and significance of private authority in international affairs," in Claire A. Cutler, Virginia Haufler and Tony Porter (Eds.), *Private Authority and International Affairs*, Albany: State University of New York Press, 1999.

从一般性的体制文献以及关于私营企业间体制更加具体的争论——即对于我们的困惑,新兴私营规制制度作为一种私人治理形式——中我们能够学到什么呢?从一种单因素的视角来看,我们能够假定不同的经验性观察可以证实单个观点。对于基于权力的假定,以下几点将是正确的:我们将预期在每一个网络中都可以发现强大的领导者,它们将为了其自身的利益而影响谈判的结果,或者至少可以发现有一个行为体集团在塑造合作结果方面比其他集团有着更大的权力。而对于以利益为基础的方法以及效率收益方法,以下几点将证明是正确的:我们预期可以观察到交易成本的降低、更好的市场状况以及良好的声誉可以获得收益。可以确定的是,这些目标的实现是通过先于制度创建而存在的合作组织,而不只是作为合作的某种意外结果而出现。此外,在实际的制度化之前,所有的参与者都可以想象到达成协议的一个可能区间。背景性因素是决定性的,人们可以假定在一个特定政策领域能够发现大规模的制度转型或突发性事件发生的证据。观察到的结果可能包括一种新的具有重要影响力的话语,政府和政府间规制的缺乏或不足,新的科学知识或一种环境灾难的出现。我们应该谨记,虽然体制理论为我们提供了一系列可能的观点,但把从国际体制文献或者从企业与商业之间的体制视角得出的研究性发现简单应用到私人管治制度的案例分析之中,至少看起来是有问题的。

从关于"伙伴关系政治学"[①]越来越多的文献中,我们能够发现回答私人管治制度化问题的第二种方法。伴随着关于公私伙伴关系以及组织之间协作关系的研究,20 世纪 90 年代中期,研究者开始探讨商业与非政府组织(NGOs)之间的伙伴关系。这种研究战略是以行动为导向的,但它仍然为我们提供了一些关于商业与非政府组织之间伙伴关系具体类型与理论的具有重要意义的理念。现存关于伙伴关系的以政策为导向的研究为商业行为体以及非政府组织参与合作界定了四个前提条件:第一,潜在的或实际的在环境与社会规制执行方面国家调控有效性的弱化(既在国家层面也在国际层面上);第二,承认作为非政府组织的一部分,大型跨国公司既是全球性问题产生的原因也是其可能的解决方案;第三,非政府组织

① Riane Eisler, "Creating partnership futures," *Future*, 28(6-7), 1996, p. 565.

新型动员战略的影响，即主要着眼于公司品牌的声誉以及由此导致的对它们市场地位的威胁；第四，认识到作为社会变迁的代理机构，非政府组织已经获得了权力与合法性，这样，它们自己也就成为解决迫切的商业问题的潜在合作伙伴。

在此，值得考虑的第三种理论方法主要着眼于把全球政治经济学作为大规模转型的一种解释因素。关于全球化以及民族国家解决跨边界问题作用变化的争论，形成了关于全球化与全球管治私人形式兴起之间二者关系的三种论断：

第一种论断强调，全球化与人们所感知到的民族国家体系衰落之间的关系。从这一视角出发，私人管治是权威产生场所长期转换的一个标识，尤其是在全球经济领域之内。私人行为体已经成为了以下议题领域的"真正博弈者"：从金融稳定与对外投资到工业标准的设定，比如，国际标准组织(ISO)。因此，"绝大多数国家已经衰落了的权力仍旧在进一步加剧，以致它们对于自身领土边界之内的人民及其行动的控制权威已经弱化"①。

第二种论断强调，公民社会成长与私人管治兴起之间的假设性联系。这种观点认为，公民社会对企业造成的压力，伴之以影响深远的媒体舆论，这被视为是对企业的社会和环境责任的需求日益增长的一种制度化回应兴起的主要原因。②

第三种论断与安东尼奥·葛兰西(Antonio Gramsci)所做的工作密切相关。这种观点认为，国家、商业行为体、国际组织与公民社会制度之间的新型关系意味着，从更加传统的政治形式向一种非常有利于企业利益的以市场为导向的、企业支持的体制转移。这一概念对于私人管治领域的适用性根植于以下一种理念，即商业和公民社会作为私人管治制度化框架内的核心要素具有特别重要的意义。新葛兰西主义理论似乎能够解

---

① Susan Strange, *The Retreat of the State: The Diffusion of Power in the World Economy*, Cambridge: Cambridge University Press, 1996.

② Paul Wapner, "Governance in global civil society," in Oran Young (Ed.), *Global Governance: Drawing Insights from Environmental Experience*, Cambridge, Mass.: MIT Press, 1997.

释当前经济领域(由一个商业和社会精英组成的霸权集团驱动)的转型,这种转型导致了一种新的规制方法,比如市场驱动的自我规制。在这种制度背景下,一个来自于跨国公司、跨国非政府组织、学术界与政府机构的管理精英组成了一个历史性跨国集团,践行对世界事务的领导——作为个体行动和人类集体行动的一个后果。① 这种观点认为,非政府组织并非商业利益的天然敌手,它们"作为文化和意识形态斗争的舞台,也作为确定霸权稳定性的关键联盟"②而扮演了双重角色。

上述关于全球管治中的私人制度现象的三种宽泛理论方法——体制理论、伙伴关系政治学与全球政治经济学研究——包含着关于私人制度兴起的具有重要价值的思想观点。四个反复出现的方面似乎非常重要,虽然它们在不同的文献中受到了不同程度的关注:①宏观体系转型,比如全球化或者霸权结构的变化,以及宏观层面上的背景性因素;②问题结构,以相互依赖的利益以及不同层面上的信息和知识为特征;③组织资源,能够让行为体降低交易成本或者改善它们的战略地位;④理念、知识和信息。出于分析的目的,这些方面可以分成两个宽泛的类别,一种包括微观层面的条件,其余的就是宏观层面上可以观察到的因素。微观层面上的条件包括问题结构与组织资源,因为这些因素依赖于具体的议题领域以及所涉及的行为体;宏观层面上的条件与国际体系结构的大规模转型有关,也与理念和知识的兴起与扩散有关。

## 三、私人管治网络中的私人管治规则:理解森林管理委员会与环境负责的经济联盟

接下来,我们将根据上述理论观点考察两个环境政治领域的经验性

---

① Robert W. Cox, *Production, Power, and World Order*, New York: Columbia University Press, 1987; Randall D. Germain and Michael Kenny, "Engaging gramsci: International relations theory and the New Gramscians," *Review of International Studies*, 24(1), 1998, p. 6; Kees van der Pijl, "Transnational class formation and state forms," in Stephen Gill and James H. Mittelman, (Eds.), *Innovation and Transformation in International Studies*, Cambridge: Cambridge University Press, 1997.

② David L. Levy and Peter J. Newell, "Business strategy and international environmental governance: Toward a Neo-Gramscian synthesis," *Global Environmental Politics*, 2(4), 2002, p. 90.

案例。简短地讨论制度创设和规则制定之后，笔者将转向涉及企业和公民社会组织的私人规制的制度化因素。沿着第二部分所界定的四个反复出现的主题，笔者将评估制度化的条件。两个案例研究以对专家与他们的工作团队、董事会的代表、一批利益相关者的访谈，还有一些书面文件和二手资料为基础。

1. 处于危险中的环境：环境负责的经济联盟

随着所谓的瓦尔迪兹(Valdez)原则的发布，利用围绕 1989 年 3 月 24 日发生的埃克森·瓦尔迪兹(Exxon Valdez)石油泄漏事故而引发的巨大公众震怒，“环境负责的经济联盟”在 1989 年开始运作。一个社会负责的投资者集团(主要组织在社会投资论坛)与 15 个大型环境集团开始讨论使用投资者权力(利益相关者决议)反对董事会权力的可能性。“环境负责的经济联盟”背后的理念是参与企业对话以及随后对环境原则的保证，这些环境原则建立了一个对环境表现持续进步的长期集体承诺。集体环境管理的十点准则建立了“一个拥有标准的环境道德规范，通过这些规范，投资者以及其他相关人员能够评价企业的环境表现”[①]。准则十要求签约企业作出年度自我评价，这些评价以“环境负责的经济联盟”的报告为基础。通过这样的形式，能够测量所要求的走向环境责任的持续进步情况。因此，环境改善、投资风险的降低与积极的企业表现同时实现。

时至今日，超过 70 家企业已经签署了“环境负责的经济联盟”原则，包括年度报告承诺。在“环境负责的经济联盟”的签署者当中，有大型跨国公司，比如美利坚航空公司(American Airlines)、美洲银行(Bank of America)、美国可口可乐公司(Coca-Cola USA)、福特汽车公司(Ford Motor Company)、通用汽车公司(General Motors)、美国太阳石油公司(Sunoco)，还有一些中小企业，包括一些环境先驱者，比如美体小铺国际(The Body Shop International)或艾凡达(Aveda)公司。“环境负责的经济联盟”的第二支柱是由大约 90 个组织所组成的一个网络联盟，包括环境倡议集团、公共利益以及社区集团，还有一系列的投资者、分析师与金

① CERES, Life in the Edge Environment: Annual Report 2001, Boston: CERES, 2002, p. 31.

融顾问，代表了超过3000亿美元的投资资本。一个由21个表现突出的个人所组成的董事会管理"环境负责的经济联盟"。联盟的日常运作由一个执行主任监督，由位于马塞诸塞州波士顿市的16个人组成的工作团队负责运营。虽然签约公司并不直接代表"环境负责的经济联盟"董事会，但公司代表参与各种各样的委员会，这些委员会由董事会创建以发展和执行联盟的项目和计划，由于这些功能，他们定期参加联盟的董事会会议。另一个对企业产生更大影响的途径是"环境负责的经济联盟"年度大会，它把几乎所有的联盟成员与支持者集合在一起，从一个长期视角来讨论企业的环境承诺问题。正如福特汽车公司董事会主席威廉·克莱·福特(William Clay Ford)所指出的："'环境负责的经济联盟'年度大会不仅有助于建立下一世纪的议程，而且也有助于建立一种我们解决一些非常棘手的难题所需要的良好关系。"①

作为一种制度，"环境负责的经济联盟"的规制维度包括两个相关的方面：第一，各种原则为企业运行建立了一个规范框架；第二，为企业的环境报告建立了一个标准化的格式，规定了公开企业信息的形式和内容。这两个方面都取得了巨大成功。根据最初的瓦尔迪兹原则，许多企业已经发布了环境使命声明。时至今日，世界范围内超过200家企业定期发布它们的环境报告。"环境负责的经济联盟"报告形式赢得了如此重大的信用，以致它为由全球报告倡议组织(GRI)——一个由非政府组织、企业和联合国环境规划署组成的三方网络——操作的全球可持续性报告指南奠定了基础。"环境负责的经济联盟"不仅提供了具有重要影响的知识和信息，而且作为一个秘书处和组织驱动者发挥作用，直到2000年全球报告倡议组织成为一个独立的组织。

1989年4月，当一些机构的投资者和一些环境组织的代表在北加利福尼亚的坎贝尔山(Chapel Hill)集会讨论改善环境的方式以及投资的社会影响时，一大堆充满争议的问题等待去加以解决。对于社会投资者以及他们的客户而言，企业环境表现信息的匮乏对于他们开展业务来讲是

① CERES, Drawing on the Wisdom of Us All: Annual Report 2000, Boston: CERES, 2001, p. 9.

一个真正的风险。来自于企业自身的信息展示了高级的公关技巧而不是实实在在的信息，而来自于倡议集团的信息只探讨它们具体的支持者所关心的问题。这两种信息都不能服务于日益发展的社会投资集团的需求。而在此时，来自于政府的规制对此几乎毫无帮助，因为这些规制措施主要着眼于具体的物质(像1987年建立的有毒排放物清单)，而不是关于它的整体环境表现。非政府组织开始意识到针对政府的传统游说战略越来越没有效果，而与此同时，商业行为体作为环境的主要威胁已经显现。特别是1984年的博帕尔(Bhopal)农药泄漏事故造成的灾难以及1989年的埃克森·瓦尔迪兹石油泄漏事故，已经把企业的不良行为推到了公众关切的前沿。因此，在一种充满敌意的公众氛围中，企业——虽然起初并不情愿——开始寻找可靠的方式营救它们企业的品牌声誉和利益。总之，相互依赖的利益相关者、不相称的专业技能水平和信息，加之不同的观点和视角导致了一种相互对抗关系的形成，这构成了整个问题结构的特征。

经过最初的联盟成员几次会议之后，它们之间的谈判催生了1989年9月7日瓦尔迪兹原则的阐释与公开发布，这引发了大量的媒体报道和公众关注。谈判的这个早期阶段呈现了一个有趣的特征，争论并不是建立在谈判和对抗战略的基础上，而是建立在一个共同的参照框架之上，从这样一个框架出发，将来的构想能够得以发展。

两种理念——一个切合实际，另一个更富于远见——作为具有重要影响的制度模型而发挥作用。第一个理念是从美国公私行为体之间的协作中兴起的标准化财务会计制度，它受到财务会计理事会(Financial Accounting Board)的控制和监督。第二个理念对联盟成员界定一个共同行动纲领的能力产生了重大影响，就是使用股东请愿书挑战企业的行为，正如在南非种族隔离政权下营运的美国公司所应用的沙利文(Sullivan)原则所展示的情形。沙利文原则起源于1977年，那时，一个浸信会牧师(Baptist minister)莱昂·沙利文(Leon Sullivan)发布了他的行为准则，试图终结对南非黑人工人——他们受到南非国家种族隔离政策的压迫——的歧视。通过在国际业务中改进对社会负责的投资行为标准，这一举措有助于人们把关注的焦点放在南非的种族不平等问题之上。沙利文原则

甚至被认为是南非种族隔离政策终结的重要原因。财务会计制度和沙利文原则在私人管治制度化的进程中都具有十分重要的意义，因为它们创造了一个共同的参照框架，正是在这一框架下，能够把曾经对立的观点整合到一个共享实践理念之中。

为了检验企业采用这些原则以及定期报告的意愿，瓦尔迪兹原则公布不久之后，联盟成员就参与到了一个与其他企业的激烈对话之中。然而，虽然艾凡达公司在1989年11月22日就签署参加了瓦尔迪兹原则，成为了第一批签署者，但又花费了三年时间它才实现了与一些范围广泛的其他企业行为体之间合作的制度化。经过与其他企业的几轮讨论之后，对某些原则作了修正，并在1992年进行了重新命名。太阳石油公司在1993年2月成为了财富500强企业中第一批签署“环境负责的经济联盟”新原则的公司，通用汽车公司(GM)在1994年紧随其后。我们能够找到几个影响投资者、倡议集团与企业之间早期制度化进程的背景性因素。首先，环境灾难，特别是埃克森·瓦尔迪兹石油泄漏事件，促发了公众对于主要企业的环境保护行为的广泛关切；其次，刚刚开始的信息革命以及全球层面上的商业活动从根本上改变了信息的重要性，也改变了获得信息的手段和方式。正如琼·巴伐利亚(Joan Bavaria)在回忆录中追忆道的：

> 这种需求(对原则和报告)的出现，只是由于在世界各地开始的信息革命。我们意识到这是一场真正的革命，其对于我们的经济、环境和文化产生的影响，就如农业革命或工业革命所产生的影响一样深远和广泛。[①]

作为第三个背景性因素，克林顿政府对于合作方式、自愿倡议以及伙伴关系概念所给予的言辞上的以及实际上的支持似乎也发挥了作用。

当“环境负责的经济联盟”开始变得更加制度化的时候，无论是投资集团和环境组织，还是签署联盟的企业，根据联合收益和互惠原则，都并不确切知道这一进程之外的结果会是什么。这与解释合作的标准交易成本理论确实存在着明显的矛盾。这方面一个较好的例子是世界上最大的

---

① CERES, Annual Report 1997, Boston: CERES, 1998, p. 2.

汽车公司——通用汽车公司的参与。“环境负责的经济联盟”在2001年所作的一个对通用汽车公司表现的审查(涵盖了制度化合作的第一个五年)指出：

> 世界上最大的公司正在与一个相对不熟悉的、但潜在地具有重大影响的环境集团与社会负责的投资者联盟联手合作。结果是不确定的，双方都有许多怀疑论者。……在一个确实是未知的、也许相当不平坦的地形中，通用汽车公司与“环境负责的经济联盟”都希望收获潜在的利益。[①]

比对于将来获益的一个清晰认识更加重要的是在制度化进程中可获得的四个不同的组织资源：以一种对其他利益相关者有意义的方式确定问题的能力，对于解决这种问题非常必要的信息，在一个既定议题领域作出实际行动的影响，以及建构一个所有参与者都能够接受的联合解决方案的信用。社会性投资者能够解决公司的环境表现问题，因为他们并不仅仅体现社会视野，而且也体现了重大的资本利益。通过提出股东请愿书，它们使公司意识到对环境信息公开的日益增长的需求。但是，投资者需要超越党派利益的环境组织的支持，以便为公司提供声誉效益，以及使它们参与合作的必要的附加值。公司提供投资者所需要的信息，以及由非政府组织所承诺的在这样的基础上真正有所作为的设想。

总之，“环境负责的经济联盟”的案例分析证实了在适当的政府或国际回应缺乏的情况下，对特定规制框架的私人需求的重要性。一个特别的问题结构创造了来自于不同方面利益相关者群体的需求。在社会投资者大量使用股东请愿书这种情况下，看起来似乎非常重要的是，一个行为体抓住了使问题成为一个商业问题的杠杆。此外，观念对于促使不同行为体达成一个相互参照的框架作为将来行动的基础这一点似乎非常重要。虽然环境共同体最初确实拒绝了这种方式，但环境原则连同标准化的报告这样的观念提供了一个共同的参照点，把它当作一个强烈的长期视野去连接现存的各种差异。在这一案例中，宏观层面上的条件扮演了

① CERES, CERES Performance Review of General Motors Corporation, Boston: CERES, 2002, p. 5.

一个双重角色：首先，诸如埃克森·瓦尔迪兹石油泄漏灾难这样的背景性因素为私人管治的成功提供了一种额外的推动力；其次，经济领域的宏观转型把企业推到了公众关注的最前沿。该案例分析并不能够验证一种简单的权力或利益为基础的解释。似乎有相当影响的是可获得的组织资源，可以把这样的资源相互交换创造一种联合收益。虽然公司确实获得了收益，比如良好的品牌声誉，但最初合作进程的可能结果却是充满了不确定性。看起来似乎更加重要的是一种专业化活动家的存在，与芬尼莫尔(Finnemore)和辛金克(Sikkink)所讨论的规范性活动家的概念相似，他们是一种为各自的理念提供动力乐于献身的个人。这些发现表明，一种综合性的模式，把宏观和微观结构结合起来，对于理解私人管治制度的兴起，要比单一因素的论述更好。

2. 认证可持续性:森林管理委员会

1993 年，在加拿大多伦多召开了一个有关各方参加的大会，创建了森林管理委员会。26 个国家的 126 个参与方(来自各方的有关个人和代表)来自于范围相当广泛的各种组织，包括环境非政府组织、零售商、工会以及土著利益集团。虽然森林生产者、零售商以及环境与社会利益集团之间的相互磋商自从 1990 年就开始了，但是直到 1994 年，森林管理委员会的创建者之间才达成了“森林管理委员会标准和原则”，才奠定了森林管理委员会关于可持续森林的定义以及具体的实施等工作的实质性基础。森林管理委员会背后的理念是要根据一个详尽的标准来对森林管理工作进行认证。认证制度以及对有关承诺不间断的核查由一个独立的核查组织管理和操作，这个组织由森林管理委员会根据具体的规则授权运作。

“环境负责的经济联盟”是一个由联盟成员与支持企业组成的工作网络，与此正好相反，森林管理委员会是一个具有成员资格的组织。成员大会——一个由分别代表商业、社会和环境利益的三方组成的机构，管理森林管理委员会。成员大会选举一个主任董事会，代表最主要的管治结构。每一方都派遣 3 名成员到董事会，任期 3 年。董事会决定所有最重要的问题，从批准国家的代表和森林管理委员会的计划，到分配年度预算，再到批准新的标准。森林管理委员会的具体运作由位于德国波恩的森林管理委员会国际秘书处具体负责，并由董事会任命的一名执行主任监督管理。鉴于森林管理委员会的日常事务运作是国际秘书处及其执行主任的职责，一些重大的问题由主任董事会决定，成员大会只是被授权改变最基本的"标准和原则"以及森林管理委员会的重大法规。当前，在森林管理委员会的网络框架之内，包括大约600名个人和组织成员、36个国家计划和13个独立的认证组织。成员组织包括大型经济行为体，比如宜家(IKEA)、美国家得宝(The Home Depot)以及百安居(B&Q)，国家和国际环境倡议集团，比如绿色和平组织、世界自然基金会(WWF)与地球之友(Friends of the Earth)，还有一些范围广泛的社会倡议集团(包括德国的工会组织，IG Bau) 以及一些它们领域之内的土著运动。

作为一种私人管治制度，森林管理委员会确定了三种不同类型的基本标准：首先是全球森林管理标准，这构成了今天国家和地区标准发展的基础；其次是监管链标准，规定了伴随生产链各个环节的详细规则；第三，委托授权标准。这些标准由国际秘书处内部的标准和政策单位负责确定和起草，然后由主任董事会批准。时至今日，世界范围内超过4700万公顷的森林根据森林管理委员会的标准进行认证，达到森林产品贸易的5%。从1996年到2004年，森林管理委员会已经发布了4000个证书，既有森林管理方面的，也有监管链方面的。

1991年3月，木材使用者、贸易者以及社会与环境组织的代表在加利福尼亚集会讨论建立一个可靠森林管理体系的必要性，以便把管理良好的森林作为一种可接受的森林产品资源。一年后，世界自然基金会在英国与主要的零售商合作建立了英国森林和贸易网络。1993年10月，经过在10个国家(包括美国、加拿大、瑞典和秘鲁)进行的18个月的紧张磋商之后，森林管理委员会召开了第一届成员大会。对这个制度化进程起到直接影响的问题结构有几个重要的特征，通过对砍伐热带森林以及相关的社会问题(比如反对非法砍伐的亚马逊伐木工人的抗议，以及随后养牛业方面的投资迅速转移到世界热带森林方面而引发了环境退化和人类开发带来的消极后果)的媒体报道，消费者开始关注自己的消费行为对环境的影响。20世纪80年代后期，在北方国家的消费者当中，购买红木家具已经成为了一个备受批评的问题。随着一些环境组织所开展的对热带木材零售商的抵制运动，以及一些政府讨论禁止木材进口的可能性，一些企

业开始寻求新的方式保护它们利益。主要的商家很快意识到，事实上它们并不能对其原材料的来源地和质地作出令人满意的解释。这产生了一种需求，就是透明生产的标签，而在那时并不存在这样的标签。一些非政府组织对于仅仅集中于对木材产品的抵制表示不满，特别是世界自然基金会把这种抵制行为看作是一种反生产行为；相反，英国世界自然基金会组织了一次关于森林问题的研讨会，其成果是世界自然基金会"95 集团"的创建。1995 年，10 家主要的个体工商户和家具公司同意逐步淘汰购买和销售不可持续的木材和木制产品。主要利益相关者相互冲突的需求在这一点上变得日渐明显。一个竞争日趋激烈的全球木制产品市场驱动大型跨国公司作出改变，与此同时，商标品牌的声誉成为了人们关切的一个主要话题。小型森林所有者要求他们的市场份额但要维持独立性，社区依赖森林资源为社区的基础设施建设提供资金，土著居民要求承认他们的基本权利，而工人寻求保障就业和基本的劳动标准。环境组织却根据它们的理念着眼于保护并维持森林生态系统的完整性。

与此同时，达成一个关于世界森林的国际协定的持续谈判，提升了非政府组织和企业使用一种可靠的解决方案解决它们问题的预期。虽然对于森林退化和乱砍滥伐问题的首次国际回应——《国际热带木材协定》(主要着眼于热带木制产品的贸易)，在 1983 年就已经达成，但直到 20 世纪 80 年代晚期国际社会才达成这样一种共识，即有必要对森林问题寻求一种全球性解决途径。最终，正是政府间进程的失败给予了私人森林认证制度这样的理念一种额外的激发动力。对于蒂莫西·斯因诺特(Timothy Synnot)——截至 2001 年 1 月是森林管理委员会的第一任执行主任——而言，显而易见，"1992 年里约会议的失败以及达成一个具有法律约束力的森林协议的失败，为促进森林管理委员会在 1993 年的形成提供了明显的动力"[①]。弗朗西斯·沙利文(Francis Sullivan)——英国世界自然基金会成员并参与了世界自然基金会"95 集团"和森林管理委员会——认为，人们不能无所作为而等待政府的同意；相反，与其他人和公司一道

① FSC and WWF-Germany, *Forest Stewardship Council: Political Instrument, Implementation and Concrete Results for Sustainability since 1993*, Frankfurt A. M.: FSC/WWF-Germany, 2002, p. 8.

积极工作的那些人，可能会做正确的事情从而让事情取得一定的进展。[①]

虽然联合国环境与发展大会对世界森林问题并没有达成一个约束性协定，但它仍然为森林管理委员会的进展提供了重要的指导。里约会议是可持续性概念达到其最顶峰的地方。以1987年的布伦特兰报告为基础，联合国环境与发展大会达成了《21世纪议程》，作为21世纪可持续发展的蓝图。该文件呼吁各国政府为了森林资源的可持续利用，要确定合适的国家发展战略，承认非政府行为体与商业利益的决定性作用。对于德国世界自然基金会总裁彼得·普罗可施(Peter Prokosch)而言，森林管理委员会构成了"21世纪议程所构想的参与进程的典型"[②]。建立在可持续发展话语的一般性假定基础上的参与和平等代表权理念认为，环境、社会和经济利益具有同样的价值，这是不同利益相关者之间进行合作的一个重要前提条件。特别是独特的三方规制结构确保了所有利益的平等代表性，而这成为了将来谈判的早期参照点和共同基础。个别企业和组织的单独承诺对于森林管理委员会的兴起似乎发挥了决定性的作用，虽然难以具体测量其作用的大小。正如对当时森林管理委员会一些工作人员进行访谈时他们表示的那样，让森林管理委员会开始运作的特别信用应该归功于像世界自然基金会这样的个别企业和组织，正是世界自然基金会使得英国的企业拥有了化解冲突并建立伙伴关系的理念。

与"环境负责的经济联盟"的情形相类似，在森林管理委员会制度化进程中，可获得的组织化资源比交易成本的战略性降低发挥了更加重要的作用。虽然一些公司也能够使它们的成本达到最小化，例如，通过剔除中间商——通过与地方非政府组织的合作，但这是一个非计划中的结果，而不是一个作为整个公司战略一部分的清晰战略构想的结果。更具有决定作用的是以下事实：公众把非政府组织看成是一种合法的社会行为体，这样，它们就能够承担森林认证系统所需要的许多信用。此外，非政府组

---

① Jem Bendell and David F. Murphy, "Planting the Seeds of Change: Business-NGO Relations on Tropical Deforestation," in Jem Bendell (Ed.), *Terms for Endearment: Business, NGOs and Sustainable Development*, Sheffield: Greenleaf Publishing, 2000, p. 69.

② FSC and WWF-Germany, *Forest Stewardship Council: Political Instrument, Implementation and Concrete Results for Sustainability since 1993*, Frankfurt A. M.: FSC/WWF-Germany, 2002, p. 3.

织为许多与森林认证技术以及它们的生态功能方面有关的复杂问题提供专业知识。零售商需要经过认证的原材料和产品信息，这样就给森林产业造成了压力，促使森林产业的实际行为发生变化。通过促使它们自己发展新型的可持续森林产业市场，森林管理者把这当成了增加他们利润的一个机会。

总之，森林管理委员会的案例似乎证实了以下事实：一种独特的问题结构的重要价值——这种结构创造了对规制的某种需求，而一种国际协定并不能满足这种需求。随着非政府组织把木材贸易变成了一个真正的消费问题，而政府并不能达成一个约束性规制，这样，企业就会寻求新的联盟去挽救它们的核心商业利益。非政府组织并不仅仅作为企业的批评者而兴起，而且也为企业所引起的问题本身提供可能的解决方案。一种综合理念——以《布伦特兰报告》和《21 世纪议程》所涵盖的规范为基础——在整个谈判进程中作为共同的参照之点而发挥了重要作用。另外，当机会来临的时候，个别企业和组织的承诺对于合作的实现至关重要。

### 四、结论：理解世界政治中的私人管治

本章认为，当前世界政治中的私人管治现象已经超越了私人合作的一般形式，因为它不仅仅涉及相互朝着对方目标而进行的行为调整，而且有着共享的规范、原则和规则。因此，普遍认为私人管治包含了一种私人规则体系，而这主要存在于国际规制体系之外。本章进一步的分析表明，能够解释私人规则体系兴起的主要因素是一个由四种条件组成的解释模型，其中两个存在于政治结构的宏观层面上，其余两个存在于政治结构的微观层面上。以此看来，宏观体系转型，导致了潜在的或实际上的国家公共规制权力的衰落，公民社会作为一种合法可靠行为体的兴起，企业所造成的环境和社会影响日益增强，以及具有重要影响力的观念，这些都是私人管治制度化进程中的共同参照点，它们构成了宏观层面上的必要条件。而在微观层面上，问题的结构以及所涉行为体可获得的组织化资源构成了私人管治制度兴起的必要条件。

笔者认为，这两组条件是相互联系的，形成了一个私人管治制度兴起

的综合模型，因为不同的变量在系统上是相互影响、相互作用的，从而联合发挥作用造成了某种特定的结果。我们还可以进一步假定，宏观和微观层面上条件之间的相互作用为私人管治制度的兴起创造了一扇机会之窗。这样，我们就把制度化进程理解为一种动态的过程。

沿着一种对宏观—微观层面上的因素区别对待的方式分析私人管治的优势是双重的：一方面，各种因素之间系统性的互动以及具体机制的运作由此变得非常明显。例如，考虑这样的观点：公众压力能够解释联合规制系统的兴起。本章的经验性案例分析已经表明，压力是一个决定性的因素，但会通过不同的路径运作——公开精心策划的抵制方案或者较为秘密的股东请愿，这种路径依赖于问题结构与组织化资源。另一方面，通过提供一种结构性分析方法去分析私人管治，本章建构的分析模型允许对各种主要分析因素进行一种系统化处理。对分析过程中宏观和微观结构的系统化处理能够确保研究者不会忽视主要的分析因素。

通过两个案例分析，我们能够得到一些共同的发现。特别的问题结构、不同层面上的信息和知识，加之各种利益相关者之间对抗的关系，创造了一种需求，而公共规制并不能满足这种需求。创造私人管治需求的能力以及发现一种共同解决办法的能力，在于不同行为体的组织化资源。这些资源是一种规模相当宏大的宏观转型的结果。非政府组织和其他社会行为体已经作为一种被普遍接受的公共行为体的纠正物而兴起；与此同时，企业既造成了更大的环境影响也赢得了更大的公众知名度。在这种情况下，观念能够帮助我们整合这些资源（公民社会压力、公众的认可以及环境影响），形成一个综合的解决方案。简言之，当公共供给不能充分满足私人的规制需求（作为战略环境和宏观体系转型的结果）时，一种宽泛的、包容性的观念能够有助于整合这些资源，而这些资源能够相互交换去解决涉及多方利益的问题。

总之，一种综合性的模型——把政治结构宏观和微观层面上的因素结合起来——已经被证实对于私人管治的分析大有裨益。因为通过这种方法可以注意到运用单因素分析方法无法观察到的不同条件之间多种多样的相互连接。首先，宏观层面上的转型与为组织行为体所提供的新兴资源之间的关系催生了新的战略选择。其次，资源与问题结构之间的关

系，说明各个行为体构建问题的能力应该居于首位。最后，要关注的是宏观层面上兴起和扩散的观念与随后在实际谈判中相互竞争的各种观点的相互整合及二者之间的关系。

（菲利普·帕特伯格）

# 第十六章　国际河流流域管理的成败:南部非洲的案例

[**内容提要**]由于集中了15条国际河流并受水资源短缺的影响,南部非洲通常被认为是一个水资源政治的热点地区,易于发生跨边界水资源争夺战。本章不同意这种广泛传播的“水战争假定”,而是讨论了四种精心挑选的地区水资源合作情形,并追问这些创议是否以及怎样为跨边界水资源问题的解决提供了某种指导。在何种程度上现存国际河流流域管理体系在解决促使它们创建的那些问题方面是成功的?对于国际河流的管理,成功和失败的路径分别是什么?根据体制理论,通过对以下因素复杂的相互作用的分析,作者提出了一个能够解释国际水资源管治体制成功的分析框架:(1)问题因素——不同问题的动力结构以及根本的问题压力;(2)进程因素——平衡动力结构和减少交易成本的政治工具;(3)制度因素——制度体制的设计;(4)具体国家的因素——河流流经国家的政治、经济社会和认知状况;(5)国际背景因素——河流流经国家与第三方支持国家之间的政治背景。本章的经验性发现为国际河流流域管理的成功提供了一些有价值的理念。主要对问题、进程与制度因素的假定作用进行证实的同时,作者尤其对具体的国家因素与背景性因素的整合特别感兴趣:国家的能力缺乏、政治不稳定以及紧张的双边关系与本章所分析问题的高度相关性表明,对国际河流流域管理成败的深入讨论要求对这些影响因素采取一种更加系统的考量。

## 一、国际河流流域管理的挑战

世界上几乎所有的大型河流都是穿越国界的。根据最近的统计，世界上有263条国际河流流域[①]，相当于全球淡水资源的60%，覆盖了世界陆地面积的45.3%，涉及全球人口的40%。这些国际河流的利用导致了河岸周边的国家之间大量的问题和冲突，包括关于水量、污染、大坝计划、洪水预防或者航运等问题的争端。这些冲突绝大多数源自于国际河流的上下游结构。虽然绝大多数与水相关的冲突都是由上游的抽取或污染损害了下游对水资源的使用而引发的，但是，下游的行动也能够导致冲突，因为它们也可以通过河道入海对上游行为体设置障碍。

解决与水资源相关的冲突，人们一般借助两种方式：一种是国际水资源法律的一般性原则，通过这些原则，水资源冲突的受害者也许可以寻求补偿。但不幸的是，这种"垂直"的水资源法本质上是一种"软法"，它对于跨边界水资源冲突的解决几乎没有指导作用。[②] 在这种背景下，本章对两个或两个以上沿岸国家之间的国际水资源管理主要着眼于一种"水平"的方式，这种方式对于跨边界水资源冲突的解决似乎具有更大的潜力。沿着国际水运航道的水平合作无处不在。世界粮农组织(FAO)统计过，在公元805～1984年间，共达成3600个国际水资源条约。[③] 如果我们排除

---

① 河流流域或集水区被界定为有一个共同的入海口，或是河流流入海洋的地点或是河流注入一个内陆三角洲的地点。

② 《联合国国际非航行水道使用法律公约》(The UN Convention on the Law of the Non-Navigational Uses of International Watercourses)花费了27年去确立、建立一系列国际水资源合作原则，但它既没有生效也没有对跨界水资源冲突问题的解决提供清晰指导(Heather L. Beach, Jesse Hammer, J. Joseph Hewitt, Edy Kaufman, Anja Kurki, Joe A. Oppenheimer, Aaron T. Wolf, *Transboundary freshwater dispute resolution: Theory, Practice and Annotated References*, Tokyo-New York-aris: United Nations University Press, 2000, p. 9)。在诸多问题中，它通过呼吁"合理公平地使用"和"不造成明显损害的义务"，而使内在的上下游冲突问题达到制度化。这两个原则使在国际水道设定方面隐含着冲突：上游沿岸国家所倡导的是，强调两个原则之中的"合理公平地使用"，因为这给予当前需求与过去需求一样重要的地位。相比之下，下游沿岸国家却主要强调"不造成重大的损害"，这可以有效地保护在河流主干道的较低地区的现有使用(Aaron T. Wolf, "Conflict and cooperation along international waterways," *Water Policy*, 1(2), 1998, pp. 251-265, http://www.transboundarywaters.orst.edu/publications/conflict_coop/, accessed on 14 September 2005)。

③ Aaron T. Wolf, "International water conflict resolution: Lessons from comparative analysis," *Water Resources Development*, 13(3), 1997, pp. 333-356.

了大量的关于航运问题的条约，仍有400多个关于国际河流的不同条约。[①]

根据问题的主题以及合作的程度，这些条约可以分成各种各样的类型。它们中很大一部分是功能性的，这意味着，它们采用的方式主要着眼于解决河流流域的具体问题。合作的功能形式包括：(1)对一些联合开发项目发展的管理，比如水坝计划或洪水防治。这种合作类型仍旧占据主导地位，它反映了传统的、以基础设施建设为导向的发展范式(例如，塞内加尔的里奥格兰德)。(2)关于水资源分配的协议，包括大多数干旱或半干旱地区滨河国家之间的具体水量分配(例如，因科马蒂的咸海)。(3)功能性合作的形式，包括关于水污染问题的协议。自从20世纪60年代末，这类协议的数量越来越多(例如，蒂华纳的莱茵河)。(4)国际河流流域管理的综合方式，这种方式主要着眼于把河流作为一个整体，并通过一种综合性整体政策设法解决现有的水文、生态以及经济社会问题。这种综合性方式已经得到国际组织、非政府组织以及一些科学家的广泛的认可和推广，但却苦于迄今为止实际应用非常有限。

南部非洲一定是世界上国际水资源领域最令人关注的地区，因为很少有其他地区能够与之相比。由于该地区水资源相对短缺[②]，在南部非洲发展共同体(SADC)的15条国际河流经常被包括在世界水政治的热点当中，仅次于干旱和充满敌意的中东地区。南部非洲水资源的短缺首先是一个供应不足的问题，因为由于气候和极端天气的缘故，水资源的可获得

---

① Aaron T. Wolf, Shira B. Yoffe, Mark Giordano, "International waters: Identifying basins at risk," *Water Policy*, 5(1), 2003, pp. 29-60.

② 最近对南部非洲的统计表明，许多地方河流水资源已经短缺，每年人均可获得水资源只有1000m³或更少。"到2005年，基于可再生供应和人口统计数据，预期马拉维和南非将面临绝对的水资源短缺，莱索托、毛里求斯、坦桑尼亚、津巴布韦将会水资源供应紧张；而安哥拉、博茨瓦纳、刚果民主共和国、莫桑比克、斯威士兰和赞比亚都可能遭遇在干旱季节水质量和可利用问题。"(Rafik Hirji, Heather Mackay and Paul Maro, *Defining and mainstreaming environmental sustainability in Water Resources Management in Southern Africa — A Summary*, Maseru-Harare-Washington DC: SADC-IUCN-SARDC-World Bank, 2002, p. 7)目前，水资源存在不可否认的短缺，但所有国家在解决水资源短缺方面是存在问题的，因为水资源短缺是一个复杂的、每个地区面临的情况都不同的问题——这是南部非洲当前和未来水危机的一个令人印象深刻的迹象。

性水平是极不稳定的。[①] 但是,水资源短缺也是一个需求诱导的问题,因为——其他情形均相同——一方面由于工业或农业的日益发展,另一方面也由于平均每年超过3%的人口增长,人均可获得水资源的比例趋向于逐渐减少。最后,南部非洲水资源短缺问题还有一个结构性方面的原因:殖民主义和后殖民主义的居住政策,导致可用的水资源极不公平地被分配,而且绝大多数水源位于城市以外的遥远地区。总而言之,水资源相对短缺,极端不稳定,绝大多数位于国际河流流域。这样就使国际河流流域对于整个地区的发展至关重要。

另外,现在南部非洲在水资源条约的谈判和执行联合管理方面,比其他任何地区(除了欧盟)都更有经验。虽然南部非洲国际河流流域的一些管理体系可以追溯到殖民主义时代,但是,该地区24个国际水资源条约中的绝大多数是从20世纪80年代中期才开始谈判。由于南部非洲的水危机,国际河流管理的现有努力极端重要。这就是为什么笔者追问,这些计划对于解决沿着国际水运航道而出现的这些跨边界问题是否以及怎样提供了指导意义。在什么样的程度上,现有的国际河流流域管理体系对于解决那些促使它们创建的问题是成功的?对于国际河流的管理,成功和失败的路径是什么?

## 二、理论和方法论框架

国际河流流域管理问题迄今大都是以一种描述性的、并不系统的方式进行讨论。下面的研究框架主要是为了发展一个更加系统的、理论指导下的比较研究方式。紧接着是一个方法论的考虑,即如何把这个研究框架应用到地区案例研究中。

① 该地区的气候特点是惊人的蒸发率、过去几年降水方面的极端变化以及频发的洪水和干旱[Munyaradzi Chenje and Phyllis Johnson (Eds.), *Water in Southern Africa*, Maseru-Harare: SADC-UCN-SARDC, 1996]。这种极端天气在气候变化的背景下预期会继续加剧,这会使该地区的北部和东部相对较湿(刚果民主共和国、安哥拉和赞比亚),而南部和西部地区将会有更少的降雨量(纳米比亚、博茨瓦纳、南非、津巴布韦)。

1. 研究框架

为了解释国际河流流域管理的成功与失败，笔者利用了国际体制理论。[①] 把关于国际河流的条约概括为一种水资源管治体制（water regimes），把其界定为一些以规范和规则为基础的为了以政治方式解决国际河流管理领域中的问题和冲突而进行的合作。这些水资源管治体制成功的条件涉及两个相互关联的、但在分析上可以分开的问题：(1)在什么样的条件下，那些沿岸国家准备建立一些制度以便解决跨边界问题？(2)这些制度有效性的决定性因素是什么？因此，接下来主要集中论述（水）体制形成的决定因素，以及（水）体制的有效性这两个因变量。

体制形成的概念几乎是不证自明的。当沿岸国家参与到以规范和规则为基础的为了以政治方式解决国际河流管理领域中的问题和冲突而进行的合作中的时候，一个水资源管治体制就形成了。而体制有效性的概念比较麻烦。有效性最直观有趣的理解聚集在这样一点上，即在何种程度上一个体制消除或减缓了那些促使其创建的问题。然而，这种"问题解决途径"是一种误导，因为在一个体制所产生的影响与一个既定问题的现状这两者之间建立一种因果关系通常是非常困难的。[②] 在这种背景下，笔者用体制有效性的政治解释方法来补充这种"问题解决途径"，也就是，主要着眼于行为的变化来判断体制的有效性：体制的有效性成了这样一个问题，即在何种程度上水资源管治体制引起了相关行为体的行为变化，从而引起了对各自问题管理的改进。

但是，决定水资源管治体制形成及其有效性的变量——自变量——有哪些？利用体制理论，特别是弗兰克·马尔蒂（Frank Marty）[③]所做的工作——他从一个社会科学的视角出发进行分析，并且是极少数几个对

---

① 国际机制是一系列隐含的或明确的原则、规范、规则和决策程序，围绕它们，在一个既定的国际关系领域，行为体的预期汇聚在一起（Stephen D. Krasner, *International Regimes*, Ithaca: Cornell University Press, 1983, p. 2）。

② 环境问题通常会引出多种解决举措，它们会对问题产生一种影响，但是并不必然地与一个相关环境机制的存在联系在一起（Oran R. Young (Ed.), *The Effectiveness of International Environmental Regimes: Causal Connections and Behavioural Mechanisms*, Cambridge, MA: MIT Press, 1999, p. 5）。

③ Frank Marty, *Managing International Rivers: Problems, Politics and Institutions*, Bern: Peter Lang, 2001.

国际河流流域管理具有指导意义的理论分析，本章区分了五组自变量：问题因素、进程因素、制度因素、具体国家的因素以及国际背景因素。

问题因素：

人们直觉地假定，国际河流流域管理问题并不像其他问题一样容易解决。一般而言，人们能够对跨边界外部性问题与集体行动难题进行区分。[①] 由于国际河流的"上下游结构"，绝大多数此类问题都与跨边界外部性有关。当上游国家向下游国家强加了某种管理成本，而对由此造成的损害却没有补偿，这时就产生了负外部性问题（例如，抽取或污染上游水的情形）。而另一方面，正外部性——比如当一个沿岸国家提供了某种公共物品却没有收到对它努力的全部补偿（例如，对上游洪水的控制）——却很少出现。国际河流流域管理的其他问题具有集体行动难题的实质（例如，洪水或共同开发项目）。这些问题之所以是集体行动难题，是因为它们给所有受影响的国家都强加了某种（或多或少同样的）成本——跨边界洪水问题中的直接成本，对开发不足的河流进行开发的发展潜力的机会成本。与跨边界外部性相关的问题和集体行动难题在相关行为体的基本激励结构方面有着根本性区别的是：在集体行动难题中，激励趋向于对称性，而跨边界外部性问题通常是以非对称性的激励结构为特征。这就是为什么我们有理由相信，与跨边界外部性相关的问题要比集体行动难题更加难以解决。

超越激励结构，国际河流流域管理问题会根据所涉及的问题压力——也就是对一个既定问题的人们所感知到的透明度——的程度不同而千变万化。例如，2025 年之前，一再发生的洪水要比水资源短缺的威胁面临着更大的问题压力，因此也应该导致更大的政治压力去解决既定的问题。

假设 1：问题因素——基本的激励结构和问题压力——影响了水资源管治体制形成的可能性：虽然集体行动难题有助于水资源管治体制的形成，但在跨边界外部性问题的情形下，后者将会更难实现。

---

① Frank Marty, *Managing International Rivers: Problems, Politics and Institutions*, Bern: Peter Lang, 2001, pp. 35-36.

面临的问题压力越大，有效水资源管治体制创建的可能性也就越大。

进程因素：

当体制理论超越了20世纪80年代初纯粹的功能性逻辑继续前行的时候，体制分析逐渐意识到激励结构并不完全决定体制形成的可能性——“体制分析中出现了一种转向进程分析的趋势”①。这就是为什么我们有理由去着眼于对政治工具的分析，这样的政治工具有助于使既定的利益结构发生转型，并因此促进在水资源问题上的国际合作。我们可以把这些“进程因素”划分为以下两种：平衡激励结构的体制以及降低体制形成交易成本的措施。

平衡激励结构的机制有助于解决与跨边界外部性相关的问题。平衡激励结构涉及新的或额外激励的供给。例如，必须让试图将成本转嫁到外部(成本外部化)的一方有这样一种预期：它继续那种行为将会受到惩罚。新激励的供给通常以直接或间接成本的形式出现。直接成本激励包括一方预期从一个具体的议题领域要实施的管理中获得实惠(例如，副作用支付)，而间接成本激励指的是各种形式的问题连接，也就是承诺在一个特定议题领域一种利益攸关的威胁(例如，制裁)以外的成本或收益。另外，一般而言，水资源管治体制的形成要求确立降低预期的体制形成交易成本的措施。在此，人们能够在信息成本与谈判成本之间作出区分。信息成本与以下方面的不确定性相关：(1)各种问题的实质；(2)其他博弈方和(或)第三方行为体的行为。而谈判成本主要是源自于各方之间的相互沟通、分散的决策程序或所涉行为体数量众多而产生的成本。既能够使信息成本也能够使谈判成本达到最小化的政治工具是多种多样的，包括技术层面上建立信任的会议、数据的相互交换或者独立专家的参与。

假设2：不对称的激励和交易成本是体制形成的重要障碍。国际水资源管治体制的创建要求发展以下政治工具：(1)通过直接或间接的成本激励，平衡不对称的利益；(2)使基本的信息和谈判成本最小化。

---

① Olav Schram Stoke, “Regimes as governance systems,” in Oran R. Young (Ed.), *Global Governance: Drawing Insights from the Environmental Experience*, Cambridge, MA: MIT Press, 1997, p.58.

制度因素：

问题和进程因素决定了体制形成的可能性。但是，决定国际水资源管治体制有效性的因素是什么？绝大多数学者假定一个体制的制度设计与其有效性之间存在一种因果关系——制度设计事关重大。① 笔者再次利用马尔蒂的理论，假定成功的水资源管治体制必须是具体的、可行的、灵活的、开放的，并配备了一个集权型的组织结构。

具体的体制是以问题为导向的，包含精确的规则和程序，为了实现对所要解决问题的更好管理，而去安排相关行为体的行为。如果缺少了这些精确的规则和程序，体制的解释范围及其有效性势必受到影响。可行的体制根据可获得的金融和人力资源来选择它们的目标：如果体制的具体目标不考虑现有的资源，那么，能够预期体制的有效性将会降低。解决与国际河流流域管理相关的问题的资源通常是有限的，鉴于这一事实，我们有理由假定，如果水资源管治体制的目标限定在一定的范围之内，它将更加有效。灵活的体制包括制度性体制可以适应问题结构的变化。由于既有的解决问题的战略可能不足以应付不断变化的外部环境，灵活性的缺乏可能导致体制有效性的降低。此外，有效的水资源管治体制也需要一种集权型的组织结构。在这种情况下，一个核心行为体——通常是一个国际组织——践行体制的功能。这种组织能够有助于协调、沟通和监督，并使体制更加有效。开放的体制允许高水平的公众参与。如果非国家行为体参与到决策进程，不仅能够增加可获得的知识，也能够增强体制的合法性，从而促进它的有效性。

假设 3：水资源管治体制的有效性由于其制度设计不同而不同：其制度设计越具体、可行、灵活和开放，其组织结构的中央集权程度越高，其有效性也越高。

① Edith Brown-Weiss and Harold K Jacobson (Eds.), *Engaging Countries: Strengthening Compliance with International Environmental Accords*, Cambridge Mass.: MIT Press, 1998; David G. Victor, Kai Raustiala, Eugene Skolnikoff (Eds.), *The Implementation and Effectiveness of International Environmental Commitments: Theory and Practice*, Cambridge, MA: MIT Press, 1998; Ronald B. Mitchell, "Of course international institutions matter: But when and how?" Paper for the 2001 Berlin Conference on the Human Dimensions of Global Environmental Change "Global Environmental Change and the Nation State," Berlin, 7-8 December, 2001.

具体国家的因素：

国际体制有效性的决定因素并不局限于制度的设计，也包括具体国家的特征。后者包括体制成员国的那些具体特征，它们影响了体制的实施，因此也影响了各自体制的成功。尽管把具体国家的因素整合到一个分析框架之中存在明显的困难——这些因素包括从认知信息的能力、政治制度的属性、经济技术背景，到政治文化与领导者个人，笔者仍试图系统考虑它们的影响。

这其中最为重要的概念是能力：体制成员国的以下能力存在差异：贯彻实施已经达成的标准和(或)迫使相关国家行为体的行为发生改变。在这种背景下，环境体制有效性方面的亏空在相当程度上可以归结为国家执行能力的不足。但是，决定水资源管治体制有效性的国家能力到底是什么？

首先，笔者认为，体制成员国的经济技术能力是一个重要的影响因素。直观的假设认为，成员国的社会经济形势将会影响一个体制的前景：国家之间的经济发展水平差别很大，这导致在行动范围上的很大差异，特别是在发达国家和发展中国家之间。更具体地讲，笔者主要考察国家水资源部门的经济技术能力。如果一个国家并没有拥有以下足够的资源，那么，水资源管治体制的有效性就可能受到影响：(1)规划和管理国际水利项目的金融和管理资源；(2)生成数据和实施项目的技术能力。其次，我们有理由考虑政治制度能力的影响。鉴于本章不可能考虑不同政治系统和体制类型的影响，笔者主要把分析限定于政治稳定性的作用。如果一个体制成员国具有高度的政治稳定性，那么它也将有一个高水平的水资源管治体制的有效性。

> 假设 4：水资源管治体制的有效性因具体国家的因素不同而不同：成员国家的经济技术能力和政治制度能力越高，水资源管治体制的有效性也越高。

国际背景因素：

国际体制的有效性除了受到具体国家因素的影响之外，还受到与国际背景相关因素的影响。在此，笔者首先需要考虑体制成员国之间的双边关系，这种关系源自于历史上的和当前的互动、相互沟通的模式以及相

互之间的信任程度。双边关系的状况通过成员国之间存在或不存在外交政策冲突来判断。如果双边关系由于历史上的或当前的政策冲突而紧张，那么，水资源管治体制的实施与(或)进一步的发展将不存在信任基础，从而其有效性必定受到影响。

此外，国际体制的有效性也由于国际组织的影响而有所变化。这种影响通过多种渠道得以产生：国际组织提供金融资源，提供它们的技术和认知方面的专业知识，并作为冲突双方的“中立”调停者而展开行动。即使这些行动本身并不是积极的，我们也仍然有理由假定：国际组织的支持提升了水资源管治体制的有效性，特别是对于金融、技术和认知资源特别匮乏的发展中国家而言，更是如此。国际体制的有效性受到非国家行为体行动网络(包括国际非政府组织、地方利益集团、记者、政策专家或学术界)的影响。这些网络促进了关于所要解决问题的知识的发展与传播，发起了政治运动，因此激发了公众的讨论，对各自体制的发展产生了影响，从而增强了它的有效性。

> 假设5：水资源管治体制有赖于它的国际背景。如果出现以下情形，水资源管治体制的有效性也会越高：(1)体制成员国之间的双边关系越好；(2)国际组织的支持度越高；(3)非国家行为体网络的支持度越高。

2. 方法论考虑

为了测试前文提出的研究框架，笔者作了量化的案例研究，这些案例研究以结构和焦点比较为基础，根据理论推理变量，每一个案例研究都确定了数据要求并使之达到标准化。随后，笔者进行了进程追踪，即聚焦于以下一点：“假定的原因与观察到的结果之间的干预变量是否如理论所预测的那样发挥作用。”[①]由于研究设计的不确定性——笔者要作出比观察到的结果更多的推论——笔者不能确定明确的因果关系。然而，这种明显的缺点是由于一个特意作出的决定：笔者把这个研究框架看成了一种工具和手段，目的在于使决定水资源管治体制有效性的最重要因素达到

---

① Andrew Bennett, “Case study methods: Design, use, and comparative advantages,” in Detlef F. Sprinz, Yael Wolinsky-Nahmias (Eds.), *Models, Numbers, and Cases, Methods for Studying International Relations*, Ann Arbor: University of Michigan Press, 2004, p. 22.

系统化，而不是一种经验归纳。

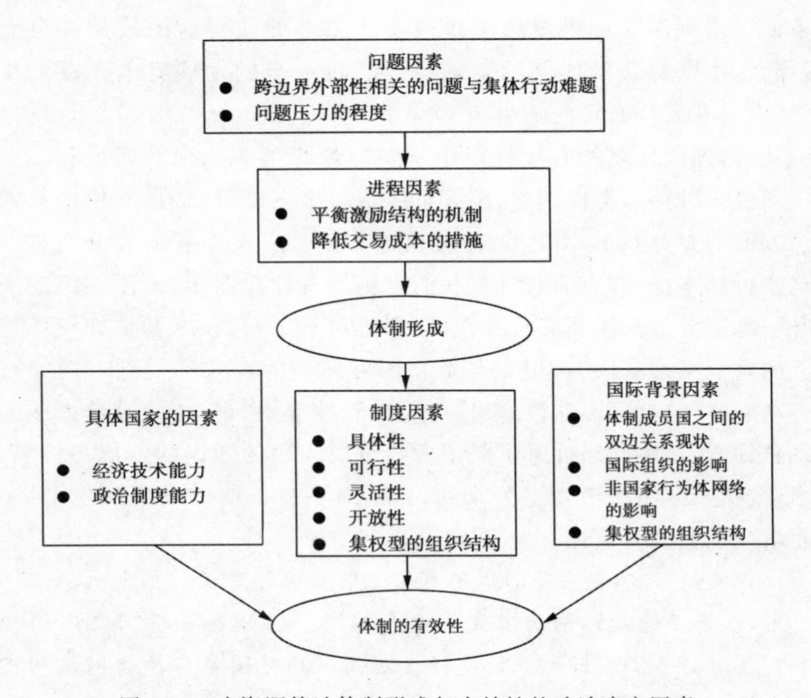


图 16-1 水资源管治体制形成与有效性的政治决定因素

关于案例的选择，确保解释变量的多样性是必要的，但同时要允许因变量方面至少也可以有一些变化的可能性。以这些标准为基础，笔者选择了南部非洲水资源管治体制的四个案例：(1)奥卡万戈河流域常设水资源委员会(the Permanent Water Commission on the Okavango River Basin，OKACOM)；(2)赞比西行动计划(Zambezi Action Plan，ZACPLAN)；(3)赞比西河流管理局(Zambezi River Authority，ZRA)；(4)莱索托高地水资源规划项目(Lesotho Highlands Water Project，LHWP)。

这四个案例的研究发现是建立在对原始资料和二手资料分析审核的基础之上的。另外的数据是通过对该地区部分水利专家的电话采访以及与他们的电子邮件交流和沟通而收集起来的，对于本章的研究而言，这也是必要的和可能做到的。

## 三、经验性发现

在这部分，笔者首先评估了四个水资源管治体制的有效性，然后，继续确定水资源管治体制形成及其有效性的政治决定因素。

1. 评估水资源管治体制的有效性

本章所调查的第一个水资源管治体制是奥卡万戈河流域常设水资源委员会。奥卡万戈河发源于安哥拉，流经纳米比亚，然后在博茨瓦纳注入奥卡万戈三角洲。虽然迄今为止奥卡万戈河几乎还未被开发利用，但自从 20 世纪 90 年代初开始，日益增长的供水需求已经引发了越来越多的水资源利用计划，并由此激起了三个沿岸国家之间的紧张关系。在这种情况下，这些沿岸国家为了对共同水资源的保护、开发和利用，在 1994 年创建了奥卡万戈河流域常设水资源委员会。从那以后，奥卡万戈河流域常设水资源委员会已成功地使潜在的冲突实现了制度化控制，在政治层面上引发了持续的对话，并组织实施了一个跨边界诊断性分析。虽然我们可以观察到这三个沿岸国家的一些行为已经发生了变化，但它们仍然主要关心其自身的国家利益和主权，一个河流流域范围内的政治愿景还远未实现。因此，尽管奥卡万戈河流域常设水资源委员会也取得了一些重大成就，其改善的潜力也不可否认，但是，其有效性仍然相当有限。

沿着赞比西河的状况甚至更加困难。由安哥拉、赞比亚、津巴布韦、纳米比亚、博茨瓦纳、马拉维、坦桑尼亚和莫桑比克共同拥有的赞比西河是该地区最大的河流，对于这 8 个沿岸国家而言，它是“一条名副其实的生命和发展的大动脉”[①]。虽然一般而言，赞比西河的水量是非常丰富的，但极端天气的频发加之人口的持续增长，已经给水资源的可获得性造成了越来越大的压力。早在 1987 年，赞比西河沿岸国家就已经达成了一个赞比西行动计划，目的在于对赞比西河流域进行一种环境友好的管理。全面的行动计划由 19 个子项目和设想构成，另外还发展了一套地区水资源法，创建了一个共同的监督系统，精心设计了一个对整个河流流域进行

① Frederik Söderbaum, “The political economy of regionalism in Southern Africa,” PhD Dissertation, Gothenburg University, Department of Peace and Development Research, 2002, p. 118.

综合性管理的计划。[1] 然而，“赞比西行动计划并没有发挥一个具有重要影响力的火车头的功能，以便促进对赞比西河流域进行一种环境友好的管理，在某种程度上达到它最初创建时候的行动目标”[2]。这个雄心勃勃的水资源管治体制的实施被严重耽搁，只有两个次级项目达到了较为理想的效果。赞比西行动计划创建后几乎要延至20年，一个综合性的河流流域范围内的管理计划仍旧是一个遥远的构想，而这个河流流域仍是“一个不同国家之间利益斗争与冲突的舞台，其中，各个沿岸国家发展各种各样的政策和计划，而这些政策和计划通常并不相互协调和兼容”[3]。由于并没有观察到国家行为的变化，所以，赞比西行动计划可以说是无效的。

虽然赞比西行动计划迄今为止是失败的，但赞比亚和津巴布韦之间对赞比西河进行国际管理的双边努力已经被证明是非常成功的。面对第二次世界大战之后的电力短缺，南北罗得西亚(Rhodesia)感觉到迫切需要对共同水资源的协调管理，这种需要催生了1955～1976年间规模巨大的卡里巴大坝(Kariba Dam)的建设。1963年，这个邦联终结之后，这两个国家创建了中非电力公司(CAPCO)，允许卡里巴大坝继续运作。1987年，赞比亚和津巴布韦决定用赞比西河管理局取代中非电力公司，“以便为了两国经济、工业和社会的发展，从赞比西河的水利资源所提供的自然优势中获得最大可能的利益，并为了能源生产和任何有利于两国的其他目的，改善和加强水资源的开发利用”[4]。赞比西河管理局仍着眼于卡里巴大坝的运作，但已经扩展到了另外的河流开发项目以及为应对日益严重的水污染而实施的环境保护措施。在其有限的授权范围之内，该水资源管治

---

① ZACPLAN Treaty, “Agreement on the action plan for the environmentally sound management of the common Zambesi River System,” 1987, http://ocid. nacse. org/qml/research/tfdd/toTFDDdocs/177ENG. htm, accessed on 17 April 2004.

② Mikiyasu Nakayama, “Politics behind the Zambezi Action Plan,” *Water Policy*, 1(4), 1999, p. 398.

③ Tabeth M. Chiuta, “Shared water resources and conflicts: The case of the Zambezi River,” in Daniel Tevera and Sam Moyo (Eds.), *Environmental Security in Southern Africa*, Harare: SAPES Books, 2000, p. 153.

④ ZRA Treaty, “Agreement between the Republic of Zimbabwe and the Republic of Zambia concerning the utilization of the Zambesi River,” 1987, http://ocid. nacse. org/qml/ research/tfdd/toTFDDdocs/178ENG. htm, accessed on 17 April 2004.

体制可以说是相对有效的。赞比西河管理局“作为一个运作和保护组织，很好地发挥了它的作用”[①]，并且，最近通过一个环境监督规划（EMP），很好地开展了环境能力建设。但也存在消极的一面，该水资源管治体制并没有成功地规划和实施另外的水利开发项目。这表明，赞比西河管理局“可以被看作是一个单一任务的体制，在很小的范围内，它的功能溢出到了更广泛的合作领域”[②]。

莱索托高地水资源规划项目位于奥兰奇河（Orange River）流域，该河由莱索托、南非、博茨瓦纳和纳米比亚共同拥有。该河流流域的上游部分由两个根本不同的沿岸国家共享：多山的莱索托王国（一个欠发达国家，但水资源相对丰富）和南非（地区政治经济巨人，但受困于日益严重的水资源短缺——特别是在高腾地区，该地区占南非总人口的40%并创造其国家总财富的一半）。在这种背景下，自从20世纪50年代后期，南非就试图从莱索托高地水资源丰富的什库河（Senqu River）调水到高腾地区的瓦尔河（Vaal River），该项目随着1986年南非和莱索托之间的莱索托高地水资源规划项目的签署而开始实施。莱索托高地水资源规划项目的目的在于通过调水工程加强对什库河的开发利用，截至2020年，该项目共分为四个阶段，到时每秒可把70立方米的水调到南非，并利用所转移的水在莱索托进行水力发电，该水电项目也会以税收的形式得到金融补偿。[③] 莱索托高地水资源规划项目的1a和1b阶段已经成功地实施，建立了一个复杂的大坝和隧道运送系统，当前每秒可转移29立方米什库河的水到南非。该规划项目对于这两个国家而言创造了一个“双赢游戏”，否

① Robert Rangeley, Bocar M. Thiam, Randolph A. Andersen and Colin A. Lyle, “International River Basin Organizations in Sub-Saharan Africa,” Technical Paper, No. 250, Washington, D.C.: World Bank, 1994, p. 42.

② Ammon Mutembwa, “Water and the potential for resource conflicts in Southern Africa,” Occasional Paper No. 3, Global Security Fellows Initiative, University of Cambridge, 1998, http://www.dartmouth.edu/~gsfi/gsfiweb/htmls/papers/text3.htm, accessed on 17 April 2004.

③ LHWP Treaty, “Treaty on the Lesotho Highlands Water Project between the government of the Republic of South Africa and the government of the Kingdom of Lesotho,” 1986, http://ocid.nacse.org/qml/research/tfdd/toTFDDdocs/164ENG.htm, accessed on 17 April 2004.

则它们都是受损者。[①] 从这个意义上讲，可以把它看作为一个高效的体制。南非获得了成本合理的水资源以支持其经济增长，与此同时，莱索托既从税收也从水电工程中获益，从而加速了其发展进程。

2. 水资源管治体制形成和有效性的政治决定因素

我们如何解释这些不同层面上的水资源管治体制的有效性？首先，案例研究表明，基本的激励结构确实影响了水资源管治体制形成的可能性。在奥卡万戈河流域常设水资源委员会和赞比西行动计划的案例中，——这两个案例都以受到跨边界外部性的威胁为特征——最初的利益结构证明存在着合作的障碍，而在赞比西河管理局的案例——一个集体行动难题——中有一个相对对称的激励结构，而这种结构明显地促进了一个围绕卡里巴大坝的水资源管治体制的建立。然而，我们也不应该夸大激励结构的重要性，这种结构并不完全决定体制形成的可能性，而只是作为一个既定存在的最初形势的标示。这种形势在谈判进程中可以得以转化：正如在莱索托高地水资源规划项目的案例中所看到的，最初不对称的激励结构能够被转化成一种"双赢状态"。另外，对赞比西河管理局案例的更详尽观察发现合作伙伴的激励结构几乎从来就没有完全对称的，即使两个沿岸国家都受到同一问题的影响——赞比西河管理局案例中的电力短缺，但它们受影响的程度或它们偏好的解决手段也可能是不同的，这就阻碍了水资源管治体制的形成。

此外，经验性发现证实了问题压力的程度是一个相关的影响因素。正如赞比西行动计划的案例清楚展示的，问题压力的缺乏可能阻止影响深远的水资源合作：

> 在赞比西不存在一个真正的问题。赞比西拥有如此多的水，而其被利用的却如此少，不存在真正的威胁。如果你想的话，你可以制造威胁，但没有人对此感兴趣。[2004年8月17日对皮亚特·海恩斯(Piet Heyns)的采访]

而另一方面，在赞比西河管理局和莱索托高地水资源规划项目的案

① Alan H. Conley, Peter H. van Niekerk, "Sustainable management of international waters: The Orange River case," *Water Policy*, 2(1-2), 2000, p. 137.

例中,较高的问题压力与可观察的电力或水资源短缺问题相连接,这促进了更加全面的综合性解决问题体制的创建。这些发现表明,为了促进国际河流流域的管理而制定的与所界定的问题并不关联的过于积极超前的计划,可能导致敷衍了事的解决与执行赤字的产生。

关于进程因素,笔者已经预期到,非对称的激励结构将会被直接或间接的成本激励所平衡,而这些都为水资源管治体制的形成铺平了道路。但只有莱索托高地水资源规划项目的案例证实了这一假设,在该案例中,当南非提供税收补偿以及水电供应作为回报的时候,莱索托同意了水资源的调转。而在奥卡万戈河流域常设水资源委员会和赞比西行动计划的案例中,沿岸国家创建了相当弱的解决问题体制,这些体制并没有触及到激励结构。这是由于较低的问题压力(对于赞比西行动计划),也由于水文数据的缺乏而导致较高的交易成本(特别是对于奥卡万戈河流域常设水资源委员会)。另外,因为在莱索托高地水资源规划项目中,花费了几十年的时间去平衡激励结构,人们也必须考虑时间问题。

笔者已经假定,水资源管治体制的创建要求使用政治工具去降低体制形成过程的交易成本,该假定被调查中的所有案例所证实。信息成本通常通过共享的(可行性)研究而降低,这些研究产生了新的信息并建立了一个共同的知识基础。同时,所偏好的降低谈判成本的战略包括利用"独立"专家,还有技术层面上的建立信任的会议。不过,非常值得指出的是,所有四个被调查的水资源管治体制的信息,在很大程度上都受到了"情势性"政治事件的促进:奥卡万戈河流域常设水资源委员会案例中的"后种族隔离民主时刻"、赞比西行动计划案例中的第一届非洲环境部长会议、赞比西河管理局案例中的罗得西亚与尼亚萨兰之间邦联的建立、莱索托高地水资源规划项目案例中的莱索托体制的变化。这表明,国际水资源管治体制的形成并不完全掌握在沿岸国家的手中,而是也要求有利的情势性事件,但这些事件是难以整合进本章的解释框架之中的。

为了解释四个水资源管治体制的有效性,笔者首先需要强调的是,水资源管治体制的形成和有效性是与问题及进程因素密切相关的,这些因素不仅决定了体制形成的可能性,而且影响了解决问题体制的有效性:莱索托高地水资源规划项目案例中对激励结构的平衡产生了一种相互利益,并因此提升了水资源管治体制的有效性,而与此同时,赞比西行动计划案例中不对称的利益结构以及问题压力的缺乏也埋下了水资源管治体制无效的隐患。

关于本章所假定的制度设计的重要性,经验性发现首先证实了具体化的优势:莱索托高地水资源规划项目和赞比西河管理局都是以问题为导向的,并都包含具体的规则和程序,这些规范和程序有效地引导了行为体的行为,而赞比西行动计划只不过是一系列模糊的项目,而且这些项目也并不包括任何具体的规则和程序。此外,特别是由于国际河流流域管理有限的地区资源,让一个水资源管治体制承担多种多样的、高度复杂的综合性管理目标将是不可取的,因为这可能危及整个事业的可行性(正如赞比西行动计划的案例所揭示的)。然而,这并不影响一种综合性的河流流域管理方式的价值,但却提出了相关可行性的问题。莱索托高地水资源规划项目的案例证明,以一个有限的但以问题为导向的体制作为起点,之后随着时间的推移再寻求对其进行扩展,这也许是一种更加有希望的方式。

另外,案例研究表明,水资源管治体制应该容纳各种灵活性元素。严格的"以输出结果为导向"的赞比西行动计划拥有 19 个子项目,最后证明这过于僵化,对其实施几乎是没有任何好处的。一种灵活方法的优势受到莱索托高地水资源规划项目的进一步证实,该项目允许一个持续性的监督体制并可以对体制条款进行适时地调整:由于不断变化的外部环境——南非最初高估了对水资源的需求,该项目的第二到第四阶段以一种问题导向的方式进行。此外,经验性发现也证实了本章所假定的一个集权型组织结构的重要性。正如在奥卡万戈河流域常设水资源委员会和赞比西行动计划的案例中所看到的,缺乏一个规划项目和协调的集权型机构——例如,以河流流域秘书处的形式,对于水资源管治体制的有效性具有非常明显的消极影响。这被莱索托高地水资源规划项目的经验进一步证实,在该案例中,起初分散化的组织结构被证明是无效的,必须要集权化。关于本章所假定的体制开放性,案例研究的发现是不大清楚的。赞比西行动计划是唯一的一个提供公众参与的水资源管治体制,但开放性并不是体制决策过程中的一个特征,说明仅有限的代表参与到了体制

的决策之中。即使最近在奥卡万戈河流域常设水资源委员会和莱索托高地水资源规划项目中设法提高公众的参与水平被证明是有利于体制的有效性，但现有的研究发现并不足以支撑我们作出如下这样明确的结论，即体制的开放性与有效性具有高度的相关性。

通过对具体国家因素相关性的评估，笔者发现，水资源管治体制的有效性确实是随着经济技术能力的变化而变化。奥卡万戈河流域常设水资源委员会和赞比西行动计划的案例研究揭示出在国家的水资源部门存在着显著的能力赤字(capacities deficits)，缺乏规划和实施国际河流流域管理项目的资金、技术和管理能力。而另一方面，南非水利事务部(DWAF)较高的能力已被证明对于莱索托高地水资源规划项目的成功至关重要。关于政治制度能力的影响，人们可以观察到政治稳定性的显著匮乏：在过去的整整十年里，该地区几乎所有的国家都受困于久拖不决的内战和暴力冲突，政治稳定性是水利事务有效合作的一个主要障碍。在奥卡万戈河流域常设水资源委员会的成员中，安哥拉是一个典型案例：由于几十年的内战(直到 2002 年才结束)，安哥拉的奥卡万戈河流域仍旧布满地雷而几乎无法进入，这种状况阻碍了工程项目的准备，尤其是水文数据的收集，因此限制了奥卡万戈河流域常设水资源委员会的有效性。

最后，案例研究也揭示了国际背景的重要性。政治紧张局势的历史是该地区的一个特征，这种局势可以追溯到反殖民主义的解放战争、南非与种族隔离国家的冲突以及冷战。即使自从 20 世纪 90 年代初以来，这种紧张局势已经终止，但由于历史上的冲突和不信任，双边关系仍然是紧张的。这个问题已经给本章所考察的水资源管治体制造成了非常消极的影响。例如，在赞比西河管理局的案例中，关于从南北罗得西亚——现在的赞比亚和津巴布韦——之间的邦联中获益的争论创造了一些在历史上处于弱势的国家和地区，这些问题仍然影响到了关于赞比西河管理局的争论，而阻碍了影响更加深远的水利事务合作。最终，我们的经验性发现同时也强调了第三方行为体支持的重要性。在一个受制于重大发展赤字的地区，国际(捐赠)组织的活动是非常重要的：在奥卡万戈河流域常设水资源委员会案例中的全球环境基金(GEF)、莱索托高地水资源规划项目中的世界银行，以及赞比西行动计划中的联合国环境规划署(UNEP)，在金融资源的动员以及(或者)国家的能力建设方面,都发挥了非常重要的作用。尽管这些活动不可否认地带来了许多有利影响,但人们也不应该忽视它们的负面效应,例如,与那些拖沓的、极具官僚主义色彩的项目实施相关的问题(奥卡万戈河流域常设水资源委员会案例中的全球环境基金),或者是所有权缺位的问题(赞比西行动计划中的联合国环境规划署)。莱索托高地水资源规划项目的案例,特别是奥卡万戈河流域常设水资源委员会的案例证明,不同于国际组织的非国家行为体的活动对于国家的能力建设以及在信息开放的情况下发起一场热烈的公众讨论,具有重大的积极贡献。

> 我认为,与奥卡万戈河流域常设水资源委员会一起工作的那些组织……它们的活动在一些委员会无法发挥影响的领域起到了补充性的作用。奥卡万戈河流域常设水资源委员会是一个政府组织,但是,让非政府组织去跟群众打交道要比政府官员好得多。所以,其他组织的补充性活动为其带来了巨大的优势。(2004 年 8 月 17 日对皮亚特·海恩斯的采访)

## 四、结论

本章四个案例研究的发现可以概括如下:

(1)国际河流流域管理中一个既定问题的特征影响了水资源管治体制形成的机会:如果基本的合作激励结构在很大程度上是对称的,并且所涉及的问题压力是大的,那么,一个有效水资源管治体制的创建将具有比较好的前景。

(2)要降低水资源管治体制形成的交易成本,国家的行为通常依赖于对数据共同的分析研究及其项目准备、国际专家的居中协调以及在技术层面上的建立信任的会议。另外,如果不对称的利益结构通过成本激励而得以平衡,那么,人们可以预期影响深远的、有效水资源管治体制的形成。

(3)有效的水资源管治体制需要充分的制度设计:一个问题导向的、灵活的管理方式将增强水资源管治体制的有效性,这种管理方式必须考虑到可获得的各种资源并配备一个集权型的组织结构。

(4)国际水资源管治体制的有效性随着具体国家的能力变化而变化:国家水利部门较高的经济技术能力和政治稳定性奠定了水资源管治体制有效性的基础。

(5)国际河流流域的成功管理要求一个有利的国际背景:如果体制成员国之间的双边关系以相互信任和合作为特征,而且第三方行为体——国际组织与(或)非国家行为体——支持能力建设,公民社会可以积极参与,那么,水资源管治体制有效性的实现将会有一个比较好的前景。

人们怎样判断这些发现与本章所研究问题的相关性呢?正如前文已经提到的,笔者并不能够得出一个确定的因果关系结论,由于本章所建构的研究框架并不允许鉴别一个单一的结果。这意味着,笔者并不知道在什么样的程度上赞比西行动计划的失败可以归结为一个不对称的激励结构、问题压力的缺乏、不充分的制度设计或者国家能力的不足。另外,笔者也面临着一个典型的多原因比较的两难境地:由于本章所考察的水资源管治体制在本质、范围和背景方面十分不同,人们也许会质疑这四个案例的可比性:

> 体制是具体的,且镶嵌在历史、地理和文化之中的。没有一个放之四海而皆准的体制。它们是需求驱动的。在我看来,这是一个许多评论者所犯的拿苹果和鸡蛋相比的错误……[2004 年 6 月 30 日安东尼·特尔顿(Anthony Turton)发给笔者的电子邮件]

不过,没有理由抛弃多因比较的研究方式。当把本章的研究发现理解为一种是对水资源管治体制形成与有效性最重要驱动力量的系统化,而不是作为一种经验性概括时,它确实为我们理解国际河流流域管理的成功条件提供了一些有价值的观点和洞察。这里,尤其是具体的国家因素和国际背景因素——到目前为止,关于国际河流流域管理的文献很大程度上都忽视了这些因素——具有特别重要的意义。国家能力的不足、政治稳定性以及紧张的双边关系与本章所研究问题的高度相关性表明,对国际河流流域管理成功与失败的研究,需要超越传统的“制度设计至关紧要”的研究方式。当然,有人也可能反对过分强调南部非洲地区能力不足和政治不稳定这一点。但是,由于亚洲的大部分地区、拉丁美洲和东欧也都面临着起码与之相似的问题,我们有充分的理由去给予这些影响因

素更大的、更加系统的关注。

至于提出实践性政策建议，推荐国家能力建设或营造一种有利的政治背景似乎是没有吸引力的，因为这比采用一个特定的制度设计要具有更少的可行性——至少在较短的时期内是这样。不过，仍有理由相信，国家能力建设和营造一种有利的政治背景（既在国家层面上也在国际层面上）是国际河流管理成功的关键——不但在南部非洲，而且在整个发展中世界都是如此。这意味着，“中立的”第三方（国际组织和非国家行为体）需要强化它们的努力，去加强国家的能力建设以及对冲突各方进行协调和斡旋。

最后，南部非洲案例研究的发现应该促使我们对当前关于一体化的河流流域管理体制无所不在的诉求保持谨慎，尤其是在发展中国家的背景下。这并不意味着，人们需要对一体化管理方法（正如马尔蒂所做的那样[①]）的普遍实用性表示质疑。但是，鉴于赞比西行动计划的实践经验，我们需要考虑随着时间的推移，在扩展和整合国际河流流域管理方法之前，首先把稀缺资源和能力与一个问题导向的和功能性的方式结合在一起，似乎是一种更加充满希望的方法。

（斯蒂凡·林德曼）

① Frank Marty, *Managing International Rivers: Problems, Politics and Institutions*, Bern: Peter Lang, 2001, p. 398.

**Environmental Governance in Global Perspective: New Approaches to Ecological and Political Modernisation**